圖解系統分析與設計
(第二版增訂版)(附範例光碟)

李春雄 編著

全華圖書股份有限公司 印行

本書範例檔案可以下列三種方式下載：

方法 1：掃描 QR Code

範例檔案-解壓縮密碼：06244027

方法 2：連結網址 https://tinyurl.com/mrxzr37d

方法 3：請至全華圖書 OpenTech 網路書店（網址 https://www.opentech.com.tw ），在搜尋欄位中搜尋本書，進入書籍頁面後點選「課本程式碼範例」，即可下載範例檔案。

{作者序}

當企業規模不斷的擴展，使得每日資料處理量日益增大，資訊科技的進步，使得「例行性的交易資料」透過「資訊系統」來處理，就成為必然的趨勢。

然而，在「知識經濟」的競爭環境中，即時掌控有效的資訊，已成為企業競爭優勢的重要關鍵因素之一。因此，企業如何在「競爭壓力」下生存呢？

解決方法→「企業」整合「資訊系統」。

既然「資訊系統」可以解決企業所面臨的競爭壓力。因此，如果能夠成功地導入資訊系統，將會使該企業更具競爭優勢；相反地，則往往走向失敗的命運。所以，身為一個資訊專業人員的我們，如何利用「系統分析與設計」的方法與工具，來設計一套符合企業組織的各項需求，進而提昇競爭優勢的資訊系統，將是目前重要的課題。

因此，我們要開發資訊系統時，必須要考量開發時所使用的模式，並且不同的開發模式，適用於不同情況的系統開發。目前常見的開發模式有五種，分別為瀑布模式(Waterfall Model)、雛型模式(Prototyping Model)、漸增模式(Incremental Model)、螺旋模式(Spiral Model)及同步模式(Concurrent Model)。其中，瀑布模式(Waterfall Model)又稱為系統發展生命週期(System Development Life Cycle ，簡稱SDLC)，是目前最常被使用的開發模式。其主要的原因就是它能夠描述系統的開發步驟，將系統的發展過程視為類似出生、成長、成熟、老化和死亡的歷程，做為資訊系統發展工作的一個重要工具。

而我們為何要探討系統發展生命週期，其最主要的目的是我們希望發展出一個有用的且系統生命週期較長的資訊系統，並能成功地將之引用於企業組織中，進而讓該企業組織在其生存環境中更具競爭優勢。

{一、系統分析與設計之學習路徑地圖}

【各章介紹】

第1章 資訊系統開發概論

1. 讓讀者了解企業為什麼需要開發資訊系統及資訊系統在組織中所扮演的角色。
2. 讓讀者了解資訊部門的組成及人員的工作分配。
3. 讓讀者了解在開發「資訊系統」時所要面臨的內外環境。

第2章 資訊系統開發方法

1. 讓讀者了解資訊系統生命週期中，每一階段的所需要的方法、工具及產出。
2. 讓讀者了解資訊系統的開發模式之適用時機、優缺點。

第3章 調查規劃

1. 讓讀者了解開發一個資訊系統的前置作業---調查規劃及可行性研究。
2. 讓讀者了解調查規劃的各步驟及可行性研究的實施步驟。

第4章 系統分析

1. 讓讀者了解如何利用資料蒐集方式來獲得使用者真正的需求。
2. 讓讀者了解如何利用各種方法及工具來描述新系統的「功能需求」。
3. 讓讀者了解如何撰寫軟體需求規格書。

第5章 流程塑模(DFD)

1. 讓讀者了解資料流程圖定義、基本符號及繪製功能分解之方法。
2. 讓讀者了解資料流程圖之繪製原則及實務的專題製作。

第6章 結構化系統分析與設計工具

1. 讓讀者了解結構化系統分析與設計工具的種類。
2. 讓讀者了解如何利用結構化系統分析與設計工具來進行「流程分析、資料分析、處理邏輯分析以及資料描述」等工作。

第7章 系統設計

1. 讓讀者了解系統設計只產生「軟體設計規格書」，以作為程式設計師之藍圖與依據。
2. 讓讀者了解系統設計的工作項目與程序。

第8章 資料塑模

1. 讓讀者瞭解何謂實體關係模式(Entity-Relation Model)。
2. 讓讀者瞭解如何將設計者與使用者訪談的過程記錄(情境)轉換成ER圖。
3. 讓讀者瞭解如何將ER圖轉換成資料庫，以利資料庫程式設計所需要的資料來源。
4. 讓讀者瞭解正規化的概念及分解規則。

第9章 系統製作

1. 讓讀者了解系統製作是整個系統開發過程中最技術性的階段。

2. 讓讀者了解系統如何進行撰寫程式、軟體測試及系統轉換的方法。

第10章 系統維護

1. 讓讀者了解系統維護工作在資訊系統開發中扮演永續的角色。
2. 讓讀者了解系統維護的生命週期、需求及類別。

第11章 專題製作

1. 讓讀者了解一個資訊人員如何經過一連串的規劃、分析、設計、製作及維護階段來開發一套資訊系統。
2. 讓讀者了解開發一套「數位學習系統」的方法與步驟。

第12章 系統文件製作

1. 讓讀者了解一套完整資訊系統的開發所需製作的系統文件。
2. 讓讀者了解系統開發之各階段所產生之文件之製作。

{二、結構化系統分析與設計工具之示意圖}

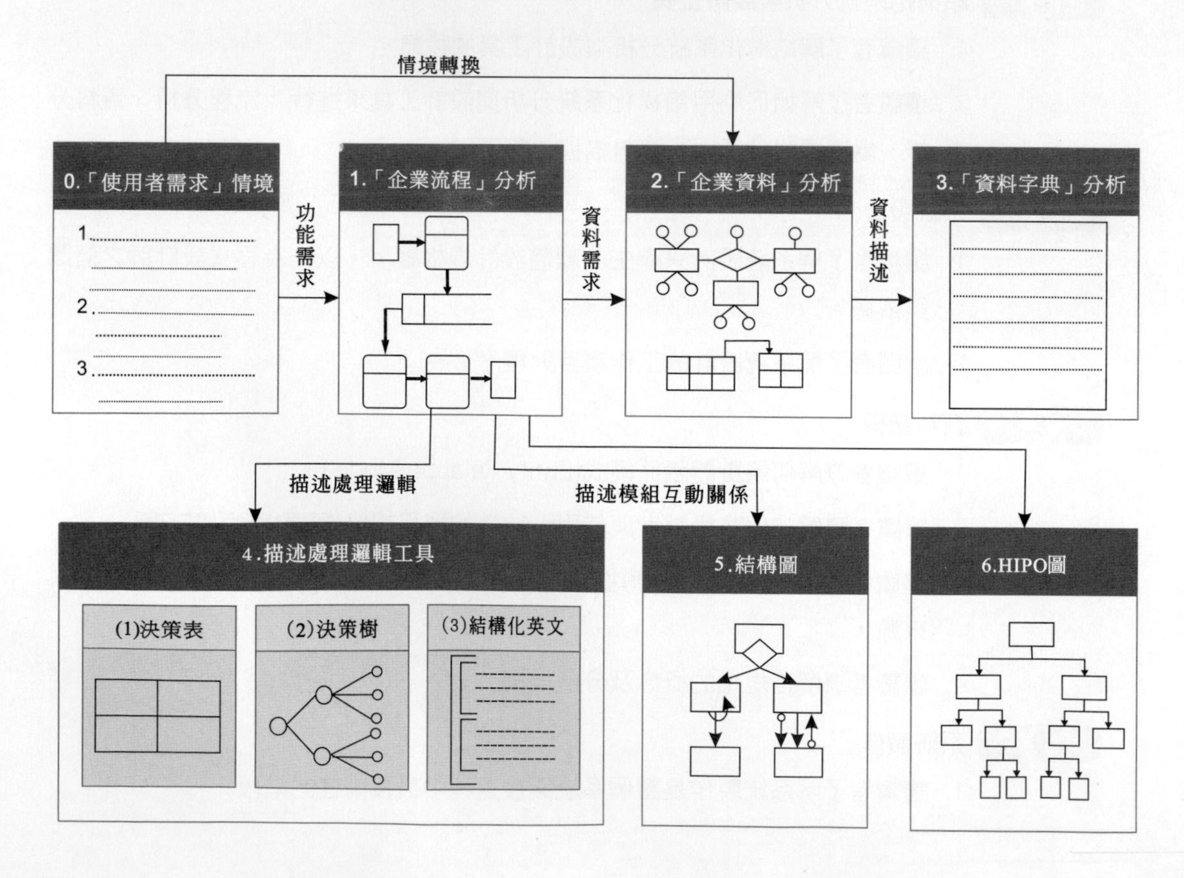

{三、為什麼要學習「系統分析與設計」呢？}

(一) 目的：

1. 升學<資訊科系必選課程>
   (1) 高普考(資訊技師)
   (2) 插大(或轉學考)
   (3) 研究所
2. 就業<資訊系統的幕後工程>
   開發資訊系統所需學會的三大巨頭：
   (1) 程式設計(一年級的基礎課程)
   <Python, C語言,C++ ,C# ,Java⋯>
   <ASP, ASP.NET , JSP, PHP ⋯>
   (2) 資料庫系統<本學期的主題>
   <SQL Server(企業使用)>
   <Access(個人使用)>
   <MySQL(免費)>⋯⋯
   (3) 系統分析與設計(二年級下學期)
   <結構化系統分析>
   <物件導向系統分析>

(二)資訊部門(MIS)任務

身為一位資管系畢業的學生，到企業的資訊部門(MIS)時，其最主要的任務就是利用資訊科技(IT)來開發資訊系統(IS)提供使用者(User)有用的資訊(Information)來達成目標(Target)。如下圖所示：

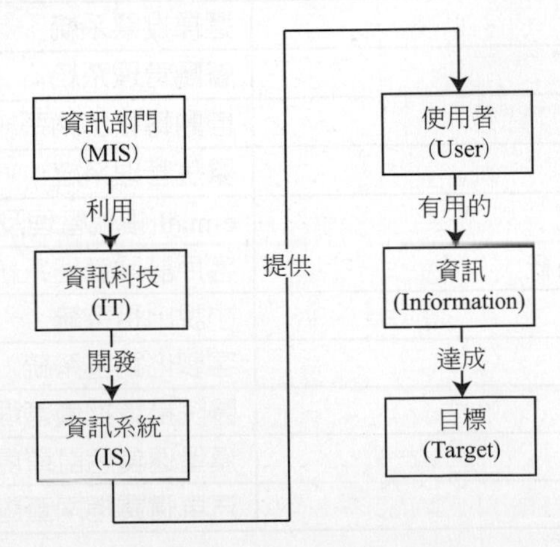

(三)IT資訊科技

1. 程式語言

<Python, C語言,C++ ,C# ,Java…>

<ASP, ASP.NET , JSP, PHP …>

2. 資料庫系統<本學期的主題>

<SQL Server(企業使用)>

<Access(個人使用)>

<MySQL(免費)>……

3. 電腦網路

4. 相關的軟、硬體……

(四) IS資訊管理

校務行政系統	服務業
數位學習系統(網路教學系統)	美髮院資訊系統
選課管理系統	電子商務系統
成績處理系統	超市購物系統
行動學習之電子書管理系統	影帶出租系統
電子書轉檔系統	旅遊諮詢系統
排課管理系統	語音購票系統
圖書借閱管理系統	房屋仲介系統
圖書館訂位系統	生產管理系統
學生網頁系統	旅館管理系統
人事薪資管理	線上網拍系統
會計系統	租車管理系統
電腦報修系統	決策支援系統
線上諮詢預約系統	選擇投票系統
多媒體題庫系統	餐廳管理系統
財產保管系統	自動轉帳出納系統
庫存管理系統	醫院管理系統
智慧型概念診斷系統	e-mail 帳號管理及自動發送系統
線上考試以及題庫系統	客戶訂單管理系統
校園租屋系統	小說出租系統
圖書查詢管理系統	客製化銷售系統
線上測驗系統	醫院掛號批價管理系統
電子公文系統	漢堡速食店訂單處理系統
知識管理系統	汽車購買指南查詢系統

(五) Information資訊——《以「數位學習系統為例」》

「資管部門(MIS)」利用「ASP.NET+資料庫」來實際開發一套「數位學習系系統」，來讓學習者(User)進行線上學習，系統會自動將學習者的學習歷程(Information)提供給老師參考。

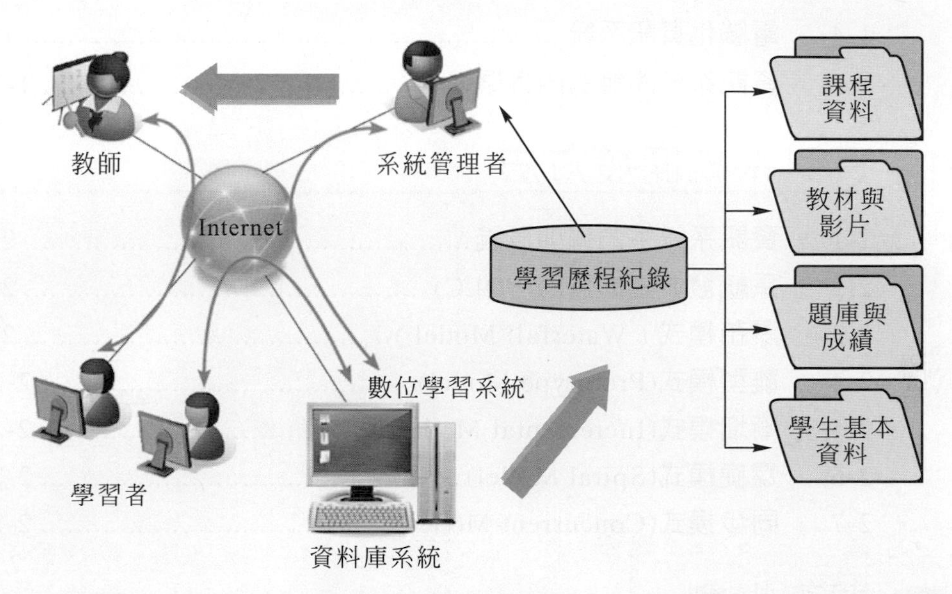

在此特別感謝各位讀者的對本著作的支持與愛戴，筆者才疏學淺，有誤之處。請各位資訊先進不吝指教。

李春雄 謹誌

Leech@csu.edu.tw

2022.08.01

於 正修科技大學 資管系

第1章 資訊系統開發概論

第2章 資訊系統開發方法

第3章 調查規劃

第4章 系統分析

第8章 資料塑模

第9章 系統製作

第10章 系統維護

第11章 專題製作

第12章 系統文件製作

參考文獻

附錄

CHAPTER 1

資訊系統開發概論

本章學習目標

1. 讓讀者了解企業為什麼需要開發資訊系統及資訊系統在組織中所扮演的角色。
2. 讓讀者了解資訊部門的組成及人員的工作分配。
3. 讓讀者了解在開發「資訊系統」時所要面臨的內外環境。

本章學習內容

1-1 為何企業需要資訊系統？

引言 ⏭ **當企業規模不斷的擴展**，使得每日**資料處理量日益增大**，以及資訊科技的進步，使得「例行性的交易資料」**透過「資訊系統」來處理，成為必然的趨勢**。

圖解 ⏭

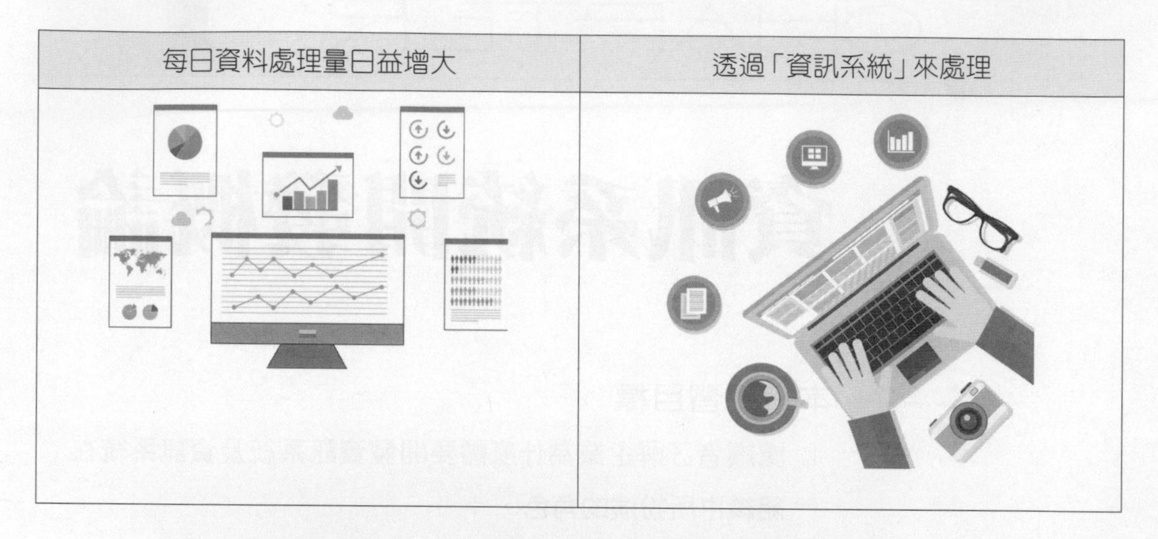

然而，在「**知識經濟**」的競爭環境中，**即時掌控有效的資訊**，已成為**企業競爭優勢**的重要**關鍵因素**之一。因此，企業如何在「競爭壓力」下生存呢？

解決方法 ➔「企業」整合「資訊系統」➔ 即時掌控有效的資訊。

圖解 ⏭

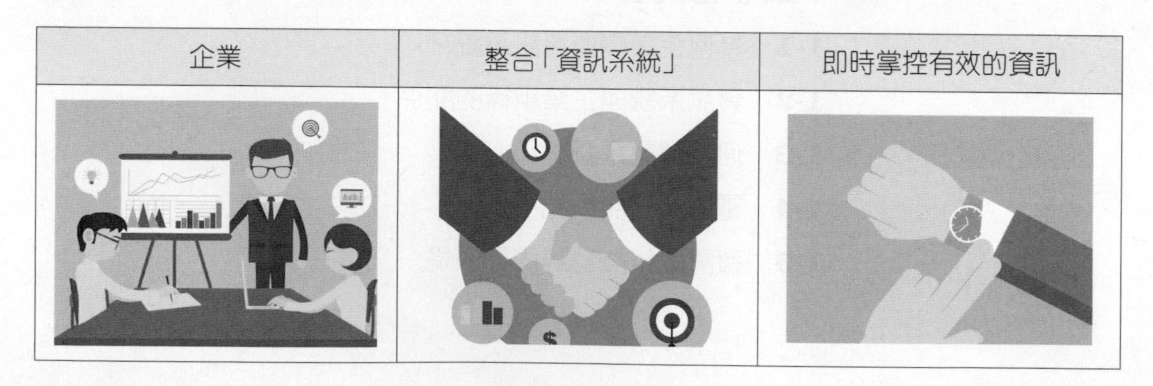

競爭壓力 ⏭ 企業到底面對哪些競爭壓力，才使企業不得不整合資訊系統呢？一般而言，可分為：**市場壓力與科技壓力**兩種。

圖解 ⏭

市場壓力	科技壓力

說明 ⏭

一、市場壓力

1. **全球化競爭**：透過網際網路 (Internet) 來進行電子商務 (EC)。
2. **知識經濟化**：由勞動者轉換成知識工作者。例如：研發人員。
3. **消費客製化**：消費者喜歡「高品質、低價及客製化的產品」。

二、科技壓力

1. **科技創新**：由「電子商務」走向「行動商務」。例如：行動版 APP。
2. **資訊過載**：由「內部處理」走向「雲端儲存」與「雲端運算」。

單元評量

1. (　　) 有關企業為何一定要整合資訊系統之敘述，下列何者不正確呢？
   (A) 降低競爭壓力　(B) 降低市場壓力
   (C) 降低生產力　(D) 降低科技壓力
2. (　　) 在「知識經濟」的競爭環境中，請問可能存在市場壓力的因素為何？
   (A) 全球化競爭　(B) 知識經濟化
   (C) 消費客製化　(D) 以上皆是

1-2 資訊系統與企業組織的關係

引言 ⏭ 既然「資訊系統」可以解決企業所面臨的競爭壓力。那麼，如果能夠成功地導入資訊系統，將會使該**企業更具競爭優勢**；相反地，則往往走向失敗的命運。所以，身為一個專業資訊人員的我們，如何**利用「系統分析與設計」的方法與工具**，來設計一套符合企業組織的各項需求，進而**提昇競爭優勢的資訊系統，將是目前重要的課題。**

圖解 ⏭

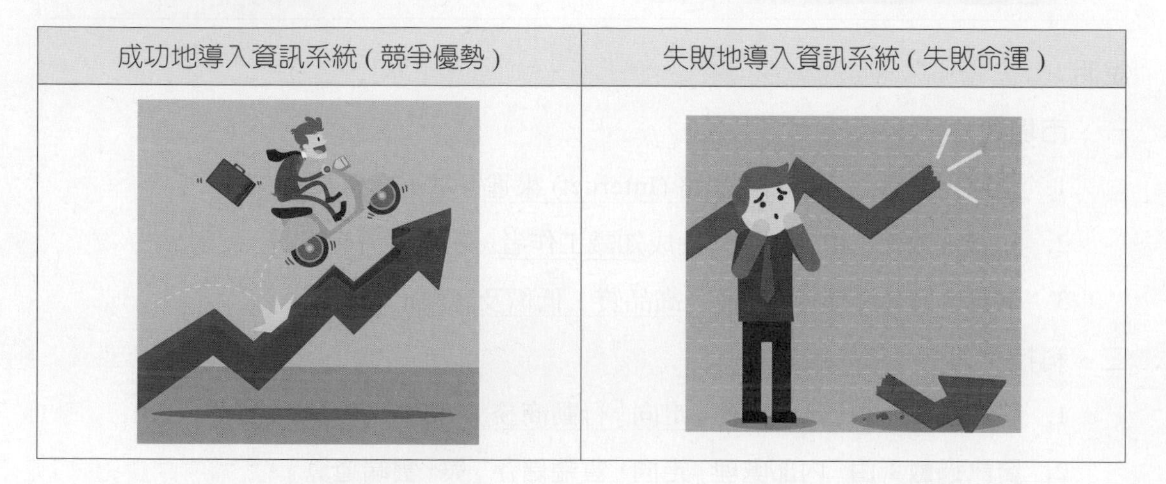

成功地導入資訊系統 (競爭優勢)	失敗地導入資訊系統 (失敗命運)

資訊系統與企業組織的關係圖 ⏭

基本上，**一套良好的「資訊系統」**必須針對「企業組織」內不同的使用者提供不同的資訊。因此，我們可以**從企業組織的三種不同層級來探討**，不同層級與資訊系統的關係。如圖 1-1 所示。

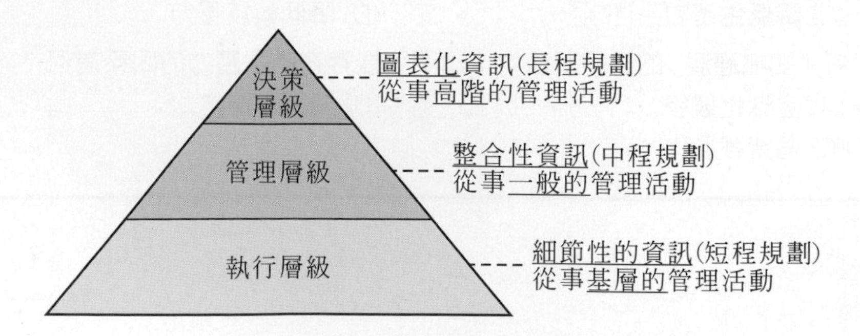

❖圖 1-1 資訊系統與企業組織的關係圖

說明

1. 在「**決策層級**」中：資訊系統必須提供圖表化或預測性資訊。
2. 在「**管理層級**」中：資訊系統必須提供整合性資訊與分析性資訊。
3. 在「**執行層級**」中：資訊系統必須提供細節性的資訊。

因此，資訊系統的「分析與設計」須配合不同的單位而有不同的考量因素。

單元評量

1. (　　) 有關「資訊系統與企業組織的關係」之敘述，下列何者正確呢？
   (A) 在「企業組織」中，不同的使用者提供不同的資訊
   (B) 在「決策層級」中，必須提供細節性的資訊
   (C) 在「管理層級」中，必須提供圖表化或預測性資訊
   (D) 在「執行層級」中，必須提供整合性資訊與分析性資訊
2. (　　) 有關「資訊系統與企業管理活動」之敘述，下列何者正確呢？
   (A) 在「決策層級」中，從事高階的管理活動
   (B) 在「管理層級」中，從事一般的管理活動
   (C) 在「執行層級」中，從事基層的管理活動
   (D) 以上皆是

1-3 何謂資訊系統？

定義 是指可以用來**記錄並儲存**使用者輸入的**各種活動資料**；然後，再加以「**分類、分析、運算**」之後，產生**有意義、有價值**之資料，以作為決策者**參考的資訊**。

示意圖

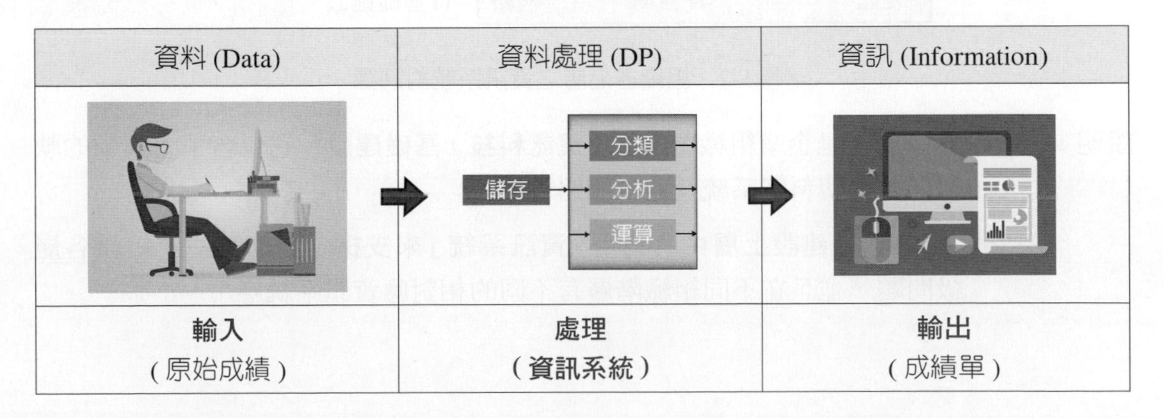

種類 ⏭ 目前大部分的資訊系統都可以支援組織中，各個部門的管理和決策需求。一般常見有：

1. **交易處理系統** (Transaction Processing System, TPS)。
2. **管理資訊系統** (Management Information System, MIS)。
3. **決策支援系統** (Decision Support System, DSS)。

示意圖 ⏭

因此，企業在導入資訊系統之後，對於企業組織各階層的應用有何不同呢？我們可以從圖 1-2 組織各階層之資訊系統對映圖來說明。

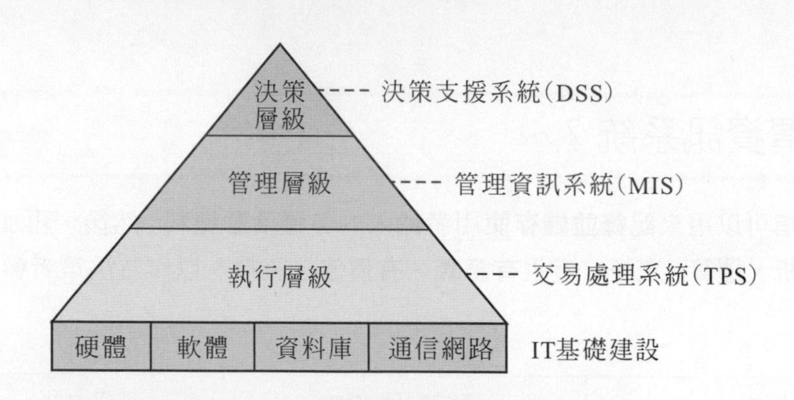

❖圖 1-2　組織各階層之資訊系統對映圖

說明 ⏭
1. **最底層**就是企業組織中的 **IT(資訊科技)基礎建設**，它包含了企業中的軟／硬體、資料庫系統及通信網路等。
2. 在 IT 基礎建設**上層中**，**利用「資訊系統」來支援、協助與解決**組織各層級問題，並且在不同組織階層有不同的相對應資訊系統應用。

綜合上述，雖然企業組織各階層中，對映不同的資訊系統，但是，系統的開發過程，我們可以**歸納出共同的開發階段**。例如：圖 1-3 **三階段資訊系統開發模式**及圖 1-4 **五階段資訊系統開發模式**。其中「系統分析與設計」都是重要階段之一。

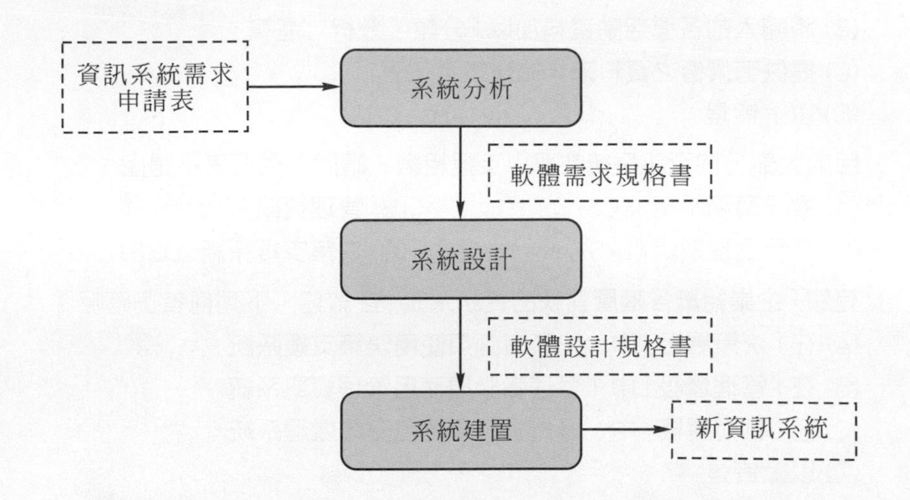

❖圖 1-3　三階段資訊系統開發模式

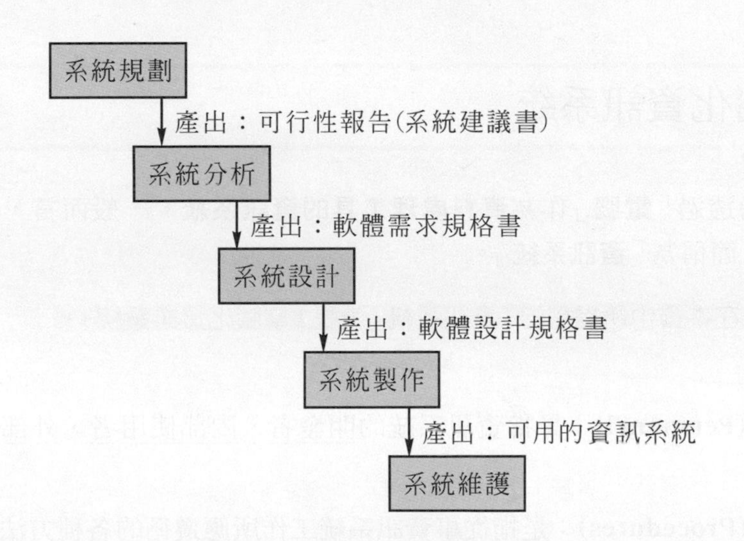

❖圖 1-4　五階段資訊系統開發模式

由此可知，**系統分析與設計**在整個資訊系統開發過程中，扮演著非常重要的關鍵，因此，在開發資訊系統之前，了解整個系統的背景環境，將有助於系統分析與設計的進行。**其各階段之詳細介紹，請參閱第二章的內容。**

單元評量

1. (　) 有關「資訊系統」的敘述，下列何者正確呢？
   (A) 可以用來記錄並儲存使用者輸入的各種活動資料
   (B) 將輸入的各種活動資料加以「分類、分析、運算」
   (C) 提供有價值之資料來作為決策者參考
   (D) 以上皆是
2. (　) 目前大部分的資訊系統都可以支援組織，請問下列何者不是呢？
   (A) 電子商務系統 (ECS)　(B) 管理資訊系統 (MIS)
   (C) 交易處理系統 (TPS)　(D) 決策支援系統 (DSS)
3. (　) 有關「企業組織各階層對映的資訊系統」之敘述，下列何者正確呢？
   (A) 在「決策層級」中，決策者必須使用決策支援系統
   (B) 在「管理層級」中，管理者必須使用管理資訊系統
   (C) 在「執行層級」中，操作者必須使用交易處理系統
   (D) 以上皆是

1-4 電腦化資訊系統

定義 ⏭ 是指透過「**電腦**」作為**資料處理工具的資訊系統**。一般而言，電腦化資訊系統，簡稱為「**資訊系統**」。

【註】在本書中所提到的「資訊系統」就是「電腦化資訊系統」。

組成要素 ⏭

1. **人員 (Personnel)**：是指資訊系統的開發者、內部使用者、外部使用者及決策者。
2. **程序 (Procedures)**：是指從事資訊系統工作所應遵循的各種方法與規則。
3. **資料 (Data)**：是指整個資訊系統的核心。
4. **硬體 (Hardware)**：是指電腦的五大單元及相關的周邊設備。
5. **軟體 (Software)**：是指負責指揮電腦運作的程式或指令。

圖解 ⏭

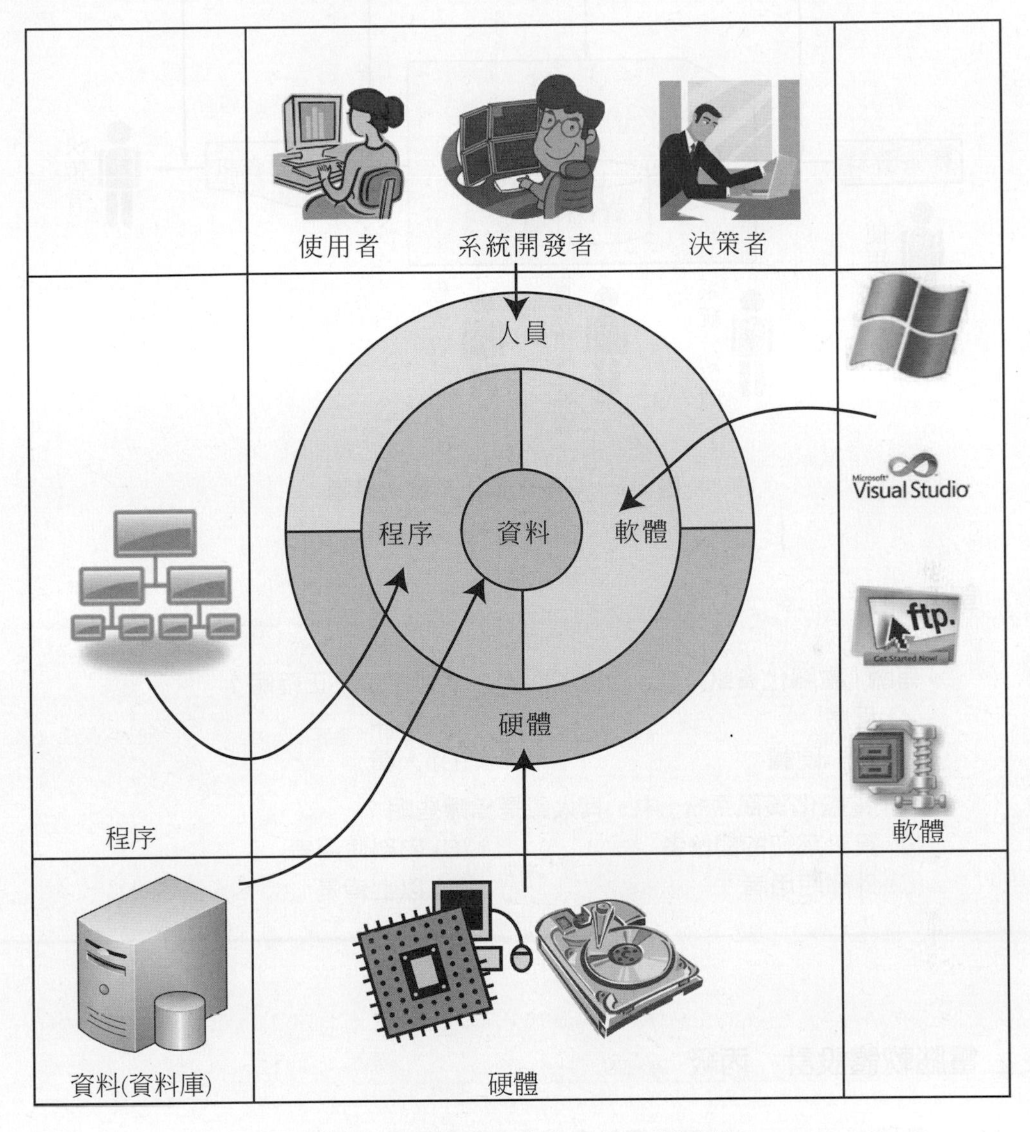

❖圖 1-5 電腦化資訊系統之同心架構圖

運作流程 ⏭ 在「資訊系統」中，其組成要素之間的運作流程圖之說明如下：

首先，使用者依照企業的**作業「程序」**，利用**「硬體」設備**將**「資料」輸入**到**「電腦系統」的「資料庫」**中，決策者再透過系統開發者所設計的**「應用軟體」**來查詢想要的資訊報表，以作為決策的依據。其中，系統開發人員包括：系統分析師、資料庫管理師及程式設計師等。

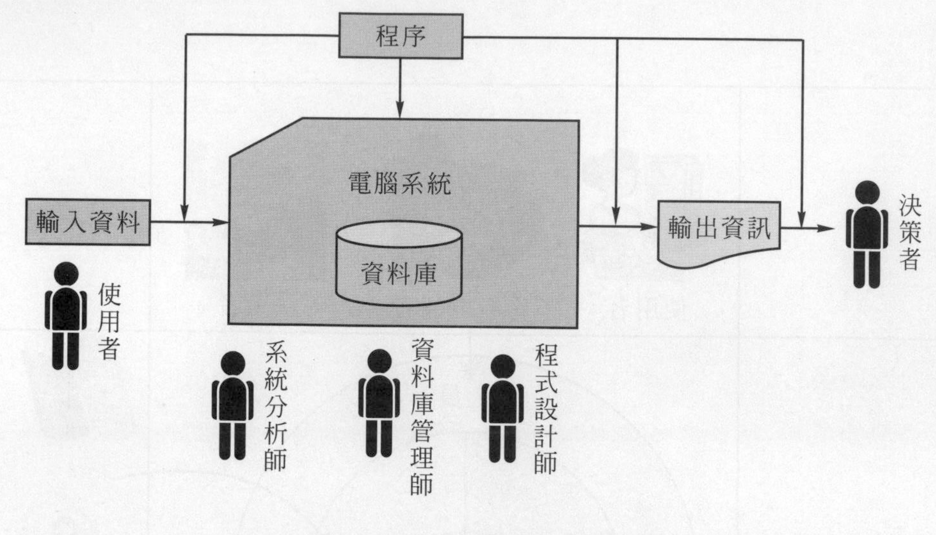

❖圖 1-6 電腦化資訊系統架構圖

單元評量

1. ( ) 有關「電腦化資訊系統」的組成要素，下列何者不正確呢？
   (A) 程序 (B) 物件
   (C) 軟、硬體 (D) 人員
2. ( ) 在「電腦化資訊系統」中，其人員是指哪些呢？
   (A) 資訊系統的開發者 (B) 內部使用者
   (C) 外部使用者 (D) 以上皆是

電腦軟體設計 丙級

1. ( ) 軟體發展過程中，有關資料庫的定義與設計是下列何者的職掌？
   (A) 系統分析師 (B) 程式設計師
   (C) 資料庫管理師 (D) 軟體使用部門主管
2. ( ) 系統分析師之主要工作，以下何者錯誤？
   (A) 找出並確認使用者需求
   (B) 軟體系統演算法則評估
   (C) 軟體系統之規劃與設計
   (D) 擔任使用者與系統相關人員間之溝通角色

1-5 資訊系統開發的內外環境

引言 ⏭ 一套功能完整的資訊系統，在開發過程中，往往會面臨到內、外兩種不同層面環境。

內外環境 ⏭

1. **內部環境**：是指開發人員、開發種類、開發模式、開發策略及開發技術。
2. **外部環境**：是指政府政策、法令、社會文化、教育等相關的因素。

圖解說明 ⏭

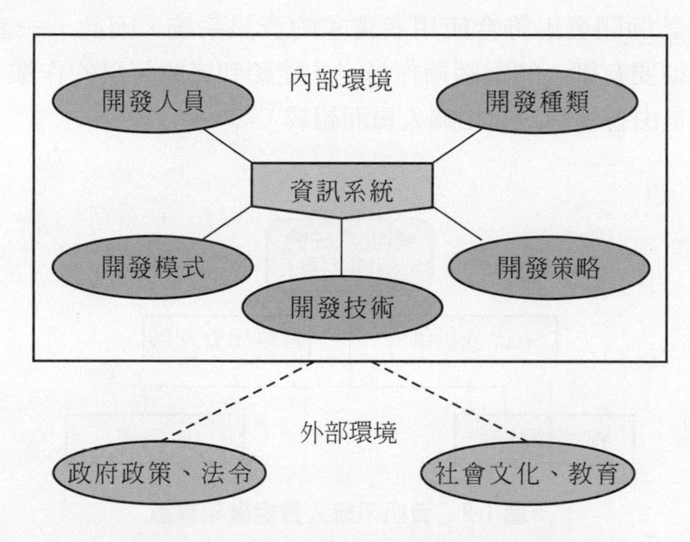

❖圖 1-7　資訊系統開發的內外環境圖

隨堂抽問

Q 假設某一所學校規劃自行開發「網路教學系統」，而開發的過程中必然會遇到哪些內部與外部環境的考量呢？

A (1) **內部環境**：學校的資訊中心是否有人才及技術來自行開發或委外開？如果要自行開發時，則還必須要考量使用哪一種開發模式及種類呢？

(2) **外部環境**：不管是「自行開發或委外開發」，都必須考量新的資訊系統在開發完成之後，學生透過「網路教學系統」來修學分，是否符合「教育部」的法令，學校是否可以承認畢業學分呢？

單元評量

1. (　　) 有關「資訊系統的內部環境」之敘述，下列何者不正確呢？
(A) 開發人員　(B) 開發語言　(C) 開發模式　(D) 開發種類
2. (　　) 有關「資訊系統的外部環境」之敘述，下列何者不屬於呢？
(A) 政府政策　(B) 政府法令　(C) 委外開發　(D) 社會文化

1-5-1 資訊系統開發人員

引言 ⏭ 在一個「資訊系統」中，除了要有好的軟、硬體之外，更重要的是相關人員。因為，如果沒有專業的系統分析師 (SA) 及資料庫管理師 (DBA)，就無法讓程式設計師開發出符合使用者需求的資訊系統。因此，一套良好的資訊系統，必須要有細心的電腦操作員，才能順利完成每日的作業。所以，一個資訊系統是由各種不同的相關人員而組成。

圖解說明 ⏭

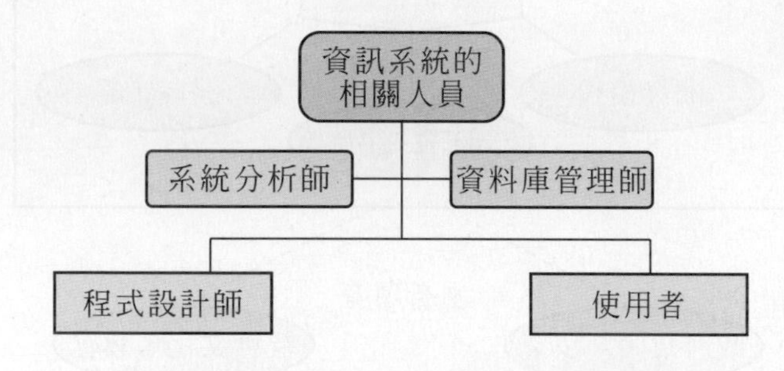

❖圖 1-8　資訊系統人員組織架構圖

說明 ⏭ 在圖 1-8 中，「**系統分析師**」是一個專案資訊系統發展成敗的關鍵人物，他是帶領整個專案進行的重要成員。因此，系統分析師除了要具備電腦的專業技術之外，還必須要具有跨領域整合的能力，所以他平常要與**使用者**、**電腦專業人員**及**管理者**之間做溝通協調的工作。

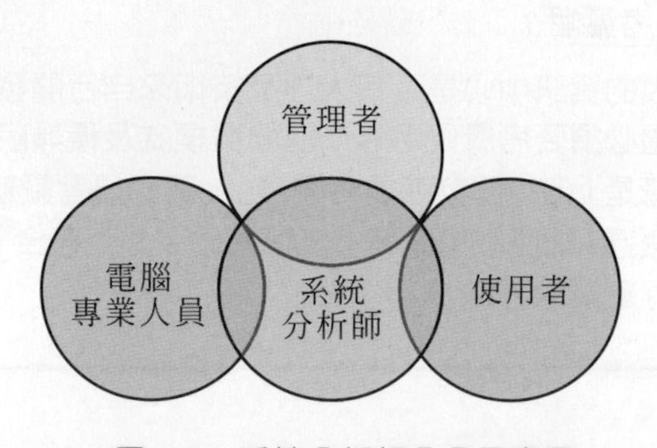

❖圖 1-9　系統分析師角色示意圖

單元評量

1. (　　) 有關「資訊系統開發人員」之敘述，下列何者不正確呢？
   (A) 系統分析師　(B) 資料庫管理師
   (C) 電腦操作人員　(D) 程式設計師
2. (　　) 系統分析師是一個專案資訊系統發展成敗的關鍵人物，請問至少要具備哪些能力呢？
   (A) 技術能力　(B) 管理技能
   (C) 人際溝通技能　(D) 以上皆是

1-5-2 資訊系統開發種類

引言 隨著資訊科技 (Information Technology, IT) 的進步，使得電腦的應用方式也非常廣泛。因此，如果依照「**作業面**」、「**功能面**」、「**架構面**」來區分，我們可以將「資訊系統」區分為三大系統。

示意圖

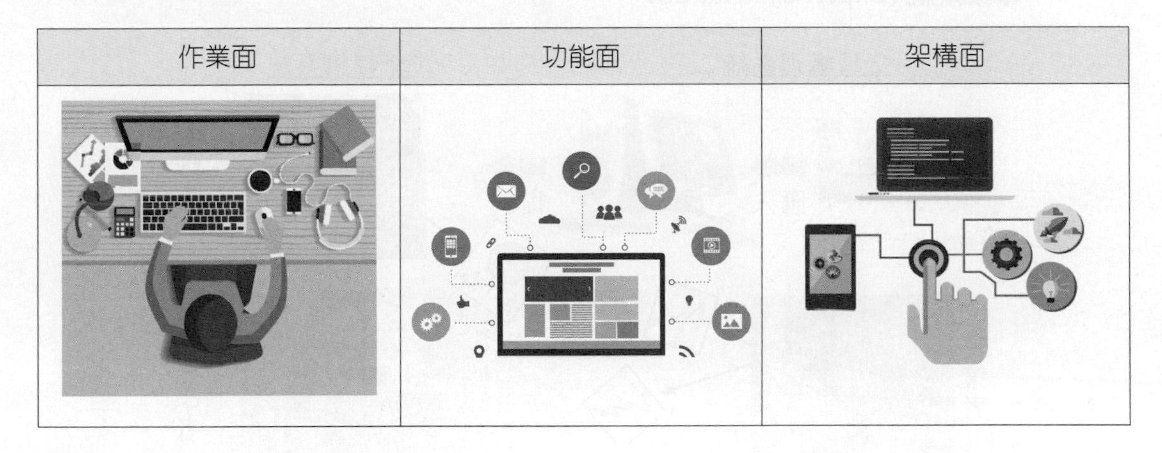

分類

一、依「作業面」區分

1. **批次處理系統** (Batch Processing System, BPS)。
2. **連線處理系統** (On-Line Processing System, OLPS)。
3. **即時處理系統** (Real-Time Processing System, RTPS)。

示意圖 ▶▶|

批次處理系統	連線處理系統	即時處理系統

二、依「功能面」區分

1. **交易處理**系統 (Transaction Processing System, TPS)。
2. **管理資訊**系統 (Management Information System, MIS)。
3. **決策支援**系統 (Decision Support System, DSS)。
4. **專家系統** (Expert System, ES)。

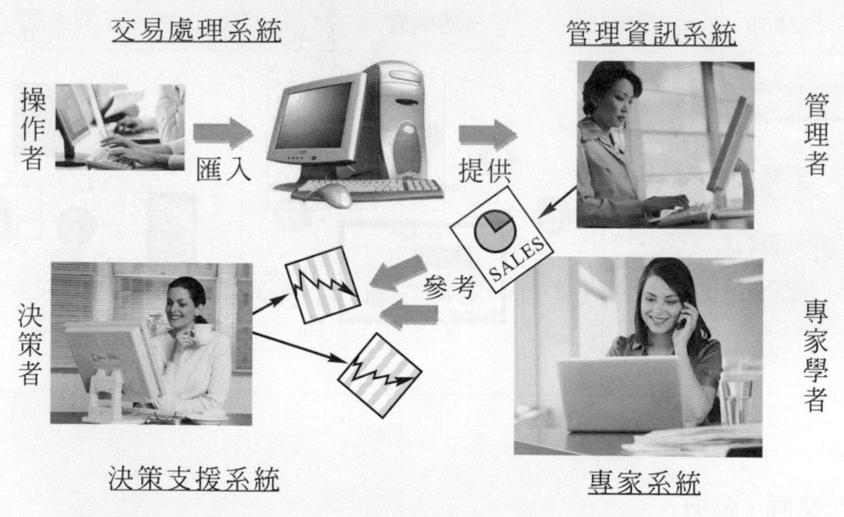

三、依「架構面」區分

1. **集中式**處理系統 (Centralized Processing System, CPS)。
2. **主從式**處理系統 (Client-Server Processing System, CSPS)。
3. **分散式**處理系統 (Distributed Processing System, DPS)。

示意圖 ⏭

集中式處理系統	主從式處理系統	分散式處理系統
	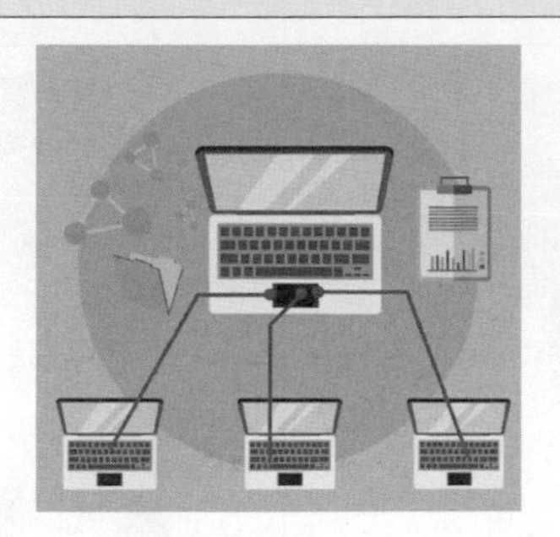	

單元評量

1. (　　)有關「資訊系統開發種類」之區分，請問可以區分為哪三種面向呢？
   (A)「作業面」、「功能面」、「架構面」
   (B)「技術面」、「管理面」、「整合面」
   (C)「管理面」、「作業面」、「架構面」
   (D)「策略面」、「管理面」、「執行面」
2. (　　)請問，「批次處理系統」是屬於「資訊系統開發種類」中的哪一種面向呢？
   (A) 作業面　(B) 功能面　(C) 架構面　(D) 執行面
3. (　　)請問，「決策支援系統」是屬於「資訊系統開發種類」中的哪一種面向呢？
   (A) 作業面　(B) 功能面　(C) 架構面　(D) 執行面
4. (　　)請問，「分散式處理系統」是屬於「資訊系統開發種類」中的哪一種面向呢？
   (A) 作業面　(B) 功能面　(C) 架構面　(D) 執行面

1-5-2-1 批次處理系統(Batch Processing System)

定義 ⏭ 是指每次產生的資料，不需立即輸入到電腦中，而是等到某一特定時間或數量時，再一起處理。

適用時機 ⏭

1. 有週期性(每週、每月或每年)。
2. 沒有立即時間要求的交易。
3. 資料量龐大的作業。

例如 1 ⏭ 公司每週的週報表。

例如 2 ⏭ 學校每月對每一位員工匯入薪資。

例如 3 ⏭ 銀行每年對每一個帳戶計算利息。

圖解 ⏭

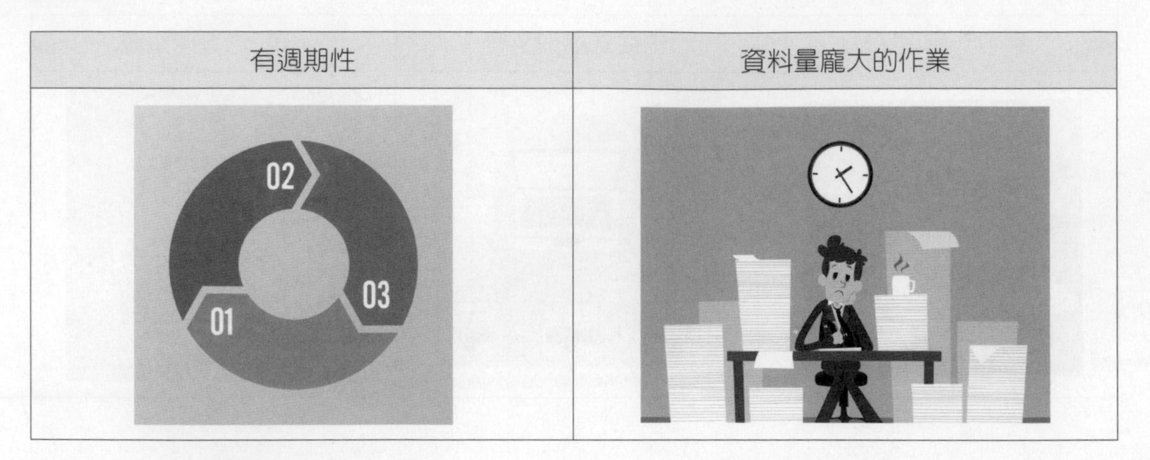

特性 ⏭ 循序處理方式。

優點 ⏭ 1. **提高電腦使用效率**。

2. **避免主機過度閒置**。

缺點 ⏭ 1. **無法提供最新資料查詢**。

2 **時效性比較差**。

實例 ⏭ 以「數位學習系統」為例，學習者透過數位學習系統來進行線上學習之後，必須要在某一段時間內(每週)完成作業，並且要上傳繳交，系統會自動的記錄每一位學習者上傳作業的時間，所以授課老師就可以在**每一週後開始批改作業及登錄成績**。

單元評量

1. (　) 有關「批次處理系統」的敘述，下列何者正確呢？
   (A) 提高電腦使用效率　(B) 可以提供最新資料查詢
   (C) 時效性比較佳　(D) 可能會導致主機過度閒置
2. (　) 關於「批次處理系統」的適用時機之敘述，下列何者正確呢？
   (A) 有週期性　(B) 沒有時間要求的交易
   (C) 資料量龐大的作業　(D) 以上皆是

1-5-2-2 連線處理系統(On-Line Processing System)

定義 ⏭ 是指終端機與主機連線，並且**隨時受主機控制的處理系統**。

適用時機 ⏭ 1. 交易資料**更新頻繁**。

2. 必須**立即處理**的作業。

例如 1 ⏭ 銀行「**自動提款機**」的處理作業。

例如 2 ⏭ 商店「**信用卡機**」的處理作業。

例如 3 ⏭ 個人電腦或智慧型手機的 **3G** 或 **WiFi 連線**。

圖解 ⏭

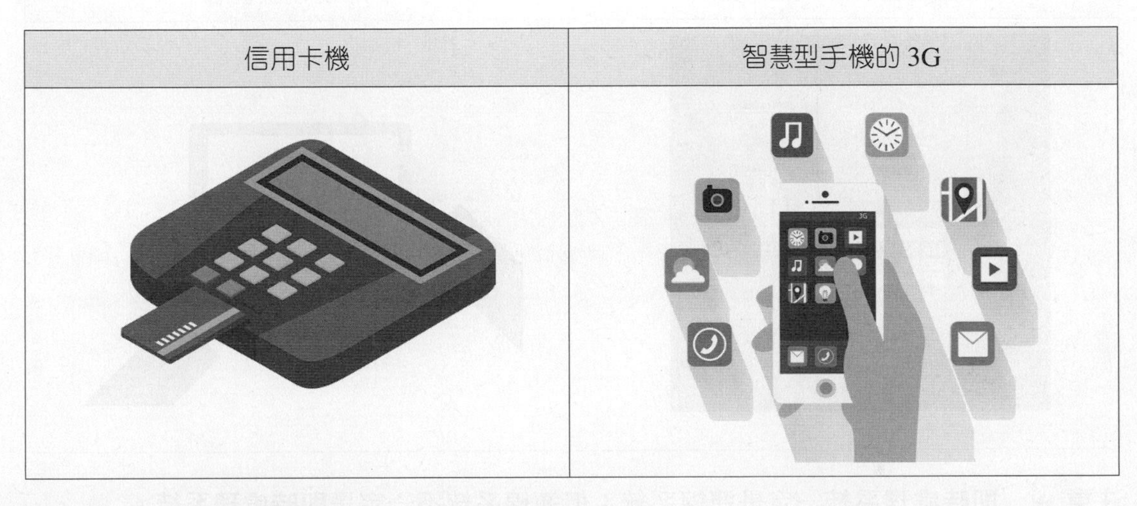

特性 ⏭ 可以是**批次處理**，也可以是**即時處理**。

優點 ⏭ 使用者可以**隨時上線輸入及查詢**。

缺點 ⏭ **成本較高**。

單元評量

1. (　　)有關「連線處理系統」之敘述，下列何者比較不正確呢？
   (A) 與主機連線　(B) 無法提供最新資料查詢
   (C) 適用必須立即處理的作業　(D) 隨時受主機控制的處理系統
2. (　　)關於「連線處理系統」適用時機之敘述，下列何者不正確呢？
   (A) 智慧型手機的 3G　(B) 銀行「自動提款機」的處理作業
   (C) 龐大資料量的處理作業　(D) 商店「信用卡機」的處理作業

1-5-2-3 即時處理系統(Real-Time Processing System)

定義 ⏭ 是指交易發生之後，該筆交易記錄**立即輸入電腦中進行處理**。

適用時機 ⏭ **有時間要求的交易**。

例如 1 ⏭ 銀行的 **ATM 提款機**必須要即時回覆使用者的提款需求。

例如 2 ⏭ **線上訂票系統**或國軍的**飛彈防禦系統**。

例如 3 ⏭ **同步的視訊會議**與**同步討論互動**等功能。

圖解 ⏭

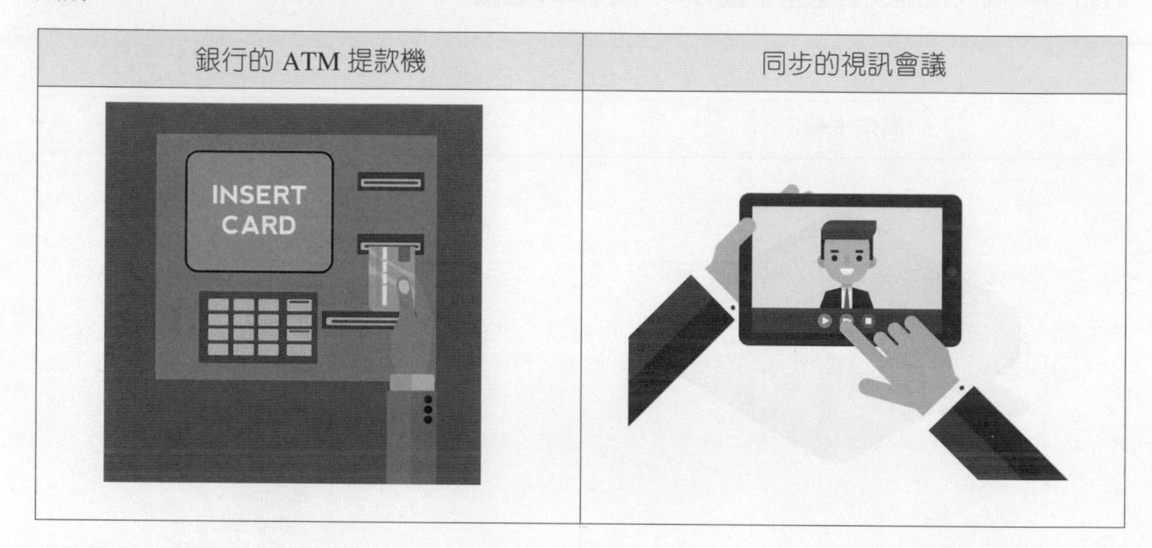

注意 ⏭ **即時處理系統**一定是連線系統；但連線系統不一定是**即時處理系統**。

特性 ⏭ **回應時間極短**。

優點 ⏭ 系統可以**即時回覆使用者需求**。

缺點 ⏭ 相較於其他處理系統，**成本最高**。

單元評量

1. (　　)有關「即時處理系統」之敘述，下列何者比較不正確呢？
   (A) 即時處理系統一定是連線系統　(B) 連線系統不一定是即時處理系統
   (C) 時效性比較差　(D) 回應時間極短
2. (　　)關於「即時處理系統」適用時機之敘述，下列何者不正確呢？
   (A) 學校每月對每一位員工匯入薪資
   (B) 線上訂票系統或國軍的飛彈防禦系統
   (C) 銀行的 ATM 提款機必須要即時回覆使用者的提款需求
   (D) 同步的視訊會議與同步討論互動等功能

1-5-2-4 交易處理系統(Transaction Processing System, TPS)

定義 ⏭ 是指用來處理**日常例行性交易資料**的自動化系統。

目的 ⏭ 1. 支援**經常性**的**交易處理作業**。

2. **節省**交易處理所需的**人事成本**。

3. **提高**交易處理的**正確性**。

4. **增加**交易處理的**效率**。

適用時機 ⏭ 1. **重複性高**的作業。

2. **複雜性大**的作業。

3. **資料量大**的作業。

4. **經常性高**的作業。

例如 1 ⏭ **大賣場**的**收銀交易系統**。

例如 2 ⏭ **銀行櫃台**的**交易作業**。

例如 3 ⏭ **航空公司**的**訂票系統**。

圖解 ⏭

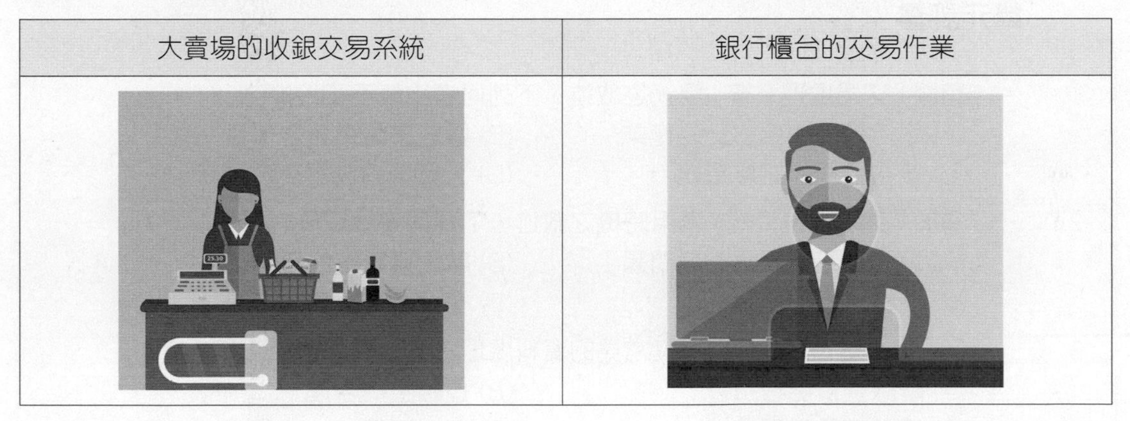

特性 ⏭ 可以處理**例行性**、**重複性**的資料。

與企業組織關係 ⏭ 它屬於企業組織中的「**作業階層**」。

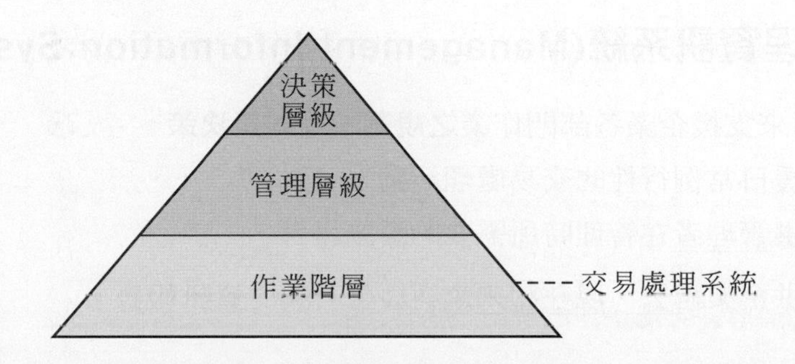

常見的資料處方式 ⏭

1. **離線整批處理**。
2. **連線整批處理**。
3. **線上交易處理 (OLTP)**。

圖解 ⏭

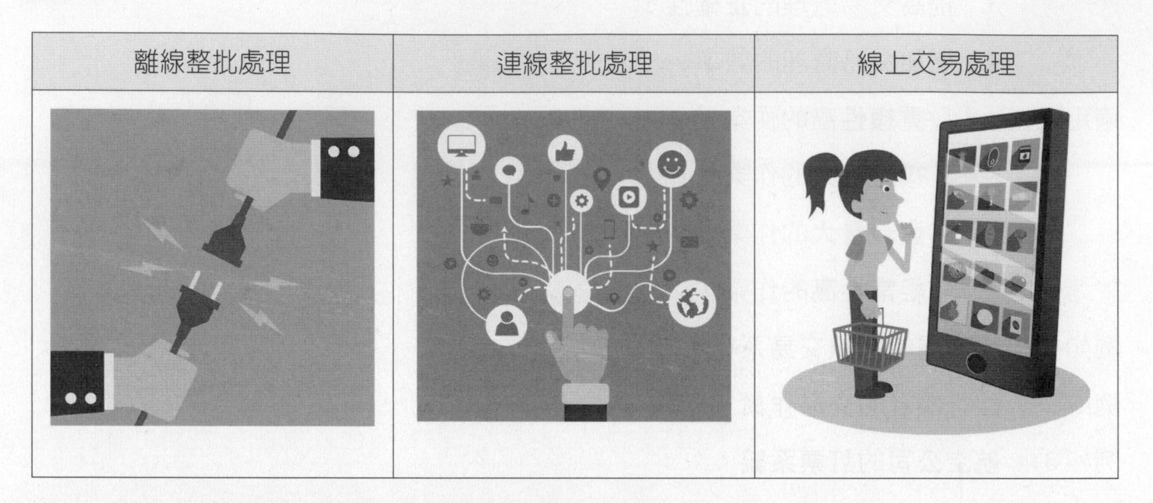

單元評量

1. (　　)有關「交易處理系統」用途之敘述，下列何者比較不正確呢？
   (A) 銀行櫃台小姐的交易作業　(B) 數位學習系統之學習歷程分析
   (C) 航空公司的訂票系統　(D) 大賣場的收銀交易系統
2. (　　)關於「交易處理系統」適用時機之敘述，下列何者不正確呢？
   (A) 協助決策者面臨突發問題　(B) 龐大資料量的作業
   (C) 高重複性的作業　(D) 需要複雜計算的作業
3. (　　)在「交易處理系統」中，其常見的資料處理方式，下列何者正確呢？
   (A) 離線整批處理　(B) 連線整批處理
   (C) 線上交易處理 (OLTP)　(D) 以上皆是

1-5-2-5 管理資訊系統(Management Information System, MIS)

定義 ⏭ 是指用來支援企業各部門作業之**規劃**、**控制與決策**。

目的 ⏭ 1. 支援日常例行性的交易處理活動。

2. **提供**管理者在管理時所需要的**資訊報表**。

適用時機 ⏭ 提供企業過去、現在和未來與經營有關的**資訊報表**。

例如 1 ⏭ 學校中的數位學習系統 (e-Learning)。

例如 2 ⏭ 企業中的企業資源規劃系統 (Enterprise Resource Planning, ERP)。

圖解 ⏭

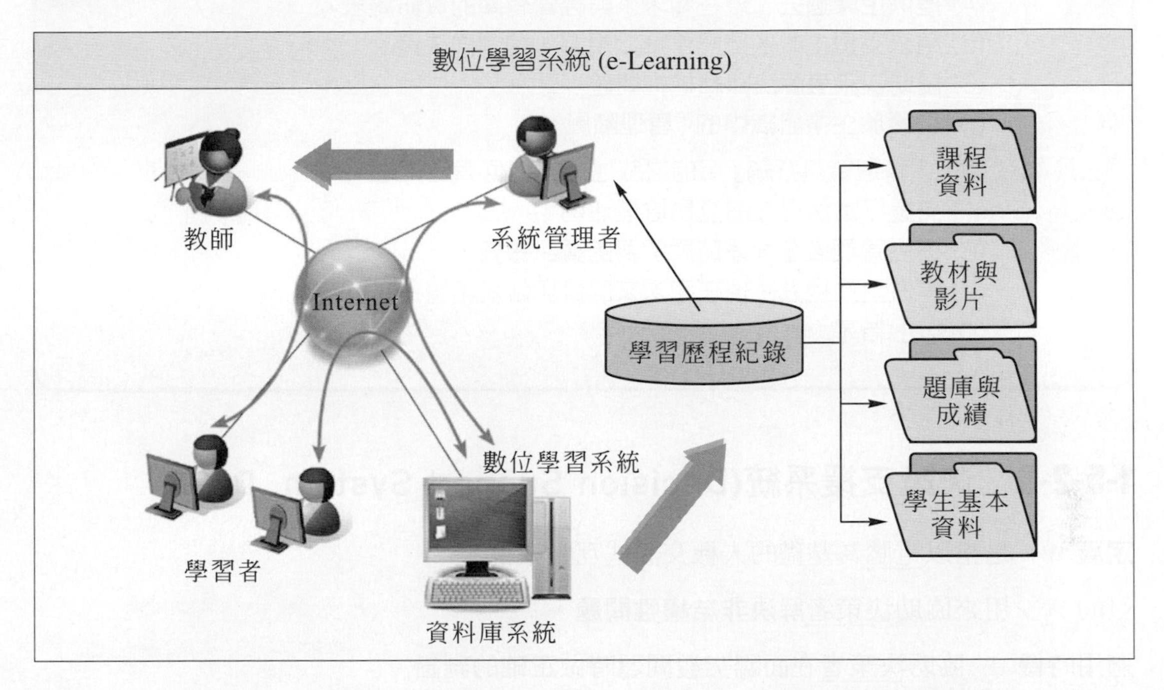

說明 ⏭ 在上圖中，「**學習者**」可以透過電腦網路連到遠端的**數位學習系統 (Learning Management System)** 來閱讀「**數位教材**」及進行相關的學習活動；而 LMS 平台就會將學習者的學習歷程加以記錄，「**教師**」也可以透過網路連結到遠端的 LMS 來檢視學習者平時的學習記錄，以作為評量的依據。

特性 ⏭ 支援管理階層的規劃與控制。

與企業組織關係 ⏭ 它屬於企業組織中的「**管理階層**」。

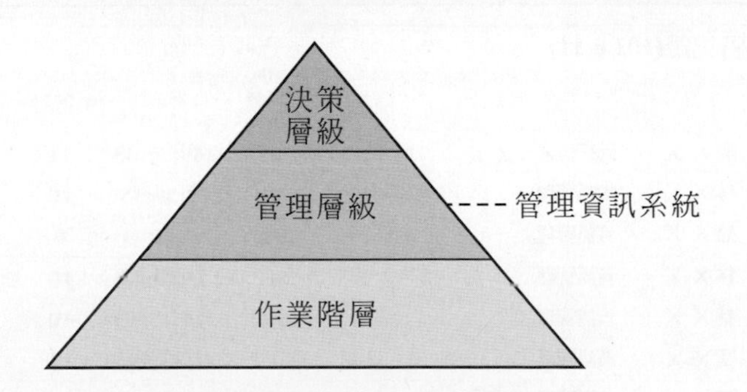

說明 ⏭ 此種資訊系統除了具有「交易處理系統」功能之外，它還具有**整合性功能**，換言之，它可以將整個企業的相關資訊集中在一起，並建立一個具有**完整性**、**一致性**及**安全性的資料庫系統**，除了可以即時處理企業各部門資料之外，還可以提供資訊給管理者，作為參考的依據。

單元評量

1. (　　)有關「管理資訊系統」用途之敘述，下列何者比較不正確呢？
   (A) 提供企業過去、現在和未來與經營有關的資訊報表
   (B) 用來支援企業各部門作業之規劃、控制與決策
   (C) 協助決策者解決非結構性問題
   (D) 它屬於企業組織中的「管理階層」
2. (　　)關於「管理資訊系統」目的之敘述，下列何者正確呢？
   (A) 支援日常例行性的交易處理活動
   (B) 提供管理者在管理時所需要的資訊報表
   (C) 提供企業過去、現在和未來的資訊報表給管理者參考
   (D) 以上皆是

1-5-2-6 決策支援系統(Decision Support System, DSS)

定義 是指以電腦為基礎的人機交談式互動系統。

目的 用來協助決策者**解決非結構性問題**。

適用時機 協助決策者在面臨突發問題時做**正確的判斷**。

例如 1. 學生**性向分析**。
2. 學生學習**成就分析**。
3. 數位學習系統之**學習歷程與成效分析**。

圖解

學習歷程與成效分析

全部同學的[學習歷程]記錄(102-6-11)

項次	帳號	姓名	單位	討論	閱讀次數	閱讀時間	作業(11)	分組作業(2)	問卷(2)	測驗(13)
1	40100127	陳ＸＸ	跨校選修　ＸＸ	2	46	2349:30:03	11	2	2	1
2	m0111101	林ＸＸ	資訊管理	4	63	163:59:35	10	2	2	1
3	m0111102	鄭ＸＸ	資訊管理	2	564	140:44:01	8	2	1	1
4	m0111103	林ＸＸ	資訊管理	5	38	147:20:00	10	2	2	5
5	m0111104	蔡ＸＸ	資訊管理	9	160	5711:33:13	10	2	2	2
6	m0111106	蔡ＸＸ	資訊管理	11	43	21:23:49	11	2	2	1
7	m0111108	陳ＸＸ	資訊管理	7	9	21:30:30	5	2	2	1
8	m0111109	張ＸＸ	資訊管理	3	17	05:03:53	10	2	1	1
9	m0111110	李ＸＸ	資訊管理	10	108	27:12:44	11	2	1	2
10	m0111111	吳ＸＸ	資訊管理	3	21	08:49:27	7	2	1	1

特性 ⏭ 1. 重點在**支援而非取代決策**。

2. 重點在**決策而非交易處理**。

與企業組織關係 ⏭ 它屬於企業組織中的「**決策階層**」。

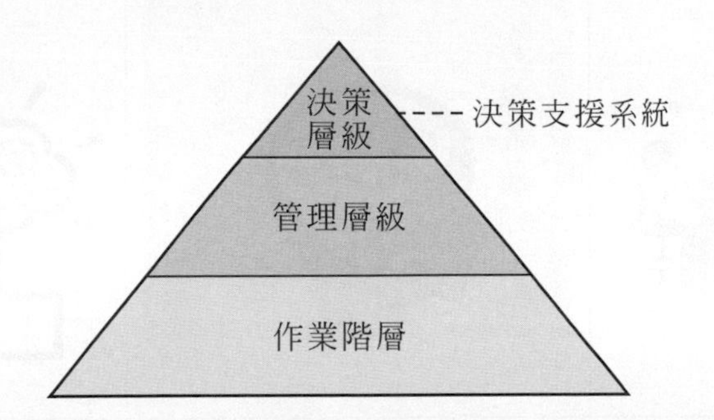

單元評量

1. (　　)有關「決策支援系統」用途之敘述，下列何者比較不正確呢？
(A) 學生性向分析　(B) 數位學習系統之學習歷程分析
(C) 學生學習成就分析　(D) 大賣場的收銀交易系統

2. (　　)關於「決策支援系統」之敘述，下列何者正確呢？
(A) 重點在支援而非取代決策　(B) 重點在處理龐大資料作業
(C) 重點在減少重複性的作業　(D) 重點在計算複雜問題

1-5-2-7 專家系統(Expert System, ES)

定義 ⏭ 是指將專家的**知識與經驗**建構到電腦的「知識庫」中，並且具有推理與判斷能力的電腦化系統。

目的 ⏭ 1. 用來**蒐集並保存**專家知識與經驗，**避免專家衰老病死**。

2. 提供半專家級的工作者提昇為專家級的專業知識與經驗。

適用時機 ⏭ 1. 針對某一**特殊專業領域**。

2. 處理**半結構化決策問題**。

例如 ⏭ **排課系統、高鐵或台鐵列車排班系統**。

具備三要素 ⏭ 1. 蒐集並儲存領域專家級知識。

2. 模擬專家思維方式。

3. 系統達到專家級的水準。

圖解 ▶▶|

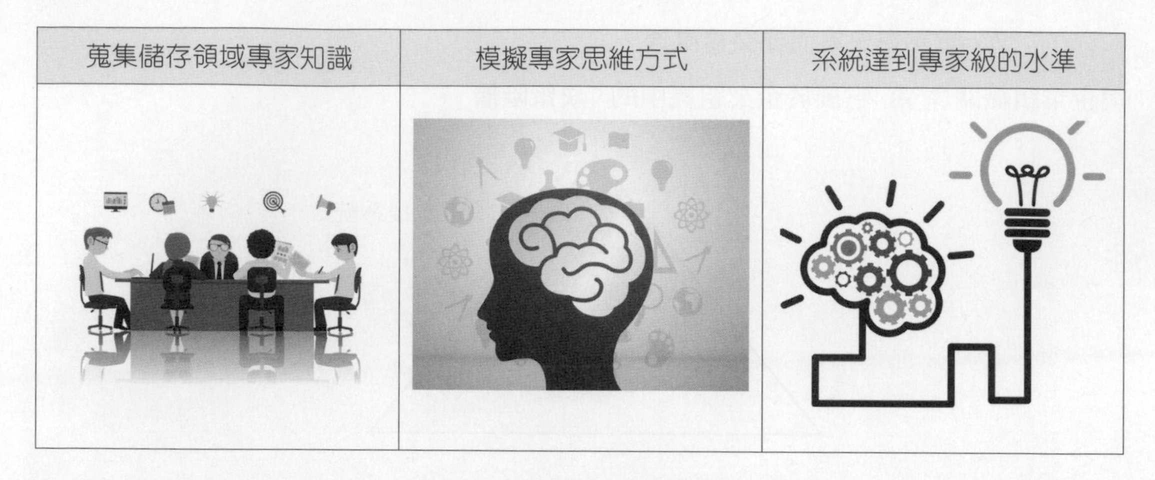

蒐集儲存領域專家知識	模擬專家思維方式	系統達到專家級的水準

系統架構 ▶▶| 一個完整的**專家系統**必須要**具備四項子系統**：

1. **知識庫 (Knowledge base)**：是指用來儲存專家的知識 (法則與事實)。
2. **推理機 (Inference Engine)**：是指將知識庫中的法則與事實進行推理、解釋，並形成結論。
3. **使用者介面 (User interface)**：提供自然語言介面。
4. **知識擷取子系統**：收集專家的專業知識。

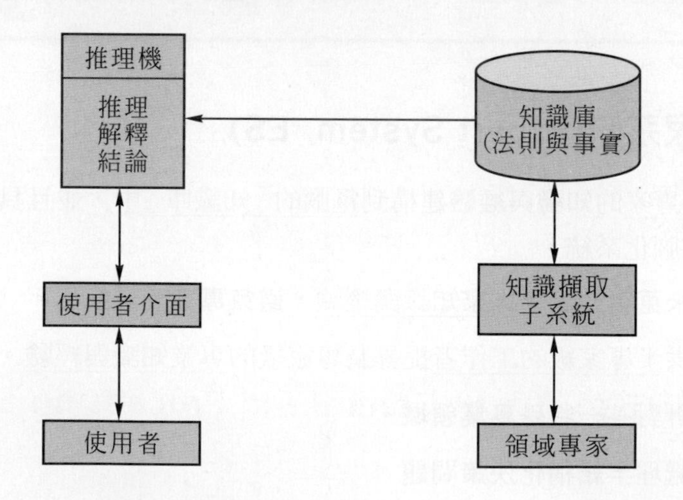

特性 ▶▶| 是由一連串的 “if/then/else” 所組成。

與企業組織關係 ⏭ 它屬於企業組織中的「**決策階層**」。

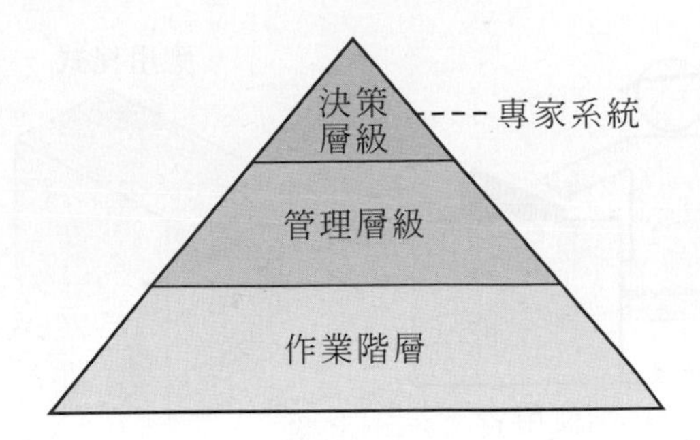

特色 ⏭

1. 結合專家的知識。
2. 對於**常識性問題**的判斷並**不理想**。
3. 支援使用者做**建議性的決策**，而**非最佳解**。

單元評量

1. (　　)有關「專家系統」之敘述，下列何者比較不正確呢？
   (A) 用來支援企業各部門作業之規劃、控制與決策
   (B) 針對某一特殊專業領域
   (C) 它屬於企業組織中的「決策階層」
   (D) 具有推理、判斷能力的電腦化系統
2. (　　)一個完整的專家系統必須要具備四項子系統，請問下列何者不是呢？
   (A) 知識庫 (Knowledge base)
   (B) 推理機 (Inference Engine)
   (C) 使用者介面 (User interface)
   (D) 知識管理 (Knowledge Manager)

1-5-2-8　集中式處理系統(Centralized Processing System)

定義 ⏭ 是指資料庫系統與應用程式同時集中於同一台主機上執行，並且以此主機擔任所有資料的「計算處理」與「使用者介面處理」。

適用時機 ⏭ 沒有網路的環境，或只有一台主機的情況。

架構圖 ⏭

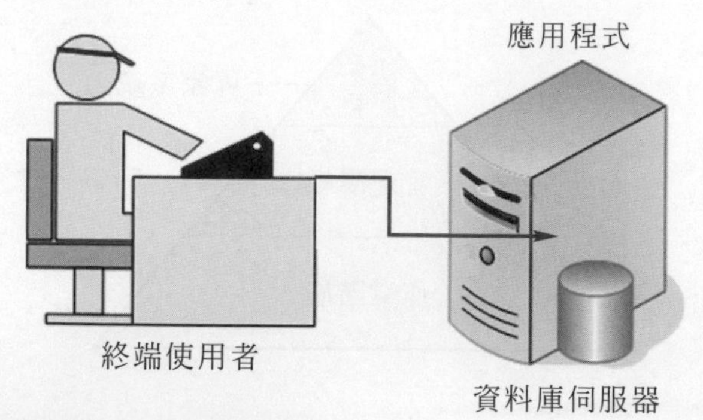

優點 ⏭ 1. 資料**保密性高**。(安全性高)

2. **運作模式**比較**單純**。(容易操作)

3. 可以**完全控制**電腦上的**所有資源**。(容易管理)

4. 可以確保資料**完整性與一致性**。(完整性與一致性)

缺點 ⏭ 1. 資料庫系統**不易與組織一起成長**。(亦即中大型公司無法適用)。

2. 當使用者**人數增加時，主機無法負荷，導致效能降低**。

單元評量

1. (　　) 有關資料庫的「單機架構」之描述，下列何者正確？
 (A) 主機中只有資料庫系統
 (B) 主機中只有應用程式
 (C) 資料庫系統與應用程式同時集中於同一台主機上執行
 (D) 資料庫系統與應用程式不一定要同時集中於同一台主機上執行
2. (　　) 有關資料庫的「單機架構」之缺點，下列何者正確？
 (A) 資料庫系統不易與組織一起成長　(B) 資料無法分享
 (C) 容易造成資料的重複　(D) 以上皆是

1-5-2-9 主從式處理系統(Client-Server Processing System)

定義 ⏭ 是指資料庫系統獨立放在一台「資料庫伺服器」中，而使用者利用本機端的應用程式，並透過網路連接到後端的「資料庫伺服器」。

適用時機 ⏭ **區域性的網路環境**，亦即公司內部的資訊系統的資料庫架構。

架構圖 ⏭

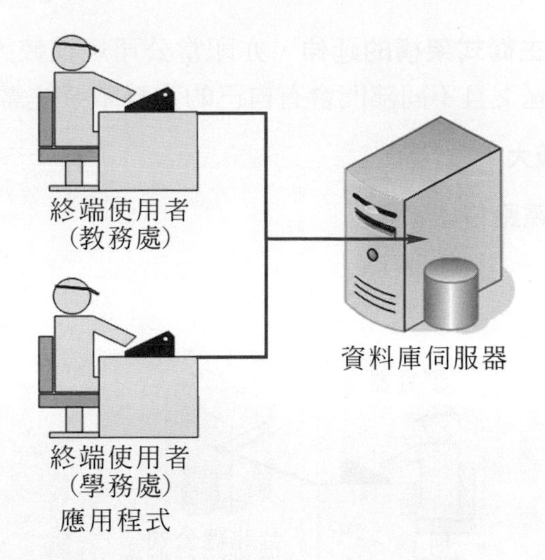

優點 ⏭ 1. **避免資料的重複 (Redundancy)**

亦即相同的資料，只要輸入一次即可。例如：學校只要建立「學籍資料」就可以同時提供給「教務處」與「學務處」使用。

2. **達成資料的一致性 (Consistency)**

亦即透過資料集中管理，來避免資料重複，進而達到資料的一致性。

3. **達成資料共享 (Data Sharing)**

亦即透過資料集中化的機制來分享給相關部門的使用者。

缺點 ⏭ **更新版本或修改時**，必須要**花費較長時間**。

因為使用者本機端的應用程式都必須要一一**重新安裝**。

單元評量

1. (　　)有關資料庫的「主從式架構」之描述，下列何者正確？
   (A) 主機中只有資料庫系統　(B) 使用者的本機端只有應用程式
   (C) 適用於區域性的網路環境　(D) 以上皆是
2. (　　)有關資料庫的「主從式架構」之缺點，下列何者正確？
   (A) 更新版本或修改時，必須要花費較長時間
   (B) 資料無法分享
   (C) 容易造成資料的重複
   (D) 以上皆是
3. (　　)有關資料庫的「主從式架構」之優點，下列何者不正確？
   (A) 避免資料的重複　(B) 達成資料的一致性
   (C) 容易造成資料的重複　(D) 達成資料共享

1-5-2-10 分散式處理系統(Distributed Processing System)

定義 ▶▶| 分散式架構是**主從式架構的延伸**，亦即當公司規模較大時，則各部門可能會分佈於不同地區；且不同部門會有自己的資料庫系統需求。

適用時機 ▶▶| **公司規模較大**。

例如 ▶▶| 自動櫃員機、鐵路售票系統。

架構圖 ▶▶|

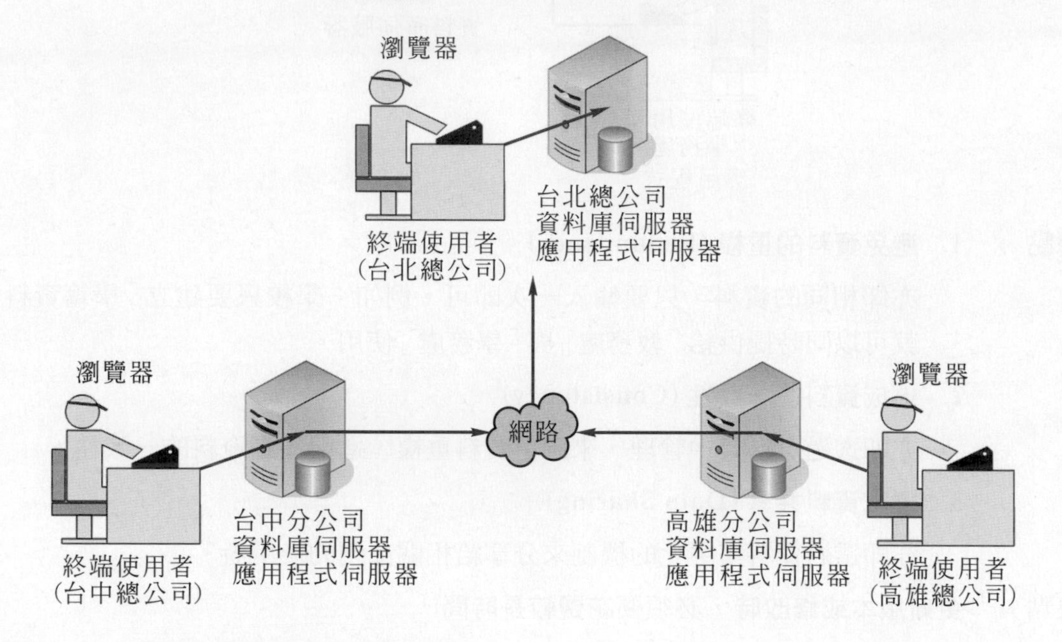

優點 ▶▶| 1. 資料處理速度快，效率佳。
2. 較不易因使用者增加而效率變慢。
3. 達到資訊分享的目的。
4. 適合分權式組織型態。
5. 整合各種資料庫。
6. 適應組織成長需要。
7. 利用資訊分享來減少溝通成本。
8. 平行處理以增加績效。
9. 整合異質電腦系統(即不同廠牌，不同硬體)。
10. 減少主機的負荷。

缺點 ▶▶| 資料分散在不同地方，**容易造成資料不一致的現象**。

單元評量

1. (　　)有關資料庫的「分散式架構」之描述，下列何者正確？
   (A) 分散式架構是主從式架構的延伸
   (B) 不同部門就會有自己的資料庫系統需求
   (C) 適用於公司規模較大者
   (D) 以上皆是
2. (　　)有關資料庫的「分散式架構」之優點，下列何者不正確？
   (A) 不易整合各種資料庫
   (B) 達到資訊分享的目的
   (C) 減少主機的負荷
   (D) 較不易因使用者增加而效率變慢
3. (　　)有關「分散式資料庫」的敘述，下列何者正確？
   (A) 資料庫分佈於不同的電腦
   (B) 使用者分佈在各地
   (C) 資料庫由多個 CPU 處理
   (D) 資料庫分別儲存在不同的磁碟機內

1-5-3 資訊系統開發模式

引言 ⏭ 在我們要開發資訊系統時，必須要考量開發時所使用的模式，因為不同的開發模式，適用於不同情況的系統開發。

種類 ⏭

1. **瀑布模式** (Waterfall Model)：建立嚴謹、標準的發展程序（**最常被使用**）。
2. **雛型模式** (Prototyping Model)：快速的系統發展，**降低風險**。
3. **漸增模式** (Incremental Model)：開發週期可**反覆進行**。
4. **螺旋模式** (Spiral Model)：**兼具**瀑布模式與雛型模式的**優點**。
5. **同步模式** (Concurrent Model)：可使**開發時間縮短**，以**提高產品的競爭力**。

【註】以上五種開發模式會在第二章詳細的介紹與說明。

圖解 ⏭

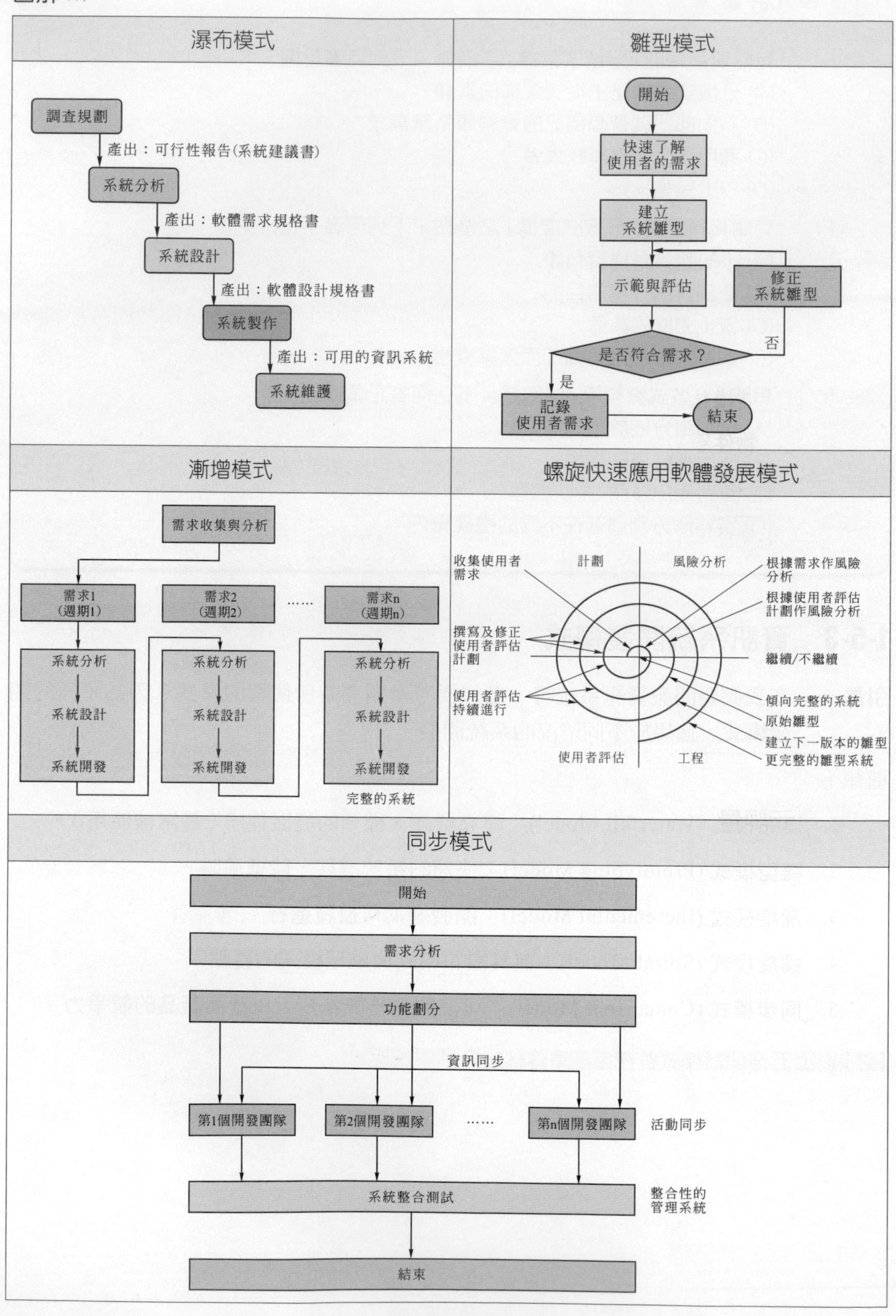
瀑布模式
調查規劃
產出：可行性報告(系統建議書)
系統分析
產出：軟體需求規格書
系統設計
產出：軟體設計規格書
系統製作
產出：可用的資訊系統
系統維護
雛型模式
開始
快速了解使用者的需求
建立系統雛型
示範與評估
修正系統雛型
是否符合需求？
否
是
記錄使用者需求
結束
漸增模式
需求收集與分析
需求1 (週期1)
需求2 (週期2)
需求n (週期n)
系統分析
系統設計
系統開發
完整的系統
螺旋快速應用軟體發展模式
收集使用者需求
計劃
風險分析
根據需求作風險分析
根據使用者評估計劃作風險分析
撰寫及修正使用者評估計劃
繼續/不繼續
使用者評估持續進行
傾向完整的系統
原始雛型
建立下一版本的雛型
更完整的雛型系統
使用者評估
工程
同步模式
開始
需求分析
功能劃分
資訊同步
第1個開發團隊
第2個開發團隊
第n個開發團隊
活動同步
系統整合測試
整合性的管理系統
結束

單元評量

1. (　　)有關「資訊系統開發模式」之種類，下列何者不正確呢？
(A) 瀑布模式　(B) 互動模式　(C) 雛型模式　(D) 螺旋模式
2. (　　)在下列的「資訊系統開發模式」中，哪一種模式最常被使用呢？
(A) 瀑布模式　(B) 同步模式　(C) 雛型模式　(D) 螺旋模式

1-5-4 資訊系統開發技術

引言 系統分析師在開發資訊系統之前，必須要考量開發資訊系統時所使用的技術，而且每一種開發技術都有它的優缺點。

種類 1. **結構化技術**：「資料」與「處理程序」分開處理。
2. **物件導向技術**：「資料」與「處理程序」合併處理。

圖解

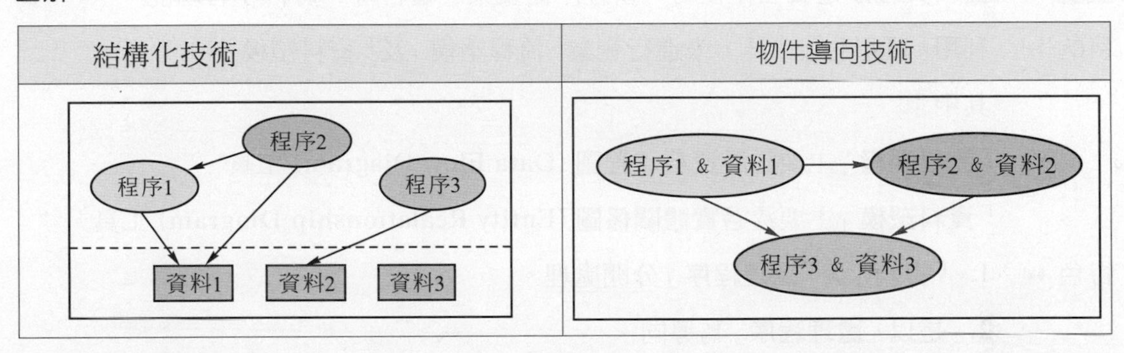

單元評量

1. (　　)有關「資訊系統開發技術」中的「結構化技術」之敘述，下列何者正確呢？
(A)「資料」與「處理程序」分開處理　(B)「資料」與「處理程序」合併處理
(C)「資料」與「資訊」分開處理　(D)「資料」與「資訊」合併處理
2. (　　)有關「資訊系統開發技術」中的「物件導向技術」之敘述，下列何者正確呢？
(A)「資料」與「處理程序」分開處理　(B)「資料」與「處理程序」合併處理
(C)「資料」與「資訊」分開處理　(D)「資料」與「資訊」合併處理

1-5-4-1 結構化技術

定義 ⏭ 是指將「**資料**」與「**處理程序**」分開處理。

其中：

「**資料**」是指程式運作時所需之資料結構、區域變數、全域變數、檔案…等。

「**處理程序**」則是指程式運作或執行之程式碼或指令碼的片段。

圖解 ⏭

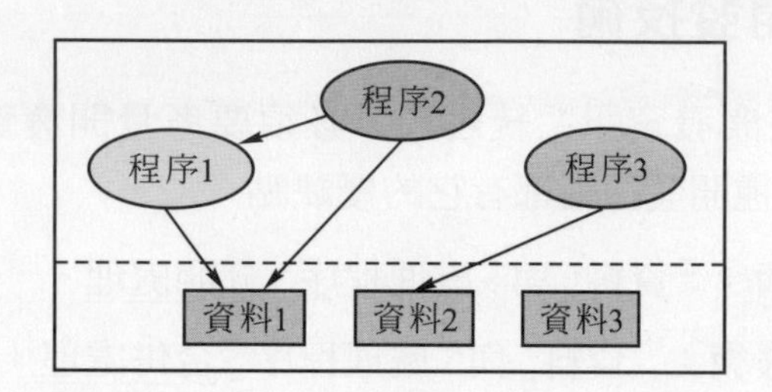

說明 ⏭ **資料**與**程序**是獨立存在的，當程序需要某一資料時，資料才有功能。

目的 ⏭ 利用「圖形化」工具，來進行企業「流程塑模」及「資料塑模」。

其中：

「**流程塑模**」主要透過**資料流程圖 (Data Flow Diagram)** 工具。

「**資料塑模**」主要透過**實體關係圖 (Entity Realationship Diagram)** 工具。

特色 ⏭

1. 「**資料**」與「**處理程序**」分開處理。
2. 是以「**處理程序**」為導向。
3. 是一種「**由上而下**」的設計技巧。
4. **容易學習**。

單元評量

1. (　　) 有關「結構化技術」之敘述，下列何者正確呢？
   (A) 資料與處理程序分開處理　(B) 流程塑模主要透過資料流程圖
   (C) 資料塑模主要透過實體關係圖　(D) 以上皆是
2. (　　) 關於「結構化技術」之特色，下列何者不正確呢？
   (A) 資料與處理程序分開處理　(B) 是以「處理程序」為導向
   (C) 是一種「由下而上」的設計技巧　(D) 容易學習，但是比較難用

1-5-4-2 物件導向技術

定義 ⏭ 是指將「**資料**」與「**處理程序**」合併處理，並將之封裝成物件。

其中：

「**資料**」是指程式運作時所需之資料結構、區域變數、全域變數、檔案…等。

「**處理程序**」則是指程式運作或執行之程式碼或指令碼的片段。

圖解 ⏭

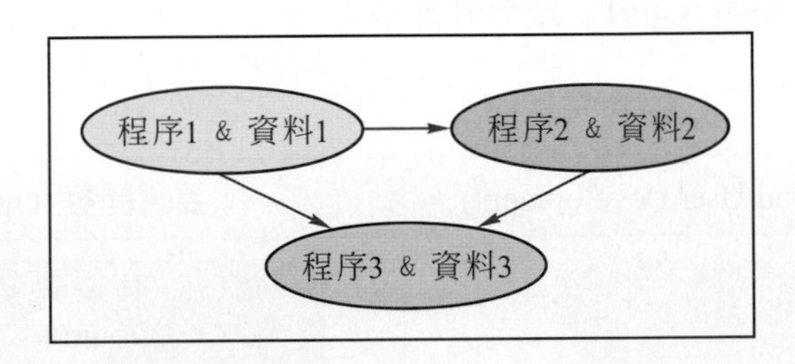

說明 ⏭ **資料與程序是合併在一起的。**

特色 ⏭ 1. 「**資料**」與「**處理程序**」合併處理。

2. 是以「**物件**」為導向。

3. 是一種「**由下而上**」的設計技巧。

4. **學習比較困難**。

單元評量

1. (　　) 有關「物件導向技術」之敘述，下列何者正確呢？
   (A) 資料與處理程序合併處理　(B) 資料與處理程序封裝成物件
   (C) 是以「物件」為導向　(D) 以上皆是

2. (　　) 關於「物件導向技術」之特色，下列何者不正確呢？
   (A) 資料與處理程序合併處理　(B) 是以「物件」為導向
   (C) 是一種「由上而下」的設計技巧　(D) 學習比較困難，但是容易使用

1-5-5 資訊系統開發策略

引言 ⏭ 當公司組織中有資訊系統需求時，如果目前市面上的現成「套裝軟體」無法符合使用者需求時，公司就必須要從「**成本、時效、適用性等因素**」來考慮，要使用哪一種策略。

策略之種類 ⏭

1. **使用者自行開發** (End User Development)：公司**內部**獨立完成。
2. **委外開發** (Outsourcing)：公司**外部**取得。

圖解 ⏭

單元評量

1. (　　) 有關「資訊系統開發策略」有哪些考慮因素，下列何者正確呢？
   (A) 成本　(B) 時效　(C) 適用性　(D) 以上皆是
2. (　　) 關於「資訊系統開發策略」之種類，下列何者正確呢？
   (A) 自行開發　(B) 套裝軟體　(C) 委外開發　(D) 以上皆是

1-5-5-1 使用者自行開發(End User Development)

定義 ⏭ 是指由**公司內部的「資訊部門」**獨立發展完成的資訊系統。

優點 ⏭

1. **適用性最佳**：可以依照實際需要的需求量身訂作。
2. **彈性較高**：系統的修改與維護較有彈性。

缺點 ⏭

1. **成本最高**：公司需要投資的人事成本較高。

2. **時效最差**：專業資訊人才的培訓與整合時間最長。

適用時機 ⏭ 1. **公司內部有資訊人才**（系統分析師、資料庫管理師及程式設計師）。

2. **非急迫性的資訊系統**（資訊人才的培訓時間最長）。

3. **資訊需求比較特殊**（可能每年會異動部分功能）。

4. **資訊系統功能較單純**（針對單一需求來設計）。

例如 ⏭ 大專院校的「選課系統」、「排課系統」及「會計系統」等系統。

示意圖 ⏭

單元評量

1. (　　) 有關「自行開發 (End User Development)」之敘述，下列何者不正確呢？
   (A) 公司「資訊部門」獨立發展完成　(B) 適用急迫性高的資訊系統
   (C) 資訊系統功能較單純　(D) 系統的修改與維護較有彈性
2. (　　) 關於「自行開發 (End User Development)」的優缺點之敘述，下列何者正確呢？
   (A) 適用性最佳　(B) 彈性較高　(C) 人事成本較高　(D) 以上皆是

1-5-5-2　委外開發（Outsourcing）

定義 ⏭　是指公司委託外部的「**資訊公司**」發展完成的資訊系統。

資訊委外的範圍 ⏭　1. **資訊中心**委外。

2. **資訊系統**委外。

圖解 ⏭

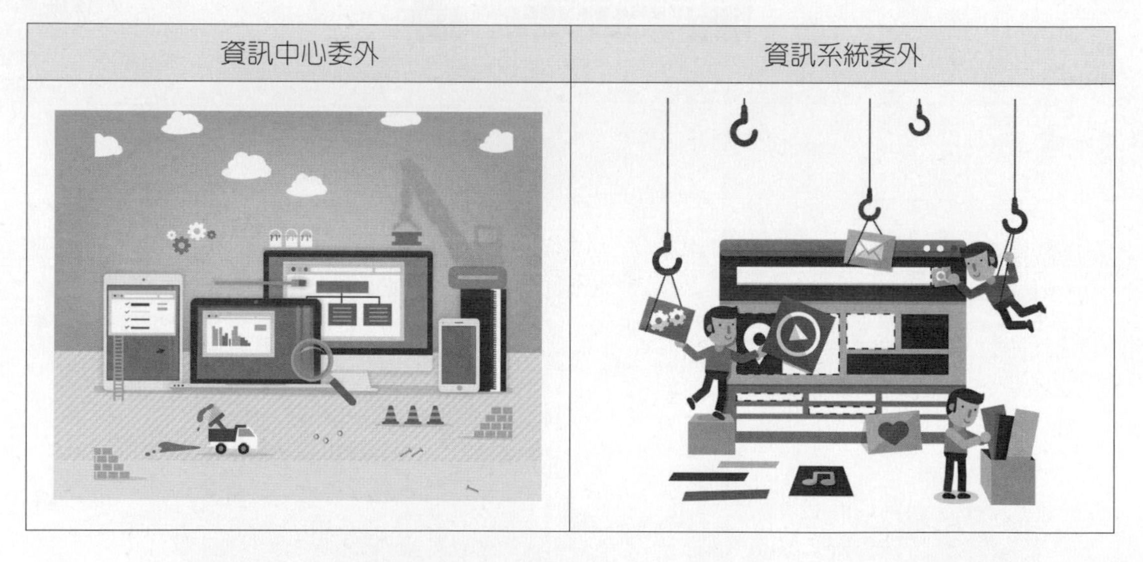

優點 ⏭　1. **經濟上**：節省資訊人員之人事成本。

2. **技術上**：較容易取得新技術。

3. **管理上**：集中心力在企業核心活動上，不需花費時間在 IT 開發。

4. **時效上**：由專業的「資訊公司」發展，可以快速完成系統的建置。

缺點 ⏭　**彈性較小**，亦即**系統無法讓公司自行修改與維護**。

適用時機 ⏭ 1. **公司內部沒有資訊人才**(專業資訊公司人才較多)。

2. **急迫性高的資訊系統**(專業資訊公司開發速度較快速)。

3. **資訊需求一般性**(例如:ERP 大部分企業皆適用)。

4. **資訊系統功能較複雜**(例如:ERP 必須要整合各部門的資訊)。

例如 ⏭ 大專院校的「數位學習 (e-Learning) 系統」及企業的「企業資源規劃 (ERP) 系統」。

示意圖 ⏭ 數位學習系統 (e-Learning)

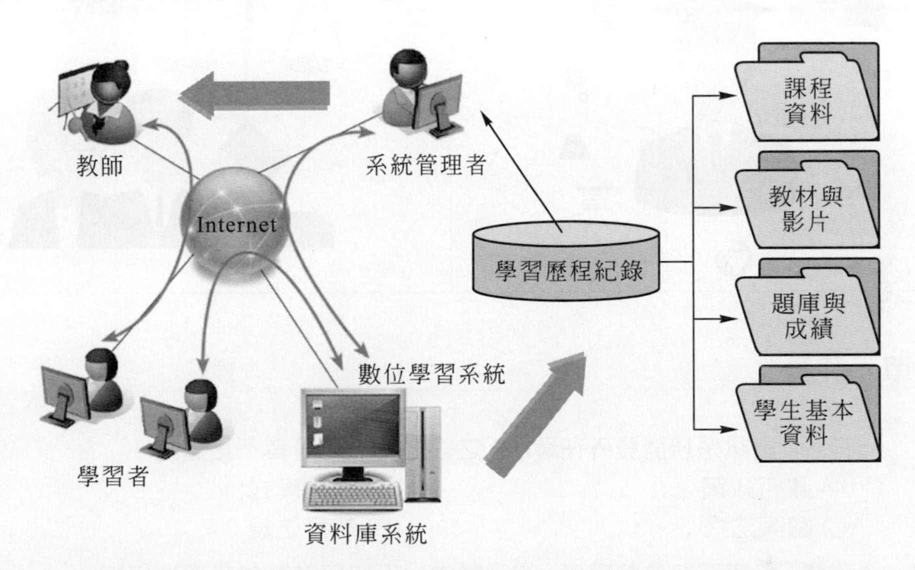

單元評量

1. ( )有關「委外開發 (Outsourcing)」之敘述,下列何者正確呢?
   (A) 公司「資訊部門」獨立發展完成 (B) 較不具急迫性的資訊系統
   (C) 資訊系統功能較單純 (D) 系統的修改與維護較有彈性

2. ( )關於「委外開發 (Outsourcing)」的優缺點之敘述,下列何者正確呢?
   (A) 適用性最佳 (B) 彈性較高
   (C) 時效最佳 (D) 人事成本較高

1-5-6 資訊系統開發外在環境

引言 ⏭ 一個資訊系統在開發之前，必須要先行**了解現行的外在環境的因素**。

例如 ⏭ **政府政策、法令與社會文化、教育**等限制。

圖解 ⏭

單元評量

1. (　　)有關「資訊系統開發外在環境」之敘述，下列何者不正確呢？
   (A) 政府政策　(B) 開發模式
   (C) 國家法令　(D) 教育法規
2. (　　)有關「資訊系統開發環境」的因素中，下列何者屬於外部環境呢？
   (A) 開發技術　(B) 開發模式
   (C) 社會文化　(D) 開發人員

基本題

1. 請問，在「知識經濟」的競爭環境中，企業面對哪些競爭壓力，才使企業不得不整合資訊系統呢？請說明這些壓力的種類。
2. 請繪出「資訊系統與企業組織」的關係圖。並請說明資訊系統必須要為每一層級提供哪些資訊呢？
3. 請繪出企業組織中，各階層所對映的資訊系統有哪些呢？
4. 請問，一個完整的「電腦化資訊系統」，其組成要素有哪些呢？
5. 請問，一套功能完整的「資訊系統開發」過程，往往會面臨到哪些內、外不同因素影響環境呢？
6. 請問，開發一套「資訊系統」時，除了軟、硬體之外，還必須要有哪些人員的參與呢？
7. 請問，目前「資訊系統開發」有哪些種類呢？請依照「作業面」、「功能面」、「架構面」來區分。
8. 請您針對「批次處理系統」再舉日常生活中的例子。至少四項。
9. 請您針對「即時處理系統」再舉日常生活中的例子。至少四項。
10. 請您針對「連線處理系統」再舉日常生活中的例子。至少三項。
11 請列出 (1) 批次處理系統 (2) 連線處理系統 (3) 即時處理系統等三種「作業方式」的適用時機。
12. 請列出 (1) 交易處理系統 (2) 管理資訊系統 (3) 決策支援系統 (4) 專家系統等四種「功能面」的適用時機。
13. 請繪出「專家系統」的系統架構，並請說明四項子系統。
14. 請列出 (1) 集中式處理系統 (2) 主從式處理系統 (3) 分散式處理系統等三種架構的適用時機。
15. 請問，目前有關「資訊系統開發技術」，大致上可以分為哪兩大類呢？請說明其主要的不同點。
16. 請問，目前有關「資訊系統開發策略」，大致上可以分為哪些種類呢？

題

進階題

1. 您認為系統分析人員至少要具備哪三種能力呢？
2. 請問，資訊系統開發過程有哪些挑戰？
3. 目前有愈來愈多的使用者 (end-user) 自行購買設備及撰寫系統，試說明使用者自行購買設備及撰寫系統具有何種風險？
4. 您認為，一套成功的資訊系統在開發時，應該要遵守哪些原則呢？
5. 您認為，在一個企業組織中，推動電腦化資訊系統失敗原因會有哪些因素呢？
6. 請列表比較「即時作業系統」與「批次作業系統」的差異。
7. 請列表比較「交易處理系統、管理資訊系統、決策支援系統及專家系統」在特性上的差異。

CHAPTER 2

資訊系統開發方法

本章學習目標

1. 讓讀者了解**資訊系統生命週期**中，每一階段所需要的**方法、工具及產出**。
2. 讓讀者了解**資訊系統的開發模式**之**適用時機、優缺點**。

本章學習內容

2-1 資訊系統生命週期概論

引言 ▶▶| 在這宇宙中，任何有生命的事物，都有它一定的生命週期，如人類的生命週期就是**出生**、**成長**、**成熟**、**老化及死亡**等**五個階段**；而資訊系統也不例外。

示意圖 ▶▶|

出生	成長	成熟	老化	死亡

資訊系統生命週期五個階段 ▶▶|

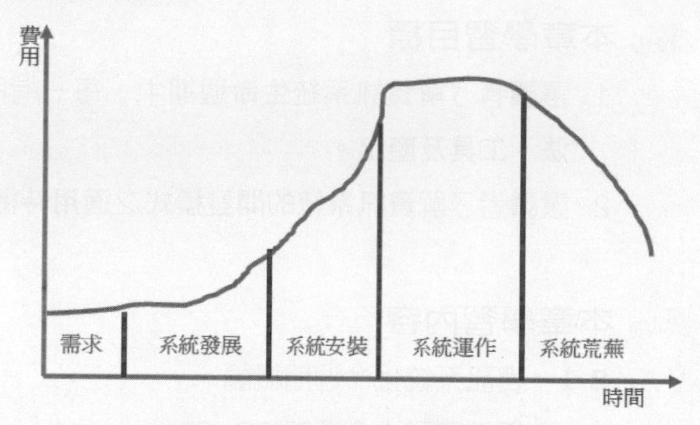

❖圖 2-1　資訊系統生命週期示意圖

1. 「需求」階段(Business Need)

定義 ▶▶| 在資訊化的環境中，各行各業都會將行政事務利用電腦來處理，以提昇行政效率。因此，使用者或主管就會有「**電腦化的需求**」。

例如 ▶▶| 在學校中，老師可以透過電腦來**處理學生的各項考試成績**。

圖示 ▶▶| 電腦化的需求

2. 系統「發展」階段(System Development)

定義 ⏭ 有需求就必須要蒐集相關的資料，並且進行**可行性分析**，如果**評估可行**，就可以開始「**發展所需要的系統**」。

例如 ⏭ 傳統的人工處理成績轉換成電腦自動處理所需的條件，如果可行的話，就可以自行開發或委外開發。

圖示 ⏭

3. 系統「安裝」階段(System Installation)

定義 ⏭ 在系統開發完成之後，就可以**實際安裝到使用者的環境中**，準備上線。

例如 ⏭ 將開發完成的學生成績處理系統實際提供給各使用者應用。

圖示 ⏭

4. 系統「運作」階段(System Operation)

定義 ⏭ 在安裝完成之後，使用者就可以實際上線運作一切的需求。然而在目前日新月異快速轉變的社會裡，商業需求隨時隨地在改變，所以系統也要更新維護。

例如 ⏭ 原本開發**單機版**的系統，為了因應網路時代，因此，必須再開發**網路版**或**行動版**的資訊系統提供給使用者。

圖示 ▶▶|

5. 系統「荒蕪」階段(System Obsolescence)

定義 ▶▶| 當系統運作若干時間之後，將會無法再滿足使用者的需求，此時系統就隨即進入荒蕪階段。

例如 ▶▶| 老師在使用「學生成績處理系統」一段時間之後，可能會有新的需求，如果沒有辦法加以維護的話，將會進入到第五階段(系統「荒蕪」階段)。

圖示 ▶▶|

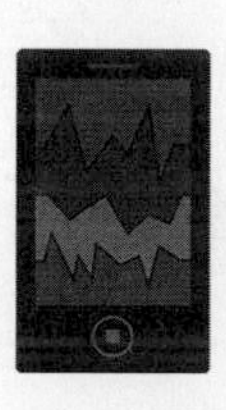
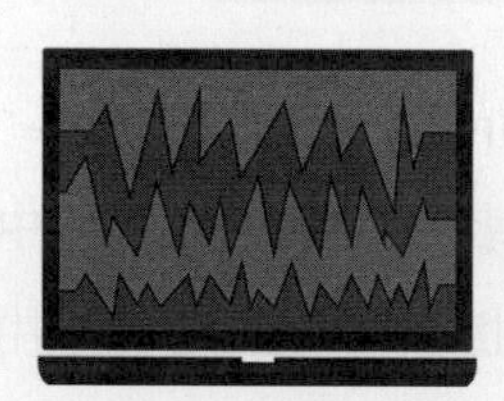
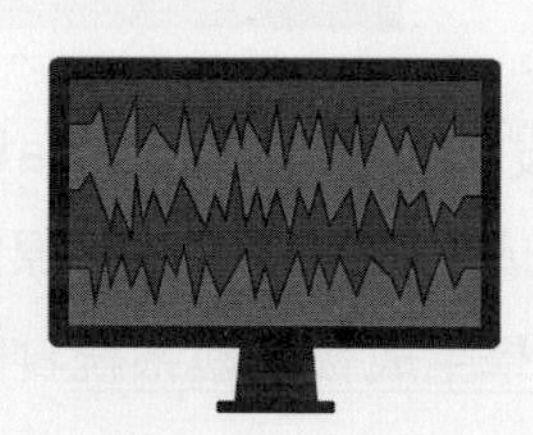
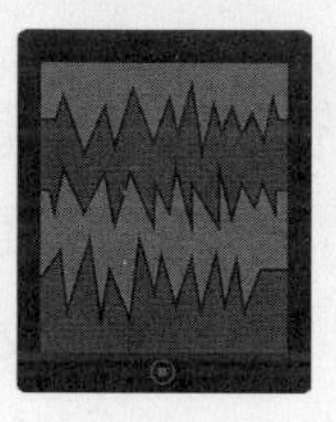

單元評量

1. (　　)關於「資訊系統生命週期的階段」之敘述，下列何者不正確呢？
   (A) 第一個階段為「需求」階段　(B) 第二個階段為「發展」階段
   (C) 第三個階段為「設計」階段　(D) 第四個階段為「運作」階段
2. (　　)請問，下列何者是「資訊系統生命週期」中的五個階段？
   (A) 需求 → 流程圖 → 撰寫程式 → 測試 → 編寫文件
   (B) 需求 → 發展 → 安裝 → 運作 → 荒蕪
   (C) 規劃 → 分析 → 設計 → 製作 → 維護
   (D) 企畫 → 設計 → 建模 → 剪接 → 特效
3. (　　)請問，當資訊系統已經過可行性分析，並且評估可行時，則此系統就隨即進入到什麼階段？
   (A) 發展階段　(B) 安裝階段　(C) 運作階段　(D) 荒蕪階段
4. (　　)請問，當資訊系統運作若干時間之後，將會無法再滿足使用者的需求，此時系統就隨即進入到什麼階段？
   (A) 發展階段　(B) 設計階段　(C) 維護階段　(D) 荒蕪階段

2-2 系統發展生命週期(SDLC)

定義 ⏭ **系統發展生命週期**(System Development Life Cycle, SDLC)是指用來描述資訊系統的開發步驟。

目的 ⏭ 1. 發展有用且系統生命週期較長的資訊系統。

2. 成功地導入企業組織中，以提升企業競爭優勢。

作法 ⏭ 從調查規劃／系統分析／系統設計／系統製作／系統維護等階段依序進行。

示意圖 ⏭

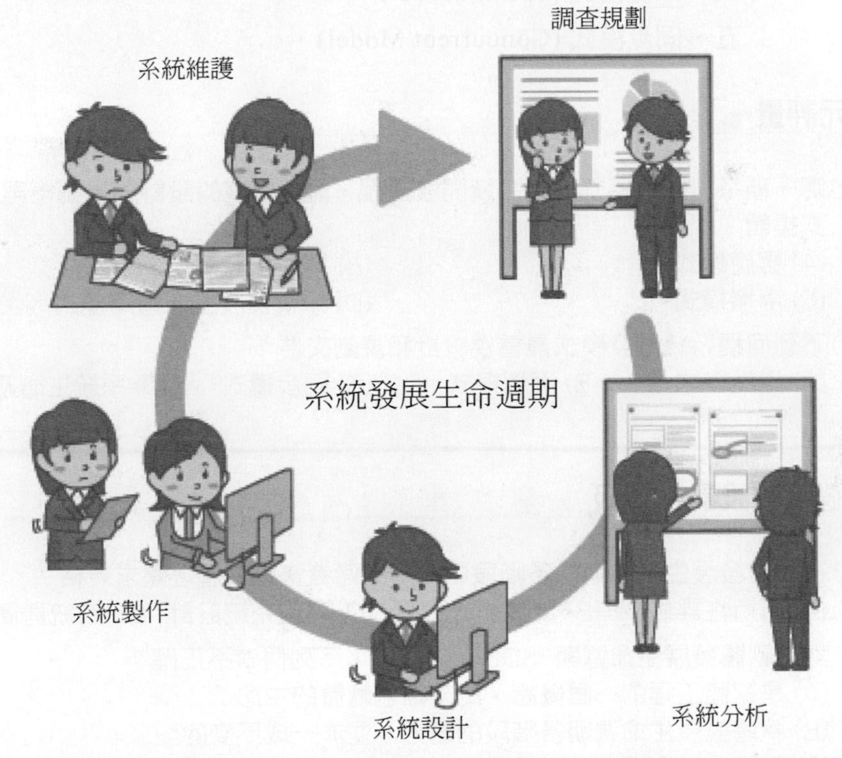

特性 ⏭ 1. 在整個系統發展生命週期中，每一階段皆有**明確的工作項目**及**嚴謹的文件產出**。

2. 每一個階段的轉移是**具有循序性關係**，亦即前一個階段完成之後，才能進行下一個階段工作。

3. 使用者只有參與「**調查規劃、系統分析、系統設計**」等三個階段。

優點 ⏭ 1. 每一個階段具有**嚴謹的標準化程序**。

2. 每一個階段皆有**產出嚴謹的文件**。

3. 系統開發人員可以參考標準程序，**較容易劃分人員的責任歸屬**。

4. **採用模組化的設計方式。**

缺點 ⏭ 1. 各階段之間具有循序性關係，導致系統在**尚未開發完成之前，看不到成果。**

2. 當某一階段工作尚未完成時，將會導致後續階段無法進行。

3. 當系統開發完成後，如果與使用者需求不同時，將會導致前功盡棄。

4. **成本及資源需求估計比較不容易。**

常見開發模式 ⏭ 目前有許多模式可以被運用，一般而言，我們可以將系統開發的模式分為下列幾種：

一、瀑布模式 (Waterfall Model)。

二、雛型模式 (Prototype Model)。

三、漸增模式 (Incremental Model)。

四、螺旋模式 (Spiral Model)。

五、同步模式 (Concurrent Model)。

單元評量

1. (　　) 哪一種系統開發模式強調系統開發過程，需有完整的設計與規劃後再進行程式編輯？
(A) 螺旋模式　(B) 雛型模式
(C) 漸增模式　(D) 系統發展生命週期模式

2. (　　) 下列何種系統開發模式最重視設計和規劃文件？
(A) 螺旋模式　(B) 漸增模式　(C) 同步模式　(D) 系統生命週期模式

電腦軟體設計　丙級

1. (　　) 在軟體發展生命週期的各階段中，下列何者決定軟體之需求規格？
(A) 可行性評估　(B) 資訊需求分析　(C) 實體系統設計　(D) 系統建置與維護

2. (　　) 對於軟體發展生命週期 (SDLC) 之觀念，下列何者不正確？
(A) 是軟體工程的一個概念，用來描述軟體的生命
(B) 軟體發展生命週期各階段的劃分，並非一成不變的
(C) 軟體的生命週期由使用者決定
(D) 每一階段完成之後必須進行檢討並且完成各種文件

3. (　　) 對於軟體發展生命週期 (SDLC) 的敘述，以下何者正確？
(A) 驗證階段是屬於第二階段　(B) 需求分析階段應最先處理
(C) 第一步驟是系統測試　(D) 最後一個步驟是程式撰寫

4. (　　) 對於軟體發展生命週期 (SDLC) 的敘述，以下何者正確？
(A) 程式設計所佔的時間最長　(B) 需求的取得最容易
(C) 最後步驟是系統維護　(D) 訂定規格的時間最短

5. (　　)對於軟體發展生命週期 (SDLC) 的敘述，以下何者正確？
(A) 目的是作為測試程式的利器
(B) 可行性研究工作項目應在系統建置階段完成
(C) 設計階段分成初步設計及細部設計兩階段
(D) 驗證階段是要釐清使用者的需求

6. (　　)對於軟體發展生命週期 (SDLC) 的敘述，以下何者正確？
(A) 整個軟體的生命將於該軟體被廢棄不用時才結束
(B) 程式撰寫完成其生命週期才結束
(C) 軟體初步設計開始為軟體生命週期的開始
(D) 軟體建置完成時為結束

7. (　　)對於軟體發展生命週期 (SDLC) 的階段，必須考量購買套裝軟體或委外開發等選擇方案供客戶選擇，是哪一個階段？
(A) 系統建置階段　(B) 初步設計階段
(C) 系統驗證階段　(D) 需求分析階段

8. (　　)在軟體發展生命週期 (SDLC) 中，系統建置 (System Installation) 不包括以下何者？
(A) 教育訓練　(B) 準備系統設備
(C) 轉換資料檔案　(D) 證明系統完全無誤

9. (　　)在軟體發展生命週期 (SDLC) 中，系統建置 (System Installation) 不包括以下何者？
(A) 安全稽核　(B) 訂定清楚的規格
(C) 系統運作評估　(D) 系統維護

10.(　　)下列何者不是軟體生命週期中發展階段的步驟？
(A) 根據軟體需求設計一套模組　(B) 考慮每一個模組內部的執行程序
(C) 根據模組來撰寫程式及測試　(D) 根據模組來做維護

11.(　　)在軟體發展生命週期中，將規劃層面產生的需求規格轉變為實際之軟體是屬於哪一階段？
(A) 啟蒙階段　(B) 規劃階段　(C) 發展階段　(D) 維護階段

12.(　　)在軟體發展生命週期中，區分為許多階段，下列何者非軟體發展生命週期中之階段？
(A) 分析 (Analysis)　(B) 程式撰寫 (Coding)
(C) 維護 (Maintenance)　(D) 查核 (Review)

13.(　　)每個軟體系統的建立，都要歷經許多步驟方能完成，這些步驟不包含下列何者？
(A) 系統分析　(B) 系統設計　(C) 系統發展　(D) 系統展示

14.(　　)軟體發展生命週期 (SDLC) 中，下列何者不屬於程式測試的範圍？
(A) 單元測試　(B) 整合測試　(C) 完成 I/O 設計　(D) 程式除錯

15.( )軟體發展生命週期之主要步驟有：1. 可行性研究 2. 系統設計 3. 系統分析 4. 系統實施 5. 系統維護 6. 系統測試，請按先後順序排出：
(A)1,2,3,4,5,6 (B)1,3,2,4,5,6 (C)1,3,2,4,6,5 (D)1,2,3,5,6,4

16.( )關於軟體發展的生命週期 (SDLC) 的敘述，下列何者錯誤？
(A)SDLC 意指軟體系統的開發階段與過程
(B) 系統發展須有嚴明之階段
(C) 前一階段未完成，可視情況許可，先進行下一階段工作
(D) 某一階段必須有產品來顯示已告一段落

17.( )下列哪一項是軟體發展生命週期中，首要的優先步驟？
(A) 系統測試 (B) 系統分析 (C) 可行性研究 (D) 程式製作

18.( )以下何者不屬於資訊系統開發中設計階段的工作？
(A) 繪製流程圖 (Flow Chart) (B) 撰寫演算法虛擬碼 (Pseudo Code)
(C) 訪談使用者 (D) 報表格式設計

19.( )在軟體的發展過程中，哪兩個階段的人員不宜重複？
(A) 評估與設計 (B) 設計與施行 (C) 施行與測試 (D) 測試與支援

20.( )程式的撰寫和除錯在軟體發展生命週期中是屬於下列哪一時期的工作內容？
(A) 系統分析 (B) 系統設計 (C) 系統製作 (D) 交付使用

21.( )下列何者是在整個軟體發展過程中的先後順序？A. 軟體設計 B. 系統分析 C. 程式撰寫 D. 軟體測試 E. 維護
(A)A,B,C,D,E (B)B,A,C,D,E (C)A,B,C,E,D (D)B,A,C,E,D

22.( )軟體發展生命週期 (Software Development Life Cycle) 的過程，約可分為五個階段，其順序下列何者正確？
(A) 系統規劃→系統建置→系統分析→系統發展→系統設計
(B) 系統規劃→系統發展→系統建置→系統分析→系統設計
(C) 系統規劃→系統分析→系統設計→系統發展→系統建置
(D) 系統規劃→系統分析→系統發展→系統設計→系統建置

23.( )有關「軟體發展生命週期 (SDLC)」之敘述，下列何者不正確？
(A) 將系統的發展過程劃分為依序進行的幾個階段，並依照階層化的觀念，訂出各階段的工作項目
(B) 每一個階段被視為一獨立之工作單位，與其他階段不相關
(C) 階段的劃分有一定的模式
(D) 用來控制軟體系統的發展，可以降低軟體危機所面臨問題的嚴重性

24.( )在軟體發展生命週期 (SDLC) 中，可行性研究是下列哪一個階段所完成的工作？
(A) 規劃 (B) 分析 (C) 實體設計 (D) 製作

2-3 瀑布模式（Waterfall Model）

定義 ⏭ 又稱**全功能模式**(Fully Functional Approach)，它是由 Royce 於 1970 年所提出。而**瀑布模式**就是一般所謂的「**系統發展生命週期**(System Development Life Cycle, SDLC)」。

瀑布模式的優、缺點 ⏭ **與系統發展生命週期 (SDLC) 相同。**

瀑布模式的生命週期 ⏭ 從此模式外觀的圖形上來看，各階段依序就像是個梯型瀑布順勢而下，所以才稱為**瀑布模型**。

圖解說明 ⏭

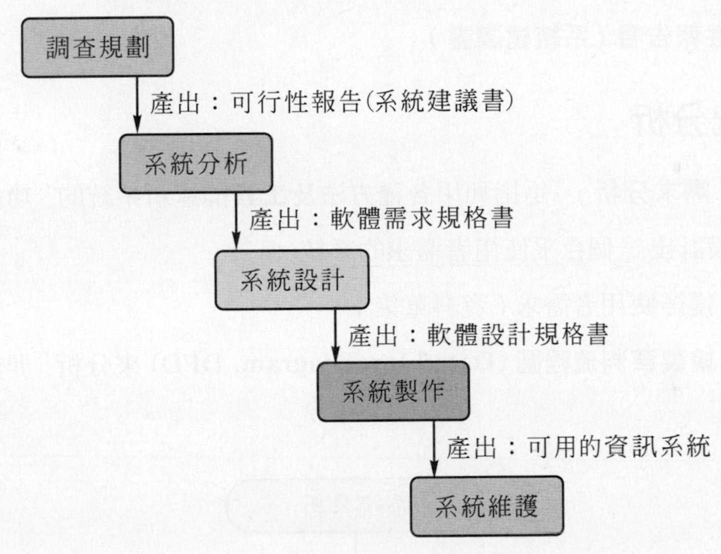

❖圖 2-2　瀑布式生命週期（Waterfall Model）

各階段的說明 ⏭ 如以下各節說明。

2-3-1 調查規劃

定義 ⏭ 又稱**初步分析**，是指**系統發展生命週期** (SDLC) **的第一階段**，也是最重要的一步。

主要工作 ⏭
1. 了解現行作業環境。
2. 蒐集系統背景資料。
3. 定義系統範圍及目標。
4. 訂立新系統工作時程。
5. **進行可行性分析**。

圖解說明 ⏭

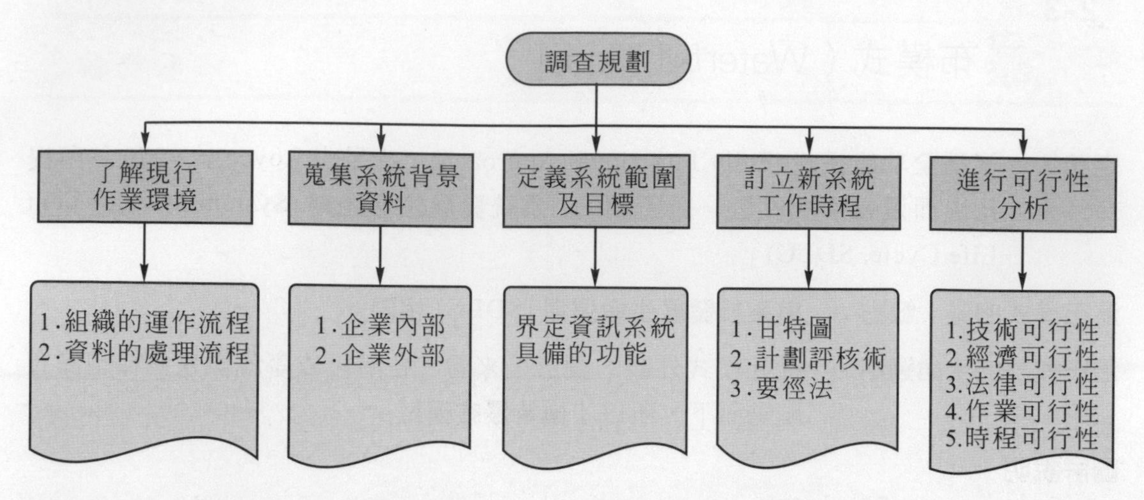

產出 ⏭ **可行性報告書(系統建議書)。**

2-3-2 系統分析

定義 ⏭ 又稱「**需求分析**」，是指利用**各種方法及工具**描述新系統的「**功能需求**」。

目的 ⏭ 在於設計出一個合乎使用者需求的系統。

主要工作 ⏭ 1. 獲得使用者需求(資料蒐集)。

2. **繪製資料流程圖 (Data Flow Diagram, DFD)** 來分析「非量化」資料。

圖解說明 ⏭

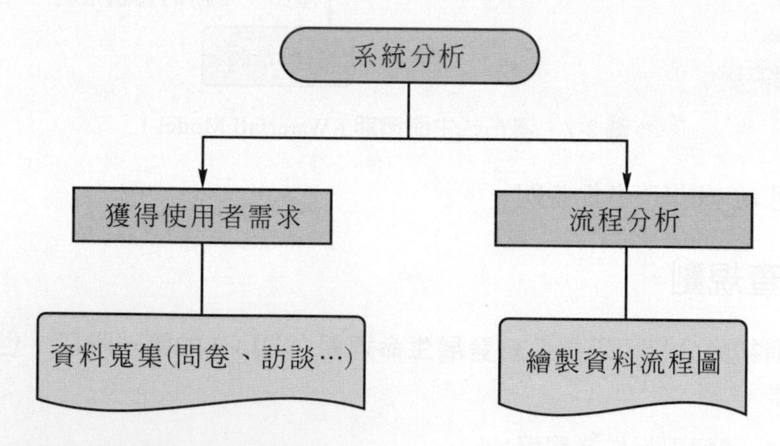

產出 ⏭ **軟體需求規格書。**

2-3-3 系統設計

定義 ⏭ 根據「系統分析」所產出的**系統需求規格書**，提供給「程式設計師」設計一套適合組織現行作業的電腦化資訊系統之「**設計藍圖**」。

工作項目 ⏭ 1. 輸出設計 (Output Design)。

2. 輸入設計 (Input Design)。
3. 資料庫設計 (Database Design)。繪製個體關係圖 (Entity-Relationship Diagram, ERD)。
4. 處理設計 (Process Design)。
5. 控制設計 (Control Design)。

圖解說明 ⏭

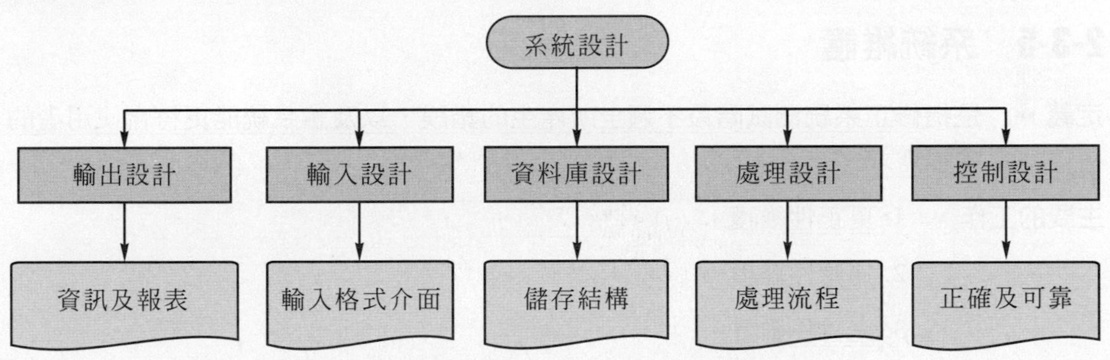

產出 ⏭ **軟體設計規格書 (系統設計書)**。

2-3-4 系統製作

定義 ⏭ 是指真正利用**程式語言**，將「**軟體設計規格書**」轉換為**程式碼**，再進行**軟體測試及轉換工作**。

主要工作 ⏭ 1. 撰寫程式。

2. 軟體測試。
3. 系統轉換。

圖解說明 ⏭

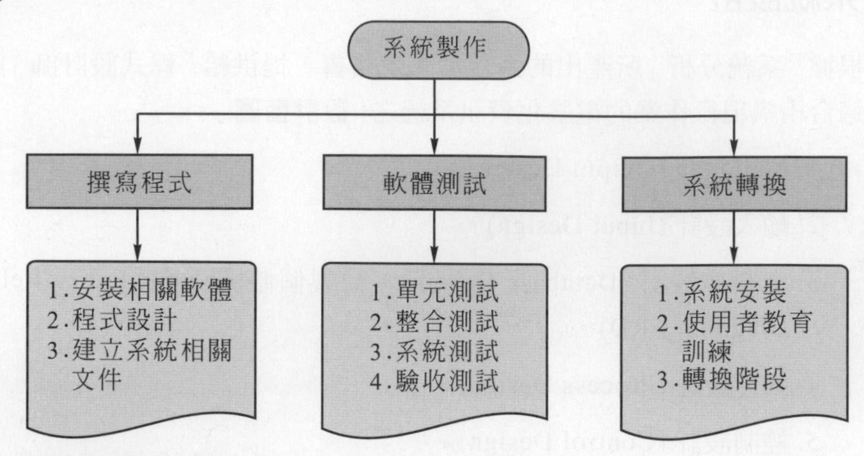

產出 ⏭ **真正被使用的資訊系統。**

2-3-5 系統維護

定義 ⏭ 是指修正系統測試階段不週全所產生的錯誤，以及讓系統能更符合使用者的實際需求。

主要的工作 ⏭ 1. 更正性維護。

2. 適應性維護 。

3. 完善性維護。

4. 預防性維護。

圖解說明 ⏭

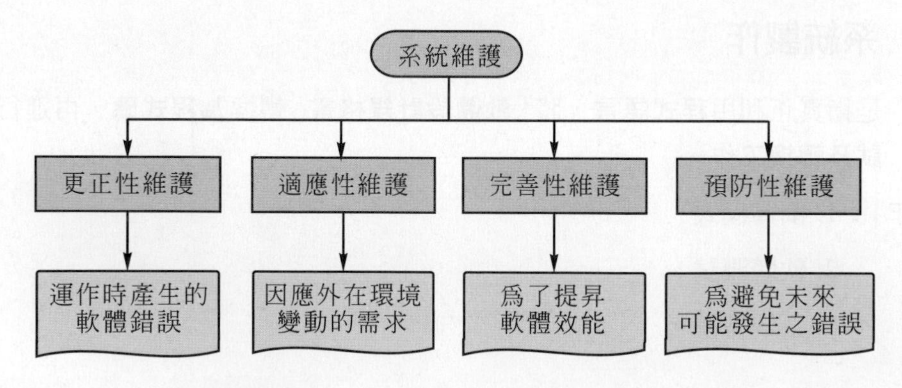

產出 ⏭ **良好運作的資訊系統。**

綜合上述，我們可以將瀑布模式生命週期中的各階段主要工作及產出，列表如下：

項目 階段	主要工作	產出
調查規劃	1. 了解現行作業環境 2. 蒐集系統背景資料 3. 定義系統範圍及目標 4. 訂立新系統工作時程 5. 進行可行性分析	可行性報告書 (系統建議書)
系統分析	1. 獲得使用者需求 2. 繪製資料流程圖	軟體需求規格書
系統設計	1. 輸出設計 2. 輸入設計 3. 資料庫設計 4. 處理設計 5. 控制設計	軟體設計規格書
系統製作	1. 撰寫程式 2. 軟體測試 3. 系統轉換	可用的資訊系統 1. 程式說明文件 2. 測試規範文件 3. 系統說明文件
系統維護	1. 更正性維護 2. 適應性維護 3. 完善性維護 4. 預防性維護	良好運作的系統 1. 使用者手冊 2. 操作者手冊

單元評量

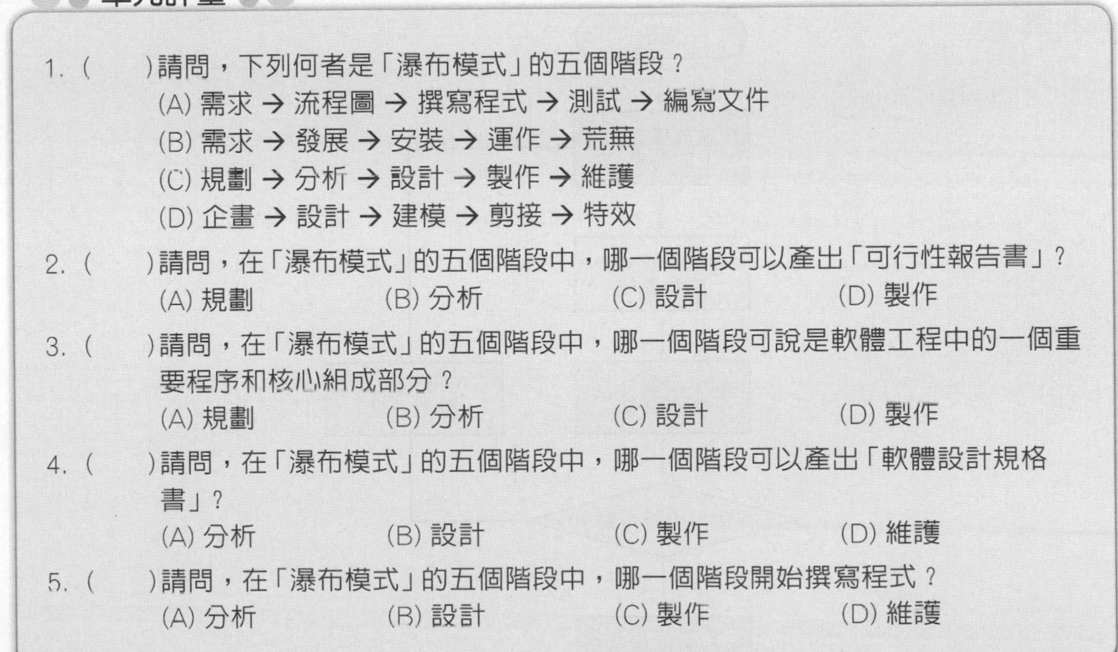

1. (　　)請問，下列何者是「瀑布模式」的五個階段？
(A) 需求 → 流程圖 → 撰寫程式 → 測試 → 編寫文件
(B) 需求 → 發展 → 安裝 → 運作 → 荒蕪
(C) 規劃 → 分析 → 設計 → 製作 → 維護
(D) 企畫 → 設計 → 建模 → 剪接 → 特效

2. (　　)請問，在「瀑布模式」的五個階段中，哪一個階段可以產出「可行性報告書」？
(A) 規劃　(B) 分析　(C) 設計　(D) 製作

3. (　　)請問，在「瀑布模式」的五個階段中，哪一個階段可說是軟體工程中的一個重要程序和核心組成部分？
(A) 規劃　(B) 分析　(C) 設計　(D) 製作

4. (　　)請問，在「瀑布模式」的五個階段中，哪一個階段可以產出「軟體設計規格書」？
(A) 分析　(B) 設計　(C) 製作　(D) 維護

5. (　　)請問，在「瀑布模式」的五個階段中，哪一個階段開始撰寫程式？
(A) 分析　(B) 設計　(C) 製作　(D) 維護

2-4 雛型模式 (Prototype Model)

引言 ⏭ 在傳統設計模式中，使用者必須要明確界定新系統的真正需求；但事實上，使用者往往無法在「調查」階段及「系統分析」階段時，就能夠完整地說出需求，往往都必須要等到「系統設計」完成之後，才發現需求。因此，**為了讓使用者快速了解自己的需求，所以建立出一套「雛型模式」**。

示意圖 ⏭

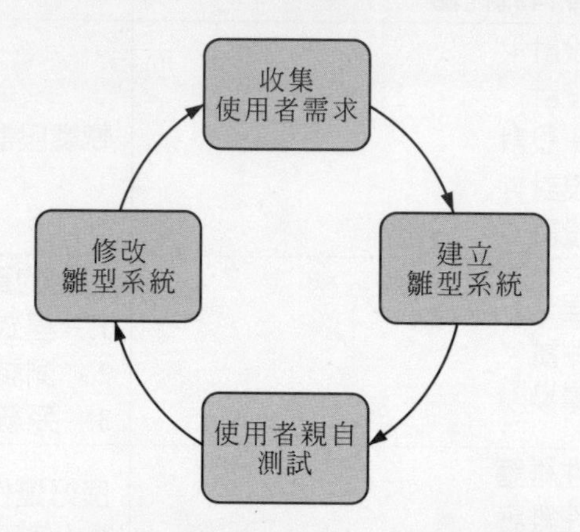

定義 ⏭ **雛型模式**是由 Boar 於 1984 年所提出，此種模式是一種新的軟體開發方法，它讓系統開發人員可以在**最短時間內，快速了解使用者的需求**，並建立出一套系統雛型。

開發時間 ⏭ 約為 5 至 7 週

流程圖 ⏭

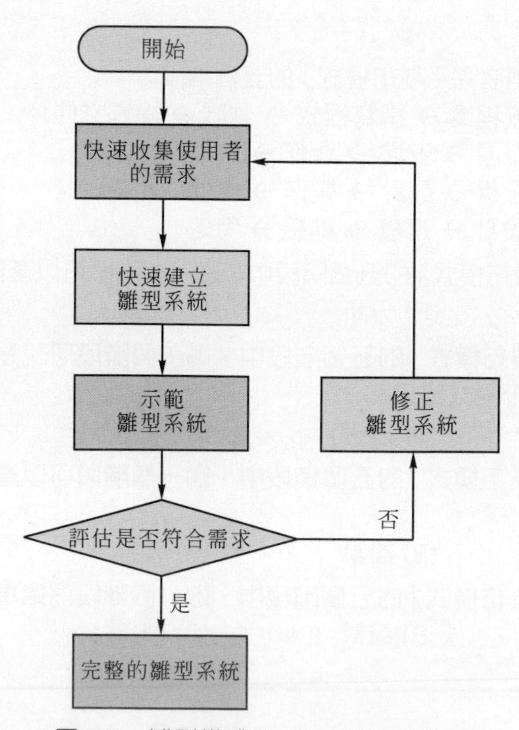

❖圖 2-3　雛型模式 (Prototype Approach)

說明 ⏭ 系統開發人員在最短時間內，快速收集使用者的需求，以建立出一套雛型系統，並示範雛型系統給「使用者」與「開發人員」共同評估；如果不符合使用者需求的話，則繼續修正雛型系統，直至滿足使用者所有需求為止。

適用時機 ⏭ 1. 使用者**需求不明確**。

2. 針對**小型專案**。

3. 系統開發人員對應用領域**不熟悉**或**具高風險之專案**。

4. 完成期限**比較緊迫的系統**。

注意 ⏭ **雛型**只能視為**需求分析階段之輔助技術**，**而不應將其轉為最終產品！**

特色 ⏭ **快速建立一個系統雛型**，以雛型為「使用者」與「開發人員」**溝通之工具**，讓使用者可以高度參與。

優點 ⏭ 1. 藉由操作簡易模型，以充分了解使用者的各種需求。

2. 允許使用者隨時改變各種需求。

3. 協助使用者快速發現新的需求。

4. 降低無法滿足使用者需求的危機與風險。

5. 系統開發時間可以縮短。

缺點 ⏭ 1. 由於允許使用者隨時改變各種需求，因此，如果缺少文件製作，將會導致不易維護現象。

2. 缺少有效的評估準則。

3. 使用者必須時常參與。

4. 缺少嚴謹的分析與設計。

5. 可能會產生效率低、成本高的問題。

雛形策略 ⏭ 1. 演進式雛型 (evolutionary prototype)。

2. 拋棄式雛型 (throw-away prototype)。

單元評量

1. (　　)若今天公司要求您快速的開發一個系統，且系統需求尚未明確，則下列何種系統開發模式最適合？
(A) 螺旋模式　(B) 雛型模式
(C) 漸增模式　(D) 系統發展生命週期模式

2. (　　)決策支援系統較適合用下列何種系統開發模式來開發？
(A) 同步模式　(B) 雛型模式
(C) 漸增模式　(D) 系統發展生命週期模式

電腦軟體設計　丙級

1.（　　）下列何者不是使用軟體雛型 (Prototype) 的目的？
(A) 釐清並使需求完整，當成「需求工具」
(B) 探索其他設計途徑，當成「設計工具」
(C) 設計資料庫結構與流程圖，當成「分析工具」
(D) 逐漸成形定案產品，當成「建構工具」

2.（　　）軟體雛型法是一種軟體開發方法，初期先建立一可以使用之動態模型，讓使用者反覆使用，再逐漸調整以符合使用者需求，進而成為一個成功的產品。有關軟體雛型法下列敘述何者正確？
(A) 幫助使用者了解系統並提出完整的需求
(B) 因其過程繁複，必然導致軟體開發與維護成本提高
(C) 因為使用者之參與，軟體預算易被刪減
(D) 常導致使用者需求，無限制地增加

3.（　　）有關軟體雛型 (Prototype) 的敘述，以下何者正確？
(A) 雛型是一個完全不能執行的電腦系統模組
(B) 若系統開發時建構軟體雛型，可以省略書面軟體需求規格的撰寫
(C) 建構軟體雛型是降低客戶對系統不滿意，及早瞭解使用者的回應的好辦法
(D) 建構軟體雛型會提高失敗的風險

2-4-1 演進式雛型 (Evolutionary Prototype)

定義 ▶▶| 是將所有需求看成一個整體，從需求最清楚的部分先快速經歷一個系統開發週期(如分析、設計、實施)，以完成「**初版雛型系統**」之開發，再利用該雛**型與使用者溝通**，以確定、修改和擴充需求，並**藉以作為下一階段雛型演進之依據**。此種週期不斷進行，**直到演進為最終系統為止**。

開發過程 ▶▶| 步驟一：由使用者與系統開發者進行「需求分析」，找出**最具關鍵性的需求**。

步驟二：系統開發者再針對該關鍵需求來「**開發雛型系統**」。

步驟三：讓使用者親自試用「雛型系統」，而系統開發者在旁記錄，並「**評估」是否符合使用者需求**。

步驟四：如果「評估」後，尚未符合時，則系統開發人員再根據使用者新的需求來**修改及擴充雛型的功能**，以此類推，**直到完全符合使用者需求的雛型系統為止**。

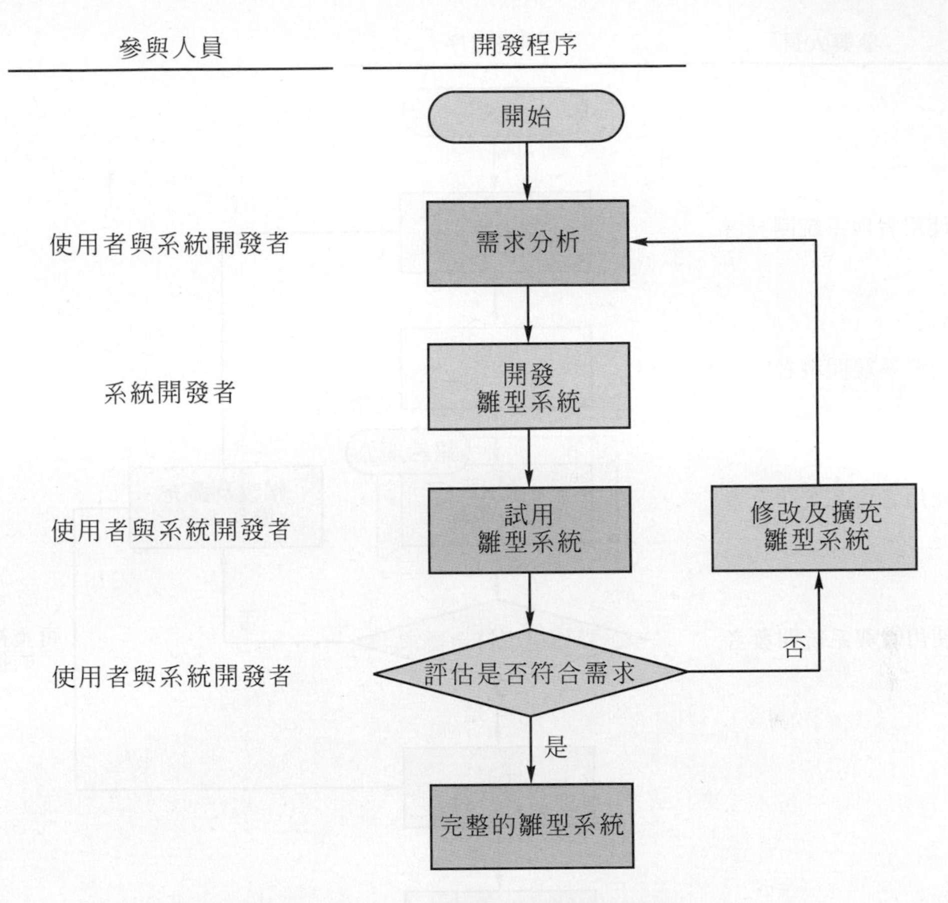

優點 ⏭ 可從初始雛型演進成最終系統，**縮短系統開發時間**。

缺點 ⏭ 因雛型開發過程中重視時效，**雛型的結構與品質**(可用性、可靠性、可維護性、績效等)**往往較差**。

單元評量

1. (　　)下列何者為雛型模式常見的應用策略？
   (A) 轉換式　　(B) 演進式
   (C) 擷取式　　(B) 裁剪式

2-4-2 拋棄式雛型 (Throw-Away Prototype)

定義 ⏭ 是指利用一種**快速但是粗糙**的方式建立雛型系統，並且**用過即丟**。

目的 ⏭ 讓使用者透過**雛型系統的互動來快速找出使用者各項需求**。

特性 ⏭ **不需考慮**雛型系統之運作**效率性**、**可維護性**及**容錯性**。

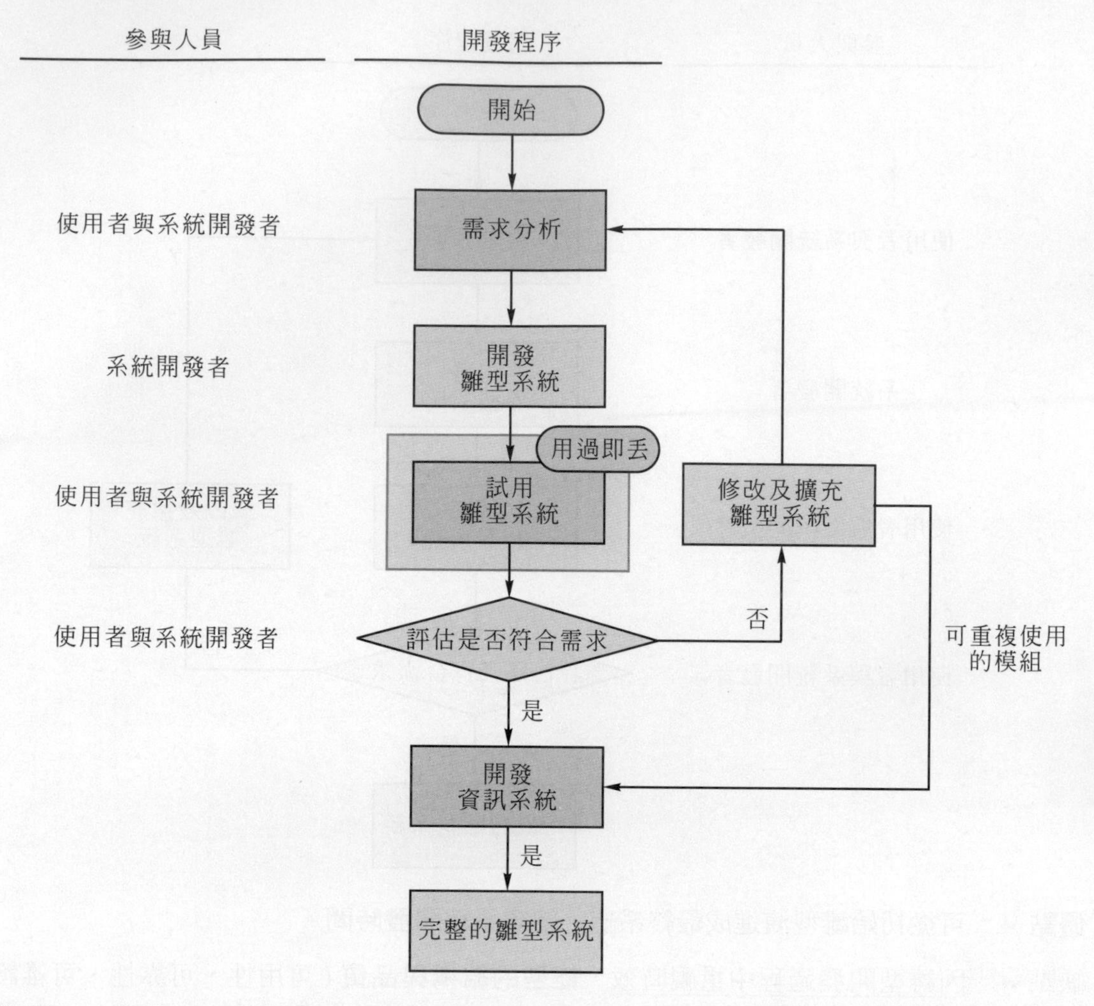

說明 ⏭ 當雛型系統已經確定符合使用者的需求之後，再按照雛型重新開發一個系統，此時，可以將雛型系統中重複使用的模組整合進來。

適用時機 ⏭ 具**高困難度技術或設計的專案**。

優點 ⏭ 可以藉由快速的雛型開發，**快速找出問題的解決方法**。

缺點 ⏭ 因為**用過即丟**，將導致**成本之浪費**。

單元評量

1. (　　)請問，下列哪一種系統開發模式，不需考慮雛型系統之運作效率性、可維護性及容錯性？
   (A) 螺旋模式　(B) 拋棄式雛型　(C) 漸增模式　(D) 瀑布模式
2. (　　)請問，下列哪一種系統開發模式是利用一種比較粗糙的方式建立雛型系統，並且用過即丟？
   (A) 演進式雛型　(B) 漸增模式　(C) 拋棄式雛型　(D) 瀑布模式

2-5 漸增模式 (Incremental Model)

定義 ⏭ 是一種**反覆式的開發程序**，**強調先將「需求」切割成幾個部分**，然後再將每個部分設定為一個開發週期，**每個週期可「循序或平行」開發**。

例子 ⏭ 當年「北宜高速公路」在施工時，如果碰到施工困難時，分段完工，並分段通車。

示意圖 ⏭

適用時機 ⏭ 1. 企業組織的目標需求可完全與清楚描述。

2. 預算需要分期編列。

3. 企業組織需要時間來熟悉和接受新科技。

圖解說明 ⏭

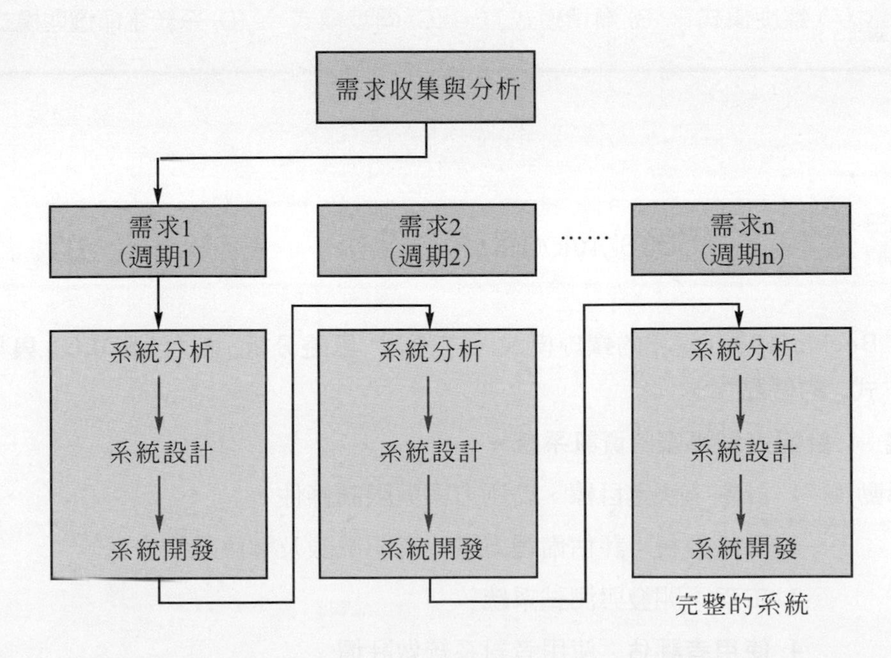

漸增模式與瀑布模式不同之處

1. 漸增模式會將主系統分割成幾個子系統，而**各個子系統可獨立依序開發**。但是，瀑布模式則是**各個子系統需要同時開發**。
2. 漸增模式中的**子系統開發可由多個週期完成**。

特性
1. 需求可以被分割成數個部分，並且開發週期可以反覆進行。
2. 每一週期產出的結果就是下一週期的需求。
3. 將開發流程分為許多小型瀑布開發模式。

優點
1. 系統開發**可由多個週期完成**。
2. 使用者充分參與，**風險較低**。
3. 先有完整的分析與設計，再進行開發。
4. 採用**「由上而下」的方式**，將需求分割成數個部分。
5. **開發週期可反覆進行**。

缺點 **較不適合**開發半結構化或非結構化之決策。

單元評量

1. (　　) 哪一種系統開發模式強調系統開發過程，需有完整的設計與規劃後再進行程式編輯？
(A) 螺旋模式　(B) 雛型模式　(C) 漸增模式　(D) 系統發展生命週期模式
2. (　　) 下列何種系統開發模式最重視設計和規劃文件？
(A) 螺旋模式　(B) 漸增模式　(C) 同步模式　(D) 系統生命週期模式

2-6 螺旋模式 (Spiral Model)

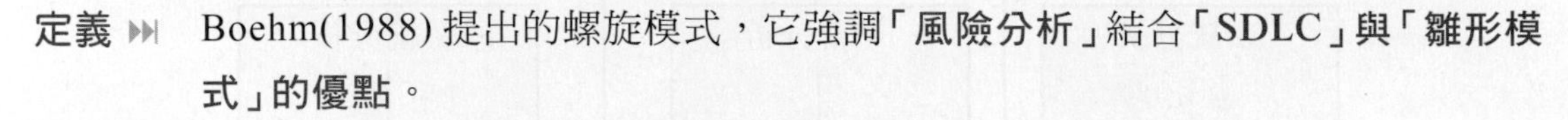

定義 Boehm(1988) 提出的螺旋模式，它強調**「風險分析」**結合**「SDLC」**與**「雛形模式」的優點**。

適用時機 **針對大型專案的資訊系統。**

主要的活動
1. **計劃**：決定目標、備選方案與限制條件。
2. **風險分析**：評估備選方案、確認風險及解決風險方法。
3. **工程**：開發與測試系統
4. **使用者評估**：使用者對系統做評價。

圖解說明 ⏭

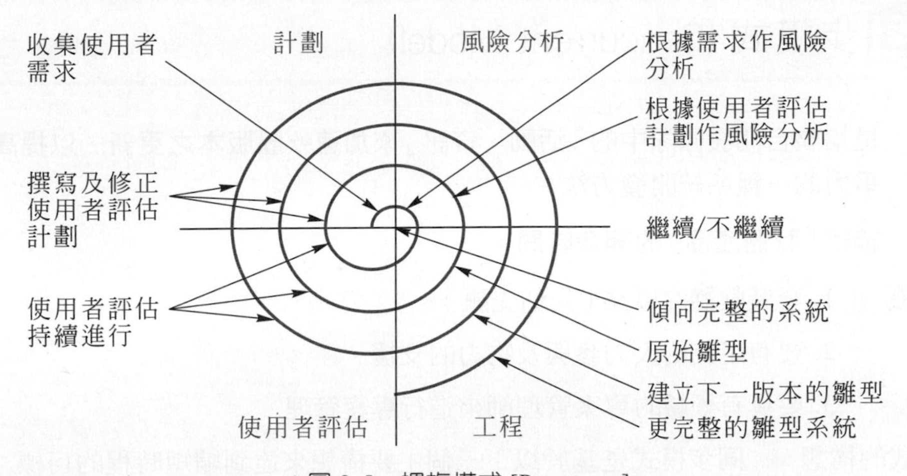

❖圖 2-5　螺旋模式 [Pressman]

由圖 2-5「螺旋模式 [Pressman]」中，我們可以清楚得知，從中心最內層開始，由內往外循序進行四項活動，並且每完成一次循環，就會產出一個**更完整的雛型系統**；而愈向外層，**會愈接近實際系統**。

螺旋模式優點 ⏭

1. **兼具「SDLC 模式」與「雛型模式」的優點**。
2. 採用系統化且循序前進的瀑布模式。
3. 利用雛型模式及每一個循環皆進行風險分析，可以**降低專案的風險**。

螺旋模式缺點 ⏭

1. 不適合用在**無法預測改變的系統**。
2. **風險分析不容易**，因為需要很多風險評估的專業知識。

單元評量

1. (　　) 哪一種系統開發模式強調系統開發過程中，每一週期均需有風險分析？
   (A) 雛型模式　(B) 螺旋模式
   (C) 漸增模式　(D) 瀑布模式
2. (　　) 請問，下列哪一種系統開發模式兼具「SDLC 模式」與「雛型模式」的優點？
   (A) 螺旋模式　(B) 雛型模式
   (C) 漸增模式　(D) 瀑布模式

2-7 同步模式 (Concurrent Model)

定義 ⏭ 是指整合開發團隊中的「活動、資訊」來**加速軟體版本之更新**，**以提高市場競爭力**的一種系統開發方法。

目的 ⏭ **縮短「軟體產品」的開發時間**。

適用時機 ⏭ 1. 套裝軟體的專案 (先佔先贏)。

2. 要有足夠的人力參與及物力的支援。

3. 要具有經驗的專案管理師來進行專案管理。

同步模式的構想 ⏭ 同步模式是基於以下三個主要構想來達到縮短時程的目標：

1. **活動同步** (Activity Concurrency)：不同開發團隊平行進行。

2. **資訊同步** (Information Concurrency)：不同開發團隊資訊共享。

3. **整合性的管理系統**：協調不同開發團隊，將各種資源整合。

圖解說明 ⏭

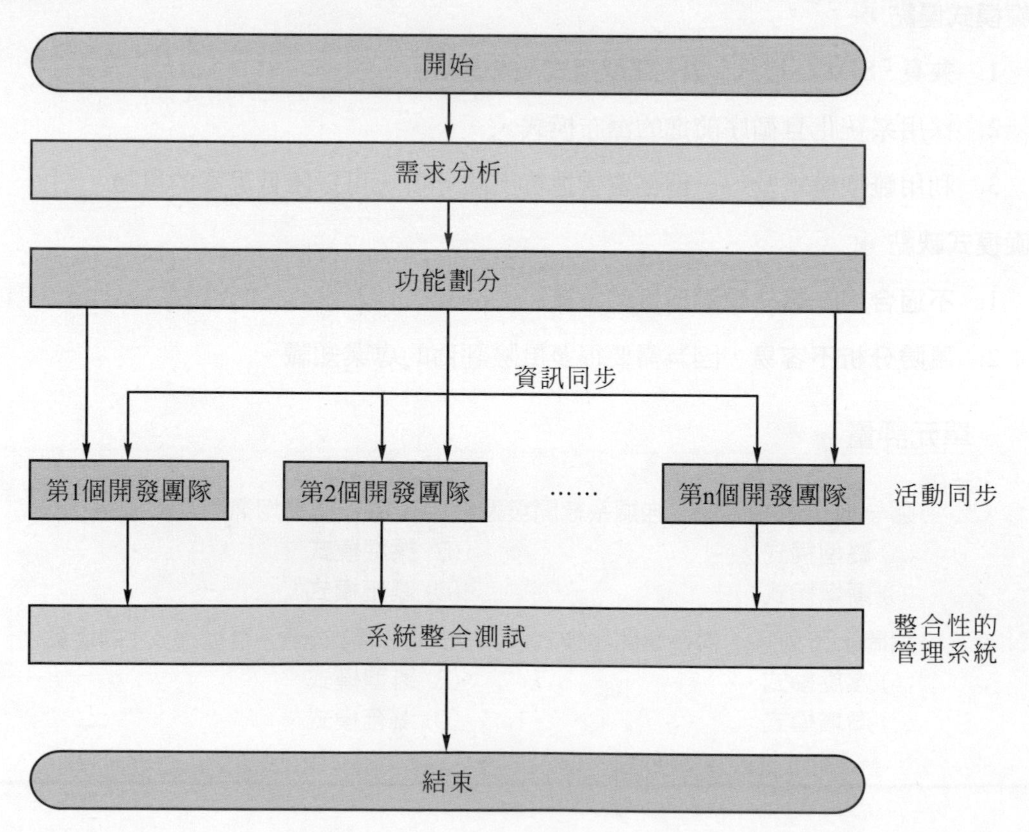

優點 ⏭ **縮短軟體開發的時間，進而提高「資訊軟體產品」的競爭力。**

缺點 ⏭ 1. 專案管理的難度與複雜度增加(因為要整合不同開發團隊)。

2. 人力、物力成本提高(因為不同開發團隊資訊共享)。

3. 如果缺少良好管理工具或方法，則無法順利達成目標。

單元評量

1. (　　)下列哪一種系統開發模式之主要目標是縮短產品開發時間，以提高產品之市場競爭力？
   (A) 螺旋模式　(B) 漸增模式
   (C) 同步模式　(D) 系統生命週期模式
2. (　　)同步模式是基於哪些構想來達到產品開發時程縮短的目標？
   (A) 多個團隊同時開發　(B) 資訊同步
   (C) 藉助整合性管理系統　(D) 以上皆是
3. (　　)下列何者系統不為同步模式的適用情況？
   (A) 需求可清楚與完整地描述
   (B) 強調各開發週期之規劃與評估
   (C) 有足夠的人力開發
   (D) 團隊間有良好的溝通、資訊交換與專案管理
4. (　　)下列何者主要源自於製造業的同步工程，目的在縮短開發時間、加速版本之更新？
   (A) 雛型模式　(B) 同步模式
   (C) 螺旋模式　(B)MDA 模式

習題

基本題

1. 何謂系統發展生命週期 (SDLC)？並請說明其特性、優點及缺點？
2. 請問，目前常見開發模式有哪些呢？
3. 何謂瀑布模式？並請說明瀑布模式的生命週期。
4. 何謂漸增模式？並請說明它與瀑布模式不同之處。
5. 何謂雛形模式？並請說明它的雛形策略。
6. 請說明演化式雛型（Evolutionary Prototyping）與拋棄式雛型（Throw-away Prototyping）之差異及其優缺點。（檢事官電資組：系統分析）
7. 同步模式是基於哪三個主要的構想來達到縮短時程的目標？

進階題

1. 請說明商品的生命週期？
2. 一個好的系統發展方法，應具有以下的特質？
3. 請問，如果採用「雛型系統」時，有哪些優勢呢？
4. 請列表比較「瀑布模式、雛型模式、螺旋模式、同步模式」四種模式的特色及適用情況？
5. 請列表比較「瀑布模式、雛型模式、螺旋模式、同步模式」四種模式的優缺點？
6. 請問，企業對資訊的「系統需求」，可以利用哪些「圖形化工具」來建立「流程塑模」及「資料塑模」呢？
7. 請問，瀑布模式存在哪些問題呢？
8. 請問，雛型方法 (Prototyping) 存在哪些潛在問題呢？
9. 請問，為何漸增開發模式較不適用於開發決策支援系統？
10. 請繪出「雛型開發」與「需求開發及系統開發」之間的關係？

CHAPTER 3

調查規劃

本章學習目標

1. 讓讀者了解開發一個資訊系統的前置作業——調查規劃及可行性研究。
2. 讓讀者了解調查規劃的各步驟及可行性研究的實施步驟。

本章學習內容

3-1 資訊系統之專案計劃的起始原因

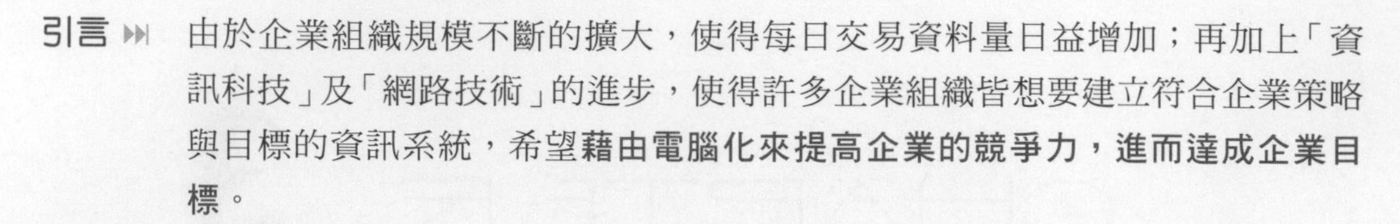

引言 ⏭ 由於企業組織規模不斷的擴大，使得每日交易資料量日益增加；再加上「資訊科技」及「網路技術」的進步，使得許多企業組織皆想要建立符合企業策略與目標的資訊系統，希望**藉由電腦化來提高企業的競爭力，進而達成企業目標**。

兩個主要原因 ⏭

基本上，資訊系統專案計劃的起始，有以下兩個原因：

1. **企業組織電腦化需求**。
2. **使用者的要求**。

示意圖 ⏭

企業組織電腦化需求（提高產能的效率）	使用者的要求（業務量日漸增加）
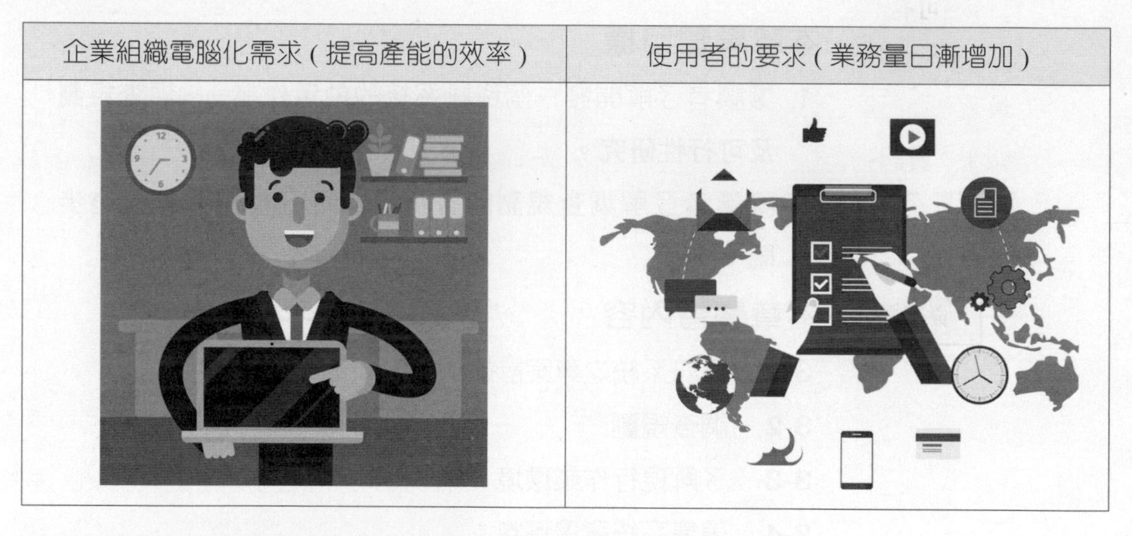	

說明 ⏭

1. 在「**企業組織電腦化需求**」方面，其主要的原因如下：
   (1) 提高產能的效率。
   (2) 降低生產成本。
   (3) 有效整合各部門的資訊。
   (4) 即時有效的掌控資訊。
   (5) 增加企業的競爭優勢。

2. 在「**使用者的要求**」方面，其主要的原因如下：

   (1) 由於工作的業務量日漸增加，人力無法負荷。

   (2) 現行作業方式沒有效率，無法克服。

綜合上述二個主因，使得企業中各單位的使用者就會有電腦化的要求。

資訊需求申請流程 ⏭

1. 有資訊需求的使用者，就必須要先填寫一張「**資訊需求表**」。如表 3-1 所示。
2. 送到「資訊中心」進行「**可行性分析**」。
3. 在「可行性分析」中，必須同時進行：

   (1) **技術可行性分析**：是指分析公司的「資訊部門」是否有能力建構它呢？

   (2) **經濟可行性分析**：是指資訊系統是否可以為企業帶來價值(成本與效益)呢？

   (3) **組織可行性分析**：是指資訊系統是否被企業文化所接受呢？

以上三種可行性分析，缺一不可。

4. 如果「資訊中心」評估不可行，則「放棄」；若可行，則送到「**資訊系統批准委員會**」進行審查。
5. 如果「資訊系統批准委員會」未核准，則「放棄」；否則「**呈報主管**」單位批示。如下圖所示。

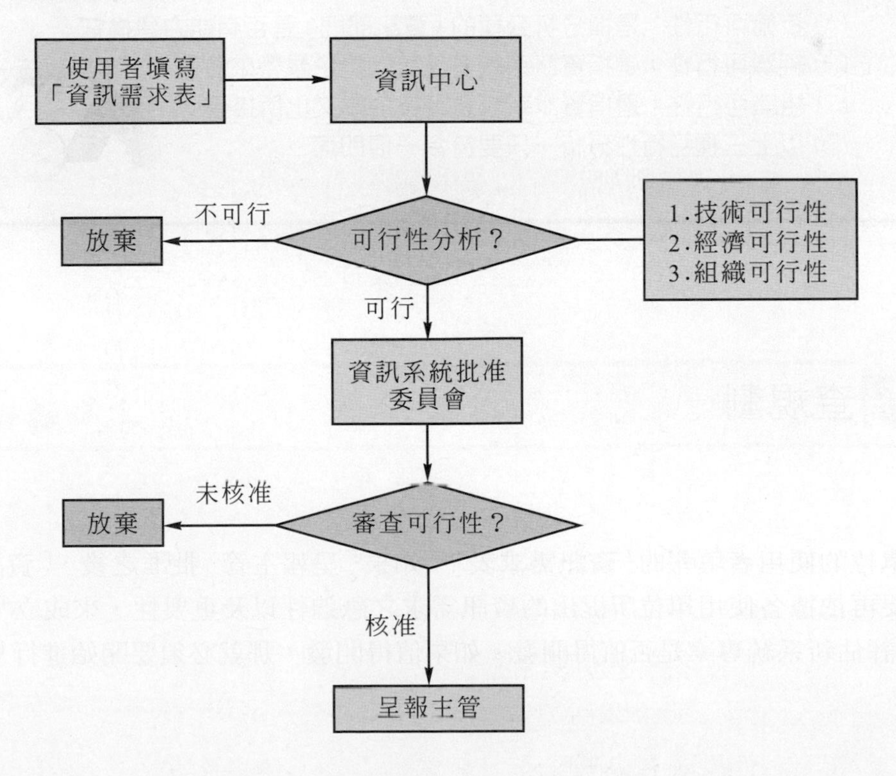

❖表 3-1 資訊需求表

資訊需求表					
系統名稱		使用單位		填表日期	
問題癥結與原因					
需求說明					
預期效益					
預定完成日期					
審查意見					
主管批示					

填表人：

單元評量

1.(　) 有關「資訊系統專案計劃的起始原因」之敘述，下列何者正確呢？
(A) 企業組織電腦化需求　(B) 使用者的要求
(C) 現行作業方式沒有效率　(D) 以上皆是

2.(　) 關於「資訊需求申請流程」中的「可行性分析」之敘述，下列何者不正確呢？
(A) 技術可行性：是指分析公司的「資訊部門」是否有能力建構它
(B) 經濟可行性：是指資訊系統是否可以為企業帶來價值（成本與效益）
(C) 組織可行性：是指資訊系統是否被企業文化所接受
(D) 以上三種可行性分析，只要符合一項即可

3-2 調查規劃

引言 ⏭

各單位的使用者填報的「資訊需求表」，如果「呈報主管」批准之後，「資訊中心」就必須要再依據各使用單位所提出的資訊需求之急迫性以及重要性，來成立「專案小組」，再評估新系統專案是否值得開發。如果值得開發，那就必須要開始進行「調查規劃」階段。

俗語說：「**好的開始是成功的一半**」。因此，「調查規劃」在系統發展生命週期是最重要的一步。

工作項目 ⏭

1. 了解現行作業環境。
2. 蒐集系統背景資料。
3. 定義新系統的範圍及目標。
4. 訂立新系統工作時程。
5. 提出所有可行方案，進行「可行性分析」，找出最佳方案。
6. **撰寫「可行性報告書」**。

   產出可行性報告（又稱為系統建議書）

圖解說明 ⏭

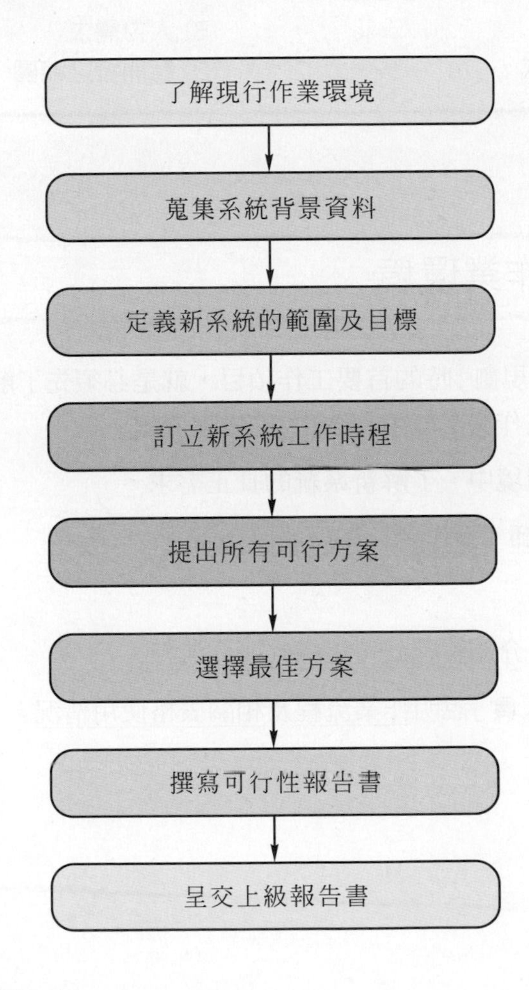

單元評量

1. (　) 「調查規劃」階段中的工作項目之敘述，下列何者不正確呢？
   (A) 了解現行作業環境　(B) 定義新系統的範圍及目標
   (C) 進行軟體測試　(D) 進行「可行性分析」
2. (　) 請問，下列何者是「系統發展生命週期」中最重要的一步呢？
   (A) 調查規劃　(B) 系統分析
   (C) 系統設計　(D) 系統製作

電腦軟體設計　丙級

1. (　) 在系統開發的規劃階段中，對未來系統應如何進行開發，設定一些規則，下列何者非規劃階段中應建立者？
   (A) 時程　(B) 人力需求
   (C) 設計方式　(D) 應開發之範圍

3-3 了解現行作業環境

引言 ⏭ 在進行「調查規劃」時的首要工作項目，就是必須先了解整體公司組織的**運作流程**，以及在作業環境中**「資料」的處理流程**。

目的 ⏭ 從現行作業環境中，了解新系統的真正需求。

參與人員 ⏭ 系統分析師、操作者及相關的使用者。

討論重點 ⏭

1. 請「**單位主管**」介紹整體公司組織的運作流程。
2. 請「**現場操作人員**」說明作業流程及相關表格使用情況。

示意圖 ⏭

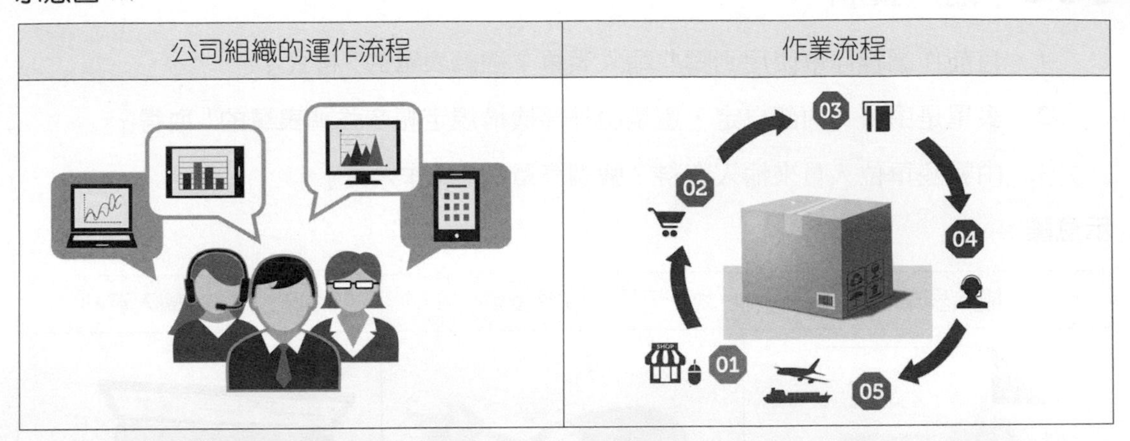

基本上，想要了解現行作業環境，可以從四個方向來著手，包含作業程序、輸入資料、輸出資料、目前的軟體與硬體設備。

3-3-1 作業程序(5W1H)

1. 目前的作業內容是什麼 (What)？說明實際的「**作業內容**」。
2. 由誰來負責執行 (Who)？說明參與此作業的「**相關人員**」。
3. 為什麼要執行此作業 (Why)？強調作業內容的「**重要性**」。
4. 什麼時候開始執行 (When)？說明實際作業的「**時間**」。
5. 在哪裏進行作業 (Where)？說明實際作業的「**地點**」。
6. 如何進行此作業 (How)？強調實際作業的「**程序或步驟**」。

示意圖 ⏭

目前的作業內容是什麼 (What)	由誰來負責執行 (Who)	為什麼要執行此作業 (Why)
什麼時候開始執行 (When)	**在哪裏進行作業 (Where)**	**如何進行此作業 (How)**

3-3-2 輸入資料

1. 目前作業程序會使用到哪些輸入表單？強調表單的「**格式**」。
2. 表單是由公司內部自定，還是由外部機構規定呢？強調表單的「**取得**」。
3. 由哪些單位人員來輸入資料？強調表單的「**操作人員**」。

示意圖 ⏭

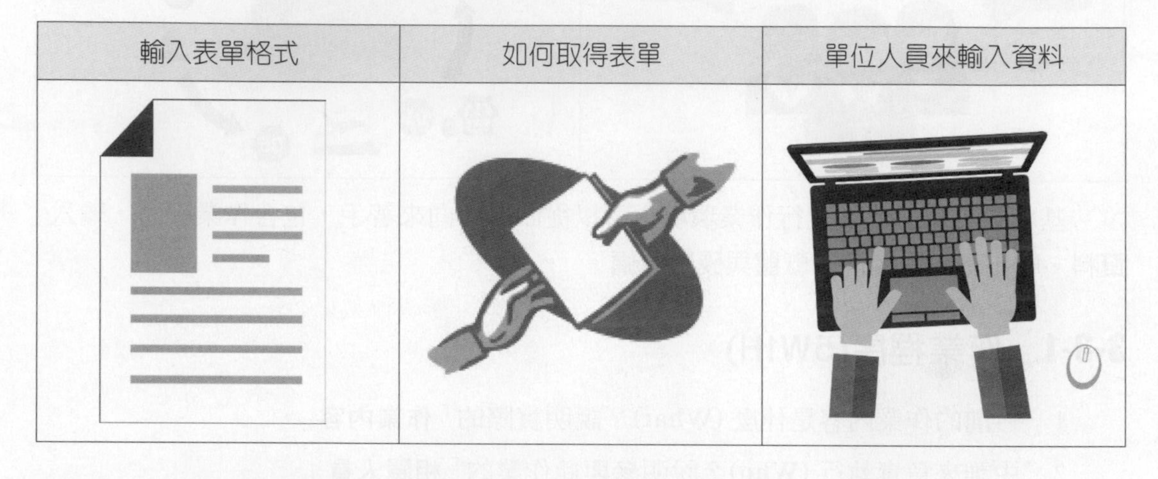

3-3-3 輸出資料

1. 目前的作業程序會輸出哪些資訊表單？強調表單的「**輸出格式**」。
2. 哪些單位主管要閱讀輸出的資訊表單？強調**閱讀**表單的「**主管人員**」。

示意圖 ⏭

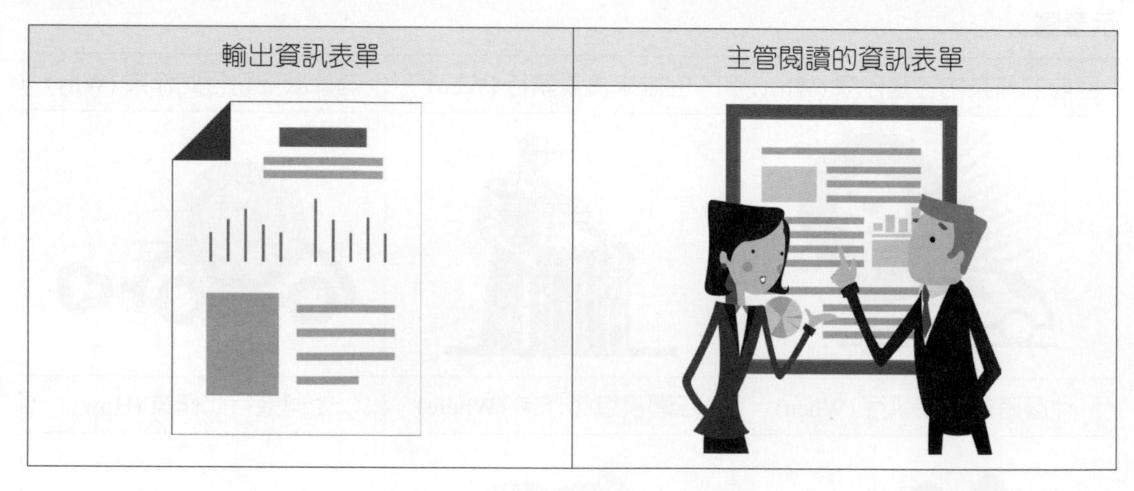

3-3-4 目前的軟體與硬體設備

1. 目前的作業程序所使用的電腦軟體、硬體設備有哪些？強調軟、**硬體設備的「規格與性能」**。
2. 由誰來負責電腦軟體、硬體設備的正常功能及安全性？強調**保管軟、硬體設備的「負責人員」**。

示意圖 ⏭

單元評量

1. (　) 在「調查規劃」階段中，如果想要「了解現行作業環境」，請問可以從哪方向來著手呢？
   (A) 作業程序　(B) 輸入／輸出資料
   (C) 目前的軟體、硬體設備　(D) 以上皆是
2. (　) 在「調查規劃」階段中，如果想要了解實際作業的「程序或步驟」，請問可以從哪方向來著手呢？
   (A) 作業程序　(B) 輸入資料
   (C) 目前的軟體、硬體設備　(D) 輸出資料
3. (　) 在「調查規劃」階段中，如果想要了解作業程序會使用到哪些輸入表單，請問可以從哪方向來著手呢？
   (A) 作業程序　(B) 輸入資料
   (C) 目前的軟體、硬體設備　(D) 輸出資料

3-4 蒐集系統背景資料

引言 ⏭ 在「了解現行作業」之後，接下來，首要工作就是要**蒐集系統背景資料**。

但是，大部分的使用者往往對於自己的需求不是很清楚，因此，身為一位系統分析師，就必須要借助於有系統、有計劃的方式來蒐集資料。

目的 ⏭ 從「**背景資料**」來**分析**「**作業流程**」。

途徑 ⏭

1. 企業內部：各單位提供
   (1) **相關人員**：現場作業人員、系統操作人員、使用者、管理人員等。
   (2) **相關文件**：操作手冊、系統文件、作業程序、輸出入表單等。
2. 企業外部
   (1) 從政府機構取得。
   (2) 從相關企業取得。
   (3) 上網彙整。

示意圖 ⏭

企業內部	企業外部

【註】資料蒐集的方法，請參閱第四章。

單元評量

1. (　　) 在「調查規劃」階段中，如果想要「蒐集系統背景資料」，請問可以從哪些途徑蒐集呢？
   (A) 企業內部之相關人員　(B) 企業內部之相關文件
   (C) 企業外部之政府機構　(D) 以上皆是
2. (　　) 在「調查規劃」階段中，如果從企業內部之相關人員來「蒐集資料」，請問要找哪些人員較適合呢？
   (A) 現場作業人員　(B) 系統操作人員　(C) 使用者　(D) 以上皆是

3-5 定義新系統的範圍與目標

引言 ⏭ 一般而言，在新系統尚未真正建置完成之前，「系統的範圍」是很難被明確地界定的。但是，根據過去經驗得知，「**系統的範圍**」應該要**比「使用者的需求」稍微大一點（但不能過大）**，亦即，系統除了能解決使用者目前的需求之外，還必須要**考慮到未來的擴充性之需求**。

理由 ⏭

1. 企業組織的成長需求（**從小公司成長為大公司**）。
2. 企業業務的擴展需求。（**從電子商務擴展到行動商務**）。

示意圖 ⏭

定義 ⏭ 是指用來界定資訊系統具備的功能。

強調 ⏭ 系統提供什麼功能 (What)，而不是系統要怎麼做 (How)。

建立系統範圍的工具 ⏭ **（詳細介紹，請參閱第六章）**

利用**資料流程圖** (DFD) 具體描述資料流程，即可**建立系統範圍**。

圖解說明 ⏭

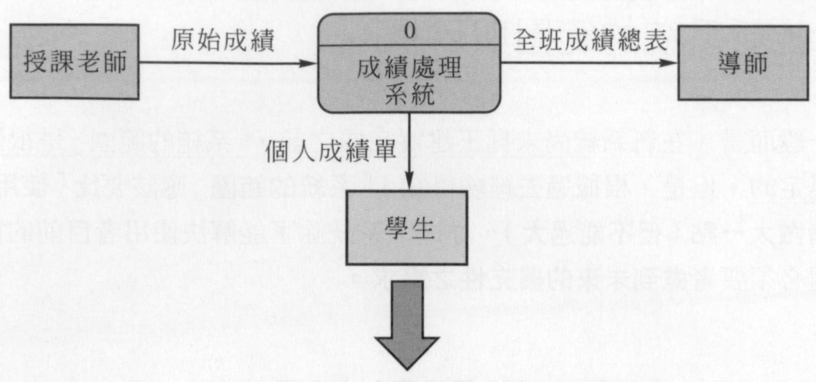

描述新系統內部的功能及運作流程

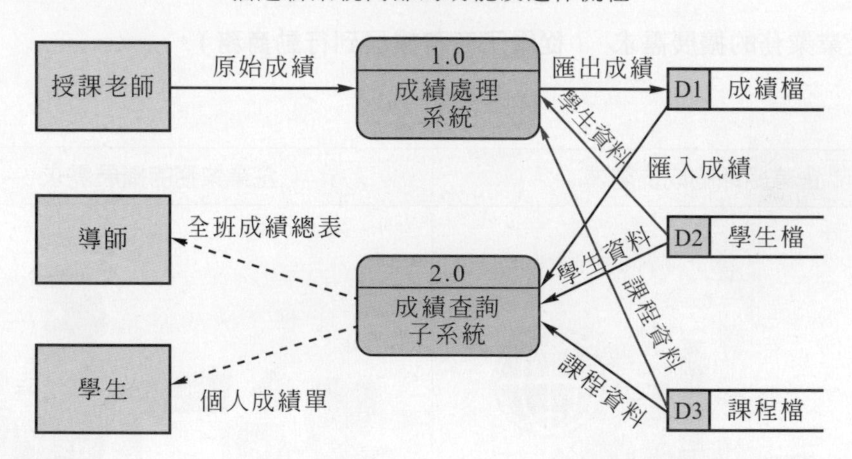

定義系統的目標 ⏭

1. 符合使用者需求。
2. 提高效率。
3. 降低成本。

圖解說明 ⏭

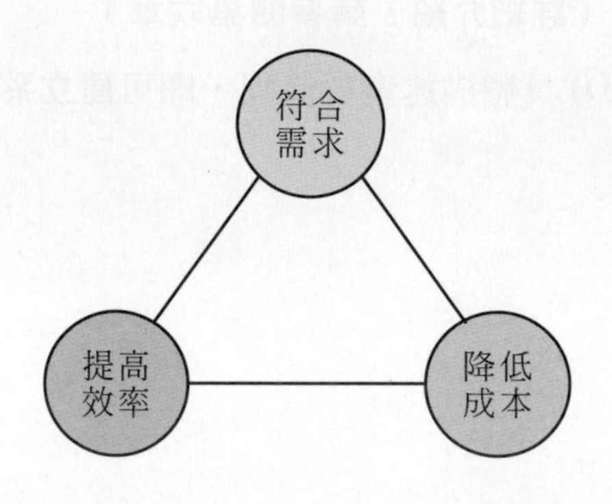

說明 ⏭ 「調查規劃」的核心就是要「符合使用者需求」了；否則，有「提高效率」且「降低成本」的資訊系統，也是英雄無用武之地。

【注意】「系統目標」應該要完全配合公司的「整體目標」。

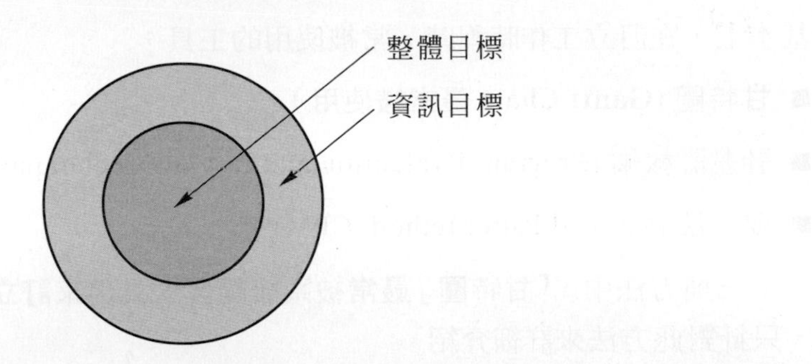

單元評量

1. (　) 在「調查規劃」階段中，如果想要「定義系統範圍」時，往往「系統範圍」要比「使用者需求」稍微大一點，其原因為何呢？
   (A) 考慮到未來的擴充性之需求
   (B) 考慮到企業組織的成長需求
   (C) 考慮到企業業務的擴展需求
   (D) 以上皆是
2. (　) 在「調查規劃」階段中，如果想要「定義系統範圍」時，請問使用下列哪一種工具最適合呢？
   (A) 資料流程圖 (DFD)
   (B) 實體關係圖 (ERD)
   (C) 決策樹 (Decision Tree)
   (D) 決策表 (Decision Table)
3. (　) 在「調查規劃」階段中，關於定義「系統目標」的敘述，下列何者正確呢？
   (A)「系統目標」完全配合公司的整體目標
   (B)「系統目標」完全符合使用者需求
   (C)「系統目標」要兼顧提高效率與降低成本
   (D) 以上皆是

3-6 訂立新系統工作時程

基本上，在訂立工作時程時，常被使用的工具：

- 甘特圖 (Gantt Chart **最常被使用**)。
- 計劃評核術 (Program Evaluation and Review Technique, PERT)。
- 要徑法 (Critical Path Method, CPM)。

以上三種方法中，**「甘特圖」最常被系統開發人員用來訂立工作時程**。因此，在本書中，只針對此方法來詳細介紹。

定義 ⏭ 是指用在工作排程上的一種工具，可表現工作進度、成果與時間的關係。

優點 ⏭

1. **製作簡單**。
2. **易於管理**。

缺點 ⏭ **無法顯現工作項目彼此之間的關係**。

適用時機 ⏭ **小型系統(系統複雜度低)**。

組成欄位 ⏭

1. **項目**：一般甘特圖都必須包括系統名稱、分析師、工作項目、工作人員及時間等項目。
2. **工作項目名稱**：應按照發生時間的先後順序，由上而下依序填寫。
3. 工作項目應確實填寫工作負責人姓名，以便爾後的追查與責任歸屬。
4. 時間單位要明確，時程間隔要相同。
5. **實線**表示**實際進度**，**虛線**表示**預定進度**。

實例

以某一大專院校要開發「數位學習系統」為例，其細部分析之工作計劃擬定如圖所示。

甘特圖													
系統名稱	數位學習系統						分析師				李雄雄		
工作項目	工作人員	時間(週)											
		1	2	3	4	5	6	7	8	9	10	11	12
覆閱初步分析報告	王靜靜												
	李雄雄												
資料蒐集	李安安												
	王靜靜												
資料分析	李雄雄												
	王靜靜												
撰寫報告	李雄雄												
	王靜靜												
系統設計	李雄雄												
	王靜靜												
撰寫程式	李安安												
系統測試	李安安												
系統建置	李安安												
教育訓練	李雄雄												
	王靜靜												

說明 ⏭

———：實線表示實際進度

…………：虛線表示預定進度。

單元評量

1. ( ) 在「調查規劃」階段中，如果想要「訂立新系統工作時程」時，請問往往會使用下列哪些工具呢？
   (A) 甘特圖 (Gantt Chart)　(B) 計劃評核術 (PERT)
   (C) 要徑法 (CPM)　(D) 以上皆是
2. ( ) 在「調查規劃」階段中，關於訂立新系統工作時程時，所使用的「甘特圖 (Gantt Chart)」之敘述，下列何者不正確呢？
   (A) 適用於系統複雜度低的情況
   (B) 可以顯現工作項目彼此之間的關係
   (C) 製作簡單且管理容易
   (D) 可以表現工作進度、成果與時間的關係

3-7 提出可行性及選擇最佳方案

引言 ▶▶|

「專案小組」在「調查規劃」階段中，已經了解現行作業環境、蒐集系統背景資料、定義系統範圍及目標，以及訂立新系統工作時程之後，就必須再提出所有可行方案，進行「可行性研究」之評估，以找出最佳方案。

評估層面 ▶▶|

基本上，可行性研究的評估，可以分為**五種不同的層面**：

1. **技術可行性** (Technical Feasibility)。
2. **經濟可行性** (Economic Feasibility)。
3. **法律可行性** (Legal Feasibility)。
4. **作業可行性** (Operational Feasibility)。
5. **時程可行性** (Schedule Feasibility)。

圖解說明 ⏭ 以上五種可行性分析缺一不可。

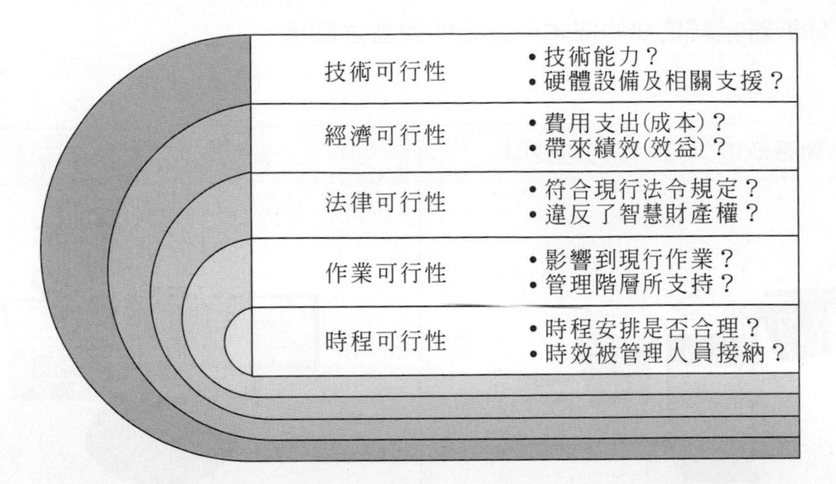

一、技術可行性 (Technical Feasibility)

目的 ⏭ 是指評估完成新系統所需要的技術，**專案人員是否有能力建構**。

評估內容 ⏭

1. 新系統所需要的**技術**，專案小組中的成員是否已經具備該能力？
2. 新系統所需要的**設備**，目前市面上是否已經具備？
3. 新系統開發過程中，是否有外部人員可以**提供相關支援**？

示意圖 ⏭

新系統所需要的技術	外部人員提供相關支援

二、經濟可行性 (Economic Feasibility)

目的 ⏭ 是指評估新系統對公司的經濟效益之得失，亦即**進行成本效益分析**。

評估內容 ⏭

1. 開發新系統所需要的人力、物力及相關資源之費用支出為何？(成本)

   ➔ 估計**系統開發成本**與**系統運轉成本**。

2. 評估新系統對現行作業所帶來效益為何？(效益)

   ➔ 評估系統能帶給公司何種**有形效益**與**無形效益**。

3. 進行成本效益分析。

➔ 分析新系統需要的**成本**與帶來的**效益之關係**。

示意圖 ⏭

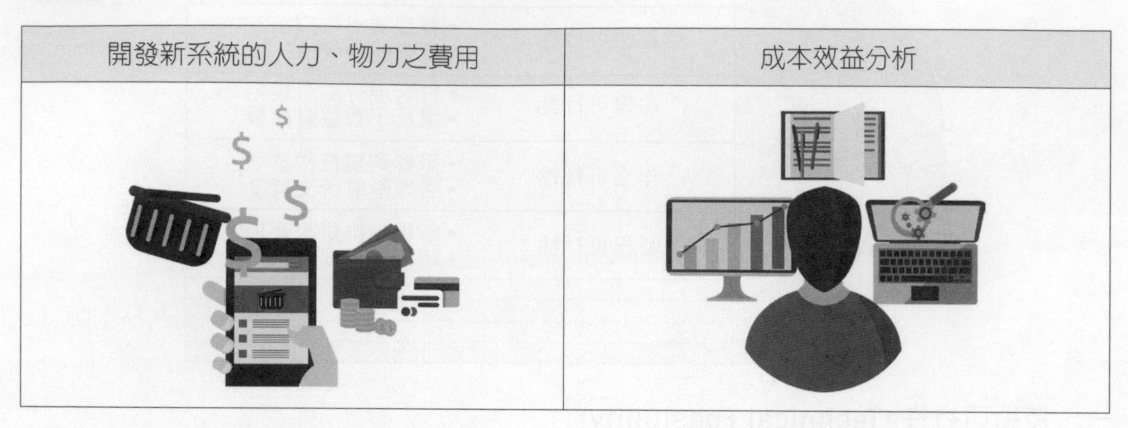

三、法律可行性 (Legal Feasibility)

目的 ⏭ 是指評估新系統進行，是否符合國家現行的法令規定。

評估內容 ⏭

1. 推動新系統時，是否符合現行法令規定？
2. 推動新系統時，是否違反了智慧財產權或著作權法？

示意圖 ⏭

四、作業可行性 (Operational Feasibility)

目的 ⏭ 是指評估新系統的推動，是否符合企業組織文化？

評估內容 ⏭

1. 新系統是否會影響到現行作業情況呢？
2. 新系統是否被使用者所接受及配合實施？
3. 新系統是否被管理階層所支持？

示意圖 ⏭

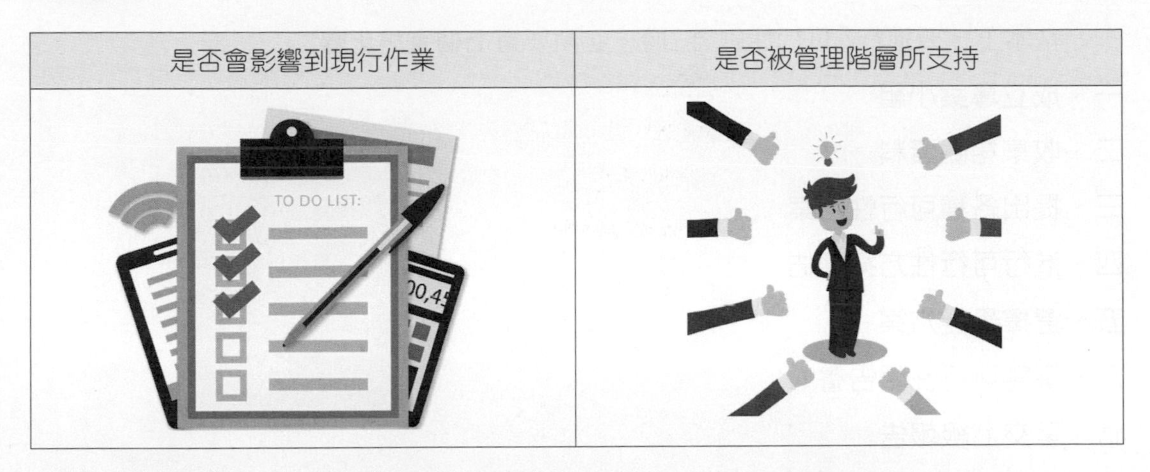

是否會影響到現行作業	是否被管理階層所支持

五、時程可行性 (Schedule Feasibility)

目的 ⏭ 是指評估新系統<u>是否能在預定的時間內完成</u>。

評估內容 ⏭

1. 系統開發的<u>時程安排是否合理</u>？
2. 專案小組成員<u>是否可以如期完成</u>？
3. 系統完工之<u>時效性是否可以被管理人員接納</u>？

示意圖 ⏭

時程安排是否合理	時效性是否可以被管理人員接納

綜合上述五種可行性，有人將它們總稱為 TELOS 可行性因素 (TELOS feasibility facter)。

可行性研究的實施步驟 ▶▶|

基本上，要進行「可行性研究」時，必須要有**七個實施步驟**：

一、成立專案小組

二、收集相關資料

三、提出各種可行性方案

四、進行可行性方案評估

五、選擇最佳方案

六、撰寫可行性報告書

七、呈交上級報告

圖解說明 ▶▶|

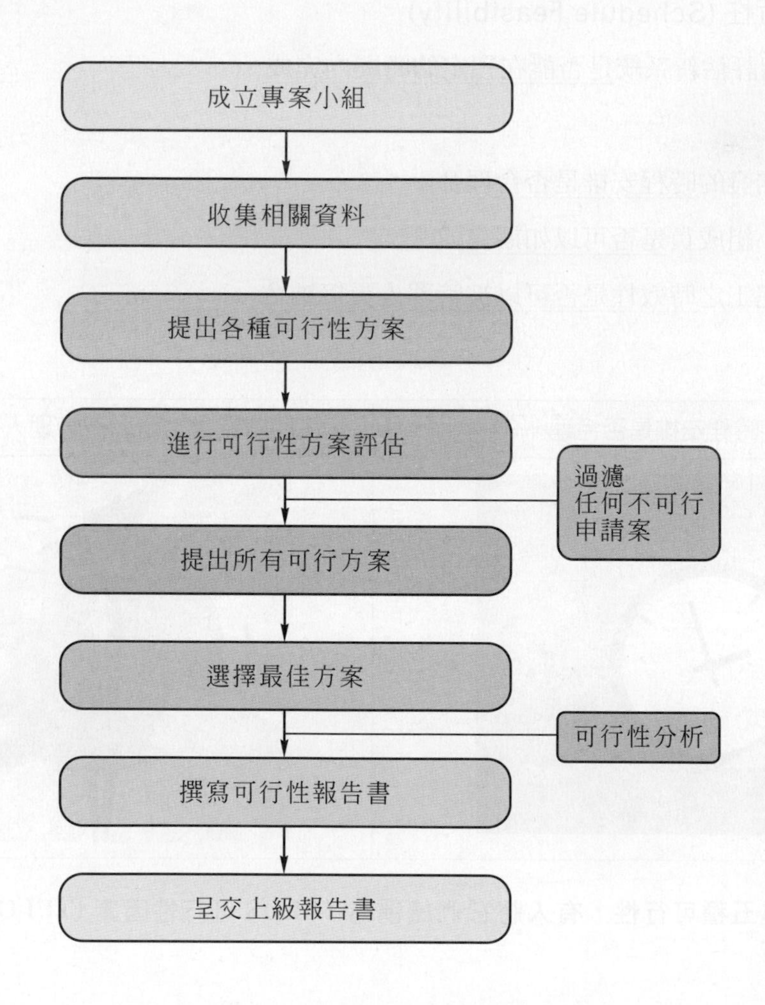

單元評量

1. (　) 在「調查規劃」階段中，有關「可行性研究之評估」的層面，下列何者不屬於呢？
   (A) 技術可行性　(B) 經濟可行性
   (C) 接受可行性　(D) 作業可行性
2. (　) 在「可行性研究」中，有關「新系統開發過程中，是否有外部人員可以提供相關支援」，請問它是屬於哪一層的面分析呢？
   (A) 技術可行性　(B) 經濟可行性
   (C) 法律可行性　(D) 作業可行性
3. (　) 在「可行性研究」中，有關「評估系統能帶給公司何種有形效益與無形效益」，請問它是屬於哪一層面的分析呢？
   (A) 技術可行性　(B) 經濟可行性
   (C) 法律可行性　(D) 作業可行性
4. (　) 在「可行性研究」中，有關「推動新系統時，是否違反了智慧財產權或著作權法」，請問它是屬於哪一層面的分析呢？
   (A) 技術可行性　(B) 經濟可行性
   (C) 法律可行性　(D) 作業可行性
5. (　) 在「可行性研究」中，有關「評估新系統的推動，是否符合企業組織文化」，請問它是屬於哪一層面的分析呢？
   (A) 技術可行性　(B) 經濟可行性
   (C) 法律可行性　(D) 作業可行性
6. (　) 在「可行性研究」中，有關「專案小組成員是否可以如期完成」，請問它是屬於哪一層面的分析呢？
   (A) 技術可行性　(B) 經濟可行性
   (C) 時程可行性　(D) 作業可行性

電腦軟體設計　丙級

1. (　) 在可行性研究時，下列何者不需考慮？
   (A) 事實是什麼？　(B) 使用者的需要是什麼？
   (C) 解決問題需要做什麼？　(D) 如何解決問題？

3-8 撰寫「初步分析報告書」

引言 ⏭ 在完成「可行性研究」之後，接下來必須要開始撰寫「初步分析報告書」，並且提出是否值得電腦化的建議書，給相關的使用者與主管參閱。其「初步分析報告書」又稱為「系統建議書」。

撰寫的目的 ⏭ 將可行性研究之「內容、結果與建議」，以圖文並茂的表達方式，呈交給公司最高主管審閱，以作為是否要繼續執行的重要判斷依據。

主要的內容 ⏭ 請參考課本第十二章的「可行性報告書」。

3-9 實例探討與研究

在撰寫「初步分析報告文件」完成之後，接下來我們將以實際的案例，加以探討研究，在本書中，以「數位學習系統」為例，來實際製作出一份「可行性報告書」。「詳細內容」請參考課本第十一章的「可行性報告書」。

基本題

1. 企業組織為何要電腦化，其原因為何？
2. 企業各單位的使用者如果有電腦化的要求時，必須要填寫一張「資訊需求表」。請您繪出「資訊需求申請流程」圖？
3. 請問，「調查規劃」階段中，其主要的「工作項目」有哪些呢？
4. 在「調查規劃」階段中，如果想要「了解現行作業環境」，請問可以從哪些方向來著手呢？
5. 在「調查規劃」階段中，如果想要「蒐集系統背景資料」，請問可以從哪些途徑蒐集呢？
6. 請問，當我們在調查規劃，以及定義系統的範圍時，大部分會比使用者的需求稍微大一點，其原因為何呢？
7. 在「調查規劃」階段中，如果想要「訂立新系統工作時程」，請問往往會使用下列哪些工具呢？
8. 請問，在「可行性研究的評估」中，我們可以分為哪五種不同的層面呢？

進階題

1. 假設您是某一家公司的員工，此時如果您有電腦化的要求，請您試著填寫一張「資訊需求表」。

資訊需求表					
系統名稱		使用單位		填表日期	
問題癥結與原因					
需求說明					
預期效益					
預定完成日期					
審議意見					
主管批示					

填表人：

2. 請問，在「調查規劃的可行性研究」之後，如何由候選方案中評估選擇最佳的可行方案？
3. 請問，一個「高品質」的資訊系統應該要具備哪些特質呢？
4. 請問，在做系統規劃時，「可行性分析」的步驟為何？試申述之。

CHAPTER 4

系統分析

本章學習目標

1. 讓讀者了解如何利用**資料蒐集方式**來獲得**使用者真正的需求**。
2. 讓讀者了解如何**利用各種方法及工具**來描述新系統的「**功能需求**」。
3. 讓讀者了解如何**撰寫軟體需求規格書**。

本章學習內容

4-1 系統分析的概念

定義 ⏭ **系統分析**又稱「**需求分析**」，它是指根據「調查規劃」所產生的**可行性報告書**(亦即**系統建議書**)，以及利用資料蒐集的方式來獲得**使用者真正的需求**，再利用各種方法及工具(例如：DFD)**描述新系統的「功能需求」**，最後，建立**軟體需求規格書**。

工作項目 ⏭

1. 獲得使用者需求(資料蒐集)。
2. 利用數值方法(圓形圖、表格圖、曲線圖及長條圖)來分析「量化」資料。
3. 繪製資料流程(資料流程圖)來分析「非量化」資料。
4. 撰寫「軟體需求規格書」。

圖解說明 ⏭

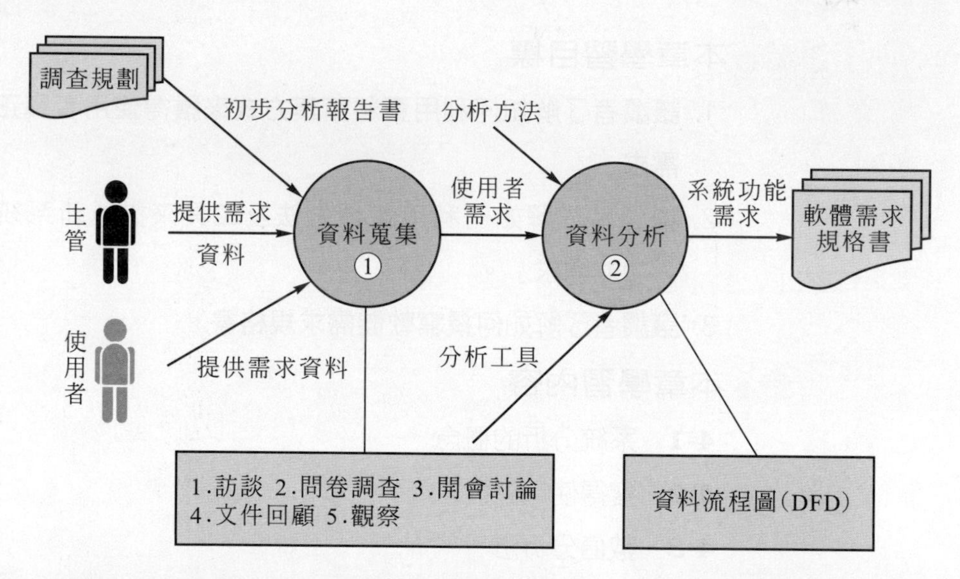

說明 ⏭ 根據「調查規劃」所產生的可行性報告書(亦即系統建議書)，以及利用資料蒐集方式來獲得主管及使用者真正的需求；再利用各種方法及工具(例如：DFD)描述新系統的「功能需求」，最後，建立軟體需求規範書。

目的 ⏭

1. 確認**使用者需求**。
2. 建立**系統需求**。
3. 設計**合乎使用者需求的系統**(亦即將「**使用者需求**」轉換成系統的「**功能需求**」)。

產出 ⏭ **軟體需求規格書**(SRS)。請參考範本。

單元評量

1. (　) 「系統分析」階段中的工作項目之敘述，下列何者正確呢？
   (A) 獲得使用者需求
   (B) 大部分 DFD 來描述新系統的「功能需求」
   (C) 建立軟體需求規格書
   (D) 以上皆是
2. (　) 關於「系統分析」階段的敘述，下列何者不正確呢？
   (A) 又稱為「需求分析」　(B) 根據系統建議書
   (C) 進行軟體測試　(D) 產出軟體需求規格書

電腦軟體設計　丙級

1. (　) 在系統分析階段，最主要的工作內容是資料蒐集與資料分析，下列敘述中哪一項較不適合做為資料蒐集的方式？
   (A) 使用單位相關報告、報表及程序手冊等書面資料
   (B) 與使用單位充份溝通的面談方式
   (C) 抽樣式的蒐集數量、成本、時間及其他相關資料
   (D) 依程式設計師的經驗分析
2. (　) 下列何者為系統分析之主要目的？
   (A) 研究系統的需求，研訂可行方案　(B) 依步驟上線實施
   (C) 評量實施成效　(D) 發展程式軟體
3. (　) 以下何者不是軟體需求分析階段的工作？
   (A) 需求取得　(B) 分析
   (C) 訂定規格　(D) 系統維護

4-2 獲得使用者需求

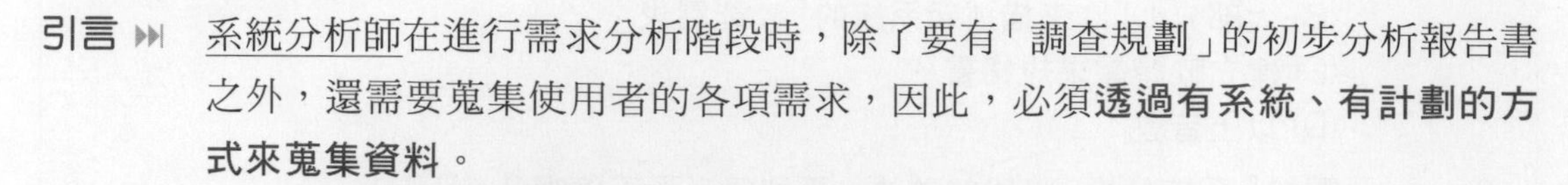

引言 ⏭ 系統分析師在進行需求分析階段時，除了要有「調查規劃」的初步分析報告書之外，還需要蒐集使用者的各項需求，因此，必須**透過有系統、有計劃的方式來蒐集資料**。

目的 ⏭ 1. **了解使用者的真正需求。**

2. **幫助使用者確定需求。**

3. **建立一個符合使用者要求的應用系統。**

資料蒐集的方法 ⏭ 1. 訪談　2. 問卷調查　3. 開會討論　4. 文件回顧　5. 觀察

示意圖 ⏭

1. 訪談	2. 問卷調查	3. 開會討論
4. 文件回顧	5. 觀察	

【註】其中最常使用的方法為「訪談」及「問卷調查」。

單元評量

1. (　) 在「系統分析」階段中，獲得使用者需求之目的，下列何者正確呢？
   (A) 了解使用者的真正需求
   (B) 幫助使用者確定需求
   (C) 建立一個符合使用者要求的應用系統
   (D) 以上皆是

2. (　) 關於「資料蒐集」的方法，下列何者正確呢？
   (A) 訪談　(B) 問卷調查　(C) 開會討論　(D) 以上皆是

4-2-1 訪談

定義 ⏭ 由系統開發人員與相關部門的使用者進行面對面的溝通。

適用時機 ⏭ 蒐集少數人員的資訊。

優點 ⏭ 1. 是**最直接取得資料的途徑**。

2. 可以**直接與使用者面對面確認需求**。

缺點 ⏭ 1. **時間成本較高**。

2. 可能會**影響受訪者原先工作的進行**。

訪談的程序 ⏭

一、訪談前：確立主題與目的。

1. **漏斗方式：先提出與主題較不相關的問題**，例如，閒話家常的方式。

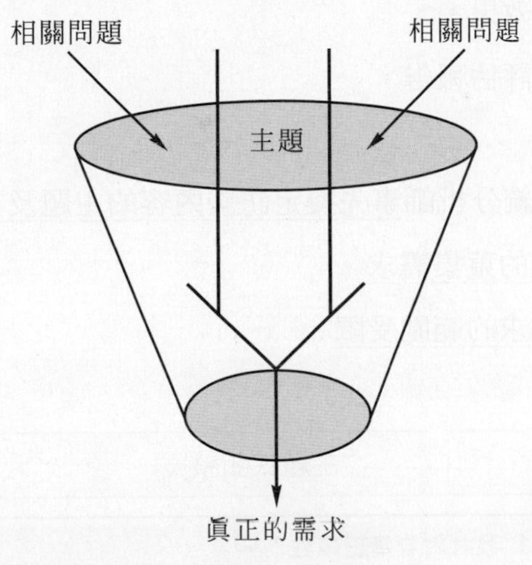

2. **反漏斗方式**：以**單刀直入**的方式提出主題。

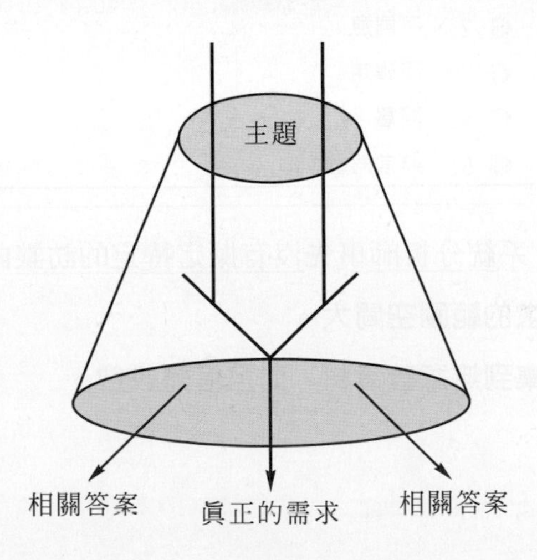

二、訪談期間：注意事項

1. 訪談者的服裝與儀容要整齊。
2. 訪談者的語調與語氣要溫和。
3. 訪談者要適當肯定受訪者的回覆。
4. 如要錄音時，需先徵求受訪者的同意。
5. 訪談者要隨時保持良好的傾聽態度。
6. 訪談者要詳加記錄訪談內容。
7. 在訪談結束時，記得要說「謝謝」或表示感謝之意。

三、訪談後：整理工作

1. 重新整理訪談內容。
2. 評估訪談內容的效果。
3. 提出訪談記錄或評估報告。

進行方式 ⏭

1. **主題式訪談**：系統分析師事先擬定訪談內容的主題及方向。

   優點 ⏭ 有系統的蒐集需求。

   缺點 ⏭ 蒐集需求的範圍受限。

   示意圖 ⏭

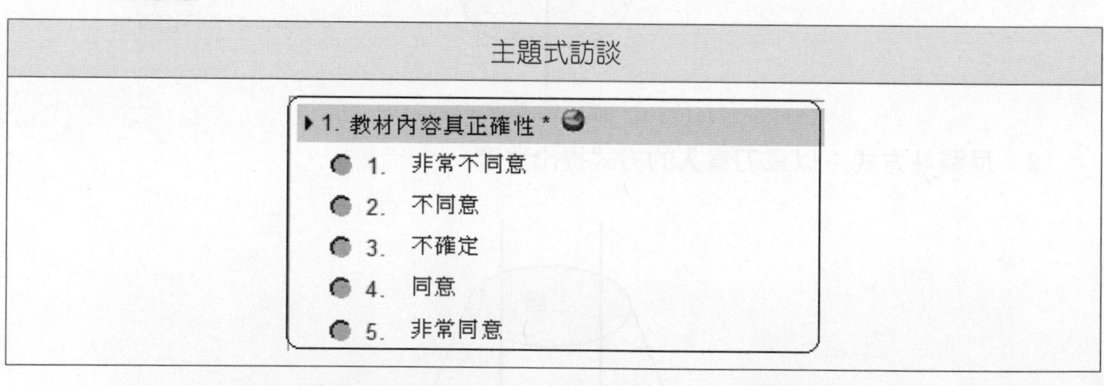

2. **無主題式訪談**：系統分析師事先沒有擬定特定的訪談內容主題及方向。

   優點 ⏭ 蒐集需求的範圍空間大。

   缺點 ⏭ 可能蒐集到無意義資料，而且很難收斂。

示意圖 ⏭

無主題式訪談
請問您的想法？

訪談紀錄表 ⏭

訪談紀錄表 紀錄者：○○○			
訪談日期		訪談時間	
訪談地點			
受訪者姓名		聯絡電話	
E-mail			
現職		工作年資	
工作經歷			
參與訪談者			
訪談內容			

單元評量

1. ( ) 在「資料蒐集的方法」中，有關「訪談」方式的敘述，下列何者不正確呢？
   (A) 使用者進行面對面的溝通
   (B) 蒐集多數人員的資訊
   (C) 訪談期間訪談者的語調與語氣要溫和
   (D) 訪談後評估訪談內容的效果
2. ( ) 關於「訪談」方式的優缺點，下列何者正確呢？
   (A) 是最直接取得資料的途徑
   (B) 直接與使用者面對面來確認需求
   (C) 時間成本較高
   (D) 以上皆是

4-2-2 問卷調查

定義 ⏭ 是指系統開發人員針對主題所設計一連串有關的問題後，再對相關部門的使用者進行調查。

目的 ⏭ 從系統化的問題設計，來取得想要的資訊。

設計步驟 ⏭ 1. 先確定主題之相關資訊內容。

2. 針對資訊內容來設計問卷的內容。

適用時機 ⏭ **將組織龐大且分散各地的單位**進行資料蒐集。

問題的型式 ⏭

1. **開放性問題**：是指可以讓受訪者針對主題**自行表達意見**。

缺點 ⏭ (1) 受測時間較長。

(2) 受測者較不願意。

(3) 可能會影響到資料的分析。

示意圖 ⏭

請問您的想法？

2. **封閉性問題**：是指用來**限制**受訪者**回答的範圍及內容**。

題型 ⏭ (1) **李克特** (Likert) 尺度的**五點計分量表**。

(2) **單選題**。

(3) **複選題**。

示意圖 ⏭

1. 李克特 (Likert) 尺度 (五點計分量表)	2. 單選題
▸1. 教材內容具正確性 * 1. 非常不同意 2. 不同意 3. 不確定 4. 同意 5. 非常同意	SELECT指令屬於哪個類別的SQL陳述式? 1. 資料存取語言(DAL) 2. 資料控制語言(DCL) 3. 資料定義語言(DDL) 4. 資料操作語言(DML)
3. 複選題	
以下哪三個是有效的資料操作語言(DML)命令?(請選擇三個答案 1. COMMIT 2. DELETE 3. INSERT 4. OUTPUT 5. UPDATE	

優點 ⏭ (1) 受測時間較短。

(2) 受測者較願意。

(3) 有利於資料的分析。

缺點 ⏭ (1) 只能設計「量化」的問題。

(2) 較難設計「質性」的問題。

(3) 可能會限制受測者的回答範圍。

問卷調查表

親愛的同學您好：

學校為了推動「校務 e 化」，目前正積極開發 e-Learning 數位學習系統，來讓同學們可以利用課餘時間來進行線上學習，為了讓規劃工作能夠更順利的進行，特別設計本份問卷，請各位同學抽空回答下列問題。目的在了解您的學習意見，俾為日後辦理數位學習有所助益。您所填答的資料絕對保密，請安心作答。非常謝謝您的幫忙。

MyeBook 數位學習研究室　啓

1. 性別：□女　□男
2. 年齡：□ 15　□ 16　□ 17　□ 18　歲以上
3. 家中是否有網路：□沒有　□有
4. 學習電腦的時間有多久：□ 1 年以下　□ 1-3 年　□ 4-6 年　□ 7 年以上
5. 接觸網路的時間有多久：□ 1 年以下　□ 1-3 年　□ 4-6 年　□ 7 年以上
6. 你目前就讀的科系：□資管系　□企管系　□工管系　□其他＿＿＿＿
7. 曾經有利用過 e-Learning 學習嗎？□沒有□有
8. 如果你有利用 e-Learning 線上學習，最吸引你再度線上學習的原因？

   ＿＿＿＿＿＿＿＿＿＿＿＿＿＿＿＿＿＿＿＿＿＿＿＿
9. 你認為 e-Learning 系統必須要提供哪些服務？(可複選)

   □觀看教學影片　□線上練習　□線上作業　□線上互動

   □其他＿＿＿＿＿＿＿＿＿＿＿＿＿＿＿＿
10. 其他建議事項：

單元評量

1. (　) 在「資料蒐集的方法」中，有關「問卷調查」方式的敘述，下列何者不正確呢？
   (A) 是一種系統化的問題設計方式
   (B) 不適合在分散各地的單位進行
   (C) 可分開放性與封閉性問題
   (D) 在開放性問題中可以讓受訪者針對主題自行表達意見
2. (　) 關於「開放性問卷調查」方式的缺點，下列何者正確呢？
   (A) 受測時間較長　(B) 受測者較不願意
   (C) 可能會影響到資料的分析　(D) 以上皆是
3. (　) 關於「封閉性問卷調查」方式的優點，下列何者正確呢？
   (A) 受測時間較短　(B) 受測者較願意
   (C) 有利於資料的分析　(D) 以上皆是

4-2-3 開會討論

定義 ⏭ 是由<u>系統分析師</u>邀請相關人員來討論新系統所需的各種問題，以獲得所需的資料。

示意圖 ⏭

開會討論

準備的工作 ⏭ 1. 將開會的「**開會事由**」告知與會者。

2. 決定開會的「**時間與地點**」。

3. 列出開會的「**討論議題**」。

4. 列出開會的「**出席人員**」。

5. 列出聯絡的「**窗口**」。

優點 ⏭ 1. **較容易獲得正確的資料**。

2. 可**發揮腦力激盪**的效果。

缺點 ⏭ 1. 要有<u>主持人</u>溝通與協調。

2. 比較費時。

單元評量

1. (　　) 有關「開會討論」準備工作之敘述，下列何者不正確呢？
(A) 較容易獲得正確的資料　(B) 可發揮腦力激盪的效果
(C) 無須主持人溝通與協調　(D) 比較費時

4-2-4 文件回顧

定義 ⏭ 是指**閱讀**企業的**內部相關文件**。

目的 ⏭ 了解企業運作的工作程序。

文件種類 ⏭

一、組織內部使用者的工作手冊

二、電腦化系統的文件

1. 使用者操作手冊。
2. 輸出資訊報表。
3. 輸入表單及文件。
4. 軟體版本及硬體規格之文件。
5. 處理作業之流程說明之文件。

示意圖 ⏭

組織內部工作手冊	電腦化系統的文件說明

注意 ⏭

1. 文件的**時效性問題**(可能尚未更新)。
2. 文件的**一致性問題**(可能多版本)。

單元評量

1. (　) 有關「文件回顧」之敘述，下列何者正確呢？
   (A) 閱讀企業的內部相關文件　(B) 了解企業運作的工作程序
   (C) 組織內部使用者的工作手冊　(D) 以上皆是

2. (　) 關於「電腦化系統」的文件種類，下列何者不正確呢？
   (A) 使用者操作手冊　(B) 輸出資訊報表與輸入表單及文件
   (C) 測試文件與方法　(D) 處理作業之流程說明

4-2-5 觀察

引言 ⏭ 透過「文件回顧」所蒐集的資料，可能會有**時效性**與**一致性**的問題。因此，再**透過實地「觀察」，所獲得資料的正確性可能會比「文件回顧」高**。

目的 ⏭ 驗證所收集資料之正確性及完整性。

示意圖 ⏭

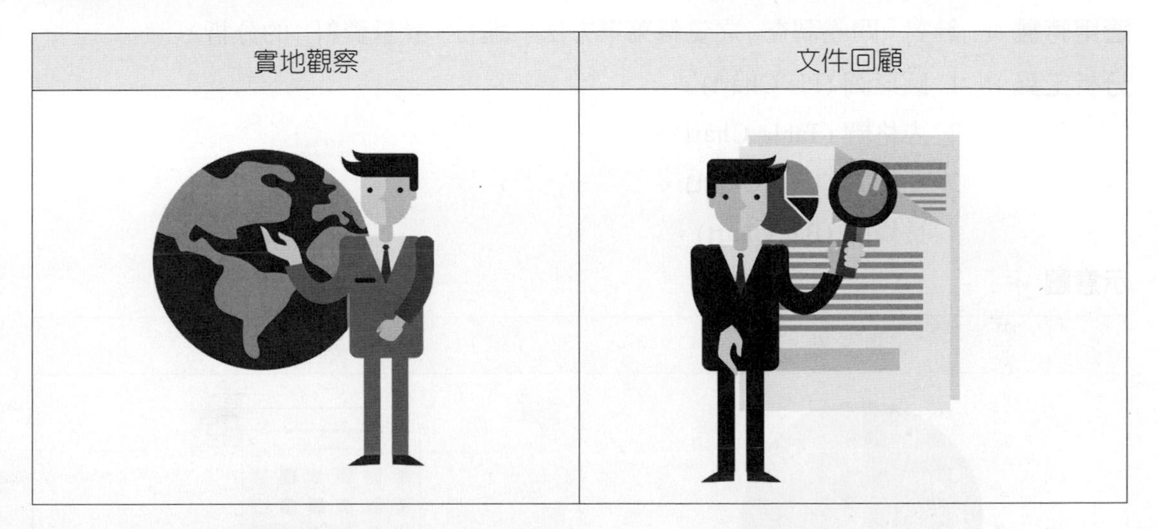

優點 ⏭ 1. 可以再次確認「訪談」的正確性。

2. 可以再次確認「文件回顧」的結果。

缺點 ⏭ 1. 比較耗費時間。

2. 成本比較高。

單元評量

1. (　) 有關「蒐集資料中的觀察方法」之敘述，下列何者正確呢？
   (A) 實地「觀察」所獲得資料的正確性可能會比「文件回顧」高
   (B) 驗證所收集資料之正確性及完整性
   (C) 可以再次確認「訪談」的正確性
   (D) 以上皆是

2. (　) 關於「蒐集資料中的觀察方法」的優缺點之敘述，下列何者不正確呢？
   (A) 可以再次確認「訪談」的正確性
   (B) 可能無法再次確認「文件回顧」的結果
   (C) 比較耗費時間
   (D) 成本比較高

4-3 數值分析法

引言 ⏭ 由於數值分析法較具**科學性與客觀性**，因此，可以協助管理者與使用者了解分析的結果。

適用時機 ⏭ 針對「問卷調查」之資料蒐集方法，進行「計量資料」的分析。

分析工具 ⏭ 1. 圓形圖 (Pie Chart)。

2. 表格圖 (Table Chart)。
3. 曲線圖 (Line Chart)。
4. 長條圖 (Bar Chart)。

示意圖 ⏭

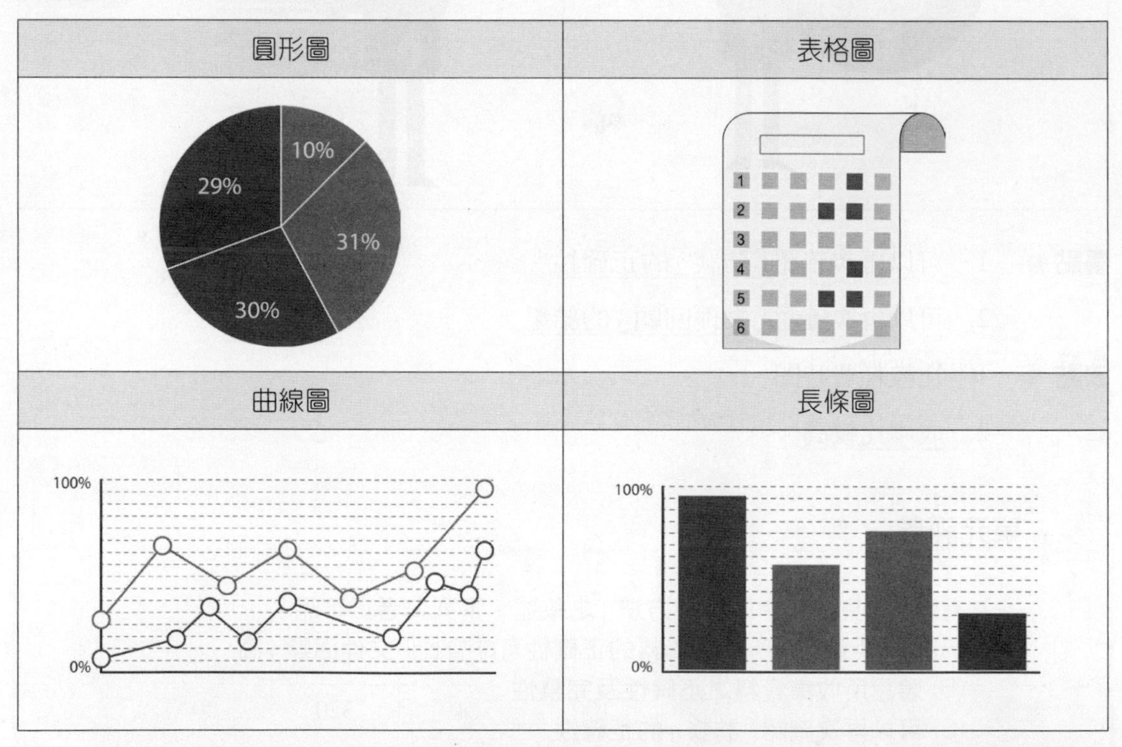

單元評量

1. (　) 有關利用「數值分析法」進行資料的分析，請問大部分是針對哪一種資料蒐集方式呢？
(A) 訪談　(B) 問卷調查　(C) 開會討論　(D) 文件回顧

2. (　) 關於「數值分析法」常用的分析工具，下列何者正確呢？
(A) 圓形圖　(B) 長條圖　(C) 曲線圖　(D) 以上皆是

4-3-1 圓形圖(Pie Chart)

定義 ⏭ 是指利用**圓形圖**來表示每一個區域子項目所佔的比率。

例如 ⏭ 利用「圓形圖」來表示整個系統的「開發成本」所需的費用比率。

圖解說明 ⏭

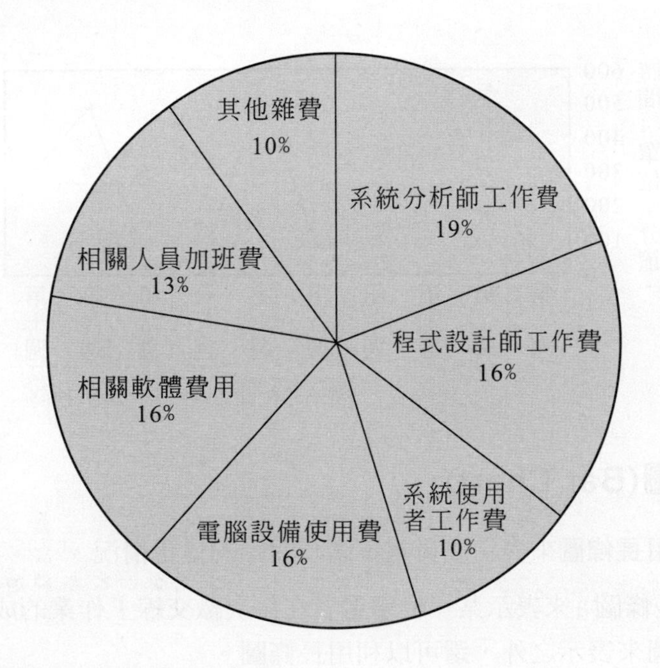

4-3-2 表格圖(Table Chart)

定義 ⏭ 是指利用**二維表格**來表示行與列的資料。

例如 ⏭ 利用「表格圖」來表示每一位學習者的各科成績。

圖解說明 ⏭

科目 / 學生	國文	英文	數學	計概	總和	平均	排名
李安安	75	55	100	90	320	80	1
王靜靜	66	81	73	60	280	70	3
李雄雄	90	55	65	100	310	77.5	2

4-3-3 曲線圖(Line Chart)

定義 ⏭ 是指利用**曲線圖**來表示成員在不同時間點的變化情況。

例如 ⏭ 利用「曲線圖」來表示某一位學習者在每週閱讀線上教材所花費的時間。

圖解說明 ⏭

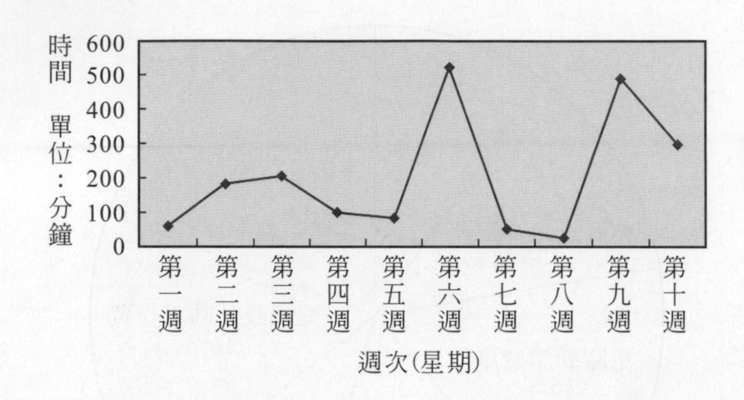

4-3-4 長條圖(Bar Chart)

定義 ⏭ 是指利用**長條圖**來表示成員在不同時間點的變化情況。

例如 ⏭ 利用「長條圖」來表示某一位學習者在每次繳交線上作業的成績，除了可以利用曲線圖來表示之外，還可以利用長條圖。

圖解說明 ⏭

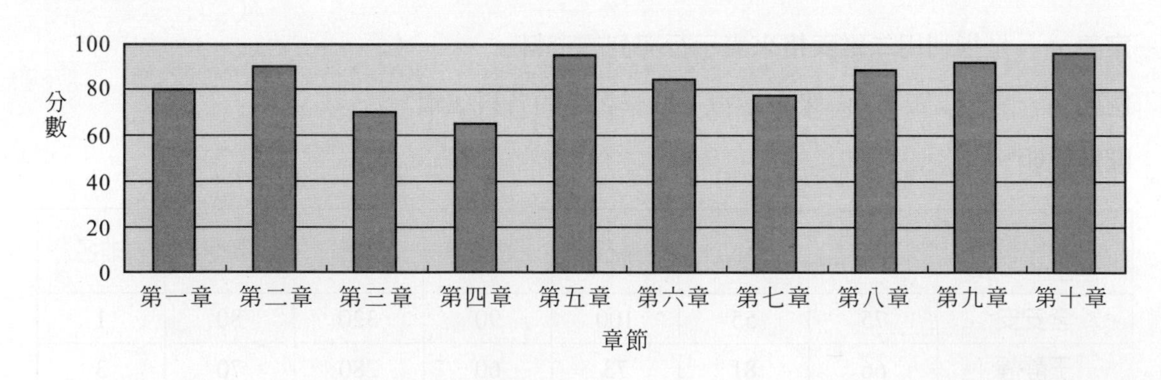

4-4 資料流程分析

引言 ⏭ 由於「數量分析法」只能針對「計量資料」進行分析；但對於「**非量化**」性的資料則無法處理。例如：**系統的資料流入與流出情況**。因此，我們可以利用「資料流程分析」工具來將資料加以分析與說明。大部分的**「資料流程」分析工具**都是利用「資料流程圖 (DFD)」來表示。

定義 ⏭ 它是一種**圖形化工具**，專門用來表達一個系統內的資料流，以及由系統執行的工作或程序。

功能 ⏭ 讓系統分析師與使用者溝通時，能夠達到事半功倍之效果。

特色 ⏭

1. 利用「圖形化」來表示資料的流向。
2. 是一種「由上而下」的分割工具。
3. 易於閱讀及修改。

表達重點 ⏭ 強調系統中「資料的流動」情形。

資料流程圖常用的符號表 ⏭

符號	名稱
實體名稱	外界實體 (External Entity)
資料流名稱 →	資料流 (Data Flow)
編 號 轉換處理名稱	處理功能 (Process)
檔案名稱	資料儲存檔 (Data Files)

功用 ⏭

1. 提供或接收系統資料的外界實體。(外界實體)
2. 系統與外界實體之間的資料流動過程。(資料流)
3. 系統如何將資料進行轉換處理。(處理功能)
4. 系統如何把轉換後的結果儲存到資料檔中。(資料儲存檔)

圖解說明 ⏭

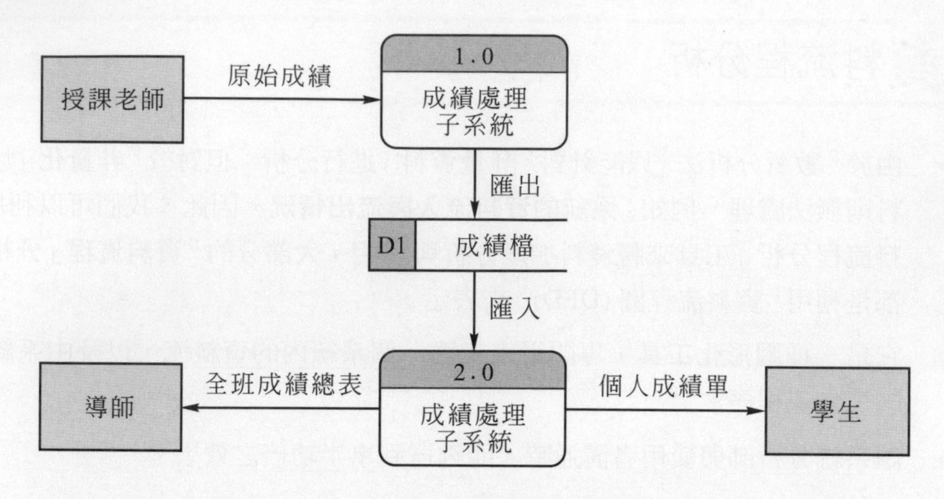

【註】詳細的介紹，請參閱第六章「流程塑模(DFD)」章節。

單元評量

1. (　) 關於「資料流程圖」的敘述，下列何者正確呢？
   (A) 是一種圖形化工具
   (B) 專門用來表達一個系統外部的資料流
   (C) 是一種「由下而上」的分割工具
   (D) 強調系統中「實體與實體之間的流動」情形
2. (　) 關於「資料流程圖」的功用，下列何者正確呢？
   (A) 外界實體是指提供或接收系統資料的外界實體
   (B) 資料流是指系統與外界實體之間的資料流動過程
   (C) 處理功能是指系統如何將資料進行轉換處理
   (D) 以上皆是

電腦軟體設計　丙級

1. (　) 資料流程圖之用途為何？
   (A) 系統設計　(B) 程式撰寫
   (C) 系統分析　(D) 撰寫測試報告

4-5 撰寫「軟體需求規格書」

引言 ⏭ 在蒐集資料以了解、獲得使用者需求後，接下來就要利用各種數量資料分析方法(如：圓形圖、表格圖、曲線圖及長條圖)，以及利用資料流程分析(如：資料流程圖)，來建立新系統的功能及範圍，最後，便是提出系統分析報告書。

重要性 ⏭ 1. 系統開發者的「藍圖」。

2. 使用者檢驗新系統是否符合需求的「依據」。

主要內容 ⏭ 請參考課本第十二章的「軟體需求規格書」。

電腦軟體設計　丙級

1. (　) 以下何者不屬於使用者重視的軟體品質特性(非功能性需求)？
   (A) 可用性　(B) 效率
   (C) 易用性　(D) 資料庫存取
2. (　) 下列哪一個軟體發展階段完成後，可產生功能規格？
   (A) 系統設計　(B) 系統分析
   (C) 程式撰寫　(D) 使用手冊撰寫

4-6 實例探討與研究

在撰寫「軟體需求規格書」完成之後，接下來我們將以實際的案例，加以探討研究，在本書中，我們以「數位學習系統」為例，來實際製作出一份「軟體需求規格書」。

主要內容 ⏭ 請參考課本第十一章的「軟體需求規格書」。

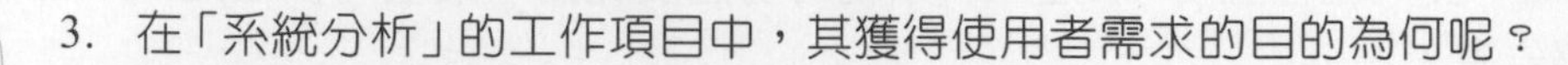

基本題

1. 請寫出「系統分析」的工作項目。
2. 請說明「系統分析」的目的。
3. 在「系統分析」的工作項目中，其獲得使用者需求的目的為何呢？
4. 請問，目前常見資料蒐集的方法有哪些呢？
5. 請問，在訪談期間要注意哪些事項呢？
6. 請問，在訪談之後，還必須要整理哪些工作呢？
7. 請說明「開放性」問卷調查的缺點？
8. 請說明「封閉性」問卷調查的優、缺點？
9. 請問，目前「電腦化系統的文件」常見有哪些呢？
10. 請說明利用「觀察」來蒐集資料的優、缺點？
11. 請問，「數值分析法」中，常見的分析工具有哪些呢？
12. 請說明「資料流程圖」、「程式流程圖」及「系統流程圖」三者的不同點？

進階題

1. 當一個系統分析師 (SA) 要為使用者開發一套資訊系統時，首先要蒐集哪些相關資料？
2. 當一個系統分析師 (SA) 要為使用者開發一套資訊系統時，常見資料蒐集的方法有哪些？
3. 一個成功的訪談之指導原則為何？
4. 請問目前常見的收集資料的方法有哪些呢？
5. 請問一個成功的「訪談」應該要具備哪些要件呢？

CHAPTER 5

流程塑模(DFD)

本章學習目標

1. 讓讀者了解資料流程圖的定義、基本符號，以及繪製功能分解之方法。
2. 讓讀者了解資料流程圖之繪製原則及實務的專題製作。

本章學習內容

5-1 資料流程圖

定義 ⏭ **資料流程圖** (Data Flow Diagram, DFD) 是一種**圖形化工具**，專門用來表達「資料」在「資訊系統」內的移轉過程，其中包括：外部實體透過處理來匯出資料到資料儲存檔等程序。

功用 ⏭
1. 提供或接收系統資料的外界實體 (外界實體)。
2. 系統與外界實體之間的資料流動過程 (資料流)。
3. 系統如何將資料進行轉換處理 (處理功能)。
4. 系統如何把轉換後的結果儲存到資料檔中 (資料儲存檔)。

圖解說明 ⏭

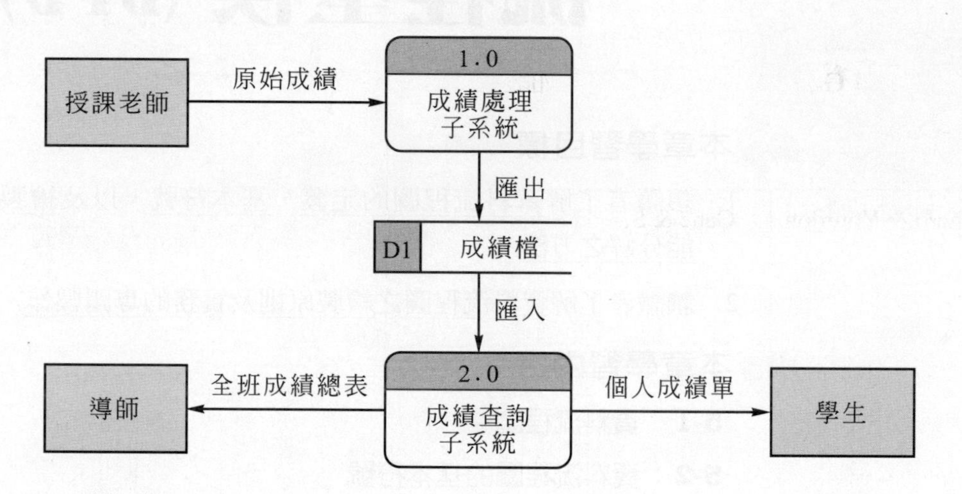

單元評量

1. (　　) 關於「資料流程圖」的敘述，下列何者正確呢？
   (A) 是一種圖形化工具
   (B) 表達「資料」在「資訊系統」內的移轉過程
   (C) 外部實體透過處理來匯出資料到資料儲存檔
   (D) 以上皆是
2. (　　) 關於「資料流程圖」的功用，下列何者不正確呢？
   (A) 外界實體是指提供或接收系統資料的外界實體
   (B) 資料流是指外界實體與外界實體之間的資料流動過程
   (C) 處理功能是指系統如何將資料進行轉換處理
   (D) 資料儲存檔是指系統如何把轉換後的結果儲存到資料檔中

電腦軟體設計　丙級

1. (　　)製作資料流程圖 (Data Flow Diagram, DFD) 的目的，以下何者錯誤？
   (A) 定義系統資料傳遞的過程　(B) 描述系統操作需具備的資料
   (C) 定義與外界流通的資料　(D) 定義外部系統發生過程的處理
2. (　　)下列何者不屬於資料流程圖的內容？
   (A) 事務流　(B) 資料流
   (C) 資料儲存　(D) 處理程序

5-2 資料流程圖的基本符號

資料流程圖基本符號的表示方式，各家學說並非一致，較常見的表示有 **DeMarco & Yourdon** 與 **Gane & Sarson** 兩種。如表 5-1 的資料流程圖符號表所示。

❖表 5-1　資料流程圖符號表

DeMacro & Yourdon 符號集	Gane & Sarson 符號集	名稱	代表意義
實體名稱	實體名稱	外界實體 (External Entity)	表示與系統有關的單位 (如使用者)
資料流名稱 →	資料流名稱 →	資料流 (Data Flow)	表示資料的流動方向
編號 轉換處理名稱	編 號 轉換處理名稱	處理 (Process)	表示輸入資料轉換成輸出資訊的作業單元
檔案名稱	檔案名稱	資料儲存檔 (Data Files)	表示儲存資料的地方

由上表中，我們可以了解資料流程圖是由外界實體、資料流、處理及資料儲存檔所組成，其詳細說明如下：

5-2-1 外界實體(External Entity)

定義 ⏭ 是指用來識別外在的個體，可能是資料流的來源與去處。

命名 ⏭ **常使用「名詞」來命名。**

例如 ⏭ 學生、課程、老師、人員、組織及部門。

表示圖形 ⏭ **以「矩形」表示。**

老師

5-2-2 處理(Process)

定義 ⏭ 是指系統所提供的功能，又稱為功能或轉換。

功能 ⏭ 負責將輸入資料流轉換成輸出資料流。

分類 ⏭ 人工處理與電腦化處理。

命名 ⏭ 使用「**編號與動詞**」或「**編號與動詞 +(子) 系統**」。

例如 ⏭ 成績處理系統、選課系統及薪資計算系統等。

表示圖形 ⏭ 以「**圓形**」或「**圓滑邊長方形**」表示。

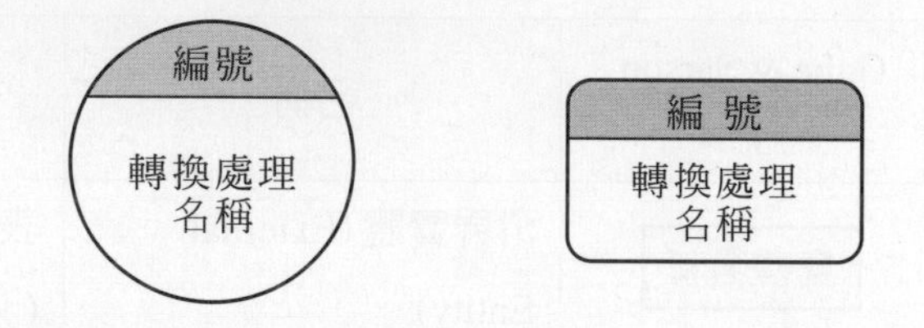

5-2-3 資料流(Data Flow)

定義 ⏭ 是指用來描述資料如何在系統中流動。

主要來源 ⏭ 外部實體、其他處理或檔案。

命名 ⏭ 在箭頭上方或下方允許存在名稱。**以「名詞」命名。**

分類 ⏭ 輸入資料流與輸出資料流

其中「**輸入資料流**」可以是表單，例如：原始成績、訂單資料、客戶資料等。

而「**輸出資料流**」可以是報表或查詢結果。例如：成績單、週報表或績效表。

表示圖形 ⏭ 以「**箭頭**」表示。帶有箭頭的一端，**表示資料流動方向。**

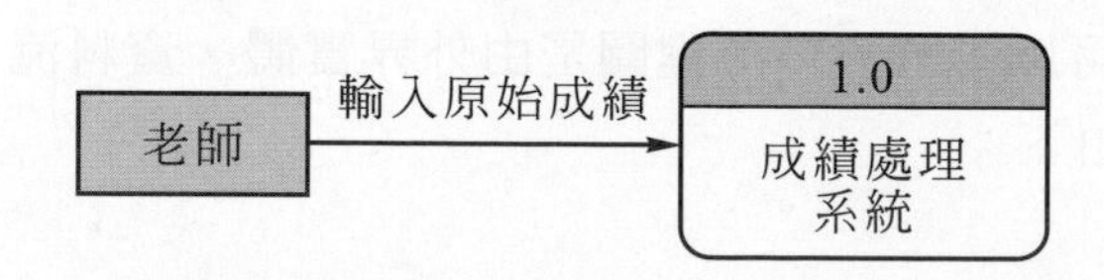

5-2-4 資料儲存檔(Data Files)

定義 ⏭ 是指用來記錄系統處理時所需的輸入及輸出的資料。

型態 ⏭ 檔案或資料庫。

命名 ⏭ 平行線內必須存在名稱。**以「名詞」命名。**

例如 ⏭ 課程檔、學生檔及選課檔。

表示圖形 ⏭ **以「平行線」或「便利貼標籤」表示。**

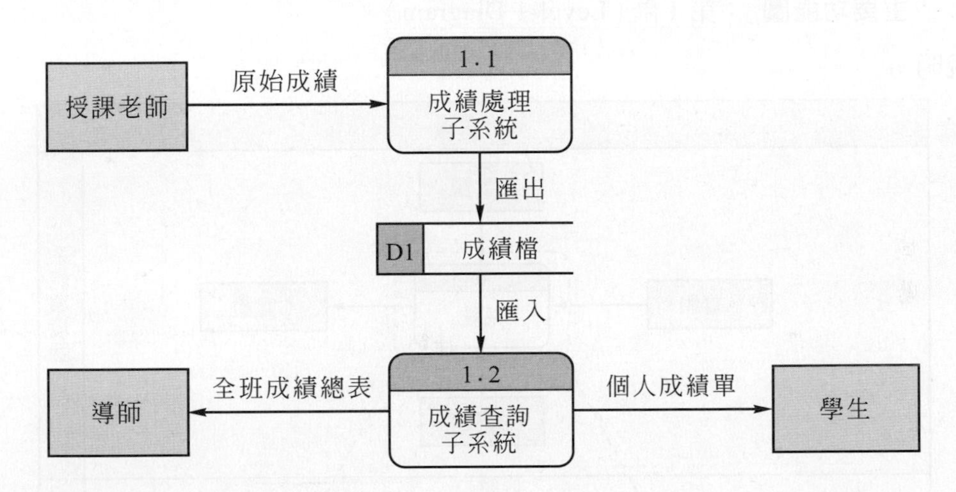

單元評量

1. (　　)關於「資料流程圖」的基本符號之敘述，下列何者正確呢？
   (A)「矩形」用來表示外界實體
   (B)「圓圈」或「圓滑邊長方形」來表示處理
   (C) 以「平行線」或「便利貼標籤」來表示資料儲存檔
   (D) 以上皆是
2. (　　)關於「資料流程圖」中的處理程序，請問必須要利用下列何者呢？
   (A) 矩形　(B) 圓圈
   (C) 平行線　(D) 箭頭

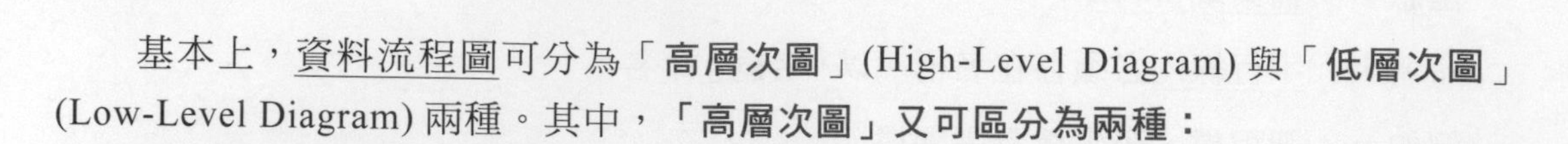

5-3 資料流程圖的功能分解

基本上，資料流程圖可分為「**高層次圖**」(High-Level Diagram) 與「**低層次圖**」(Low-Level Diagram) 兩種。其中，**「高層次圖」又可區分為兩種：**

1. **「系統環境圖」**：第 0 階（Level-0 Diagram），又稱為「概圖」。
2. **「主要功能圖」**：第 1 階（Level-1 Diagram）。

圖解說明 ⏭

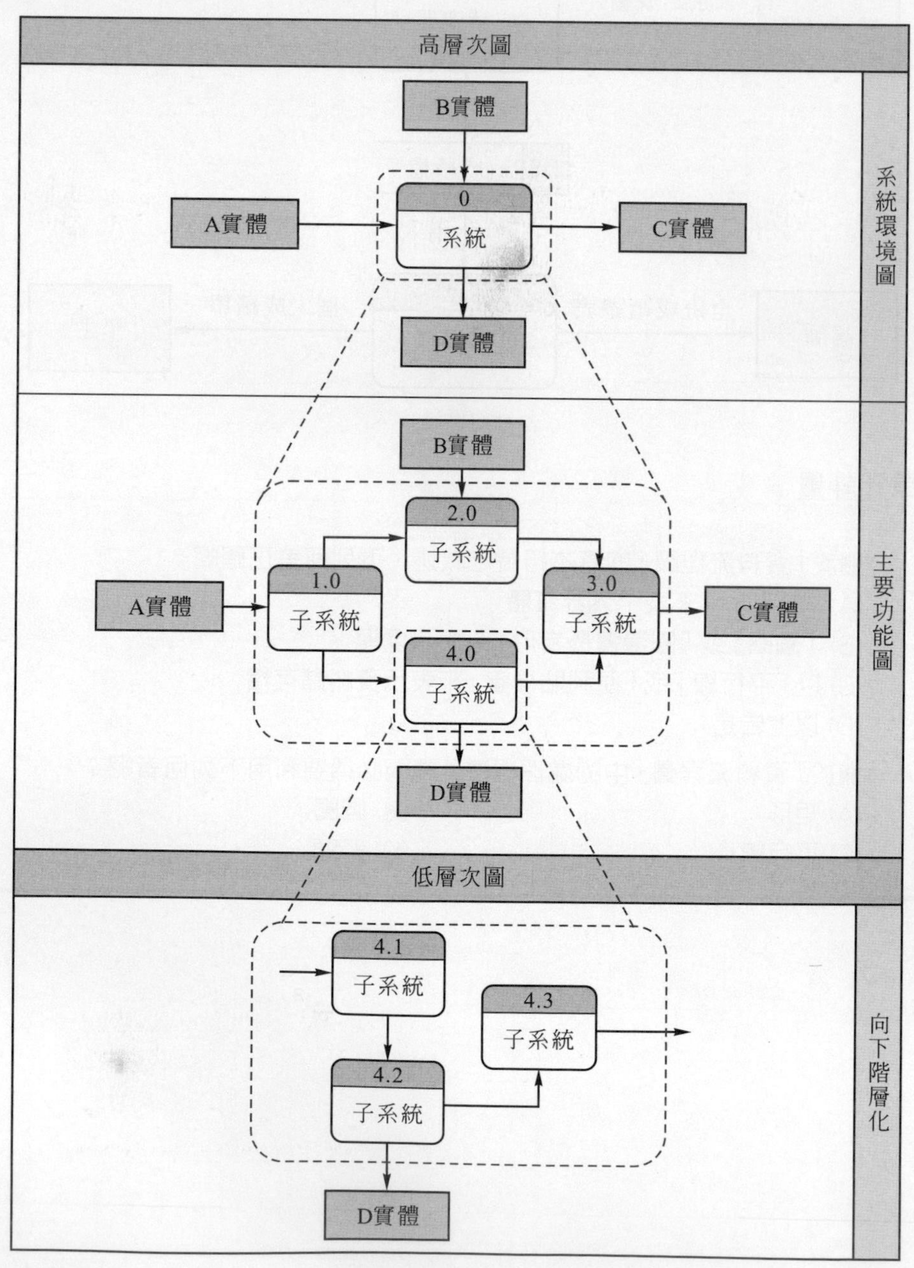

說明 ⏭ 從「**系統環境圖**」到「**主要功能圖**」，甚至繪製到「**低層次圖**」時，其最主要觀念就是「**分解**」(Decomposing)，也就是將一個較高層次的複雜圖，進行細部分解的過程，直到每一個子功能都可以清楚的表示出來。

建構與分解步驟 ⏭

1. 先建構「系統環境圖」。
2. 再由「系統環境圖」經過向下階層化，分解為「主要功能圖」。
3. 最後，再針對「主要功能圖」中的每一個「處理」，進行向下階層化，來產生「低層次」資料流程圖。相同的步驟，重複進行之，直到所有「處理」無法再向下階層化為止。

【註】「向下階層化」，在下一單元會詳細介紹。

範例

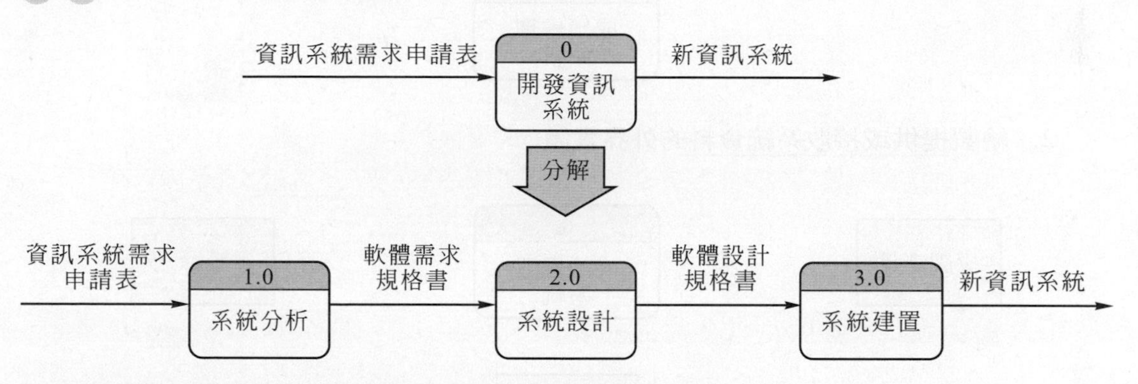

【註】分解主要是針對「處理程序」，因此又稱為「功能分解」。

單元評量

1. (　　)關於「資料流程圖」的功能分解之敘述，下列何者不正確呢？
   (A) 可分為「高層次圖」與「低層次圖」兩種
   (B) 高層次圖又可區分為系統環境圖、主要功能圖
   (C) 系統環境圖就是第 1 階層圖
   (D) 分解就是將一個較高層次的複雜圖，進行細部分解的過程

2. (　　)關於「資料流程圖」的建構與分解步驟，下列何者正確呢？
   (A) 系統環境圖 → 主要功能圖 → 低層次圖
   (B) 主要功能圖 → 系統環境圖 → 低層次圖
   (C) 系統環境圖 → 低層次圖 → 主要功能圖
   (D) 高層次圖 → 低層次圖 → 主要功能圖

5-4 系統環境圖（概圖）的繪製

定義 ⏭ 描述系統與外部實體之間的資料流動的關係。

別名 ⏭ 它又稱為**「概圖」**或**第 0 階資料流程圖** (Level-0 DFD)。

命名 ⏭ 以「系統名稱」來命名之，並且**處理編號設為「0」**。

概圖繪製的步驟 ⏭ 以學生「成績處理系統」為例。

1. 先繪製一個「圓圈」或「圓滑邊長方形」（代表**轉換處理符號**），在圓圈中填入**系統名稱**。並將該**處理編號設為「0」**。

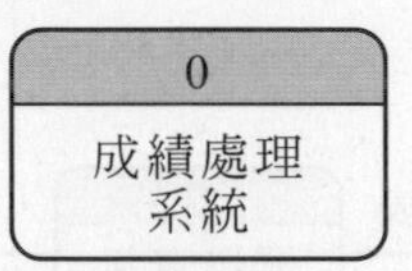

2. 繪製提供或接收系統資料的**外界實體**。

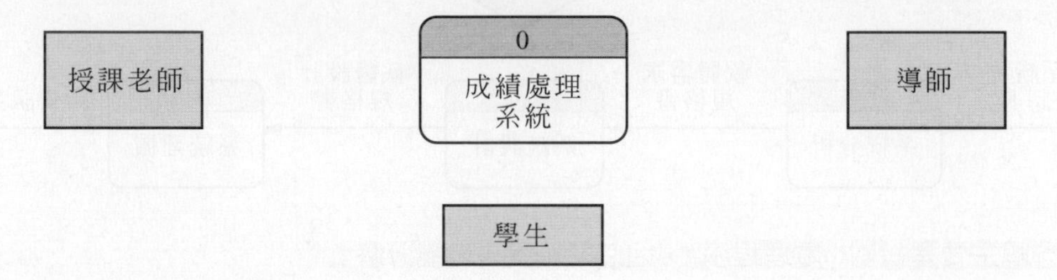

3. 繪製系統與外界實體間的**資料流**。

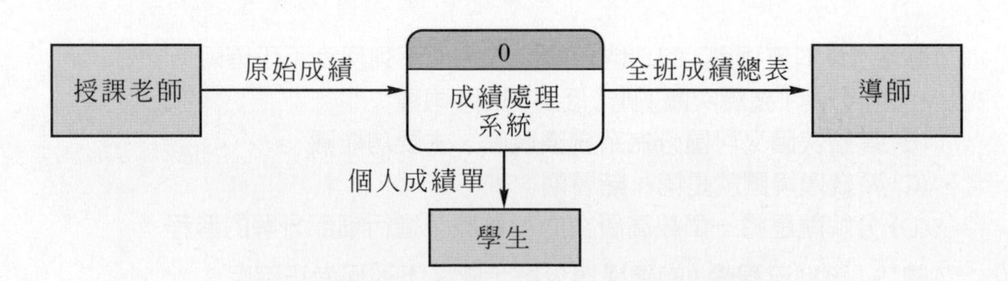

說明 ⏭ 1. 我們可以從「概圖」來了解，系統與外部實體的關係。

2. 在概圖中的「轉換處理符號」上的名稱應當是該資訊系統的名稱。

【注意】在「概圖」中，不會顯示任何「資料儲存檔」，因為「資料儲存檔」位在系統的內部。

組成元件 ⏭

1. **外界實體**

   是指可以與系統交換訊息或資料的人或組織，甚至是其他已存在的系統。

   例如：學生、老師、課程、學校等實體。

2. **處理功能**

   是指利用「單一處理」來表示整個系統，並包含系統的名稱。

   例如：成績處理系統、選課系統。

3. **外部資料流**

   (1) 輸入資料流：是指來自系統外部的資料。例如：輸入原始成績、選課作業。

   (2) 輸出資料流：是指從系統流向外面的資料。例如：成績單、選課記錄表。

單元評量

1. (　　)關於「系統環境圖」之敘述，下列何者不正確呢？
   (A) 描述系統與外部實體之間的資料流動的關係
   (B) 第 0 階資料流程圖 (Level-0 DFD)
   (C) 處理編號設為「1.0」
   (D) 又稱為「概圖」

2. (　　)基本上，在「系統環境圖」中組成元件的敘述，下列何者不正確呢？
   (A) 老師、課程就是外界實體
   (B) 成績處理系統、選課系統就是處理功能
   (C) 輸入原始成績就是外部資料流
   (D) 以上皆是

5-5 主要功能圖

引言 ⏭ 由於系統環境圖 (概圖) 無法讓使用者清楚了解系統所提供的系統功能，因此，必須要再往下分解，才能讓使用者容易閱讀。

定義 ⏭ 是指將**系統環境圖**(概圖)分解成數個**處理功能**的資料流程圖。

編號的命名 ⏭「主要功能圖」中的每一個功能會有獨一無二的編號，並且採用流水號 1.0, 2.0, 3.0, 4.0, …, N.0。

【注意】在「概圖」中，如果有「資料儲存檔」時，會隱藏在系統中；但是，在「主要功能圖」中，則必須將「資料儲存檔」顯示出來，並賦予名稱。例如：學籍資料檔、成績檔。

實例

學生的成績處理系統之「概圖」轉換成「主要功能圖」之過程。

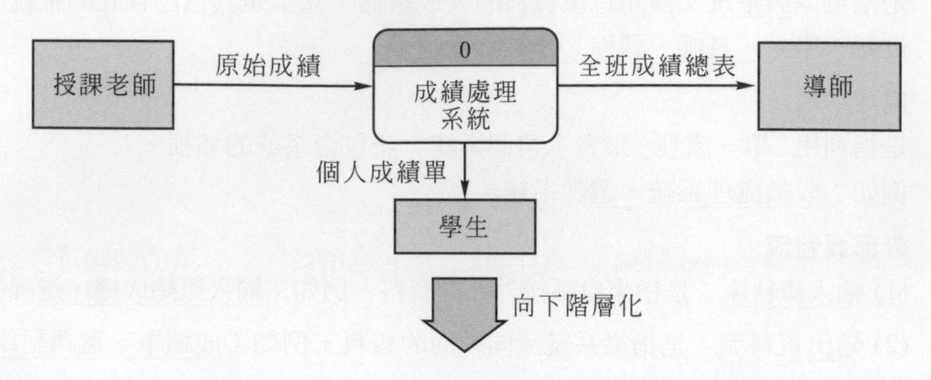

參考解答 ⏭

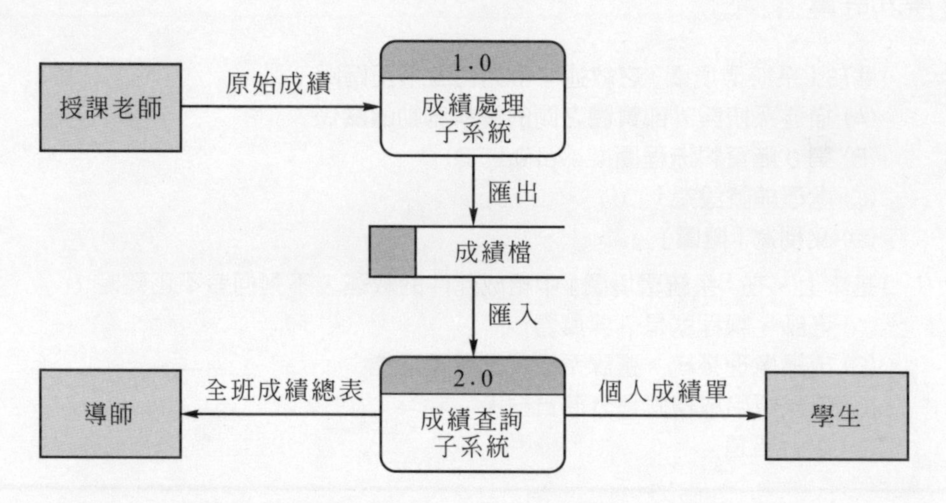

說明 ⏭ 主要功能圖的作用是將「概圖」中的主要功能分解出來，所以，又稱為第一階DFD，其處理符號之編號順序為：1.0,2.0,3.0,…N.0。

單元評量

1. (　)關於「主要功能圖」之敘述，下列何者不正確呢？
   (A) 當系統環境圖無法讓使用者清楚了解系統所提供的功能時適用
   (B) 是指將系統環境圖（概圖）分解成數個處理功能
   (C)「主要功能圖」中的每一個功能編號可以重複
   (D) 又稱為第一階 DFD
2. (　)關於「主要功能圖」的編號之敘述，下列何者正確呢？
   (A) 編號為 0　(B) 編號為 1.0, 2.0, 3.0, 4.0, …, N
   (C) 編號為 1.1, 1.2, 1.3, 1.4, …, 1.N　(D) 以上皆可

5-6 向下階層化

引言 ⏭ 由於「概圖」中的「處理功能」所包含的「**處理和檔案的個數可能太多**」或「**過於模糊或抽象**」，導致系統分析師及使用者不易閱讀。

定義 ⏭ 是指將「處理功能」**往下分解成更低層次的資料流程圖**。

使用時機 ⏭ 1. 當資料流程圖中，「處理功能」**所包含的處理和檔案的個數可能太多**。

2. 當資料流程圖中，「處理功能」**過於模糊或抽象**。

處理技巧 ⏭ **利用「分解、分割或細化」技巧**。

處理原則 ⏭ 1. 平衡原則。

2. 加註編號。

圖解說明 ⏭

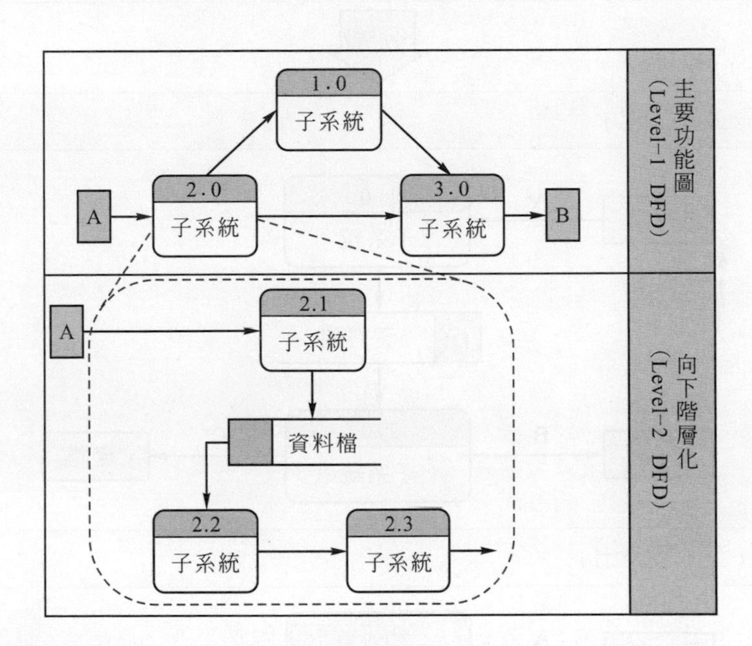

單元評量

1. (　　)關於「向下階層化」的分解使用時機之敘述，下列何者正確呢？
   (A)「處理功能」所包含的處理和檔案的個數可能太多
   (B)「處理功能」過於模糊或抽象
   (C) 系統分析師及使用者不易閱讀
   (D) 以上皆是

2. (　　)關於「向下階層化」之敘述，下列何者正確呢？
   (A) 利用「分解、分割或細化」技巧　(B) 要遵循「平衡原則」
   (C) 要特別「加註編號」　(D) 以上皆是

5-6-1 平衡原則

定義 ⏭ 當「資料流程圖」被分解時，則**上一階層**的資料流程圖之「**輸入資料流**」與「**輸出資料流**」必須要與**下一階層相同**，此時稱為「**平衡原則**」。

圖解說明 ⏭ 在下圖中，有一個輸入「資料流(A)」及二個輸出「資料流(B,C)」，所以，在分解之後也必須要有「一入及二出」的情況。否則就是不正確。

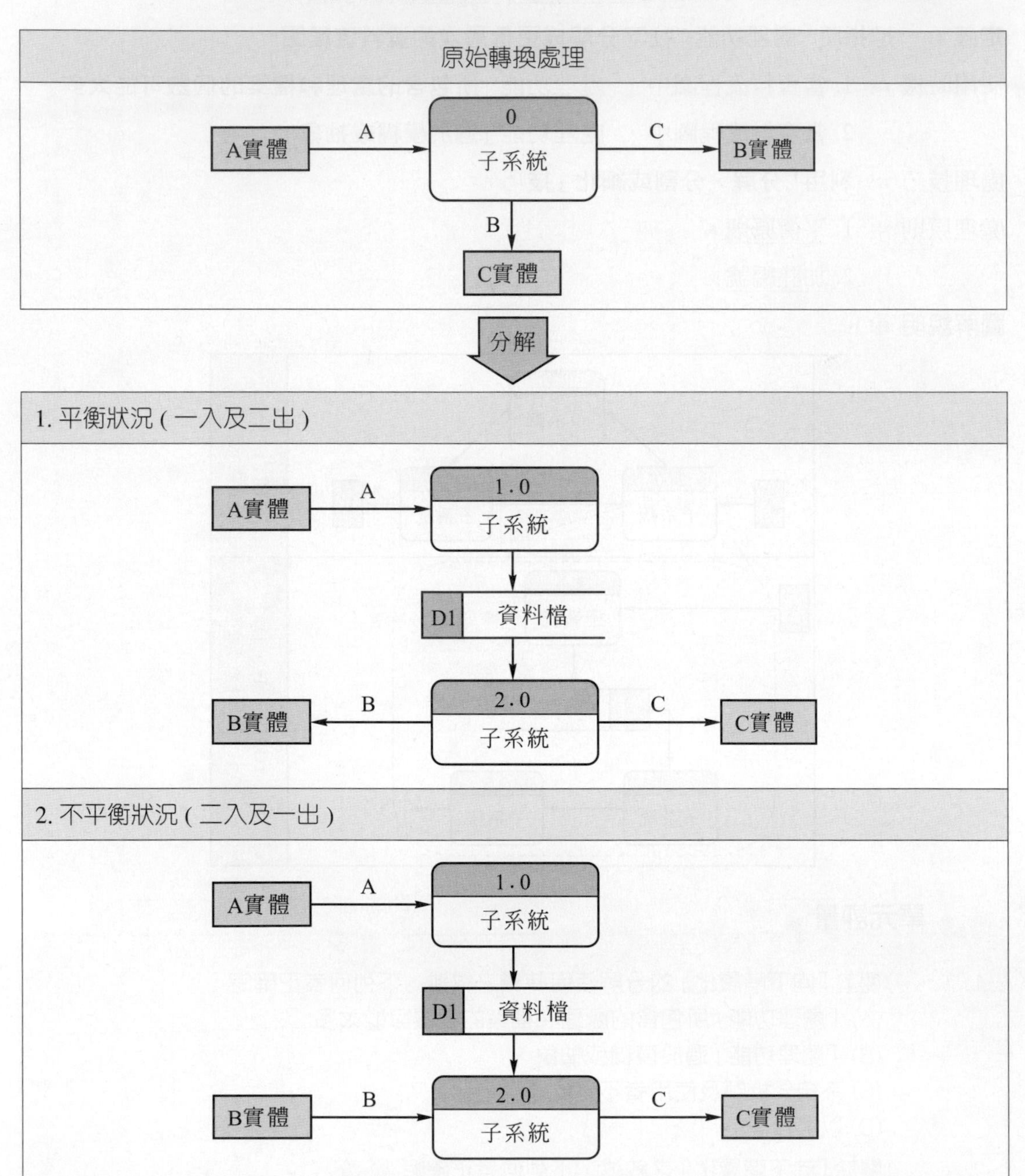

平衡之例外情況 ⏭

1. 上層的 DFD 中的流程圖，在較低層次的 DFD 圖中，允許被分解成「數個小資料流」。

例如 ⏭ 學生成績是由「期中成績」與「期末成績」的加總。

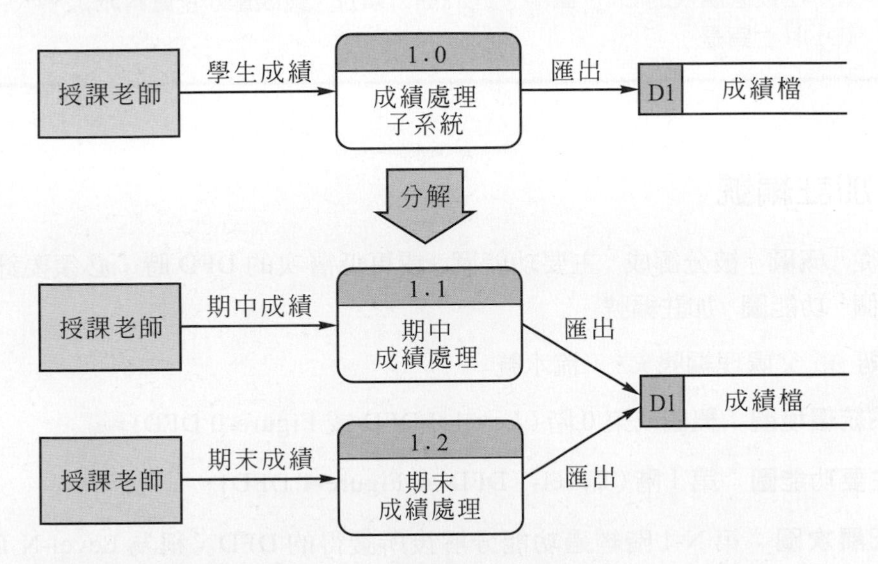

2. 在較低層次的 DFD 圖中，允許額外增加「錯誤顯示」資料流。

例如 ⏭ 額外增加「重複學號」或「重複課號」等資料流。

圖解說明 ⏭

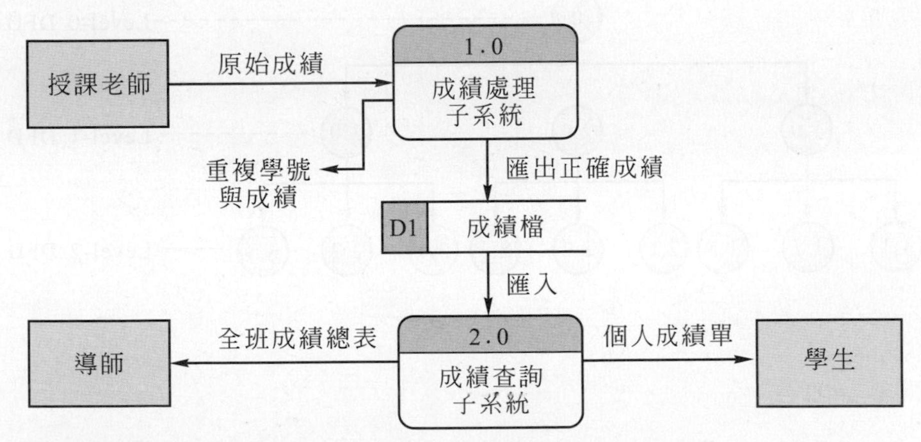

【注意】為了避免「概圖」太複雜，大部分「錯誤顯示」的資料流，只允許在較低層次的DFD中。

單元評量

1. (　　)關於「資料流程圖」的「平衡原則」之敘述，下列何者正確呢？
   (A) 上一階層的資料流程圖之「輸出資料流」必須要與下一階層相同
   (B) 上一階層的資料流程圖之「輸入資料流」要與下一階層相同
   (B) 在較低層次的 DFD 圖中，允許額外增加「錯誤顯示」資料流
   (D) 以上皆是

5-6-2 加註編號

引言 ⏭ 從「概圖」被分解成「主要功能圖」或更低層次的 DFD 時，必須要針對每一個「功能圖」加註編號。

編號的規則 ⏭ 父處理編號 +・+ 流水號

1. **系統環境圖**：概圖或第 0 階 (Level-0 DFD 或 Figure-0 DFD)。
2. **主要功能圖**：第 1 階 (Level-1 DFD 或 Figure-1 DFD)。
3. **低層次圖**：第 N-1 階經過功能分解後所獲得的 DFD，稱為 Level-N DFD(或 Figure-N DFD)，其中 N ≧ 2。

階層關係 ⏭

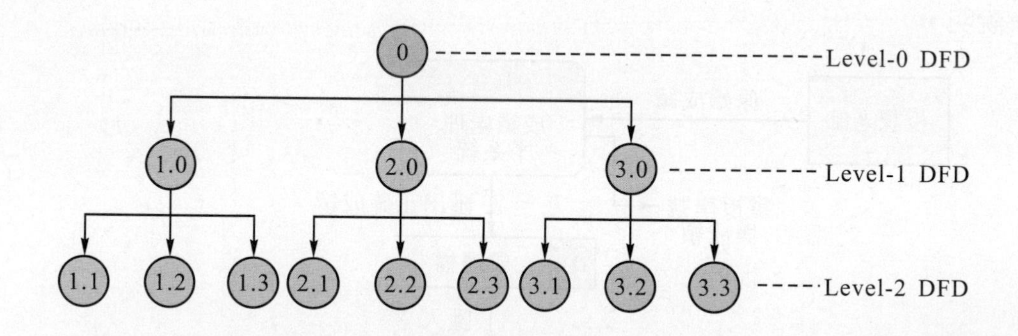

圖解說明 ⏭

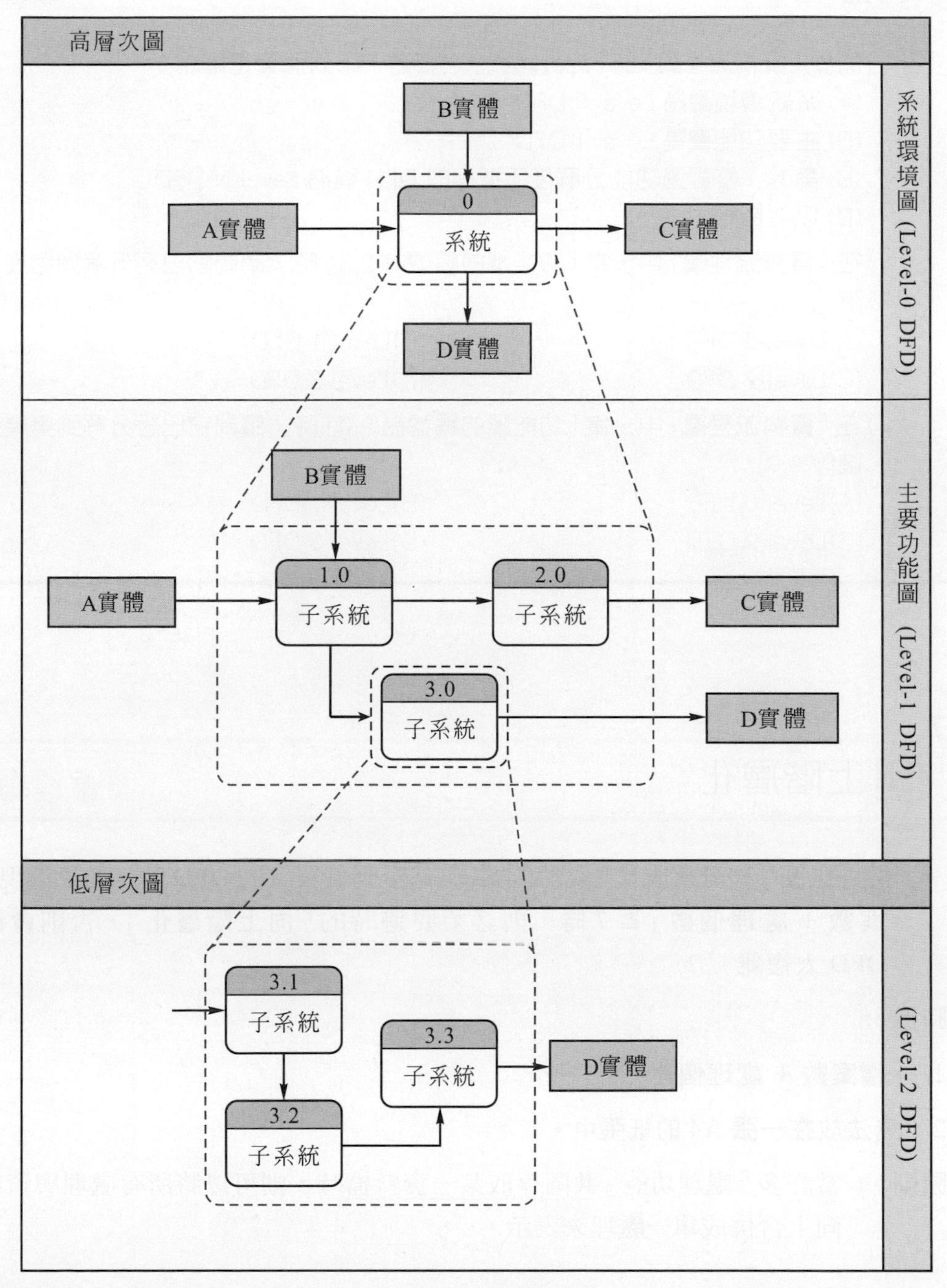

額外的檔案 ⏭ 低層次 DFD 中，允許增加額外的檔案。

【註】盡可能向下分割，直到每個處理無法再分割為止。這種無法再分割的處理，稱為功能元素 (Functional Primitive)，必須於處理規範書中，詳述它的內部處理邏輯。

單元評量

1. ( )關於「資料流程圖」的「加註編號」之敘述，下列何者正確呢？
(A) 系統環境圖為 Level-0 DFD
(B) 主要功能圖為 Level-1 DFD
(B) 第 N-1 階經過功能分解後所獲得的 DFD 稱為 Level-N DFD
(D) 以上皆是

2. ( )在「資料流程圖」中，當「功能圖的編號為 2.3」時，請問它已經分解到第幾階段？
(A)Level-0 DFD (B)Level-1 DFD
(C)Level-2 DFD (D)Level-3 DFD

3. ( )在「資料流程圖」中，當「功能圖的編號為 2.0」時，請問它已經分解到第幾階段？
(A)Level-0 DFD (B)Level-1 DFD
(C)Level-2 DFD (D)Level-3 DFD

5-7 向上階層化

引言 從「概圖」被分解成「主要功能圖」，甚至到低層次的 DFD 時，如果發現**「檔案數 + 處理個數」≧ 7** 時，則必須要適時的「**向上階層化**」，否則會使得 DFD 太複雜。

使用時機

1. **「檔案數 + 處理個數」≧ 7**。
2. **無法放在一張 A4 的紙張中**。

處理原則 當許多「處理功能」共同存取某一資料檔時，則可以將所有處理與資料檔向上合併成單一處理來表示。

圖解說明 ⏭

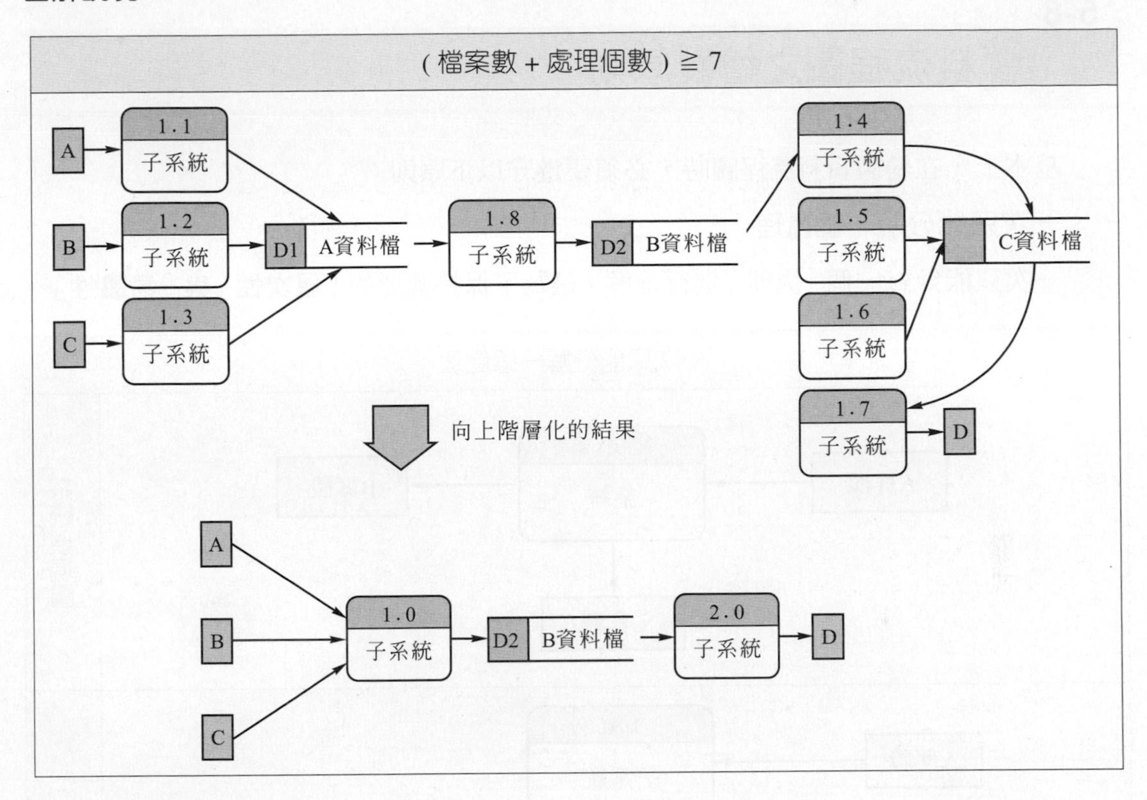

單元評量

1. (　　)請問,「檔案數 + 處理個數」大約要大於多少才需要進行「向上階層化」呢?
   (A)4　　(B)5　　(C)7　　(D)9

5-8 資料流程圖之繪製原則

基本上，在繪製資料流程圖時，必須要遵守以下原則：

一、一次只能分解一個處理

一次只能針對一個「處理」進行分解，是為了保持圖形的**「層次性」**與**「易讀性」**。

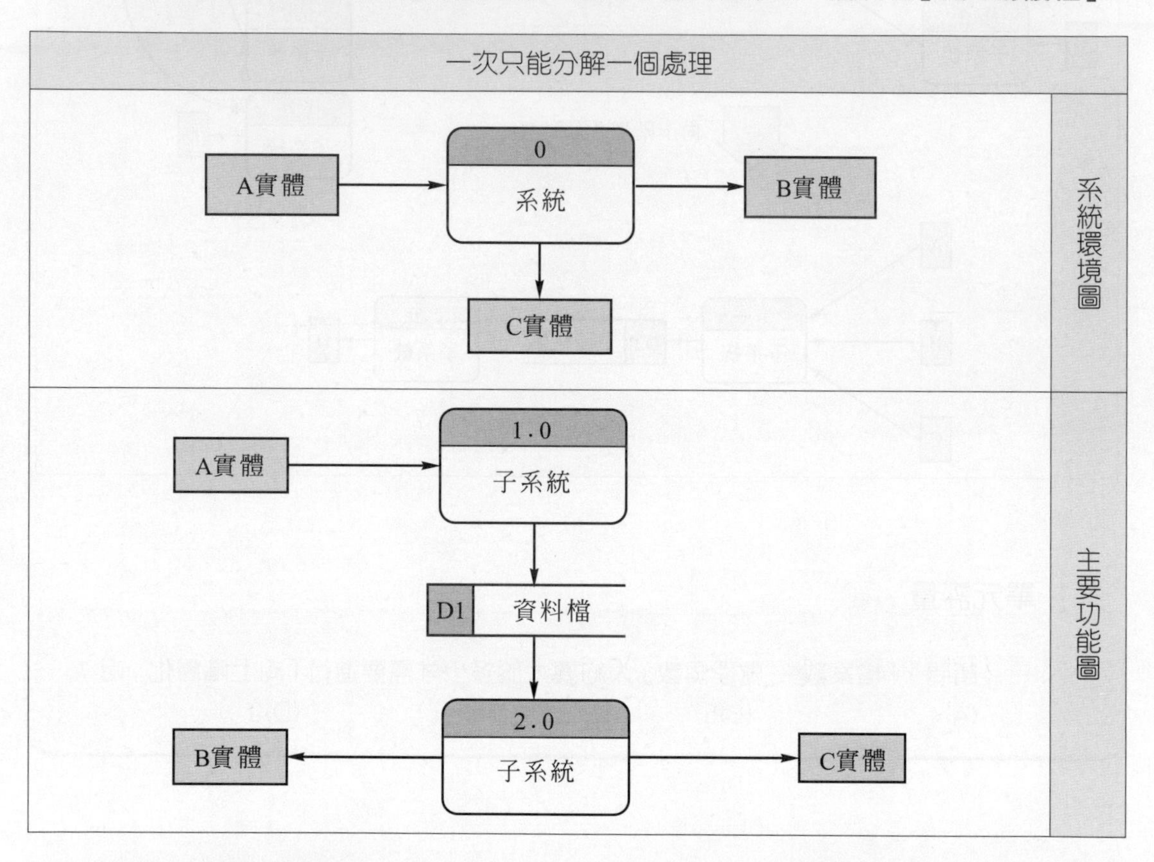

二、保持父子層的平衡性

在下圖中，「父階層」編號 1.0 之子系統有一個輸入資料流 (來自外界實體) 和一個輸出資料流 (輸出到檔案)；那麼在分解之後，一樣可以找到相同的輸入流、輸出流以及檔案，而其流向必須與「父階層」標示的方向相同。

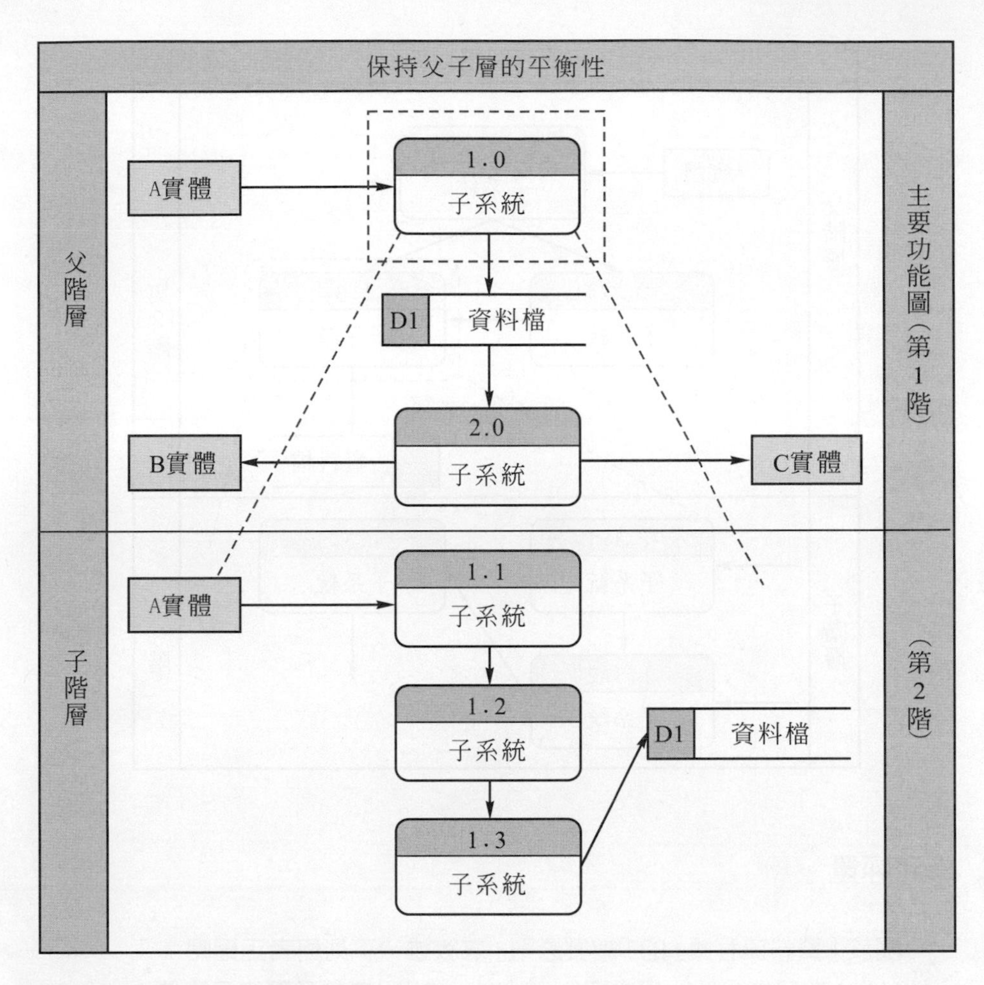

三、在資料流程圖予以編號

在上圖的分解圖中，我們可以清楚的得知：

1. **主要功能圖(第 1 階)**：採用 1.0、2.0、3.0、…，以此類推的順序安排處理編號。
2. **第 2 階**：採用 1.1、1.2、1.3、…，以此類推的順序安排處理編號。
3. **第 3 階**：採用 1.3.1、1.3.2、1.3.3、…，以此類推的順序安排處理編號。

《對於較模糊之作業進行再分解》

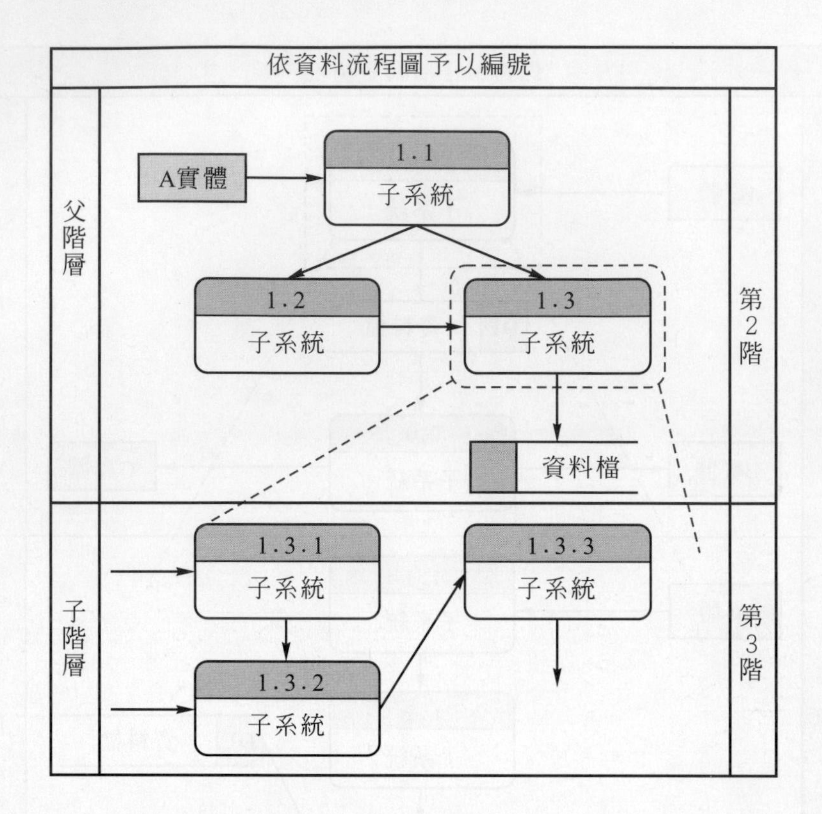

單元評量

1. (　　)關於「資料流程圖」的「繪製原則」之敘述，下列何者正確呢？
   (A) 一次只能分解一個處理　　(B) 保持父子層的平衡性
   (B) 依資料流程圖予以編號　　(D) 以上皆是
2. (　　)關於「資料流程圖」的編號，下列何者不正確呢？
   (A) 第 1 階：採用 1.0、2.0、3.0…，以此類推的順序安排處理編號
   (B) 第 2 階：採用 1.A、1.B、1.C…，以此類推的順序安排處理編號
   (C) 第 3 階：採用 1.3.1、1.3.2、1.3.3、…，以此類推的順序安排處理編號
   (D) 第 4 階：採用 1.3.1.1、1.3.2.2、1.3.3.3、…，以此類推的順序安排處理編號

5-9 建構資料流程圖繪製原則

基本上，我們在建構資料流程圖時，必須要注意以下十項原則：

一、有入必有出

定義 ⏭ 每一個處理程序，如果有「輸入資料流」，則必須要有「輸出資料流」。否則，會產生**黑洞 (Black hole)** 的情況。

圖解說明 ⏭

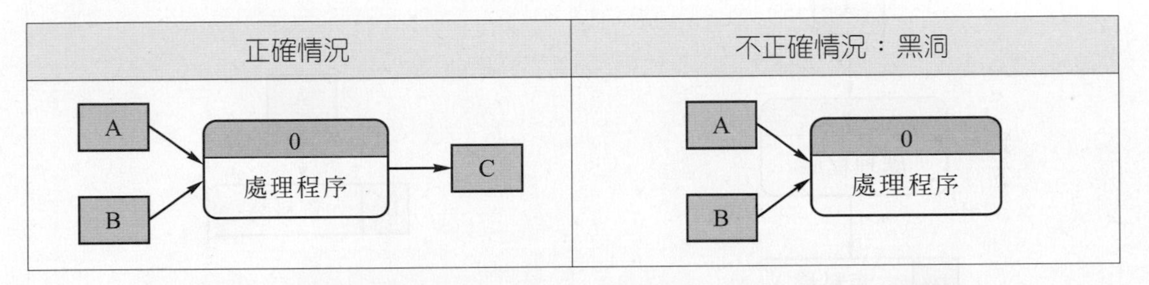

說明 ⏭ **處理程序 (Process)** 不可以只有「輸入資料流」而沒有「輸出資料流」，其原因就是處理後沒有產出資料；或產出的資料沒有被使用時，此「處理程序」就沒有存在的必要性了。

二、有出必有入

定義 ⏭ 每一個處理程序，如果有「輸出資料流」，則必須要有「輸入資料流」。

例外情況 ⏭ 產生時間或亂數。

圖解說明 ⏭

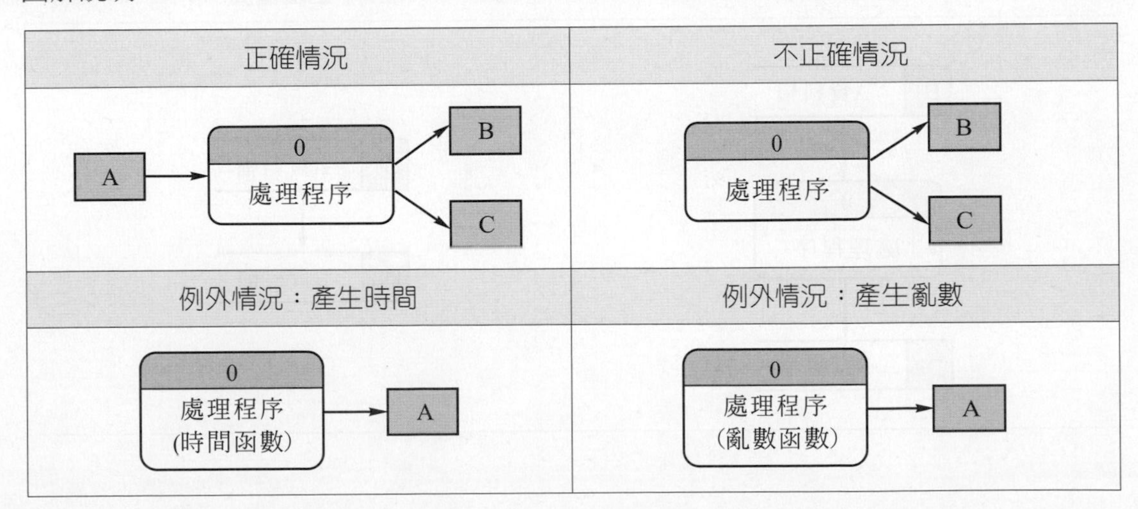

說明 ⏭ 處理程序 (Process) 也不可以只有「輸出資料流」而沒有「輸入資料流」，其原因就好像是**「沒有買菜，就無法炒菜」**的道理。因此，此「處理程序」也就沒有存在的必要性了。但是，產生系統時間或隨機亂數是**例外情況**。

三、檔案中的資料必須要由「處理程序」流入

定義 ⏭ 每一個檔案中的資料，必須要經由「處理程序」之後流入，不可以直接經由外部實體來產生。

圖解說明 ⏭

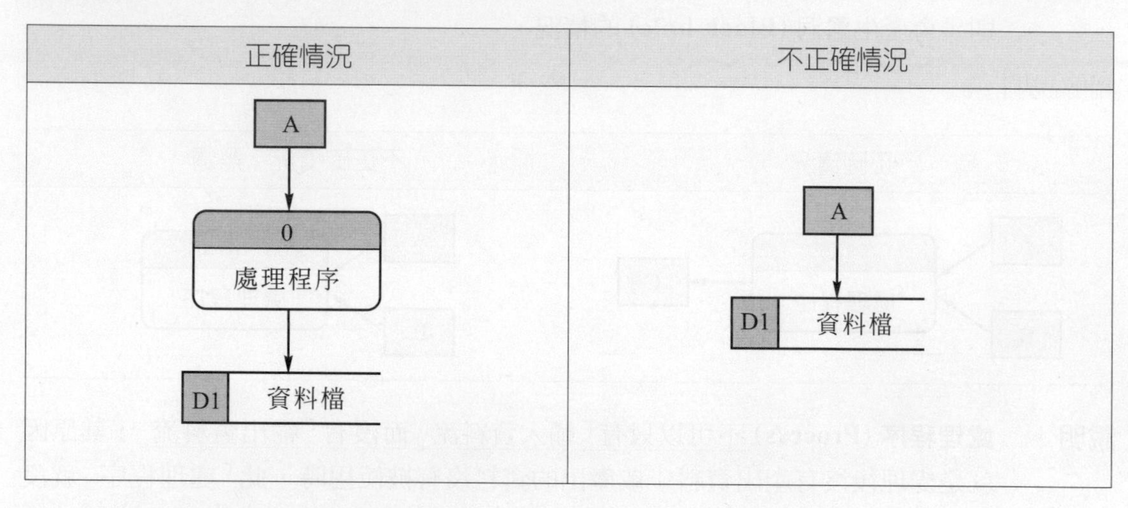

四、檔案之間不可以直接匯入資料

定義 ⏭ 每一個檔案中的資料，必須要經由「處理程序」之後流入，不可以直接經由其他檔案匯入。

圖解說明 ⏭

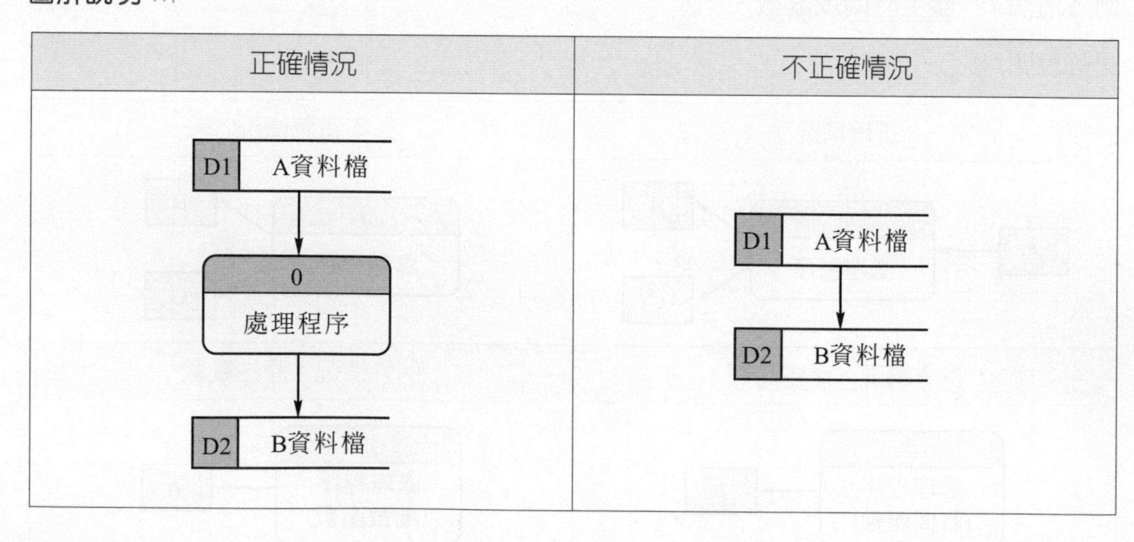

五、檔案必須要透過「處理程序」傳送給外部實體

定義 ⏭ 每一個檔案中的資料，必須要經由「處理程序」之後才能流向「外部實體」，不可以直接匯入。

圖解說明 ⏭

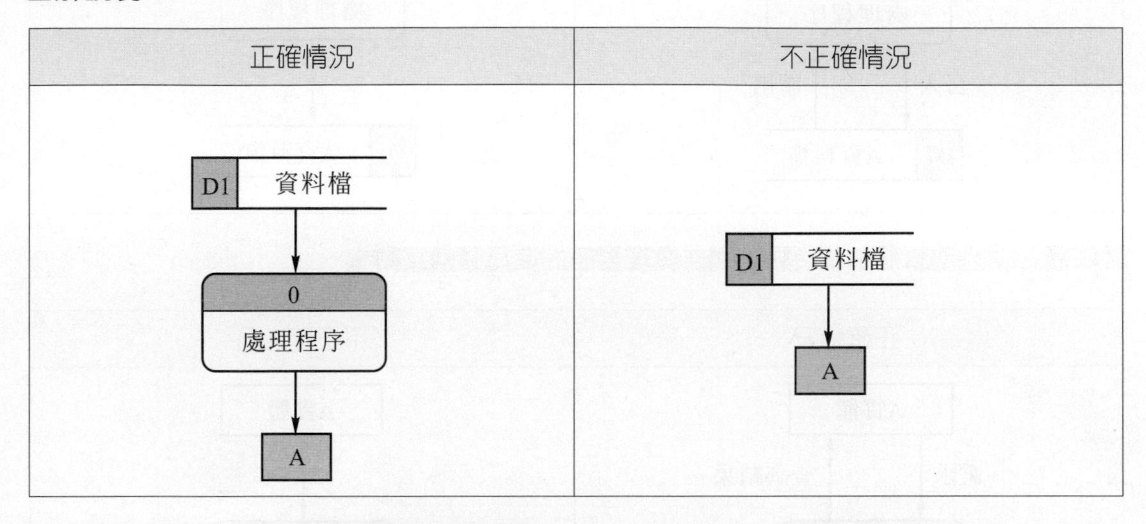

六、外部實體之間不可以直接匯入資料

定義 ⏭ 每一個外部實體中的資料，必須要經由「處理程序」之後流入，不可以直接經由其他外部實體匯入。

圖解說明 ⏭

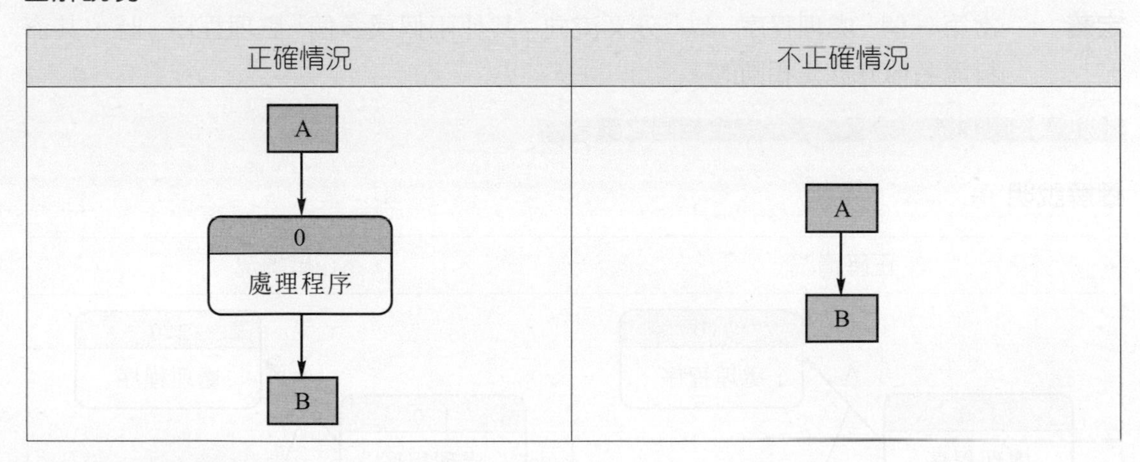

七、兩個單向用來表示檔案做「讀取與更新」

定義 ⏭ 當「處理程序」在進行檔案的「讀取」與「更新」時，**資料流**是兩個單向的。**不可以使用「雙向箭頭表示」**，而必須要**使用「兩個單向箭頭表示」**。

原因 ⏭ 兩個處理事件的發生時間點不同，並且資料也不一定相同。

圖解說明 ⏭

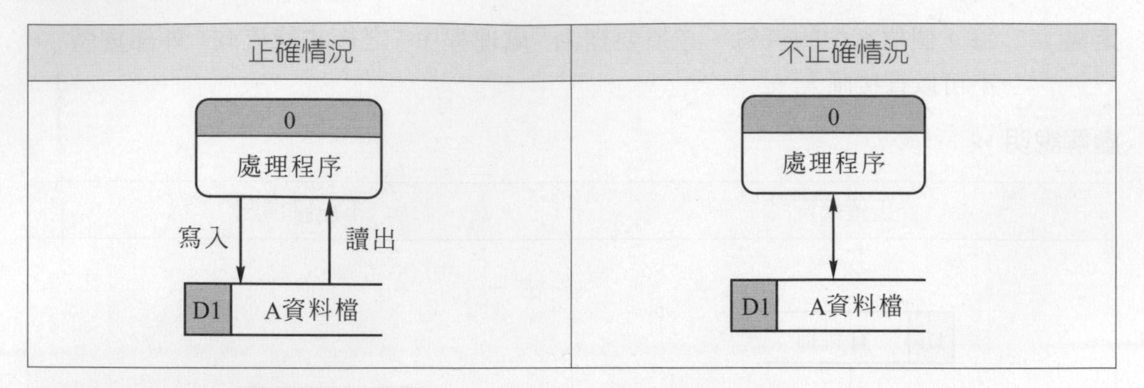

【注意】「外部實體」也不可以與「處理程序」進行雙向互動。

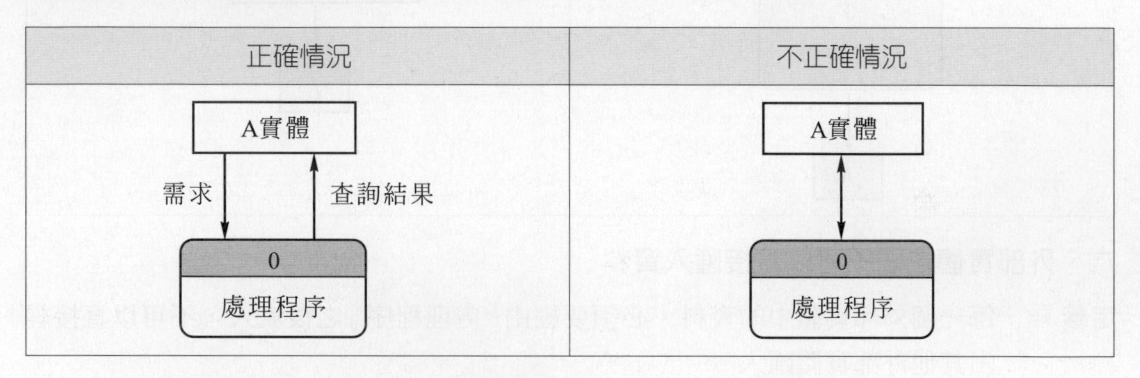

八、一個流向多個時，資料流名稱要相同

定義 ⏭ 當第一個「處理程序」以「分叉流向」其他兩個或多個「處理程序」時，其資料流名稱應該是相同的。

【注意】資料流「分叉」表示完全相同之資料。

圖解說明 ⏭

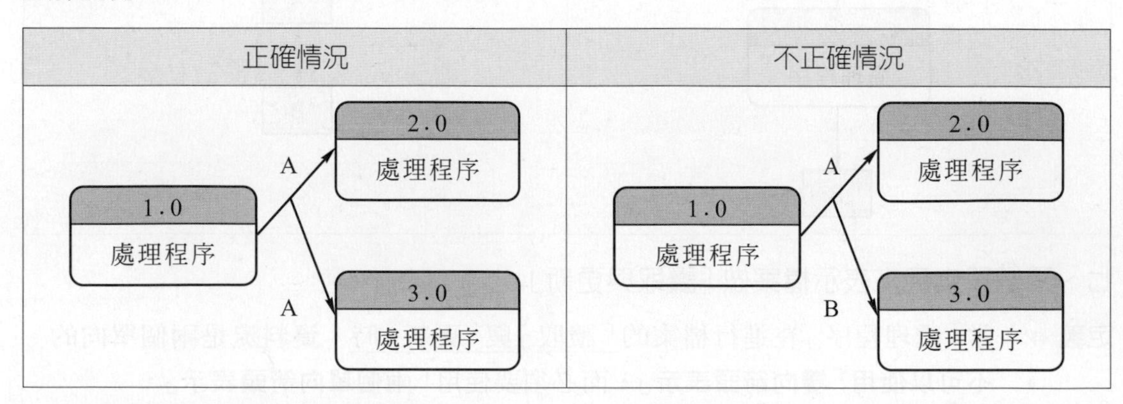

【注意】以下兩種不同的情況：

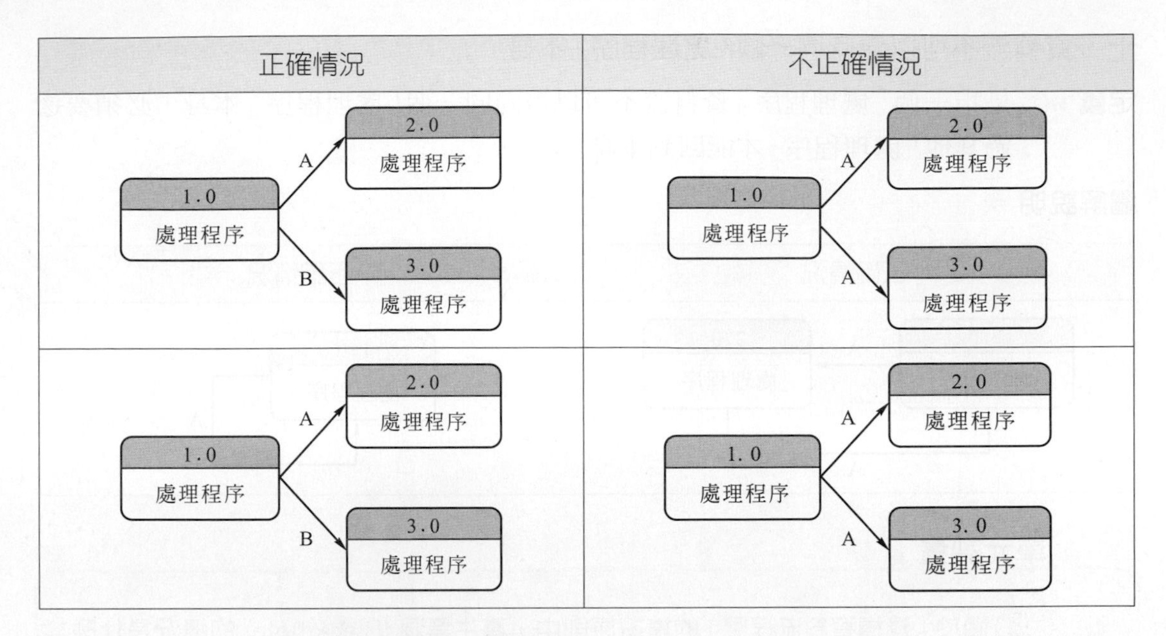

九、多個流向一個，則資料流名稱要相同

定義 ⏭ 當兩個或多個「處理程序」以「匯合流向」到另一個「處理程序」時，則應該用相同名稱，而不應另外命名。

【注意】資料流「匯合」表示完全相同之資料。

圖解說明 ⏭ 資料流內容都是相同時，則應該用相同名稱

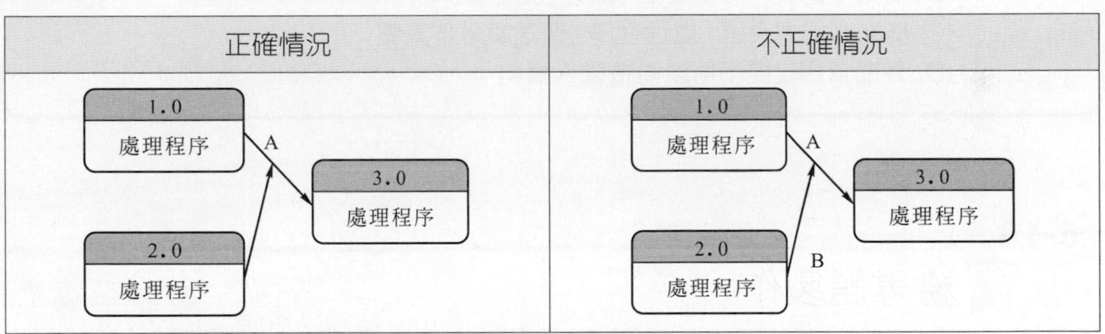

【注意】資料流內容如果不相同時，則名稱就會不一樣。

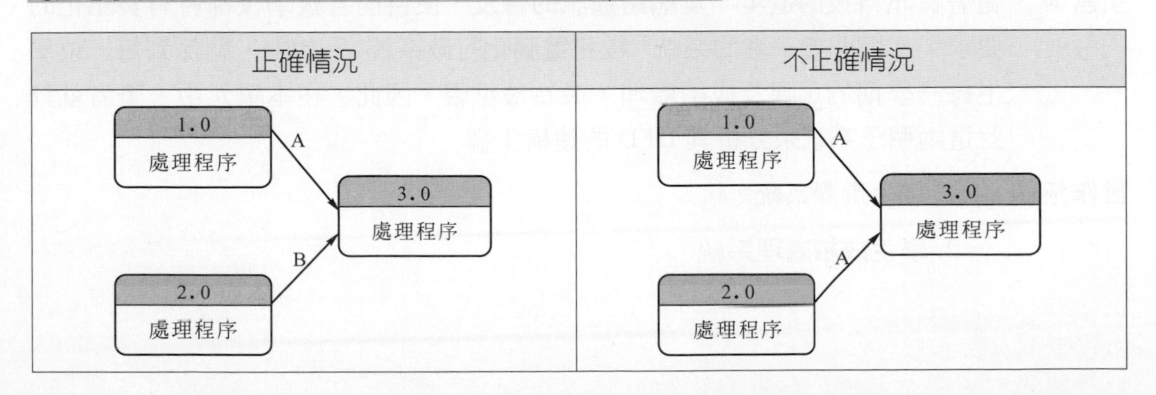

十、資料流不可以流向同一個「處理程序」本身

定義 ⏭ 是指一個「處理程序」資料流不可以流向同一個「處理程序」本身，必須要透過其他「處理程序」才能回到本身。

圖解說明 ⏭

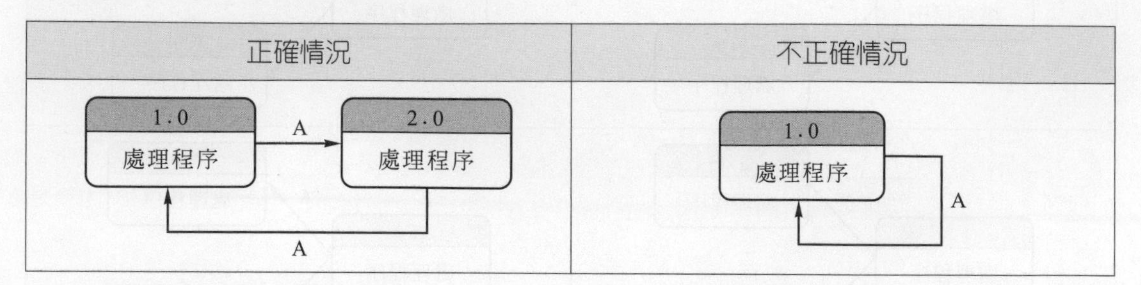

單元評量

1. (　　) 關於「建構資料流程圖」的繪製原則中，產生黑洞 (Black hole) 的情況是什麼原因呢？
   (A) 只有入而沒有出　　(B) 只有出，而沒有入
   (C) 有出也有入　　(D) 有入也有出
2. (　　) 關於「建構資料流程圖」的繪製原則中，下列敘述何者不正確呢？
   (A) 檔案之間可以直接匯入資料
   (B) 檔案中的資料必須要由「處理程序」流入
   (C) 檔案必須要透過「處理程序」傳送給外部實體
   (D) 外部實體之間不可以直接匯入資料

5-10 實務專題製作

引言 ⏭ 隨著資訊科技的進步，及網路通訊的普及，使目前各級學校都會有資訊化的要求，亦即開發一套的系統「校務電腦化行政系統」，其中，關係到每一位學生每一學期的選課及成績處理，最為被重視。因此，在本單元中，筆者就針對這兩個子系統來分析其 DFD 的建構步驟。

實作系統 ⏭ 1. 學生選課系統

2. 學生成績處理系統

5-10-1 學生選課系統

問題描述：

假設有某一所大學，欲建置一套「學生選課系統」，以讓學生來進行選課作業。因此，教學組、註冊組及人事室，分別匯入「本學期開課資料、學生基本資料及老師資料」到選課系統中。而學生可以線上加退選課，並且授課老師可以查詢開課選修情況。

1. 選課系統(概圖)<第0階>

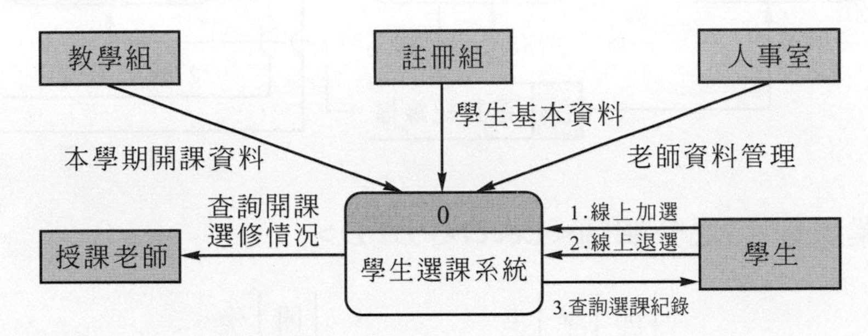

2. 選課系統(主要功能圖<第1階>)

(1) 外界實體：學生、老師、人事室、註冊組及教學組。

(2) 處理：學生資料處理、課程資料處理、選課作業處理及老師資料處理。

(3) 資料儲存體：課程檔、學生檔、老師檔及選課紀錄檔。

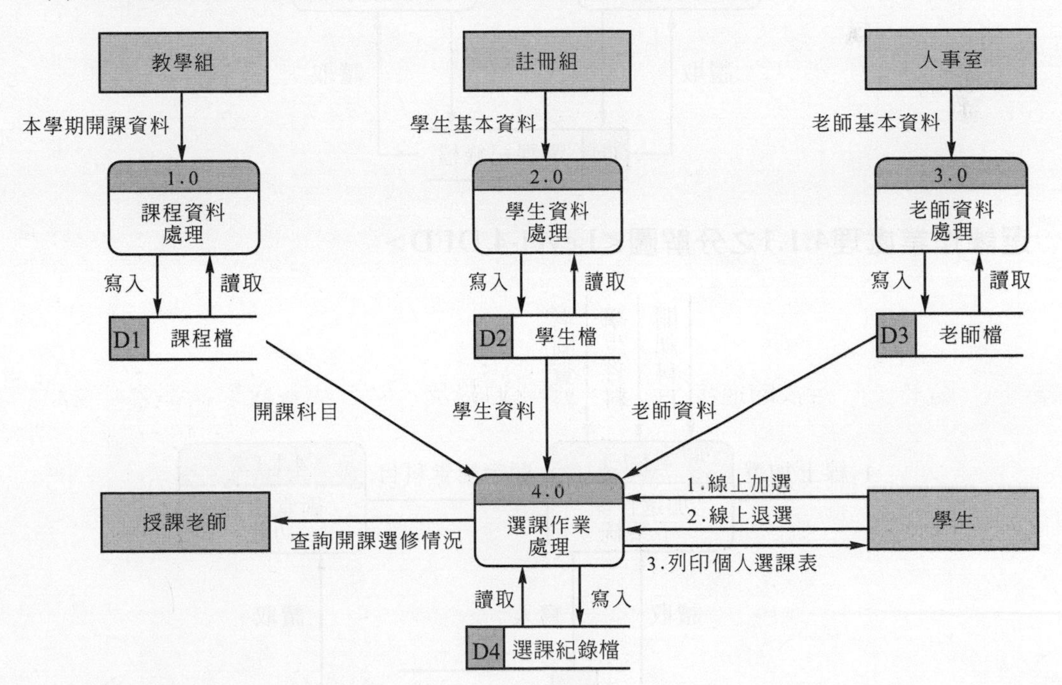

系統主要功能圖，假設**編號 4.0 選課作業處理程序**十分複雜，必須再**予以分解**，則其分解後之**低層次圖**，如下圖所示：

3. **選課作業處理4.0之分解圖<Level-2 DFD>**

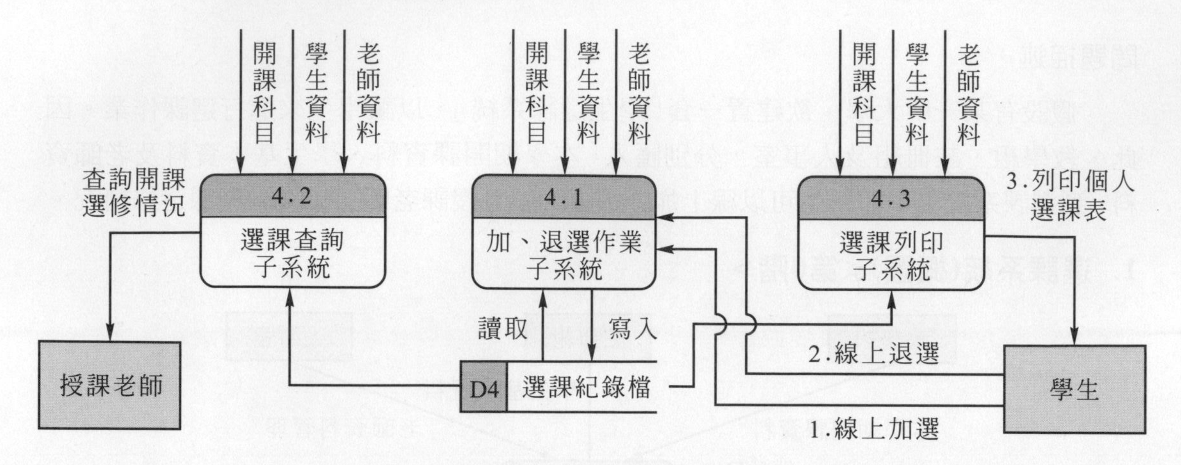

4. **選課作業處理4.1之分解圖<Level-3 DFD>**

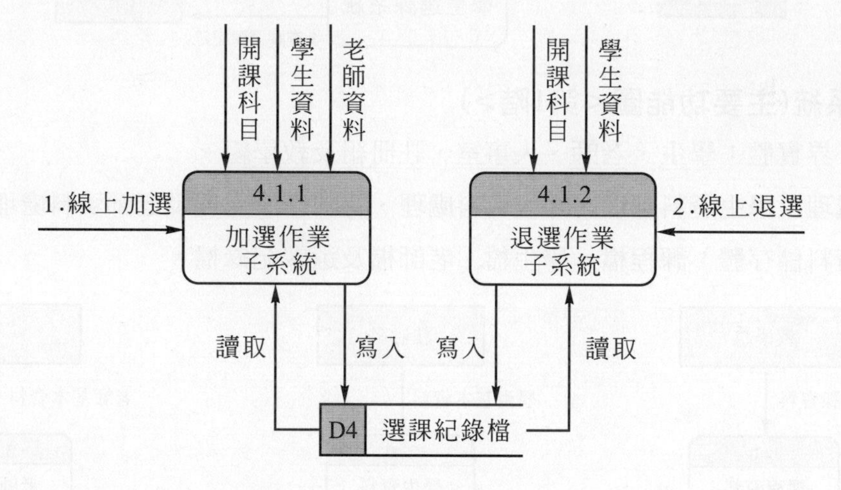

5. **選課作業處理4.1.1之分解圖<Level-4 DFD>**

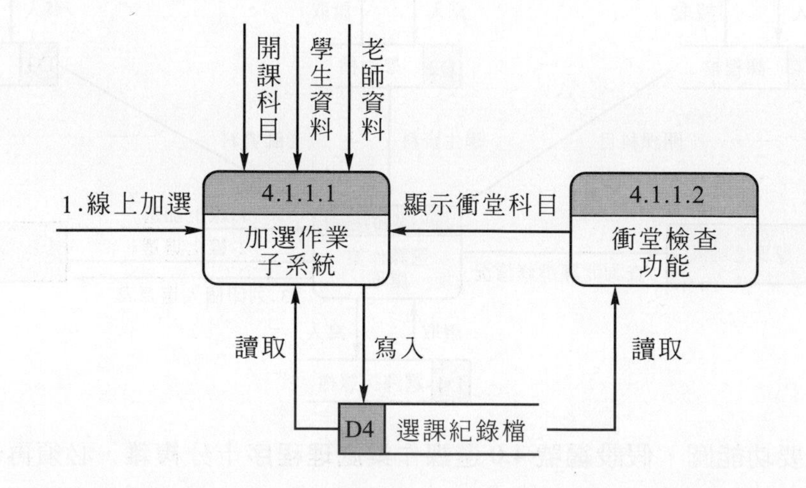

5-10-2 學生成績處理系統

問題描述：

假設有某一所大學，欲建置一套「成績處理系統」。首先，「註冊組」必須要匯入學生的「學籍資料」；並且，「教學組」也要匯入授課老師本學期的「開課資料」到成績處理系統中，以便讓每一位授課老師線上填入學生的「平時考、期中考及期末考」成績；並且，學生也可以隨時查詢他個人的成績單，而班導師也可以查詢該班的成績總表，以便了解全班學生的學習成效。

一、成績處理 (概圖)Level-0 DFD

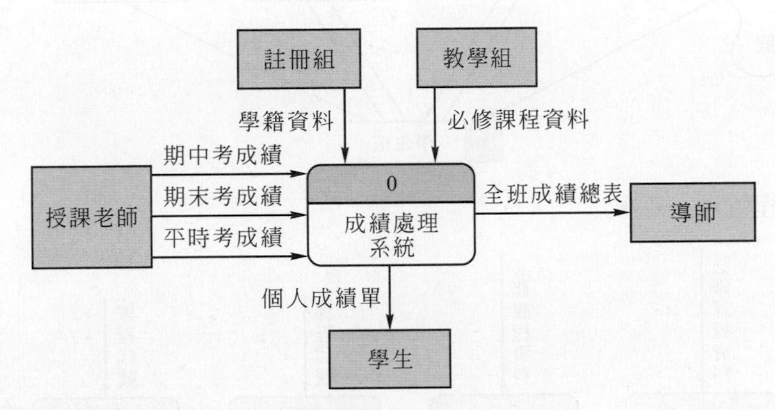

二、成績處理 (主要功能圖)Level-1 DFD

1. 外界實體：學生、授課老師、導師、註冊組及教學組。
2. 處理：學籍管理子系統、課程管理子系統、成績處理子系統及成績查詢子系統。
3. 資料儲存體：學生檔、課程檔及成績檔。

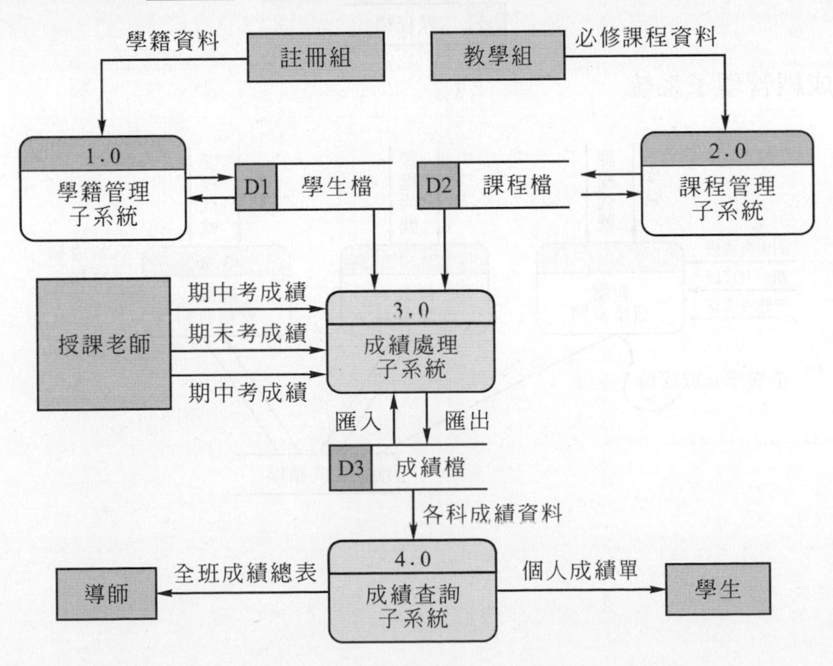

在系統主要功能圖中，作業處理程序十分複雜，必須再予以分解，將其分解為低層次圖。

三、成績處理(向下階層化)Level-2 DFD

(一)學籍管理子系統

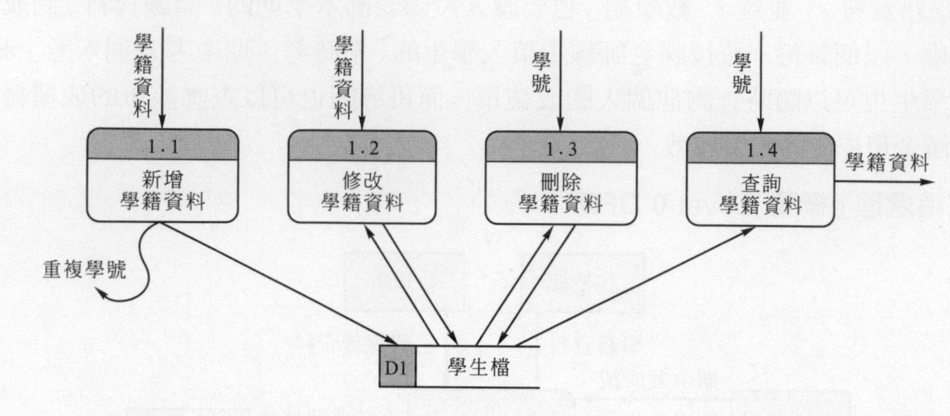

(二)課程管理子系統

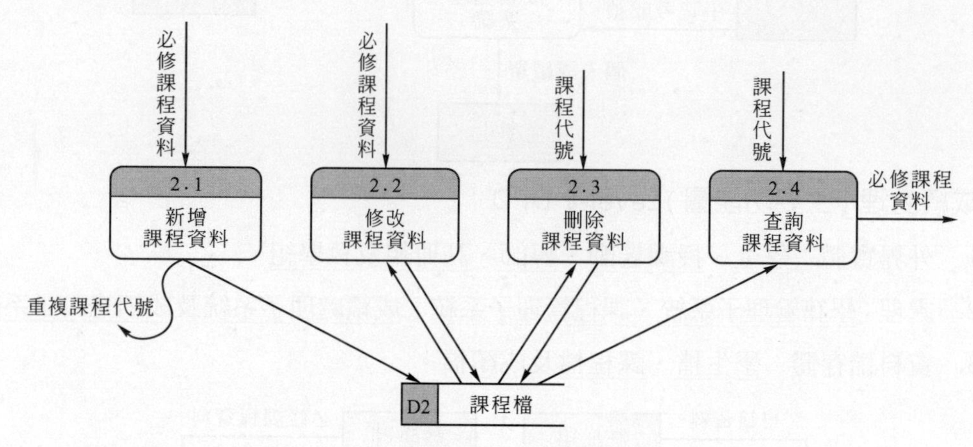

(三)成績管理子系統

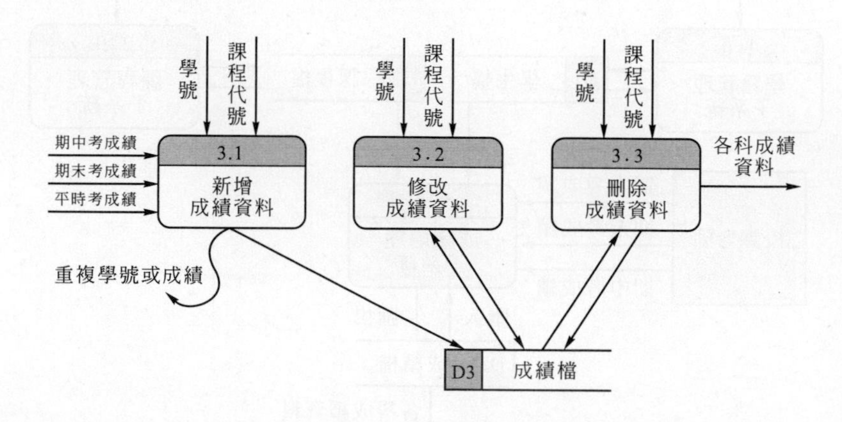

(四) 成績查詢子系統

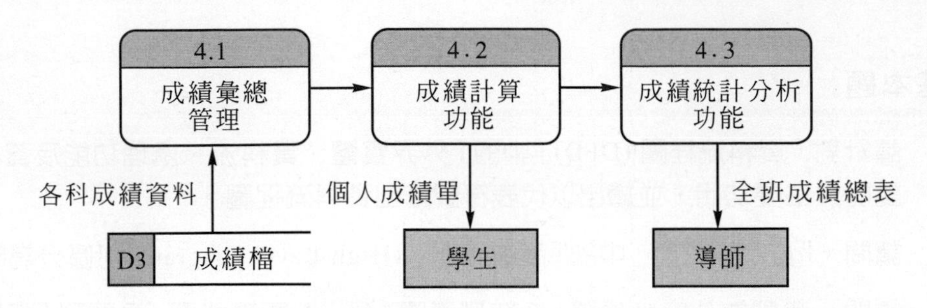
4.1
成績彙總
管理
4.2
成績計算
功能
4.3
成績統計分析
功能
各科成績資料
個人成績單
全班成績總表
D3
成績檔
學生
導師

習

基本題

1. 請針對「資料流程圖 (DFD)」中的「外界實體、資料流、處理功能及資料儲存檔」來說明其主要功用，並繪出以代表符號繪出資料流程圖。
2. 請問，「資料流程圖」中的「高層次圖」(High-Level Diagram) 可區分為哪兩種呢？
3. 請問，我們為什麼必須將「系統環境圖」從「主要功能圖」分解到「低層次圖」呢？請說明主要的原因。
4. 請問，在「概圖」中，為什麼比較不適合顯示「資料儲存檔」呢？
5. 請分別說明「向下階層化」與「向上階層化」的使用時機？
6. 請問，何謂「資料流程圖」的「平衡原則」呢？請舉一個例子。
7. 請問，何謂「黑洞 (Black hole)」呢？請舉一個例子。

進階題

1. 請詳細繪製出「學生成績系統」的主要功能圖。

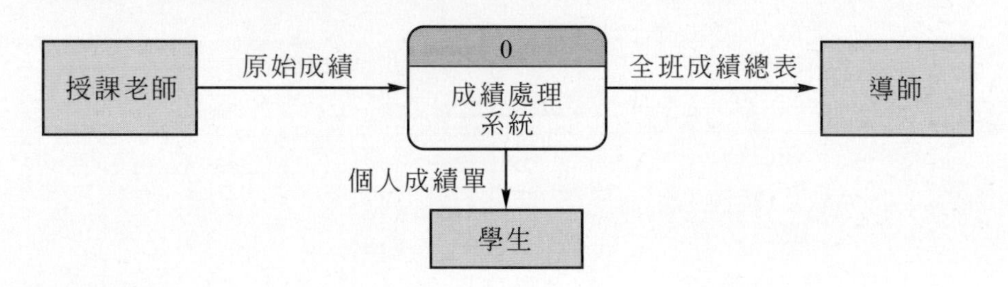

【功能描述】

(1) 外界個體：學生、授課老師、導師。

(2) 處理：成績處理子系統及成績查詢子系統。

(3) 資料儲存體：學生檔、課程檔及成績檔。

2. 請詳細繪製出「選課系統」的主要功能圖。

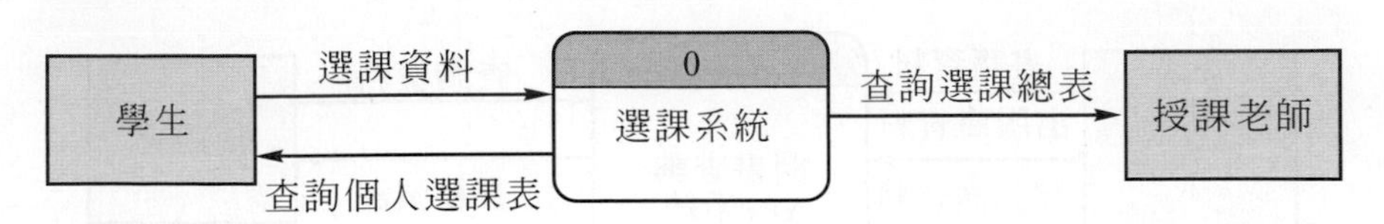

【功能描述】

(1) 外界個體：學生、授課老師。

(2) 處理：選課處理子系統及選課查詢子系統。

(3) 資料儲存體：學生檔、課程檔及選課記錄檔。

3. 請詳細繪製出「訂單處理系統」的主要功能圖。

【功能描述】

(1) 外界個體：客戶、倉庫。

(2) 處理：訂單處理子系統、發票處理子系統及匯款處理子系統。

(3) 資料儲存體：產品檔、應收帳款檔。

4. 請詳細繪製出「汽車購買指南查詢系統」的主要功能圖。

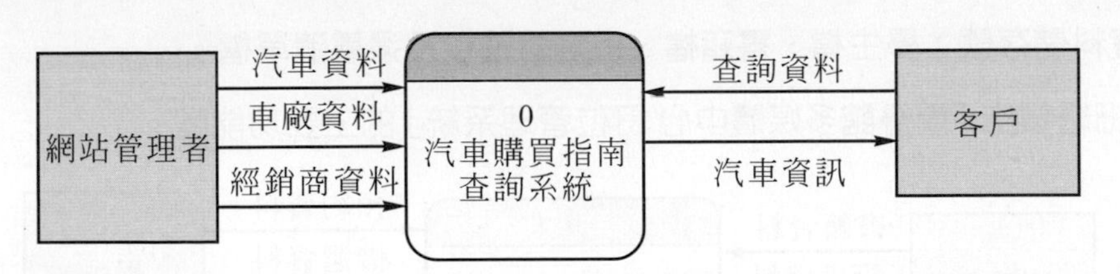

【功能描述】

(1) 外界個體：網站管理者、客戶。

(2) 處理：汽車資料管理子系統、車廠資料管理子系統、經銷商資料管理及客戶查詢子系統。

(3) 資料儲存體：汽車檔、車廠檔、經銷商檔。

5. 請詳細繪製出「圖書查詢 APP 系統」的主要功能圖。

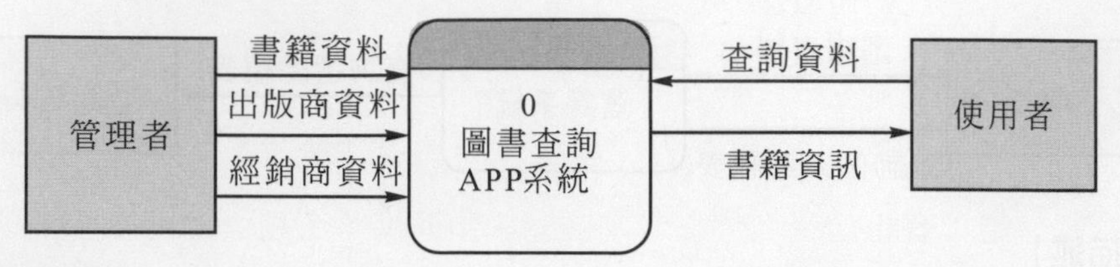

【功能描述】

(1) 外界個體：管理者、使用者。

(2) 處理：書籍管理子系統、出版商管理子系統、經銷商管理子系統及使用者查詢子系統。

(3) 資料儲存體：書籍檔、出版商檔、經銷商檔。

6. 請詳細繪製出「圖書館管理系統」的主要功能圖。

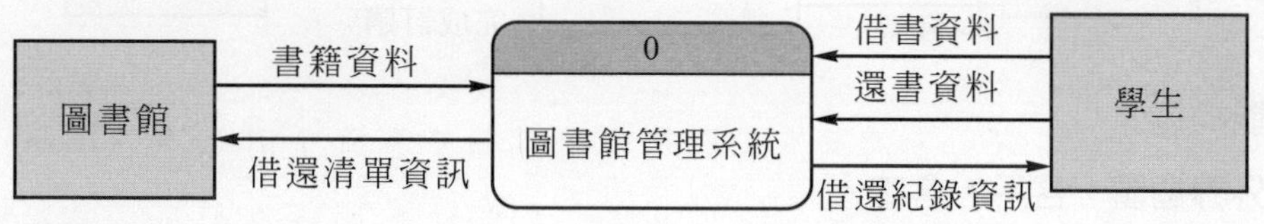

【功能描述】

(1) 外界個體：學生、圖書館。

(2) 處理：學籍管理子系統、借書管理子系統及還書管理子系統。

(3) 資料儲存體：學生檔、書籍檔、借書清單檔及還書清單檔。

7. 請詳細繪製出「圖書館多媒體中心 訂位管理系統」的主要功能圖。

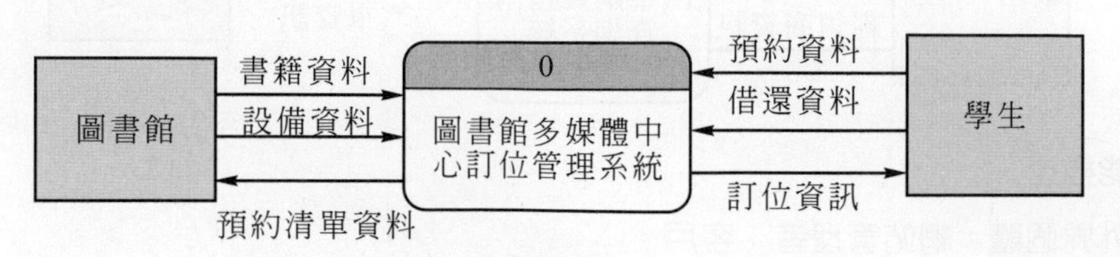

【功能描述】

(1) 外界個體：學生、圖書館。

(2) 處理：書籍管理子系統、設備管理子系統、預約管理子系統、借還管理子系統，及查詢管理子系統。

(3) 資料儲存體：書籍檔、設備檔、學生檔、預約檔、借還檔及座位檔。

8. 請詳細繪製出「小說出租系統」的主要功能圖。

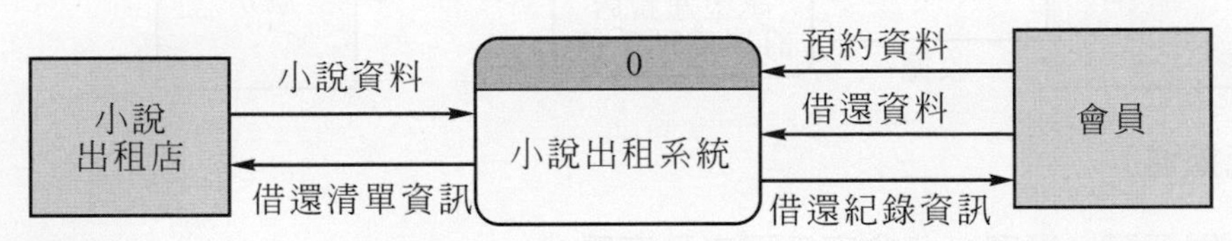

【功能描述】

(1) 外界個體：小說出租店、會員。

(2) 處理：小說管理子系統、預約書籍管理子系統、借還書籍管理子系統，及查詢管理子系統。

(3) 資料儲存體：會員檔、書籍檔、借書清單檔及還書清單檔。

9. 請詳細繪製出「題庫及線上測驗系統」的主要功能圖。

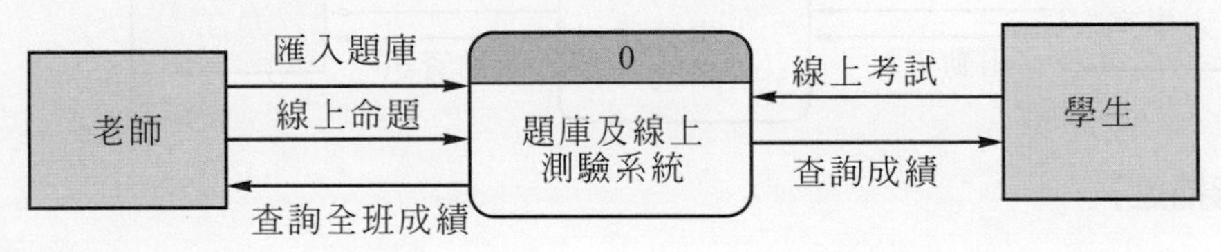

【功能描述】

(1) 外界個體：老師及學生。

(2) 處理：題庫管理子系統、命題管理子系統、線上測驗子系統，及查詢成績管理子系統。

(3) 資料儲存體：學生檔、題庫檔、試卷檔及測驗歷程檔。

10. 請詳細繪製出「漢堡速食店訂單處理系統」的主要功能圖。

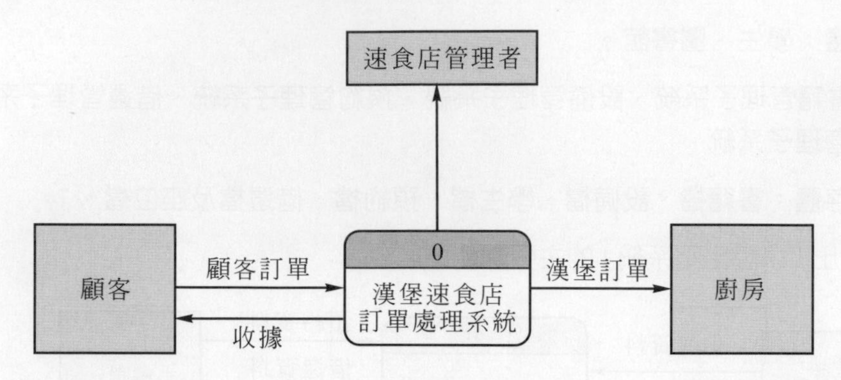

【功能描述】

(1) 外界個體：顧客、速食店管理者及廚房。

(2) 處理：訂單處理子系統、銷售管理子系統、庫存管理子系統及報表管理子系統。

(3) 資料儲存體：銷售檔與庫存檔。

11. 請詳細繪製出「人事管理系統」的主要功能圖。

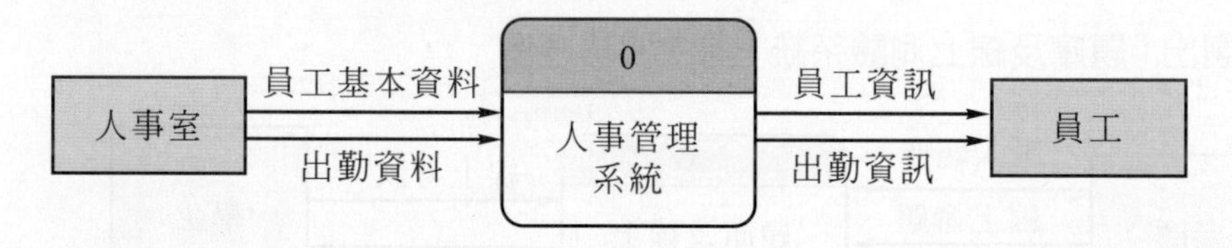

【功能描述】

(1) 外界個體：人事室、員工。

(2) 處理：人事管理子系統、出勤管理子系統。

(3) 資料儲存體：員工資料檔、出勤資料檔、部門資料檔。

12. 請詳細繪製出「薪資管理系統」的主要功能圖。

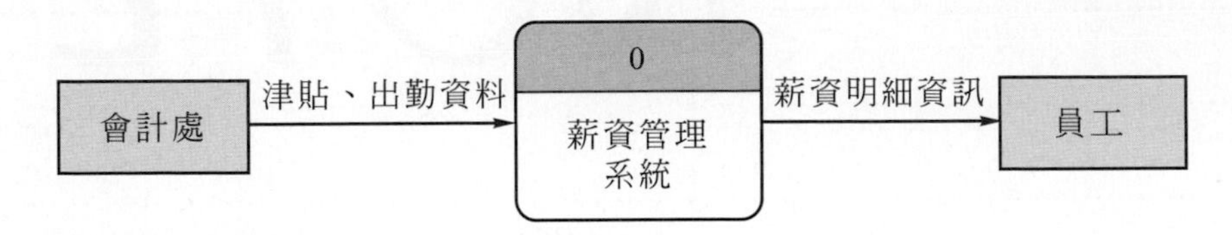

【功能描述】

(1) 外界個體：會計處、員工。

(2) 處理：薪資計算子系統、出勤管理子系統。

(3) 資料儲存體：員工資料檔、出勤資料檔、薪資檔、部門資料檔。

NOTE

CHAPTER 6

結構化系統分析與設計工具

本章學習目標

1. 讓讀者了解**結構化系統分析與設計工具的種類**。
2. 讓讀者了解如何利用結構化系統分析與設計工具來進行「**流程分析**、**資料分析**、**處理邏輯分析**以及**資料描述**」等工作。

本章學習內容

6-1 結構化系統分析與設計工具

6-2 資料字典(Data Dictionary)

6-3 決策表(Decision Table)

6-4 決策樹(Decision Tree)

6-5 結構化英文(Structure English)

6-1 結構化系統分析與設計工具

定義 ⏭ 是指系統分析師與使用者溝通之圖形化工具，以便將「**企業流程**」分解成具有階層結構之「模組」，並且將「企業資料」分解成正規化型式的關聯式資料庫。

常見的分析與設計工具 ⏭

一、「流程分析」工具

資料流程圖 (Data Flow Diagram, DFD)：**表示系統中的資料流向。(請參閱第五章)**

二、「資料分析」工具

實體關係圖 (Entity Relationship Diagram, ERD)：**表示系統中資料庫的資料結構與內容。(請參閱第八章)**

三、「資料描述」工具

資料字典 (Data Dictionary, DD)：輔助說明 DFD 與 ERD 不足之處。

四、「處理邏輯」分析工具

1. **決策表** (Decision Table)：表示資料流程圖中轉換處理的內部邏輯。
2. **決策樹** (Decision Tree)：以樹狀結構的方式表達「決策表」。
3. **結構化英文** (Structure English)：以類似英文之結構來描述處理邏輯。

示意圖 ⏭

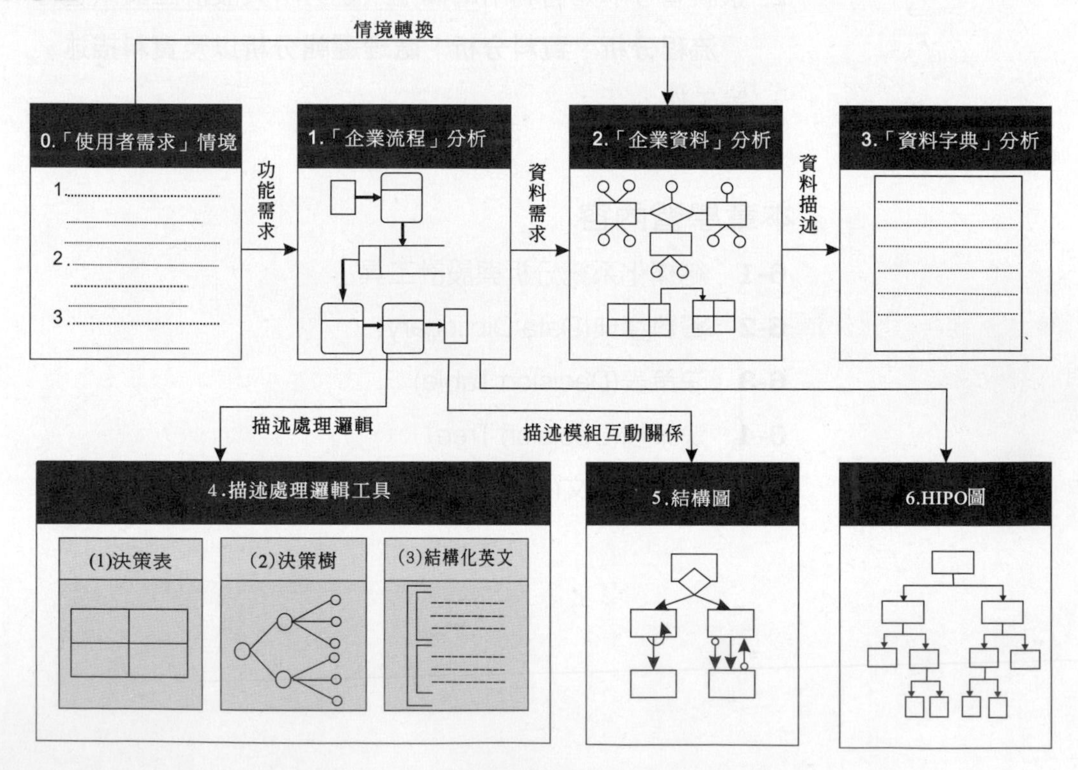

單元評量

1. (　) 關於「結構化分析工具」的敘述，下列何者不正確呢？
   (A) 是指系統分析師與使用者溝通之圖形化工具
   (B) 可分為「資料流向描述」與「處理邏輯描述」工具
   (C) 容易進行軟體測試
   (D) 容易維護、修改與擴充
2. (　) 在「結構化分析工具」中，哪些是「處理邏輯描述」的工具，下列何者正確呢？
   (A) 決策表 (Decision Table)　(B) 決策樹 (Decision Tree)
   (C) 結構化英文 (Structure English)　(D) 以上皆是
3. (　) 在「結構化分析工具」中，下列何者是「資料流向描述」的工具呢？
   (A) 資料流程圖 (Data Flow Diagram)　(B) 決策樹 (Decision Tree)
   (C) 結構化英文 (Structure English)　(D) 決策表 (Decision Table)
4. (　) 在「結構化分析工具」中，下列何者非圖形化的工具呢？
   (A) 資料流程圖 (Data Flow Diagram)　(B) 決策樹 (Decision Tree)
   (C) 資料字典 (Data Dictionary)　(D) 決策表 (Decision Table)

電腦軟體設計　丙級

1. (　) 下列何者為結構化分析 (Structured Analysis) 最常採用的工具？
   (A) 結構圖 (Structure Charts)　(B) 資料流程圖 (Data-Flow Diagrams)
   (C) 流程圖 (Flow Charts)　(D) 物件圖 (Object Diagrams)
2. (　) 下列何者不是軟體系統發展分析與設計工具？
   (A) 流程圖　(B) 網路分佈圖　(C) 結構圖　(D) 決策表

6-1-1 模組 (Module)

定義 ⏭ 是指一連串程式指令的集合。

組成 ⏭
1. **模組名稱**：是指描述模組的功能。
2. **輸入參數**：是指「主模組」呼叫「副模組」所需輸入的資料。
3. **輸出結果**：是指「副模組」執行後，所產生的輸出結果。
4. **處理邏輯**：是指模組的處理程序。
5. **內部資料**：是指模組執行時可能參考的資料項目（區域性或全域性變數）。

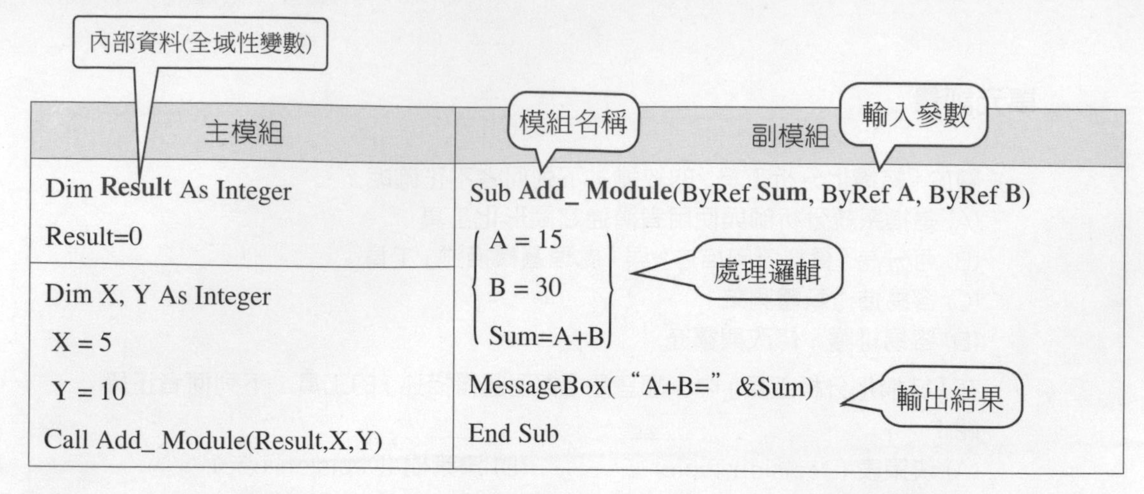

說明 ⏭ 通常，「副模組」允許被其他模組做呼叫而使用。進行模組呼叫時，使用者必須了解確認「副模組」的名稱、輸入參數、輸出結果、處理邏輯及內部資料等項目。

運作原理 ⏭ 一般而言，「原呼叫的程式」稱之為「主模組」；而「被呼叫的程式」稱之為「副模組」。當「主模組」在呼叫「副模組」的時候，會把「實際參數」傳遞給「副模組」的「形式參數」；而當「副模組」執行完成之後，又會回到「主模組」呼叫「副模組」的「下一行程式」繼續執行下去。

圖解說明 ⏭

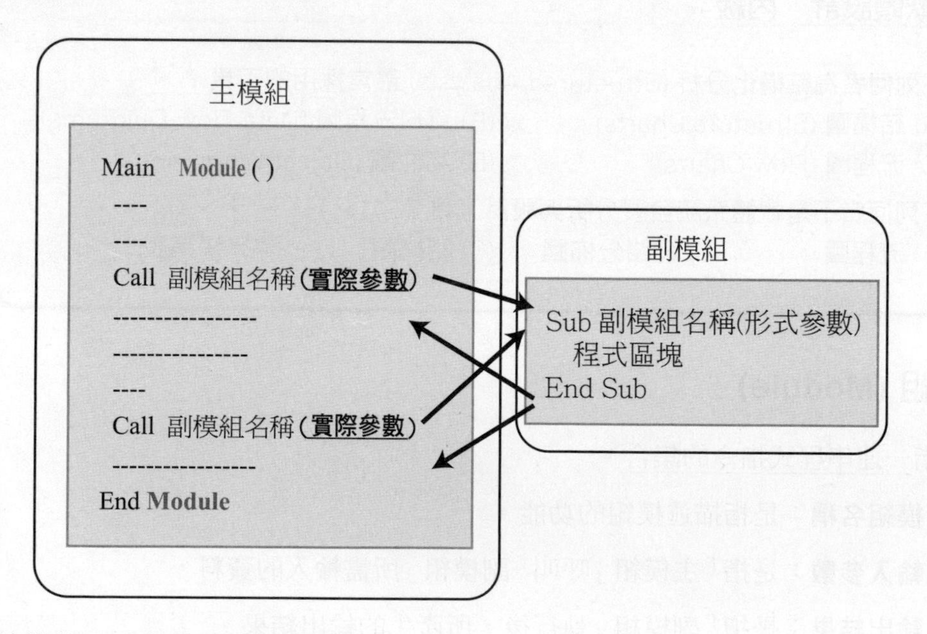

結構化分析與設計評估準則 ⏭

基本上，要達到良好的系統設計與提升模組的品質，必須考慮兩種因素：

1. 模組間的「**耦合力**」：**越低越好**。

2. 模組內的「**內聚力**」：**越高越好**。

一、耦合力

定義 ⏭ 是指兩個模組之間的相依程度 (Dependence)。

分類 ⏭ 1. 緊密的耦合：兩模組的相依程度很高。

2. 鬆散的耦合：兩模組的相依程度越低。

3. 無直接耦合：兩模組完全沒關係。

圖解 ⏭

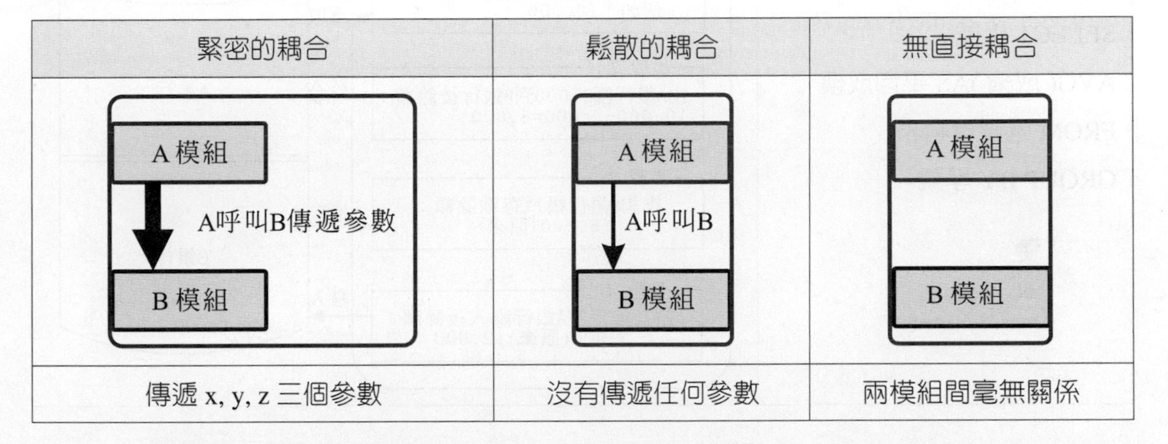

緊密的耦合	鬆散的耦合	無直接耦合
傳遞 x, y, z 三個參數	沒有傳遞任何參數	兩模組間毫無關係

說明 ⏭ 當兩個模組間「**相依程度愈高**」，意謂著，想要「修改及維護」其中一個模組時，則必須先要了解另一個模組的內容也就愈多，導致耗費更多的成本。因此，在上圖中，「緊密的耦合」的成本最高；反之，「無直接耦合」的成本最低。

二、內聚力

定義 ⏭ 是指模組內部每一個元素的相依程度 (Dependence)。

分類 ⏭ 1. 外部內聚：是指模組內部所有元素提供單一功能。

亦即一個不可分割的任務。

例如：**計算學生平均成績**。

2. 內部內聚：是指模組內部元素允許完成數種不同活動。

亦即每一個元素的輸出皆是為了下一個元素執行時的輸入。

例如：**ATM 提款的步驟**。

圖解 ⏭

外部內聚	內部內聚
A 模組	B 模組
SELECT 學號， AVG(成績)AS 平均成績 FROM 選課資料表 GROUP BY 學號	交易程序 步驟 1：查詢銀行帳戶存款餘額 假如：10,000 （讀取 A銀行） 步驟 2：由A銀行匯2,000到B銀行後餘額：10,000-2,000=8,000 （寫入 A銀行） 步驟 3：查詢B銀行帳戶存款餘額：5,000(原來) （讀取 B銀行） 步驟 4：B銀行帳戶在A銀行匯入後餘額：5,000(原來)+2,000 （寫入 B銀行）

單元評量

1. (　　) 關於「模組 (Module)」的組成，下列何者正確呢？
   (A) 模組名稱　(B) 輸入參數與輸出結果
   (C) 處理邏輯　(D 以上皆是
2. (　　) 有關結構化分析與設計評估準則，下列何者正確呢？
   (A) 模組間的耦合力越低越好　(B) 模組的內聚力越低越好
   (C) 模組間的耦合力越高越好　(D) 以上皆非

6-1-2 模組化

引言 ⏭ 我們都知道，開發一套功能完整的大型資訊系統，其最大困難處在於系統錯綜複雜，開發者往往不知該如何下手。

最常採用的方法 ⏭ 利用「**模組化**」的方法來解決問題。

定義 ⏭ 是指將一個「大系統」分解成許多個具有「獨立功能」的「小模組」。

示意圖 ⏭

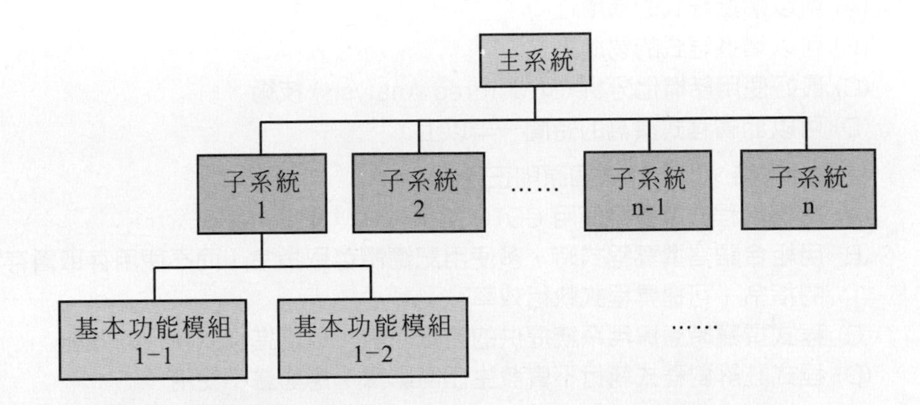

優點 ⏭
1. 程式容易閱讀與了解。
2. 減少程式維護成本。
3. 減少程式邏輯錯誤。
4. 提高程式設計的生產力。
5. 降低程式的複雜性及測試時間。

缺點 ⏭
1. 程式比較多，故比較佔用記憶體空間。
2. 程式比較多，故執行速度比較慢。

單元評量

1. (　) 關於「模組化」的敘述，下列何者不正確呢？
   (A) 解決系統錯綜複雜的問題　(B) 是一種獨立功能的模組
   (C) 執行速度比較快　(D) 降低程式的複雜性
2. (　) 有關「模組化」的優缺點之敘述，下列何者正確呢？
   (A) 執行速度比較快　(B) 比較佔用記憶體空間
   (C) 程式比較少　(D) 增加程式的測試時間

電腦軟體設計　丙級

1. (　) 關於結構化程式設計的觀念，下列何者不是其優點？
   (A) 是一種由上而下的設計方法
   (B) 將程式分解成多數個具有獨立功能的模組
   (C) 每個模組功能單元自成一段程式
   (D) 不需要做整合測試的一種程式設計方法
2. (　) 有關結構化程式設計的敘述，以下何者錯誤？
   (A) 可以增進程式的易讀性
   (B) 可以增進程式的易維護性
   (C) 最好使用結構化分析 (Structured Analysis) 技術
   (D) 可以節省程式撰寫的時間一半以上
3. (　) 程式撰寫時，以下哪一個原則正確？
   (A) 結構化程式應避免使用 GOTO 指令
   (B) 用組合語言撰寫程式時，多使用記憶體存取指令，而不使用存取暫存器的指令，可提昇程式執行效率
   (C) 程式撰寫時應採用系統提供的特殊函數，以增進程式執行的效能
   (D) 程式註解對程式執行不會發生任何影響，應盡量不使用

6-1-3 模組化的趨勢

基本上，模組化的趨勢可分為四點：

1. **降低系統開發的「複雜度」**

   是指將一個「大系統」分解成許多個具有「獨立功能」的「小模組」，其複雜度也隨之降低。

2. **減少系統開發的「風險性」**

   由於「小系統」的複雜度比「大系統」的複雜度要來得低，因此，系統開發者就可以專注於「小系統」的開發，所以，系統開發的風險將可以減少。

3. **提高系統的「可維護性」**

   模組化後之子系統之間是互相獨立的，當修改某一子系統時，並不會影響到其他不相干的子系統。

實例

某一所大專院校的計算機中心，欲開發一套「數位學習」系統，以提供學生加值的服務。其計算機中心首先必須要將該系統細分為：學生介面、老師介面及管理者介面等功能，並且再依照不同的介面，細分各種不同身分的子系統。如下圖所示：

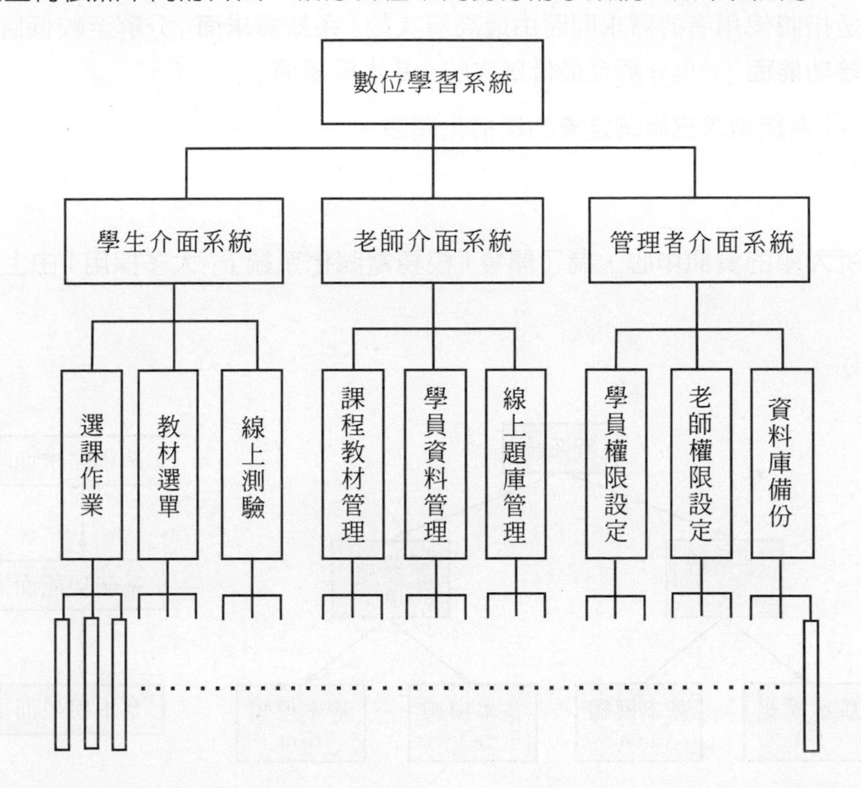

單元評量

1. (　) 關於「模組化的趨勢」之敘述，下列何者不正確呢？
   (A) 確保系統的「一致性」　(B) 減少系統開發的「風險性」
   (C) 增強系統的「可維護性」　(D) 降低系統開發的「複雜度」

2. (　) 將一個「大系統」分解成許多個具有「獨立功能」的「小模組」時，請問它屬於「模組化趨勢」中的哪一種呢？
   (A) 降低系統開發的「複雜度」　(B) 減少系統開發的「風險性」
   (C) 增強系統的「可維護性」　(D) 增加系統開發的「簡易性」

6-1-4 模組化的策略

基本上，模組化的策略可分為兩種方式：

一、「由上而下」的分解

定義 ⏭ 是指將使用者的需求問題由最高層次的「**系統需求面**」分解至較低層次的「**系統功能面**」；再分解至最低層次的「**基本模組面**」。

適用時機 ⏭ 系統需求已明確定義的結構化問題。

實例

假設某一所大學的資訊中心，為了開發「校務電腦化系統」，大多採用「由上而下」的分解方式。

圖解說明 ⏭

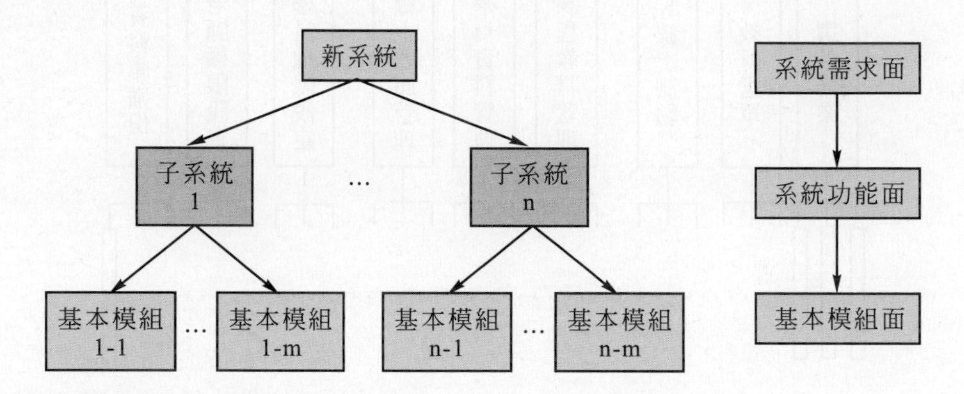

二、「由下而上」的合併

定義 ⏭ 是指將數個「**基本模組**」合併成一個新的可用「**子系統**」；再由新的子系統合併成一個「**新系統**」。

適用時機 ⏭ 系統需求尚未確定。亦即「**雛形系統**」的快速製作。

實例

假設某一家智慧型手機公司的研發部門 (R & D) 為了創造新的手機功能，大多採用「由下而上」的合併方式。

圖解說明 ⏭

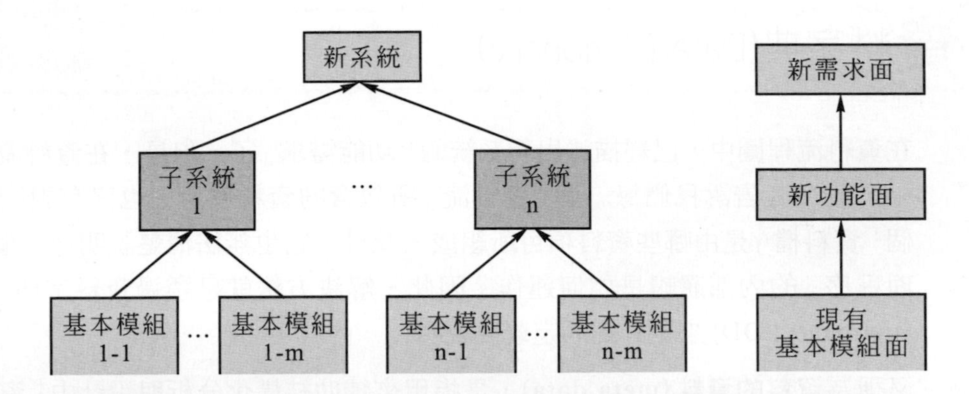

單元評量

1. (　　) 關於「模組化的策略」中，「由上而下」的分解之敘述，下列何者正確呢？
   (A) 系統需求面→基本模組面→系統功能面
   (B) 系統需求面→系統功能面→基本模組面
   (C) 系統功能面→系統需求面→基本模組面
   (D) 基本模組面→系統功能面→系統需求面
2. (　　) 有關「模組化的策略」中，「由下而上」的合併之敘述，下列何者正確呢？
   (A) 系統需求面→基本模組面→系統功能面
   (B) 系統需求面→系統功能面→基本模組面
   (C) 基本模組面→系統功能面→系統需求面
   (D) 系統功能面→系統需求面→基本模組面
3. (　　) 關於「模組化的策略」之敘述，下列何者正確呢？
   (A) 由上而下的策略是適用於系統需求已明確定義的結構化問題
   (B) 由下而上的策略是適用於系統需求尚未確定
   (C)「雛形系統」的快速製作就是利用由下而上的策略
   (D) 以上皆是

電腦軟體設計　丙級

1. (　　) 程式設計人員要能正確掌握程式發展的進度。對於所要發展的程式應採取下列何種設計方式？
   (A) 由上而下　(B) 由下而上　(C) 由外而內　(D) 由內而外

6-2 資料字典(Data Dictionary)

引言 ⏭ 在資料流程圖中，已經描述出新系統的「功能需求」了，但是，在資料流程圖中，並沒有告訴我們每一個「資料流」所包含的資料項目，也沒有說明每一個「資料檔」是由哪些資料項目所組成。此外，它也無法清楚說明每一個「處理程序」的內部邏輯是如何運作。因此，解決方法就是透過資料字典 (Data Dictionary; DD) 來更詳細的定義及說明。

定義 ⏭ 又稱為**資料的資料 (meta data)**，是指用來輔助結構化分析與設計中「**資料流程圖 (DFD)**」與「**實體關係圖 (ERD)**」工具的不足。

作用 ⏭ 1. 利用「資料元素」、「資料流」及「資料檔案」來更詳細的定義及說明。

2. 利用「處理程序」來協助說明系統內部邏輯是如何運作。

資料流程圖與資料字典之不同點 ⏭

1. **資料流程圖 (DFD)**：流程分析，亦即<u>用來描述系統中資料的流動情況</u>。
2. **資料字典 (DD)**：資料描述與邏輯分析，亦即<u>用來輔助說明 DFD 不足之處</u>。

符號 ⏭ 資料字典中所使用的符號。

符號	意義	例子	說明
=	等於 (Equivalence)	C=A+B	C 是由 A 與 B 組成
+	和 (And)	C=A+B	C 是由 A 和 B 組成
[ ]	選擇其中之一 (Or)	C=[A|B]	C 是 A 或 B
{ }	重複 (Iterations)	C={A}	C 是由零個或多個 A 組成
( )	可選擇的 (Optional)	C=A+(B)	C 是 A 或 A 與 B 組成
* *	註解	* 註解內容 *	註解是一種非執行的指令
@	主鍵 (Key)	C=@A+B	C 的主鍵是 A
|	區分 [ ] 中的被選擇資料項目	C=[A|B]	C 是 A 或 B

說明 ⏭

在上表中，我們再加以詳細說明它們的應用：

1. **“=”等號**：表示「**左邊**」的**表單**是由「**右邊**」的**欄位組成**。
2. **“+”加號**：表示用來**連接相關的欄位**。

例如：「學生資料表」是由學號、姓名、科別、身分證字號、性別及出生所組合而成，其**資料字典**的資料結構表示方式如下：

學生資料表 = 學號 + 姓名 + 科別 + 身分證字號 + 性別 + 出生

3. “[ ]”中括號：表示用來從兩個或兩個以上的組成元素中，選擇其中的一個。

它的表示方式有兩種：

第一種
學生資料表 = (學號 / 姓名) + 科別 + 身分證字號 + 性別 + 出生
第二種
學生資料表 =[學號 | 姓名]+ 科別 + 身分證字號 + 性別 + 出生

4. “{ }”大括號：表示重複某一組元素零次或一次以上。

它的表示方式有兩種：

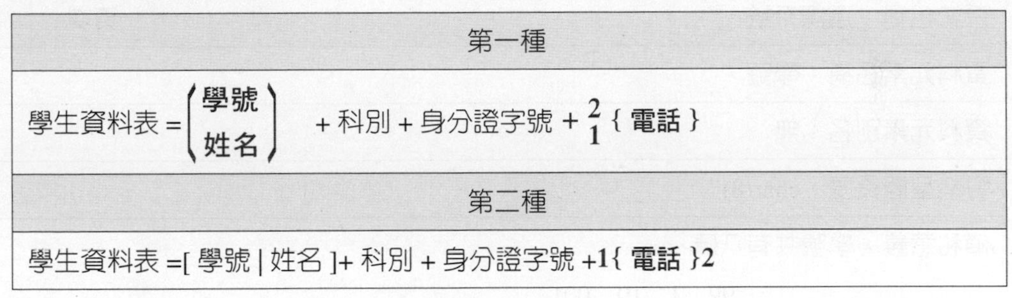

第一種
學生資料表 = (學號 / 姓名) + 科別 + 身分證字號 + $^{2}_{1}${ **電話** }
第二種
學生資料表 =[學號 | 姓名]+ 科別 + 身分證字號 +1{ **電話** }2

5. “( )”小括號：表示可有可無的資料元素。

學生資料表 =[學號 | 姓名]+ 科別 +(**星座**)+1{ 電話 }2

6. “*…*”雙星號：表示此段敘述文字的說明或註解。

學生資料表 =[學號 | 姓名]+ 科別 +(星座)+1{ 電話 }2 *** 以上的學生資料表僅記錄線上學習註冊使用，學校的學籍資料則另外處理 ***

實例

◆ 客戶訂單 = 客戶名稱 + 帳單號碼 +[送貨地址 | 自行取貨]+(售貨員)+{ 訂單項目 }

◆ 訂單項目 = 產品編號 +(產品名稱)+ 數量 + 單價 +(折扣)

單元評量

1. (　) 關於「資料字典」之敘述，下列何者不正確呢？
   (A) 是指用來資料描述與邏輯分析
   (B) 用來輔助說明 DFD 不足之處
   (C) 用來描述系統中資料的流動情況
   (D) 協助說明系統內部邏輯是如何運作

2. (　) 有關「資料字典」中「C=A+(B)」之敘述，下列何者正確呢？
   (A)C 是 A 或 A 與 B 組成　(B)C 是由 A 與 B 組成
   (C)C 是 A 或 B　(D) 以上皆可

6-2-1 資料字典之內容

一個完整的**資料字典**應該包含資料元素 (Data Element)、資料流 (Data Flow)、資料檔案 (Data File) 及處理程序 (Process) 等四項內容。

1. 資料元素 (Data Element)

定義 ⏭ 又稱為欄位或屬性，亦即**無法再細分之元素**。因此，「資料元素」為「資料流」組成的最小單位。

格式 ⏭

系統名稱：選課系統	頁次	1/1
資料元素名稱：學號		
資料元素別名：無		
資料型態長度：char(8)		
值和意義：學號共有八碼 99 1 10 001 99 → 第一、二碼：代表入學之年度 1 → 第三碼：代表學制 10 → 第四、五碼：代表科系代碼 001 → 第六、七、八碼：同科學生流水編碼		
說　　明：在括號內的數值表示資料之長度		

說明 ⏭ 1. 資料元素名稱：要定義的資料元素名稱。

2. 資料元素別名：定義資料元素的別名。

3. 資料型態長度：定義資料元素的資料型態與長度。

4. 值和意義：定義資料元素值的範圍，以及各個值所表示的意義。

5. 說明：補充前面四項定義不足的地方。

2. 資料流 (Data Flow)

定義 ⏭ 是指由一個或數個資料元素組成，它像是資料庫中的資料表是由許多個欄位所組成。

格式 ⏭

系統名稱：選課系統	頁次	1
資料流名稱：學生基本資料		
資料流別名：學籍資料		
組　　成：學生基本資料 = 學號 + 姓名 + 科別 + 身分證字號 +1{ **電話** }2		
說　　明：		

說明 ⏭ 1. 資料流名稱：要定義的資料流名稱。

2. 資料流別名：定義資料流的別名。

3. 組成：定義資料流是由哪些資料元素所組成。

4. 說明：補充前面三項定義不足的地方。

【註】資料流描述也可以利用「王亞圖」或「Jackson 結構圖」來表示。詳細內容在下一個單元中介紹。

3. 資料檔案 (Data File)

定義 ⏭ 是指在資料流程圖中，資料儲存的地方。它除了包括「資料流」中的欄位之外，還必須要設定具有唯一性的欄位來當作「主鍵」。

格式 ⏭

系統名稱：選課系統	頁次	1
檔案名稱：學生資料表		
檔案別名：學籍		
檔案目的：建立學生基本資料		
欄位組成： 學生基本資料表 = @ 學號 + 姓名 + 科別 + 身分證字號 +1{ **電話** }2		
組織結構：關聯式資料庫		
說　　明：以「學號」為主鍵，代表鍵值不得重複。		

說明 ⏭ 1. 檔案名稱：定義的資料檔案名稱。

2. 檔案別名：定義資料檔案的別名。
3. 檔案目的：定義資料檔案的目的。
4. 欄位組成：定義資料檔案中所包含的欄位之名稱、資料型態、長度。
5. 組織結構：說明該資料檔案中資料記錄的排列方式。
6. 說明：補充前面六項定義不足的地方。

4. 處理程序 (Process)

定義 ⏭ 在資料流程圖中最低層的每一個基本功能，都一定要有一個轉換處理描述。

格式 ⏭

系統名稱：選課系統	頁次	1
處理名稱：學生選課加退選作業		
處理編號：3.2		
處理範圍：1. 僅處理在規定的時限內加退選的學生		

處理描述：1. 顯示輸入學生基本資料畫面
2. 顯示全部的選課表
3. 提供學生選課作業的功能
4. IF 時間 =" 時限內" THEN
選課檔 = 將學生的加退選科目存入
ELSE
PRINT "拒絕加退選作業"
END IF		

效能需求：自動會去檢查選課學分數是否超過或低於規定的學分		
備註：無		

說明 ⏭ 1. 處理名稱：要定義的處理名稱。

2. 處理編號：此編號是在資料流程圖中，依層次關係所給予的。
3. 處理範圍：說明轉換處理的功能範圍。
4. 處理描述：定義轉換處理所要做的工作。
5. 效能需求：定義轉換處理設計時應該達到的要求。
6. 備註：補充前面五項定義不足的地方。

單元評量

1. (　) 關於一個完整的資料字典應該包括哪些內容，下列何者不正確呢？
   (A) 資料元素 (Data Element)　(B) 資料流 (Data Flow)
   (C) 資料檔案 (File)　(D) 實體關係 (ERD)
2. (　) 在「資料字典」中，下列哪一項是由一個或數個資料元素組成，它像是資料庫中的資料表是由許多個欄位所組成呢？
   (A) 資料元素 (Data Element)　(B) 資料流 (Data Flow)
   (C) 資料檔案 (File)　(D) 處理程序 (Process)
3. (　) 在「資料字典」中，下列哪一項是無法再細分之元素呢？
   (A) 資料元素 (Data Element)　(B) 資料流 (Data Flow)
   (C) 資料檔案 (File)　(D) 處理程序 (Process)
4. (　) 在「資料字典」中，下列哪一項是在資料流程圖中最低層的每一個基本功能呢？
   (A) 資料元素 (Data Element)　(B) 資料流 (Data Flow)
   (C) 資料檔案 (File)　(D) 處理程序 (Process)

6-2-2 王亞圖

定義 ⏭ 王亞圖 (Warnier-Orr Diagram, WOD) 是一種表達各種表單之資料結構，它可以用來描述資料的階層關係。

範例 ⏭ A { B { C

表示 A, B, C 三項資料之間的階層關係，其中 **A 包含 B，且 B 包含 C**

適用時機 ⏭ 當 DFD 無法表示「迴圈次數」時使用。

特性 ⏭
1. 利用「階層化」來呈現資料的結構關係。
2. 利用「結構化程式設計」中的三種結構「循序、選擇、重複」。

優點 ⏭
1. 是一種**「由上往下」的分解方式**。
2. 利用圖形化工具，**將「複雜結構」分解成「簡單結構」**。
3. 讓使用者易學、易用及易溝通。

缺點 ⏭ 不容易修改 (因為必須要重新繪製)。

符號 ▶▶|

符號及描述式	意義
A {B {C	表示階層關係，其中 A 包含 B，且 B 包含 C
A ⊕ B	表示選擇其中之一，A 或 B，但 A 與 B 不可同時存在
(1, N)	表示某一個資料項目的重複次數，即重複 1 到 N 次
(0, N)	表示某一個資料項目的重複次數，即重複 0 到 N 次
(N)	表示某一個資料項目的重複次數，即重複 N 次

選課表之王亞圖 ▶▶|

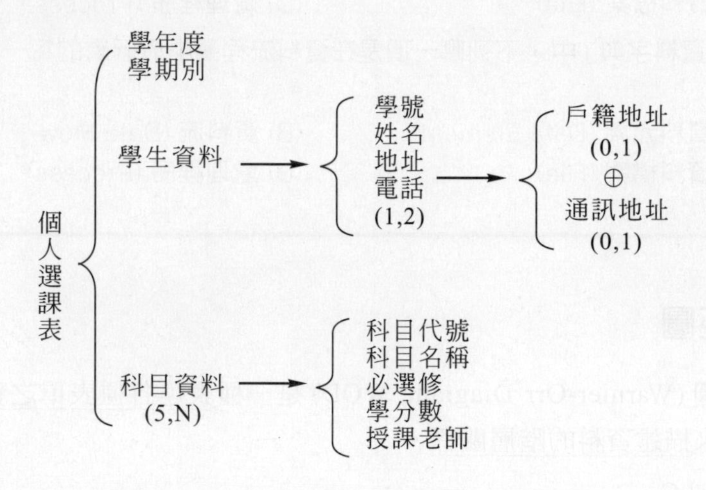

單元評量

1. (　) 關於「王亞圖」之敘述，下列何者正確呢？
   (A) 用來描述資料的階層關係
   (B) 利用「階層化」來呈現資料的結構關係
   (C) 利用「結構化程式設計」中的三種結構「循序、選擇、重複」
   (D) 以上皆是
2. (　) 關於「王亞圖」優點之敘述，下列何者不正確呢？
   (A) 容易修改
   (B) 利用圖形化工具，將「複雜結構」分解成「簡單結構」
   (C) 讓使用者易學、易用及易溝通
   (D) 是一種「由上往下」的分解方式

6-2-3 Jackson結構圖

定義 ⏭ 是由 M.Jackson(1983) 所發明的「**模式化工具**」。

強調 ⏭ 「資料結構」或「程式模組」的**階層架構關係**。

特性 ⏭ 1. 用來呈現程式結構階層關係。

2. 用來呈現資料結構階層關係。

3. 允許表現循序、選擇及重複三種控制結構。

適用時機 ⏭ 描述雛形系統的運作，而無法明確描述資料流向。

分類 ⏭

一、傑克森的「資料結構圖」(Data Structure)：利用樹狀結構圖來表現「資料」項目的組成。

二、傑克森的「程式結構圖」(Program Structure)：利用樹狀結構圖來表現「軟體」的程式結構。

元件 ⏭ 1. **基本元件 (Elementary Component)**

(1) 意義：表示一段程式碼或模組。

(2) 圖形：

2. **循序元件 (Sequential Component)**

(1) 意義：是指由上而下，由左至右，依序逐一執行的結構。

(2) 例如：A 模組包含了 B,C,D 三個基本元件。

(3) 圖解：A=B+C+D

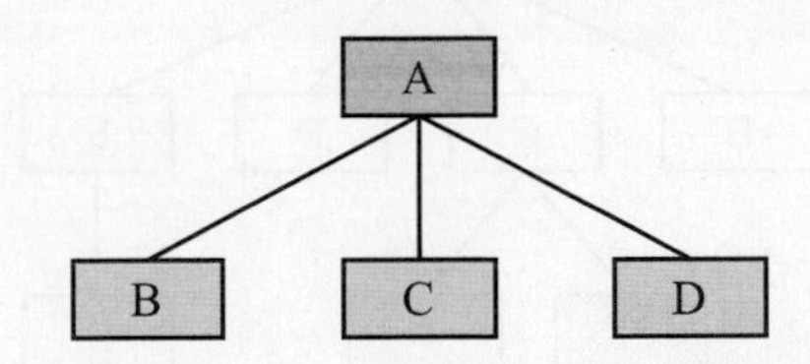

(4) 利用「資料字典」方式來表示：A=B+C+D

3. **選擇元件 (Selection Component)**

(1) 意義：是指根據「條件式」來選擇不同的執行路徑。

(2) 例如：A 模組包含了 B, C, D 三個基本元件，但是，同一時間只有一個元件會被執行。

(3) 圖解：

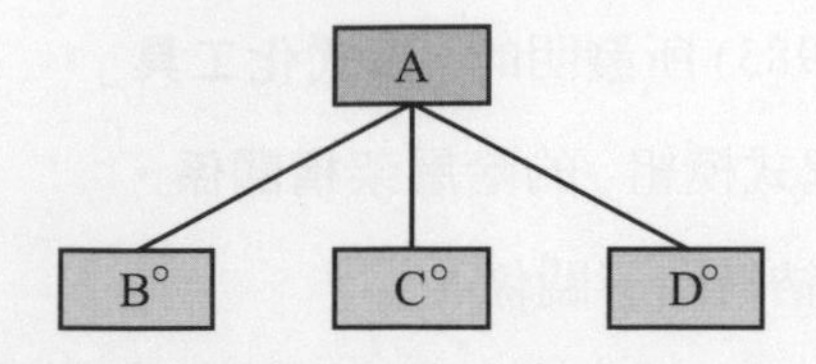

(4) 利用「資料字典」方式來表示：A=[B|C|D]

4. **重複元件 (Repetition Component)**

(1) 意義：是指某一段程式反覆執行多次。

(2) 例如：A 模組會重複 B 基本元件。

(3) 圖解：

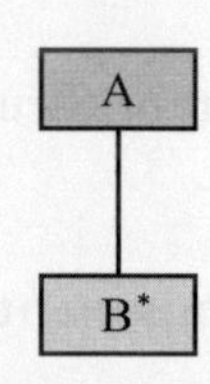

(4) 利用「資料字典」方式來表示：A={B}

隨堂練習

Q 假設現在有一 Jackson 結構圖，如下圖所示，請您利用「資料字典」方式來表示之。

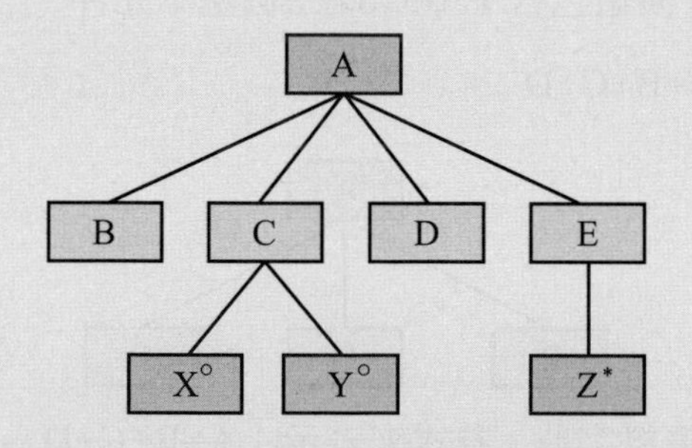

A A=B+C+D+E
C=[X|Y]
E={Z}

單元評量

1. (　) 關於「Jackson 結構圖」之敘述，下列何者正確呢？
   (A) 用來呈現程式結構階層關係
   (B) 用來呈現資料結構階層關係
   (C) 允許表現循序、選擇及重複三種控制結構
   (D) 以上皆是
2. (　) 關於在下面的「Jackson 結構圖」中的元件之說明，下列何者正確呢？

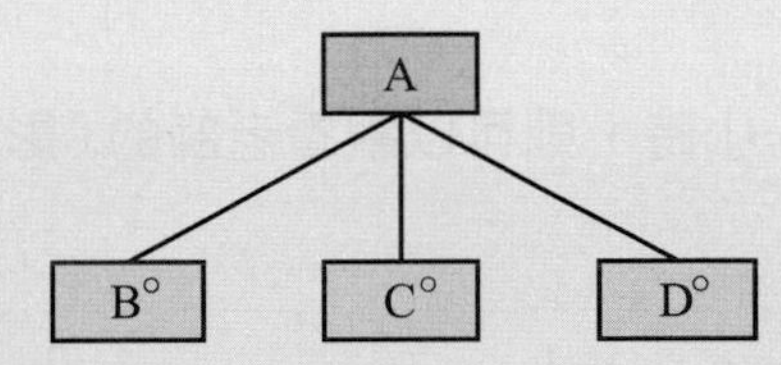

   (A)A 基本元件包含了 B,C,D 三個基本元件，並且由左至右循序處理
   (B)A 基本元件，包含了 B,C,D 三個基本元件，但是，同一時間只有一個元件會被執行
   (C)A 基本元件包含了 B,C,D 三個基本元件，並且會重複 B,C,D 基本元件
   (D) 以上皆非

6-3 決策表(Decision Table)

定義 ⏭ 是指用來表示資料流程圖中轉換處理的內部邏輯。

適用時機 ⏭ 多重，且較複雜的條件組合。

目的 ⏭ 1. 列出所有可能的結果。
2. 確保沒有任何疏漏。

表示方法 ⏭ 以二維矩陣或表格的型式

主題	規則
	1 ， 2 ， 3 ，⋯， N
各種條件狀況 (條件項目)	各種條件之組合 (條件組合)
各種可能行動 (行動項目)	對應採取之行動 (行動組合)

優點 ⏭ 1. 將複雜的條件簡潔化。
2. 避免複雜的選擇條件所造成設計上的困難。

缺點 ⏭ 只有少數幾個條件的問題比較不適合。

實例

假設某一位學生，如果明天要考試，必須留在家中好好的利用網路的「線上學習系統」來準備「考試」。

策略：依照「K 書時間」的長短，來做不同的複習方式

1. 小於 2 個小時：

   只能閱讀老師上課的「講義」教材（全部都必須要快速的看過一遍）。

2. 大於 2 個小時：

   如果 K 書時間大於等於 5 小時，則可以觀看老師的「影音」教材；否則，只好練習「線上測驗」

線上學習活動	1	2	3
學習時間	< 2 小時	2 ～ 5 小時	≧ 5 小時
看「講義」教材	✓		
做「線上測驗」		✓	
看「影音」教材			✓

範例

將「決策表」的線上學習活動轉換成「流程圖」。

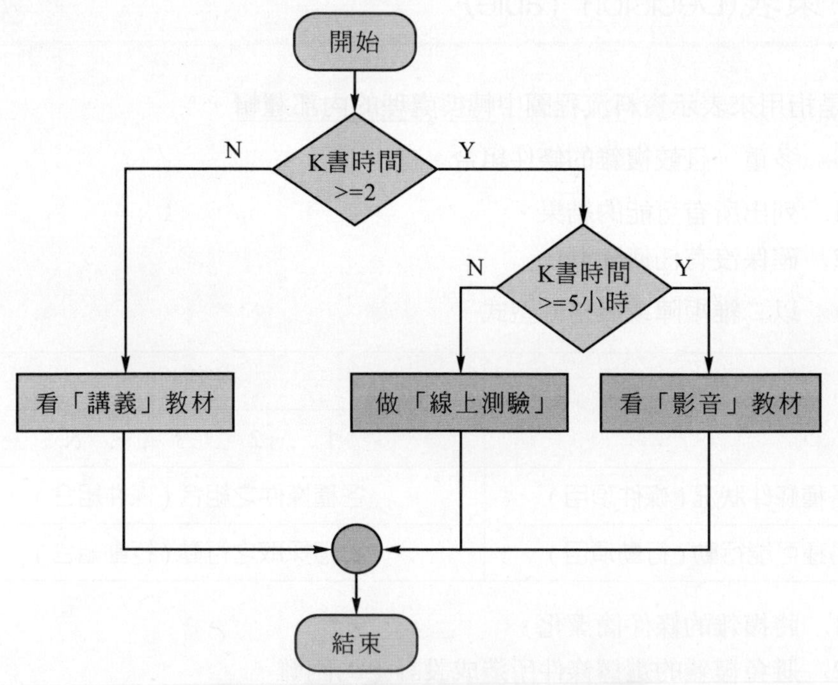

❖圖 6-1　線上學習活動選擇決策流程圖

範例

將「流程圖」的線上學習活動轉換成「結構化英文」。

```
IF   K書時間 >=2   THEN
     IF   K書時間 >=5 小時 THEN
          採取的學習活動 = 看「影音」教材
     ELSE
          採取的學習活動 = 做「線上測驗」
     END IF
  ELSE
          採取的學習活動 = 只看老師的「講義」教材
  END IF
```

單元評量

1. (　) 關於「決策表」之敘述，下列何者不正確呢？
   (A) 用來表示資料流程圖中轉換處理的內部邏輯
   (B) 適用於比較簡單的條件組合
   (C) 將複雜的條件組合簡潔化
   (D) 避免複雜的選擇條件所造成設計上的困難

2. (　) 有關「決策表」之優缺點之敘述，下列何者正確呢？
   (A) 避免複雜的選擇條件所造成設計上的困難
   (B) 只有少數幾個條件的問題比較不適合
   (C) 將複雜的條件組合簡潔化
   (D) 以上皆是

電腦軟體設計　丙級

1. (　) 下列何者常用於系統分析時，在資料分析階段用以確認沒有其他事物被忽略？< 電腦軟體設計　丙級 >
   (A) 資料流程圖　　(B) 組織圖
   (C) 甘特圖　　(D) 決策表

6-4 決策樹(Decision Tree)

定義 ⏭ 是指以樹狀結構的方式表達「決策表」。

用途 ⏭ 1. 以圖形的方式來表達決策表的內容。

2. 其適用的情況與決策表相同。

3. 均用於多重、較複雜的條件組合。

實例

請將下列的「決策表」轉換成「決策樹」

線上學習活動	1	2	3
學習時間	<2 小時	2～5 小時	≧ 5 小時
看「講義」教材	✓		
作「線上測驗」		✓	
看「影音」教材			✓

參考解答 ⏭

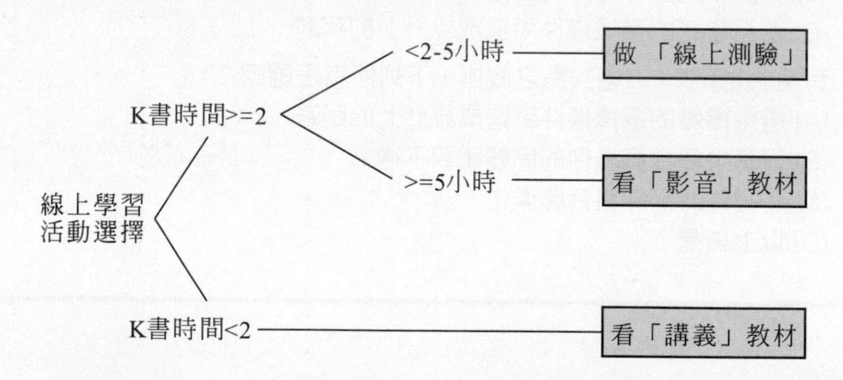

說明 ⏭ 由上面的例子中，可以清楚得知，利用「決策表」來表達時，可能需要花一些時間才能寫出來；但是用決策樹卻能夠很快地表達出來。

決策表與決策樹的比較 ⏭

1. 決策表的形式較固定，製作較困難，較不易了解，且不易修改。

2. 決策樹的形式較自由，製作較容易，使用者較容易了解，且修改較簡單。

因此，最常應用的方式是系統分析師先利用決策樹與使用者溝通；內容確定後，再將決策樹轉換成決策表，交給程式設計師。

單元評量

1. (　) 關於「決策樹」之敘述，下列何者不正確呢？
   (A) 以樹狀結構的方式表達「決策表」
   (B) 適用於比較簡單的條件組合
   (C) 以圖形的方式來表達決策表的內容
   (D) 其適用的情況與決策表相同
2. (　) 有關「決策表與決策樹的比較」之敘述，下列何者正確呢？
   (A) 決策表的形式較固定，製作較困難
   (B) 決策樹的形式較自由，製作較容易
   (C) 決策樹的形式較自由，較容易為使用者所了解，且修改較簡單
   (D) 以上皆是

6-5 結構化英文(Structure English)

定義 是指類似「高階程式語言」的語法來描述處理邏輯。

特性
1. 具有簡潔性。
2. 具有結構性。

適用時機
1. 邏輯較為複雜。
2. 需高度重複處理時。

遵守規則
1. 只能使用「循序」、「選擇」及「重複」結構。
2. 可利用「縮排技巧」來增加可讀性。
3. 使用資料字典中的標準用語，以及處理規則的特定用語。

三種結構 ⏭

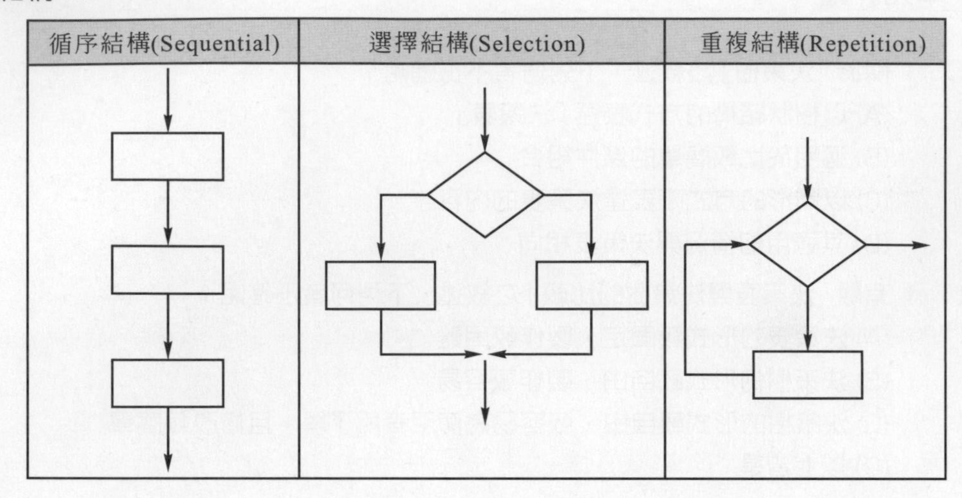

說明 ⏭

1. **循序結構 (Sequential)**

   是指程式由上而下，依序逐一執行。例如：X=X+1。

示意圖 ⏭

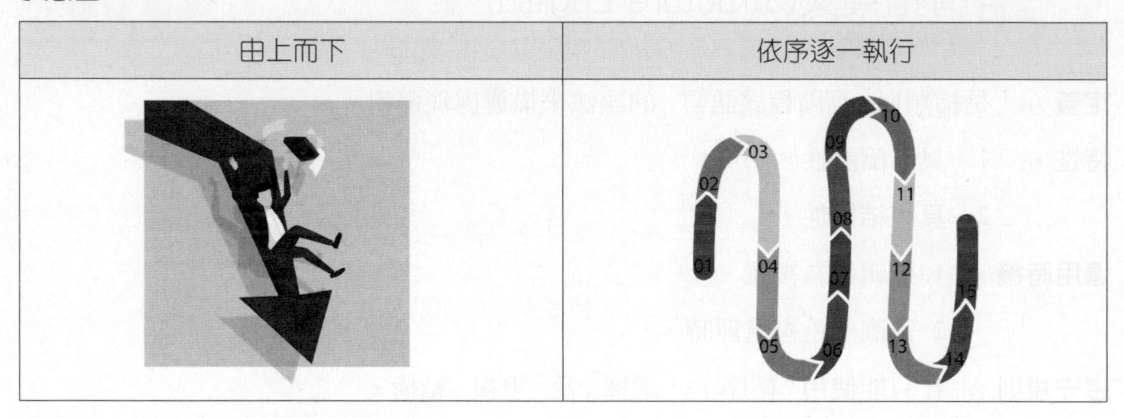

表示式 ⏭

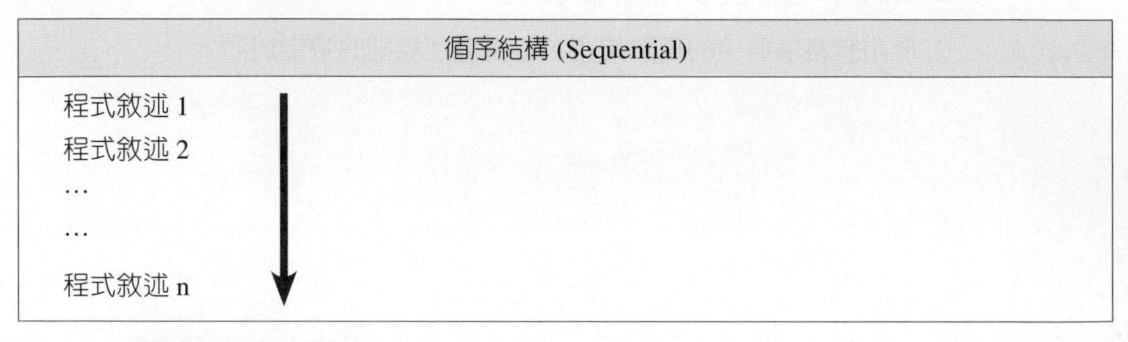

2. **選擇結構 (Selection)**

   是指根據「條件式」來選擇不同的執行路徑，例如：IF/ELSE 指令及 SELECT CASE 指令。

示意圖 ⏭

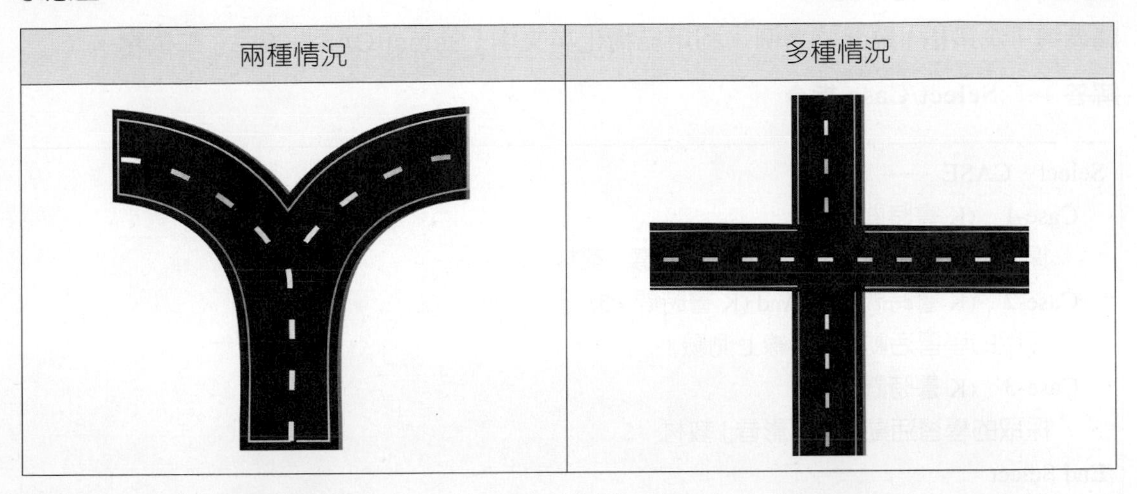

表示式 ⏭

兩種情況	多種情況

IF 條件式 THEN (T → 程式區段 1; F → 程式區段 2)
程式區段 1
ELSE
程式區段 2
END IF
	SELECT 條件式
	CASE 1
	程式區段 1
	CASE 2
	程式區段 2
	……
	CASE N
	程式區段 N
	OTHERWISE
	END SELECT

範例一　兩種情況

請利用「結構化英文」敘述使用者登入帳號與密碼時，系統檢查的過程。

解答 ⏭ **IF/ELSE 指令**

```
輸入：  使用者登入帳號及密碼
處理：  IF ( 帳號 And 密碼 ) 皆正確
            輸出：您可以登入系統！
        Else
            輸出：您無法登入系統！
        End If
```

說明 ⏭ 以上的結構化英語類似於程式設計中所使用的「虛擬碼 (Pseudo Code)」。

範例二　多種情況

請參考「決策樹」單元的實例，利用結構化英文中「Select CASE 指令」來撰寫。

解答 ⏭　Select/Case 指令

```
Select　CASE
  Case-1　(K 書時間 <2)
    採取的學習活動 = 只看老師的「講義」教材
  Case-2　(K 書時間 >=2)And (K 書時間 <5)
    採取的學習活動 = 做「線上測驗」
  Case-3　(K 書時間 >=5)
    採取的學習活動 = 看「影音」教材
End Select
```

3. **重複結構 (Repetition)**

是指某一段程式反覆執行多次。例如：DO/While 指令或 DO/Until。

實例

想到公園跑步

假設我們想到公園跑步時，則在我們出門時，一定會先判斷「是否有颱風下雨」，如果是的話，則會「待在家中…」繼續等待。直到沒有颱風下雨為止。如下圖所示。

圖解 ⏭

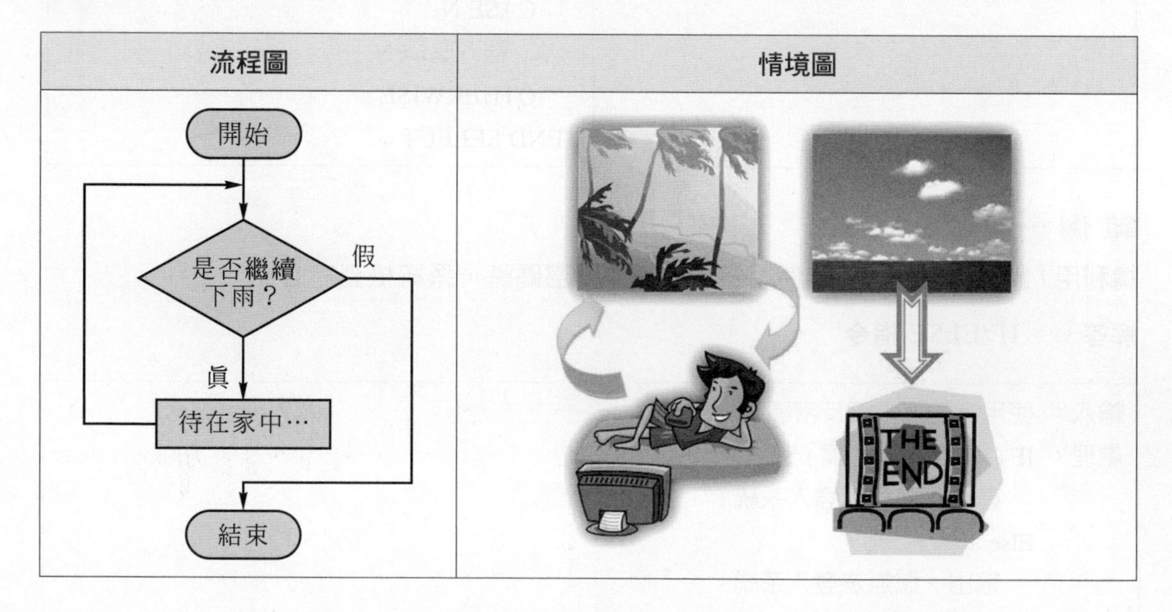

表示式 ⏭

前測試迴圈(先判斷後執行)	後測試迴圈(先執行後判斷)
DO WHILE 條件式 　程式區段 LOOP	REPEAT 　程式區段 UNTIL 條件式

範例

利用結構化英文中「DO/While 指令」來撰寫以上的例子

解答 ⏭

```
Do   While  (天氣 = 颱風下雨)
     你的假期 = 待在家中…
Loop
     你的假期 = 到公園跑步
```

單元評量

1. (　) 關於「結構化英文」之敘述,下列何者正確呢?
   (A) 類似「高階程式語言」的語法來描述處理邏輯
   (B) 比較簡潔且具有結構性
   (C) 適用於邏輯較為複雜且需高度重複處理
   (D) 以上皆是
2. (　) 在撰寫「結構化英文」時,其應該遵守規則,下列何者正確呢?
   (A) 只能使用「循序」、「選擇」及「重複」結構
   (B) 可利用「縮排技巧」來增加可讀性
   (C) 使用資料字典中的標準用語及處理規則的特定用語
   (D) 以上皆是

基本題

1. 請列出常見的「結構化分析工具」，至少三種。
2. 請說明「模組化」設計的優點與缺點。
3. 請列出「模組化的趨勢」。至少寫出三種。
4. 請列出兩種「模組化的策略」。並繪圖說明之。
5. 請列出資料流程圖與資料字典之不同點。
6. 請問，一個完整的資料字典應該包含哪些內容呢？
7. 請列出「決策表」的適用時機、優點及缺點？
8. 請列出決策表與決策樹之不同點。
9. 請列出「結構化英文」的適用時機及遵守規則？
10. 請列出「結構化英文」中，常被使用的三種結構。並繪出流程圖。

進階題

1. 假設某一南部的大專院校，學生有「旅遊計畫」如下：

(一) 國內旅遊

(1) 當假期只有 2 天時，則到台中的科學博物館。

(2) 當假期有 3 天時，則到南投的日月潭。

(3) 當假期有 4 天 (含以上) 時，則到台北的淡水老街。

(二) 國外旅遊

(1) 當假期只有 5 天時，則到香港。

(2) 當假期有 6 天時，則到日本。

(3) 當假期有 7 天 (含以上) 時，則到法國。

請針對以上的描述，利用「決策表、決策樹及結構化英文」等三種工具來表示。

2. 假設某公司工員的獎懲方式，如下：

 (1) 工作時數超過 50 小時，嘉獎兩次。

 (2) 工作時數等於 50 小時，嘉獎乙次。

 (3) 工作時數少於 50 小時，口頭申誡。

 請針對以上的描述，利用「決策表、決策樹及結構化英文」等三種工具來表示。

3. 假設有某一家公司的員工職位分為五個等級，每月薪資計算方式如下：

職等	5	4	3	2	1
每日薪資	2000	1500	1000	800	500

4. 假設某公司員工的績效獎金發放方式，如下：

 (1) 成績不良者 ➔ 不給獎金，不給休假。

 (2) 成績優良者 ➔ 如果公司無盈餘時，則給予休假。

 如果公司有盈餘時，則給予休假並發放獎金。

 請針對以上的描述，利用「決策表、決策樹及結構化英文」等三種工具來表示。

5. 假設某公司的資訊系統交易，會依照商品的庫存量來決定是否要訂單交易：

 (1) 當庫存量大於或等於「安全庫存量」時，則「無需新增」。

 (2) 當庫存量小於「安全庫存量」時，則「產生一筆新訂單交易」。

 (3) 當庫存量等於「零」時，則「產生多筆緊急訂單交易」。

 請針對以上的描述，利用「決策表、決策樹及結構化英文」等三種工具來表示。

NOTE

CHAPTER 7

系統設計

本章學習目標

1. 讓讀者了解系統設計產出的「**軟體設計規格書**」以作為程式設計師之**藍圖與依據**。
2. 讓讀者了解系統設計的**工作項目與程序**。

本章學習內容

7-1 系統設計的基本概念

定義 ⏭ 根據「系統分析」所產出的系統需求規格書，提供給「**程式設計師**」設計一套適合組織現行作業的電腦化資訊系統之「**設計藍圖**」。

工作項目 ⏭

1. **輸出設計** (Output Design)：設計決策者所要參考的資訊報表。
2. **輸入設計** (Input Design)：設計作業程序所需的輸入格式介面。
3. **資料庫設計** (Data Base Design)：設計系統後端的資料庫系統之儲存結構。
4. **處理設計** (Process Design)：設計系統如何將「輸入資料」轉換成「輸出資訊」之處理流程。
5. **控制設計** (Control Design)：設計系統如何提供具有「正確性」與「可靠性」的資訊。

圖解說明 ⏭

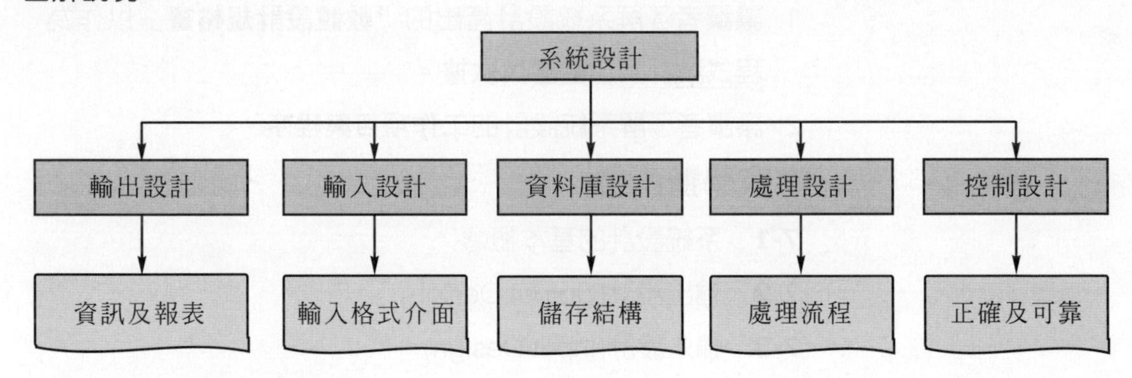

產出 ⏭ **軟體設計規格書**

特別注意 ⏭ 系統設計只產出「軟體設計規格書」，並**未包括軟體程式的撰寫**。

單元評量

1. (　) 關於「系統設計」之產出，下列何者正確呢？
   (A) 系統建議書　(B) 軟體設計規格書
   (C) 軟體需求規格書　(D) 可用的資訊系統
2. (　) 下列何者不是「系統設計」的工作項目之一呢？
   (A) 資料庫設計　(B) 使用者介面設計
   (C) 處理設計　(D) 程式設計

7-2 輸出設計 (Output Design)

引言 ⏭ 我們都知道，電腦在處理資料時的程序，就是按照「**輸入 (Input)**、**處理 (Process)** 及**輸出 (Output)**」，也就是所謂的「**IPO**」順序進行。其中，「輸出」就是指電腦處理之後的結果，它可以顯示在不同的輸出媒體。例如：電腦螢幕、平板電腦、手機或報表紙等。

那我們為何在進行「系統設計」時，先從「輸出設計」開始著手呢？其主要的原因就是：我們可以從「輸出報表」來了解主管或使用者最為重視的資訊；並且也可以從「輸出報表」來反推出需要「輸入哪些資料項目」，以及需要經過哪些處理過程。

示意圖 ⏭

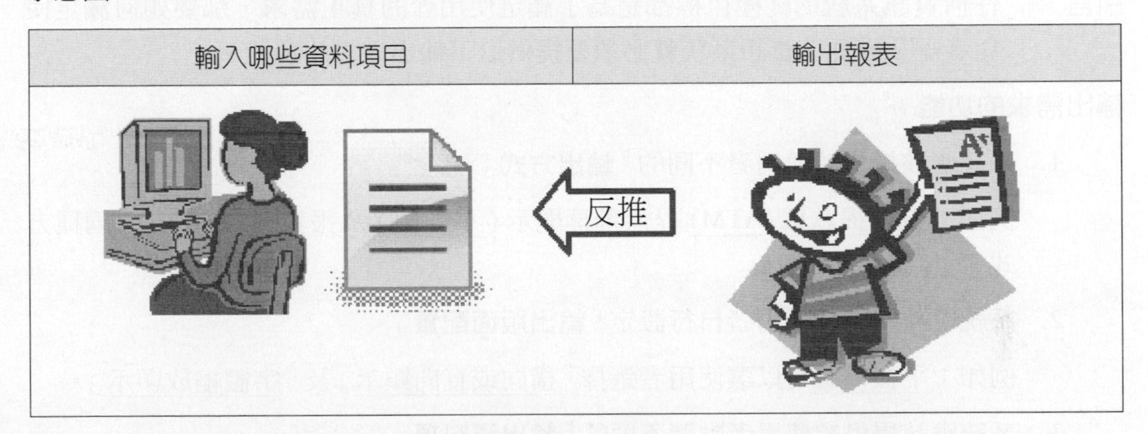

定義 ⏭ 是指用來設計決策者所要參考的資訊報表。

因此，在進行「輸出設計」之前，系統分析師必須先要探討 4W1H 的問題，否則將會徒勞無功。

(一) 要輸出什麼內容 (What)？

(二) 誰要這些資訊 (Who)？

(三) 為何這些資訊是必要的 (Why)？

(四) 資訊應何時提供 (When)？

(五) 要如何輸出這些資訊 (How)？

上述的答案會影響我們的輸出設計決策！

單元評量

1. (　　) 有關「輸出設計」是屬於系統發展生命週期 (SDLC) 中的哪一個階段呢？
   (A) 規劃　　(B) 分析
   (C) 設計　　(D) 製作
2. (　　) 為何在進行「系統設計」時，必須先從「輸出設計」開始著手呢？
   (A) 從「輸出報表」來推演出需要「輸入哪些資料項目」
   (B)「輸出報表」來了解主管或使用者最為重視的資訊
   (C) 從「輸出報表」來了解需要經過哪些處理過程
   (D) 以上皆是

7-2-1 確定輸出需求

引言 ⏭ 任何資訊系統的終極目標都是為了滿足使用者的真正需求，那要如何滿足使用者呢？因此，資訊系統就必須要提供以下輸出需求的功能。

輸出需求的功能 ⏭

1. 系統應該提供給使用者不同的「**輸出方式**」。

   例如：自動提款機 (ATM) 提供螢幕顯示 (不列印) 及報表列印 (列印) 兩種方式。

2. 系統應該提供給使用者自行設定「**輸出版面配置**」。

   例如：平板電腦可以讓使用者選擇「橫向或直向顯示」及「字體縮放顯示」。

3. 系統應該提供給使用者點選不同的「**輸出資料項**」。

   例如：查詢後的結果，可以讓不同使用者「點選」欄位後，再進行輸出。

示意圖 ⏭

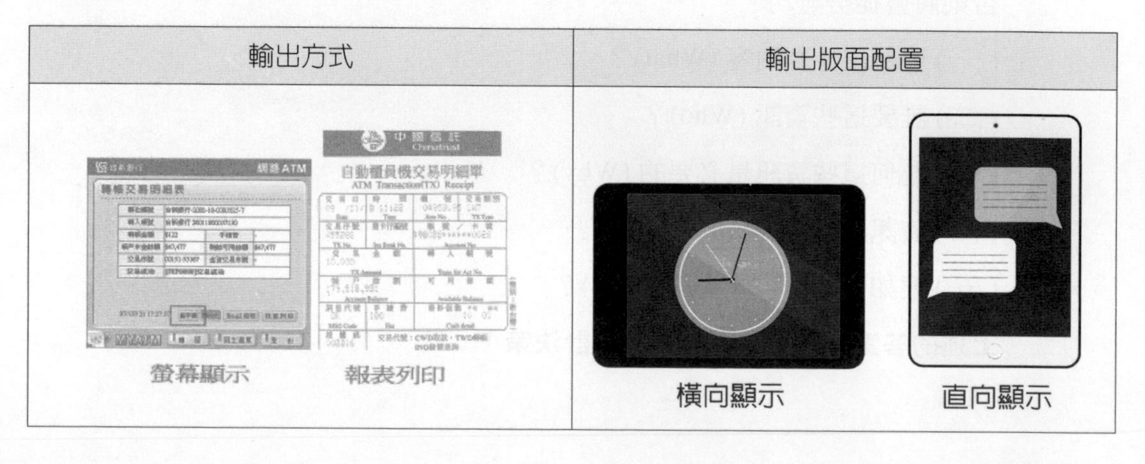

單元評量

1. ( ) 一般而言，資訊系統必須要提供以下哪些輸出需求的功能呢？
   (A) 不同的「輸出方式」　(B) 自行設定「輸出版面配置」
   (C) 點選不同的「輸出資料項」　(D) 以上皆是
2. ( ) 請問，在平板電腦可以讓使用者選擇「橫向或直向顯示」，是屬於哪種輸出功能呢？
   (A) 不同的「輸出方式」　(B) 自行設定「輸出版面配置」
   (C) 點選不同的「輸出資料項」　(D) 以上皆是

7-2-2 選擇輸出設備

引言 ⏭ 基本上，目前輸出設備的種類非常多種，可提供使用者來選擇使用。

種類 ⏭ 1. 硬式輸出設備 (Hard-copy output)。

2. 軟式輸出設備 (Soft-copy output)。
3. 語音輸出設備 (Audio output)。
4. 輔助儲存體輸出設備 (Auxiliary storage output)。

接下來，我們再進一步介紹以上四種輸出設備。

一、硬式輸出設備 (Hard-copy output)

定義 ⏭ 此種輸出資訊是指「**使用者看得到及摸得到的具體事物**」。

輸出設備 ⏭ 列表機、傳真機、影印機等。

示意圖 ⏭

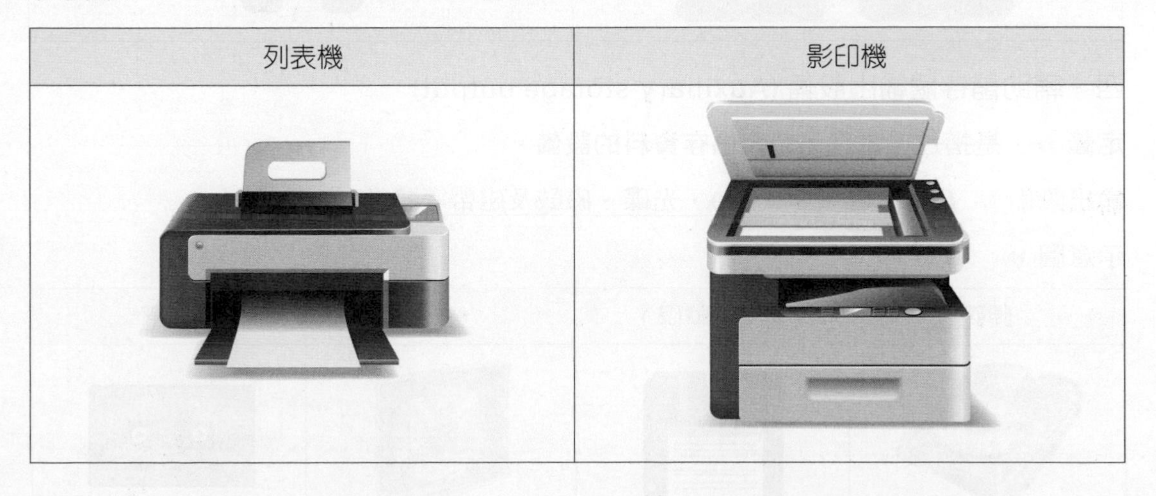

二、軟式輸出設備 (Soft-copy output)

定義 ⏭ 此種輸出資訊是指「**使用者只看得到卻無法摸得到**」。

輸出設備 ⏭ 電視螢幕、電腦螢幕、平板電腦螢幕及手機螢幕等。

示意圖 ⏭

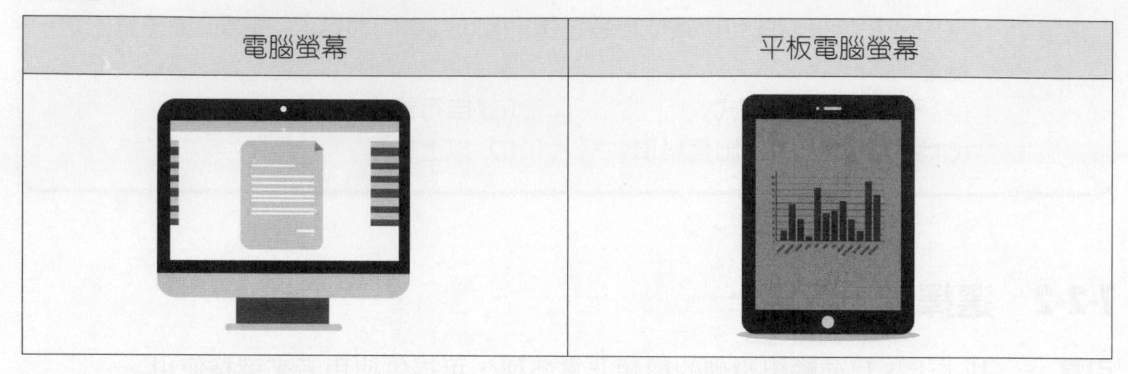

三、語音輸出設備 (Audio output)

定義 ⏭ 是指透過電腦本身的喇叭或其他輸出媒體所產生的聲音。

輸出設備 ⏭ 喇叭、耳機等。

示意圖 ⏭

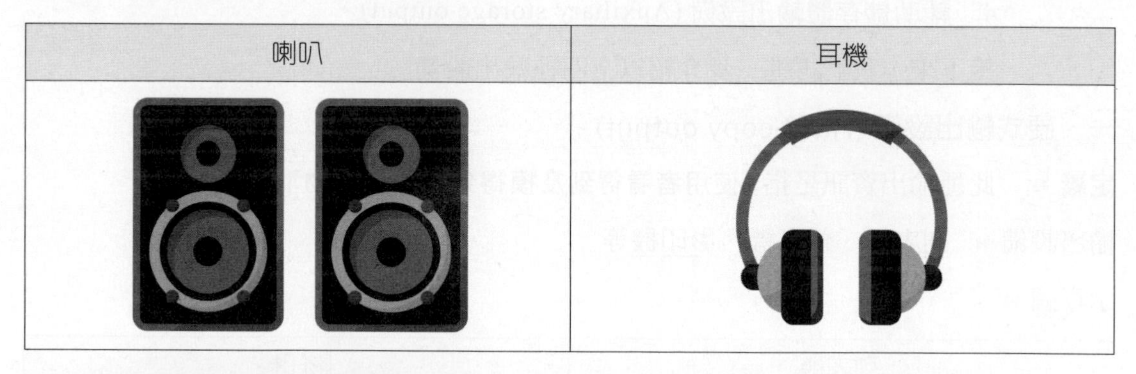

四、輔助儲存體輸出設備 (Auxiliary storage output)

定義 ⏭ 是指透過電腦來輔助儲存資料的設備。

輸出設備 ⏭ 硬碟、磁片 (軟碟)、光碟、磁鼓及磁帶等設備。

示意圖 ⏭

硬碟	磁片 (軟碟)	光碟	磁帶

單元評量

1. (　) 請問，下列何者不屬於「硬式輸出設備」呢？
   (A) 列表機　(B) 傳真機
   (C) 電視螢幕　(D) 影印機
2. (　) 請問，下列何者不屬於「軟式輸出設備」呢？
   (A) 列表機　(B) 手機螢幕
   (C) 電視螢幕　(D) 平板電腦螢幕

7-2-3 設計輸出畫面

引言 ⏭ 由於資訊技術與網路通訊的普及，目前大部分使用者都會使用「行動載具(平板電腦、手機…)」來閱讀螢幕輸出文件資訊，而**不需列印紙張**，並且也符合「**環保觀念**」。但是，有時資訊系統設定的**螢幕解析度大小無法與使用者的輸出畫面配合**，導致使用者閱讀的**資訊並不完整**。

設計要求 ⏭

1. 資訊系統具有「**自動偵測**」使用者不同載具大小的能力，以方便自動調整。

   例如：使用者手持 10 吋「平板電腦」或 4 吋「智慧型手機」都能夠正常顯示。

2. 資訊系統應該要提供「**手動設定**」，讓不同使用者設定不同的顯示模式。

   例如：使用者透過「個人電腦」來閱讀時，可以讓不同使用者自行設定不同的螢幕解析度，如 800×600 或 1024×768 等顯示模式。

示意圖 ⏭

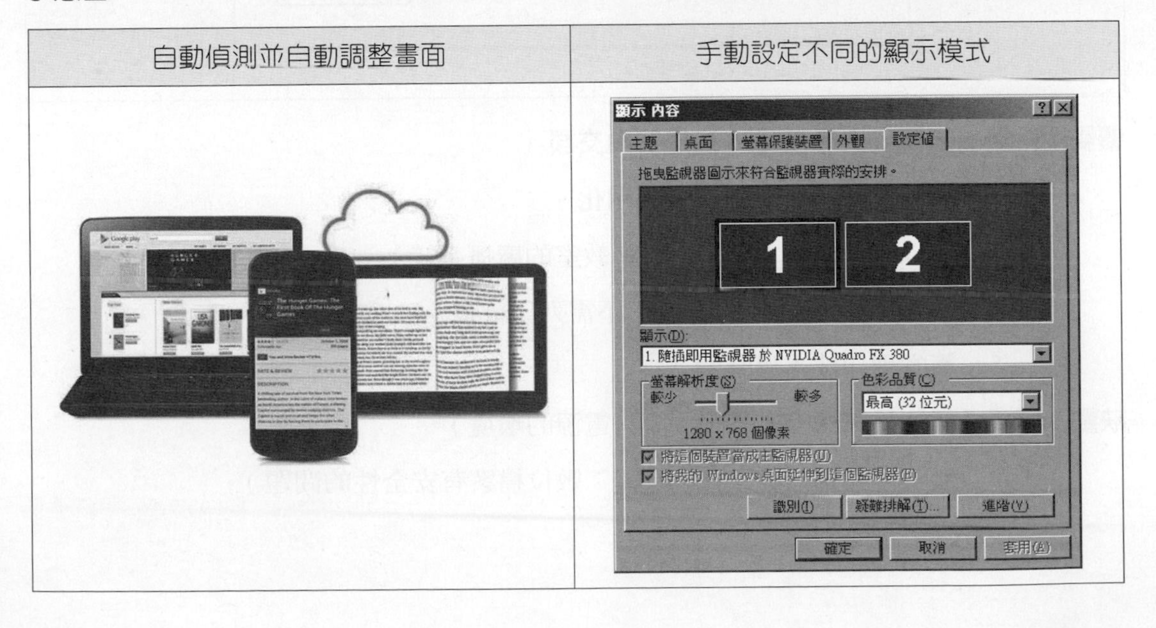

適用時機 ⏭ 輸出資料量少，不需長久保存的輸出結果。

例如 ⏭ 線上求助精靈 (Help) 及顯示錯誤訊息 (Message) 等。

示意圖 ⏭

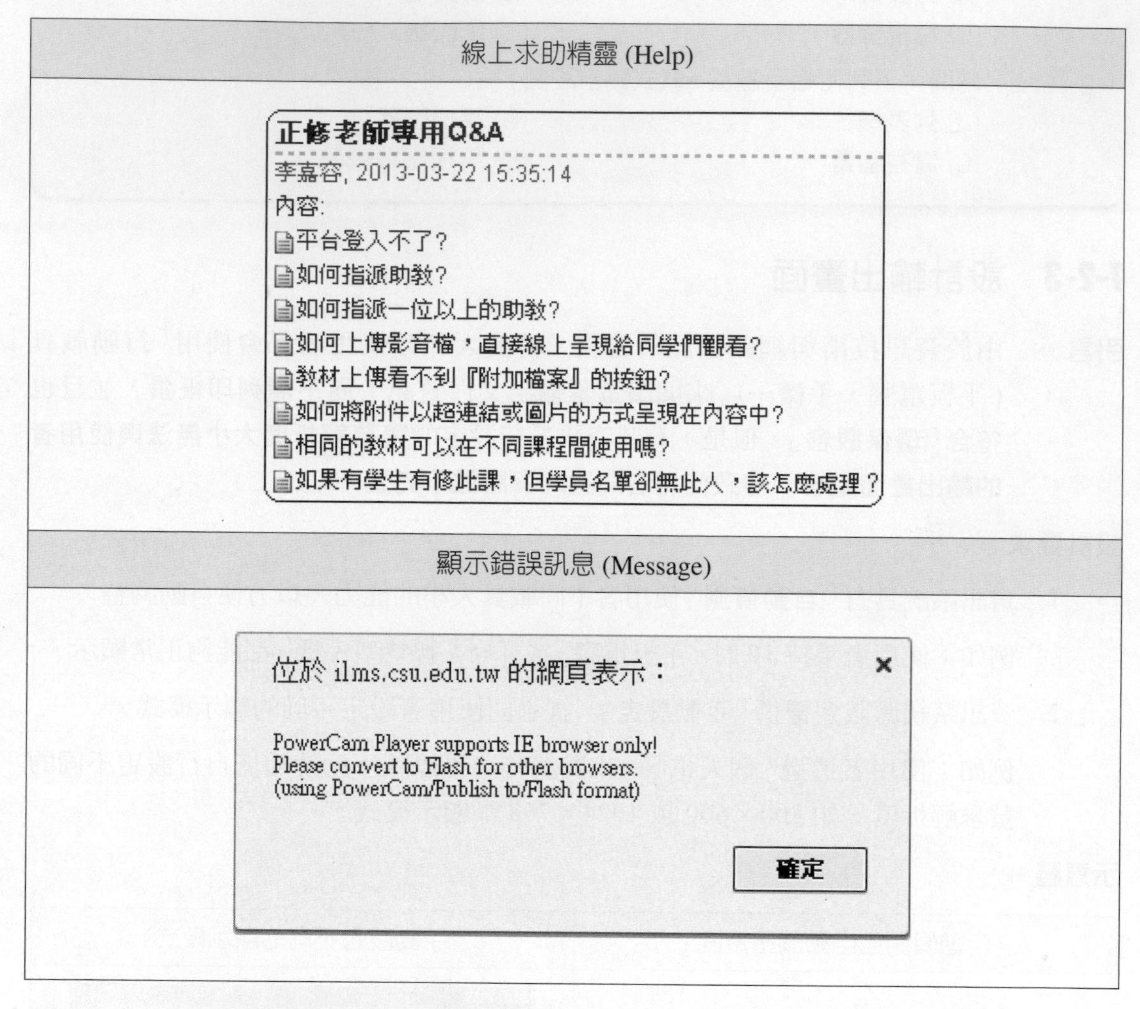

優點 ⏭ 1. 使用者與系統可以**直接互動交談**。

2. 顯示資訊可以**多樣化或個別化**。

3. 可以**大量分享** (例如：電腦教室的廣播系統)。

4. **符合「環保觀念」** (例如：不需列印紙張)。

5. **節省列印成本與時間**。

缺點 ⏭ 1. **無法長久保存** (例如：沒有電源的環境)。

2. **無法作為正式的文件** (原因：數位檔案有安全性的問題)。

單元評量

1. (　) 有關「設計輸出畫面」之「軟式輸出」的敘述，下列何者不正確呢？
(A) 適合用在輸出資料量少　(B) 適合用在不需長久保存的輸出結果
(C) 它可以當作正式的文件　(D) 例如用來顯示錯誤訊息 (Message)

7-2-4 設計報表格式

引言 ⏭ 使用者除了可以利用輸出畫面來閱讀資訊之外，如果要考量「長期保存」或「正式文件」時，則必須要選用「報表輸出」。因此，在設計輸出報表時，必須要注意它的一些格式。

報表格式 ⏭ 基本上，報表是以頁 (Page) 為輸出單位，而每頁的內容可以分割成以下四個部分：

四個部分
1. 表頭 (Heading)
2. 內容明細 (Detail)
3. 表底 (Footing)
4. 附註 (Note)

說明 ⏭

1. **表頭 (Heading)**：是指每一種報表的開頭，亦即用來描述報表的主題名稱。
   主要項目：報表名稱、使用單位名稱、報表印製時間、報表頁次等。
2. **內容明細 (Detail)**：是指主題的詳細內容。
   主要項目：例如交易明細資料、成績單或統計結果等。
3. **表底 (Footing)**：是指用來描述報表之總結性資料。
   主要項目：例如總計、合計、平均值等。
4. **附註 (Note)**：是指用來補充說明報表內資料的意義。
   主要項目：備註、說明或注意事項等。

實例

以「數位學習系統」為例，說明學習者在學習平台中的學習歷程資料表。

表頭

103 學年度 正修科技大學資管系　數位學習之學習歷程明細表

印表日期：103/10/24　　　　第 1 頁

內容明細

學號	姓名	上傳作業成績	線上測驗成績	閱讀教材時間(分)	線上互動次數	線上次數
99404001	一心	85	67	214	78	454
99404002	二聖	90	88	554	88	675
99404003	三多	100	99	347	55	554
99404004	四維	99	78	441	77	777
99404005	五福	59	55	111	88	245

表底

全班人數：5 人

作業及格人數：4 人

作業不及格人數：1 人

附註

※ 學習歷程明細表只提供老師參考依據，並不是最後的總成績，請同學放心。

優點 ⏭ 1. 可以**長久保存**(例如：沒有電源不足的問題)。

2. 可以作為**正式文件**(原因：紙張輸出不易被竄改)。

3. 可以**大量印製**(例如：圖書出版商)。

缺點 ⏭ 1. **比較佔用儲存空間**(例如：圖書出版商之書庫非常龐大)。

2. **列印成本較高**(原因：碳粉夾與紙張的價格昂貴)。

單元評量

1.(　　) 有關「設計輸出畫面」之「硬式輸出」的敘述，下列何者不正確呢？

(A) 比較佔用儲存空間　(B) 列印成本較高

(C) 可以大量印製　(D) 無法當作正式的文件

7-3 輸入設計 (Input Design)

引言 ⏭ 俗語說：「**垃圾進、垃圾出 (GIGO)**」，由此可知，輸入錯誤資料，將會影響所輸出的結果。

定義 ⏭ 是指用來設計作業程序所需的輸入格式介面。

討論重點 ⏭ 1. 輸入設計準則。

2. 輸入設計步驟。

圖解說明 ⏭

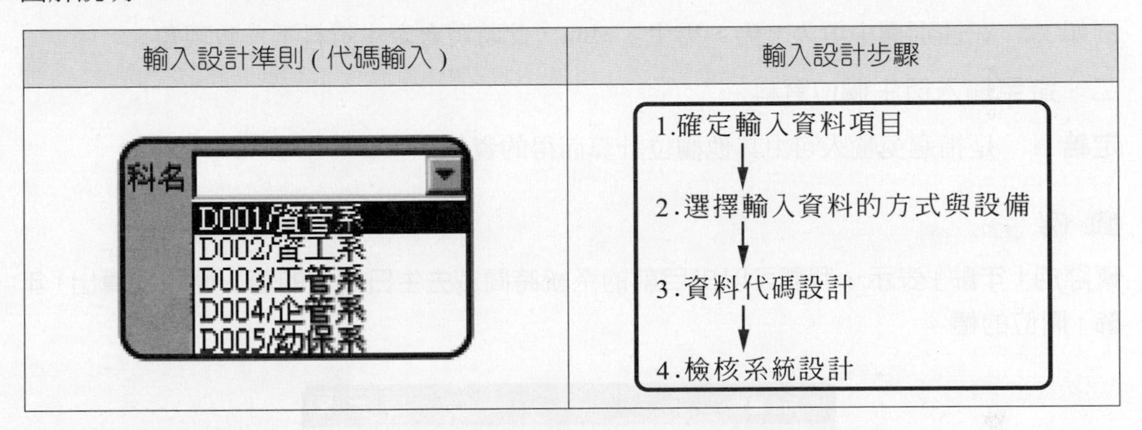

單元評量

1. (　) 俗語說：「垃圾進、垃圾出 (GIGO)」是用來說明什麼設計的重要性呢？

(A) 輸出設計　(B) 輸入設計

(C) 處理設計　(D) 資料庫設計

7-3-1 輸入設計準則

一般而言，在設計輸入介面時必須要有下面幾項準則：

一、盡量採用代碼方式輸入

目的 ⏭ 確保資料的一致性及節省儲存空間。

實 例

在性別欄位中，讓使用者點選「男生 (代碼為 1)」或「女生 (代碼為 2)」

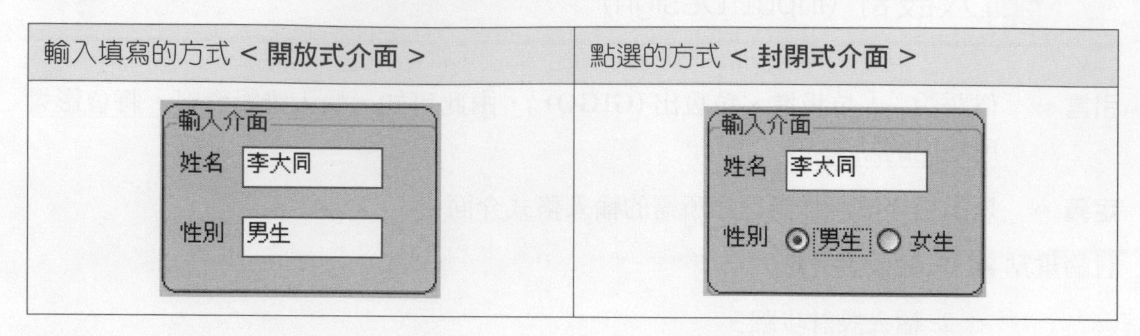

輸入填寫的方式 < **開放式介面** >	點選的方式 < **封閉式介面** >
輸入介面 姓名 李大同 性別 男生	輸入介面 姓名 李大同 性別 ⦿男生 ○女生

說明 ⏭ 如果輸入介面讓使用者自行填入性別，可能會產生多種不同的情況。

例如 ⏭ 在性別欄中填入：男、男生、Man，此時將會產生資料不一致現象。

二、避免輸入衍生欄位資料

定義 ⏭ 是指避免輸入可由其他欄位計算而得的資料。

實 例 1

實際的「年齡」表示，我們可以由目前的系統時間減去生日欄位的值，便可換算出「年齡」欄位的值。

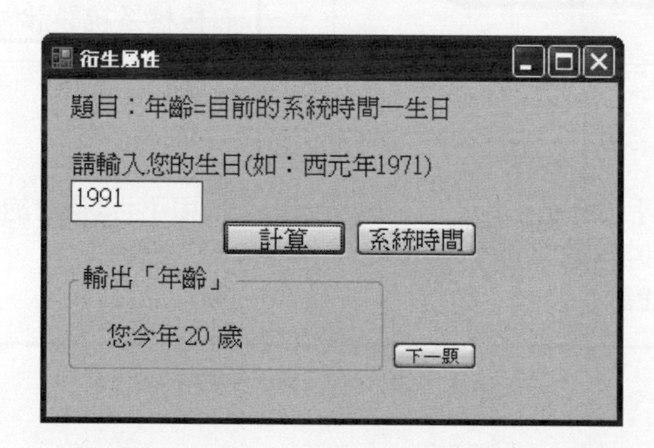

實 例 2

「性別」欄位也可以當作「衍生欄位」。

假設使用者輸入介面中有「身分證字號」欄位時，則我們可以判斷使用者的性別是「男生」或「女生」。

作法 ⏭ 輸入 ID，判斷第二位數字，如果是‘1’代表「男生」

如果是‘2’代表「女生」

三、避免輸入錯誤資料

目的 ⏭ 是指避免輸入不正確資料，導致「垃圾進，垃圾出(Garbage In Garbage Out, GIGO)」的現象。

實 例

利用輸入控制項來限制使用者輸入的格式

限制使用者輸入的格式	輸入後的結果
Masked TextBox控制項實作 學生註冊資料表 學生姓名： 身分證字號： 聯絡電話：(__)___-___ 電子信箱：______@y_hoo.com.tw 確定	Masked TextBox控制項實作 學生註冊資料表 學生姓名：李春雄 身分證字號：A123456789 聯絡電話：(07)7310-6066 電子信箱：leech@yahoo.com.tw 確定

單元評量

1. (　　)有關「輸入設計準則」之敘述，下列何者正確呢？
   (A) 盡量採用代碼方式輸入　(B) 避免輸入衍生欄位資料
   (C) 避免輸入錯誤資料　(D) 以上皆是
2. (　　)在輸入表格中，盡量不要讓使用者輸入「年齡」欄位資料的原因為何呢？
   (A) 可以由目前的系統時間減去生日欄位來換算出來
   (B) 避免輸入衍生欄位資料
   (C) 可能會產生無效值
   (D) 以上皆是

7-3-2 輸入設計步驟

除了要遵守輸入設計的準則之外，也要按照一定的步驟來進行。

步驟 ⏭ 1. 確定輸入資料項目。

2. 選擇輸入資料的方式與設備。
3. 資料代碼設計。
4. 檢核系統設計。

實例

<table>
<tr><th>1. 確定輸入資料項目</th><th>2. 選擇輸入資料的方式與設備</th></tr>
<tr><td></td><td></td></tr>
<tr><th>3. 資料代碼設計</th><th>4. 檢核系統設計</th></tr>
<tr><td>科系代碼表
系碼 | 系名
D001 | 資管系
D002 | 資工系
D003 | 工管系
D004 | 企管系
D005 | 財管系</td><td>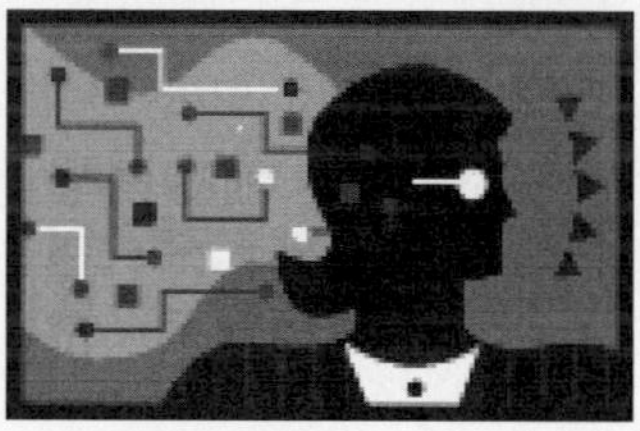</td></tr>
</table>

一、確定輸入資料項目

定義 ⏭ 是指在輸入介面中，使用者可以清楚了解目前輸入的資料項目。

實例 ⏭ 以「數位學習系統」為例，學生在進行線上學習之前，必須要先進行「選課作業」，因此，學生利用自己的學號與密碼登入之後，就可以開始選課作業。

在下表中，我們可以看到上面的「學號：90404024」與「姓名：徐于涵」是系統自動從資料庫中顯示出來的，而右半邊則是學生自行選課的科目名稱。如下圖所示。

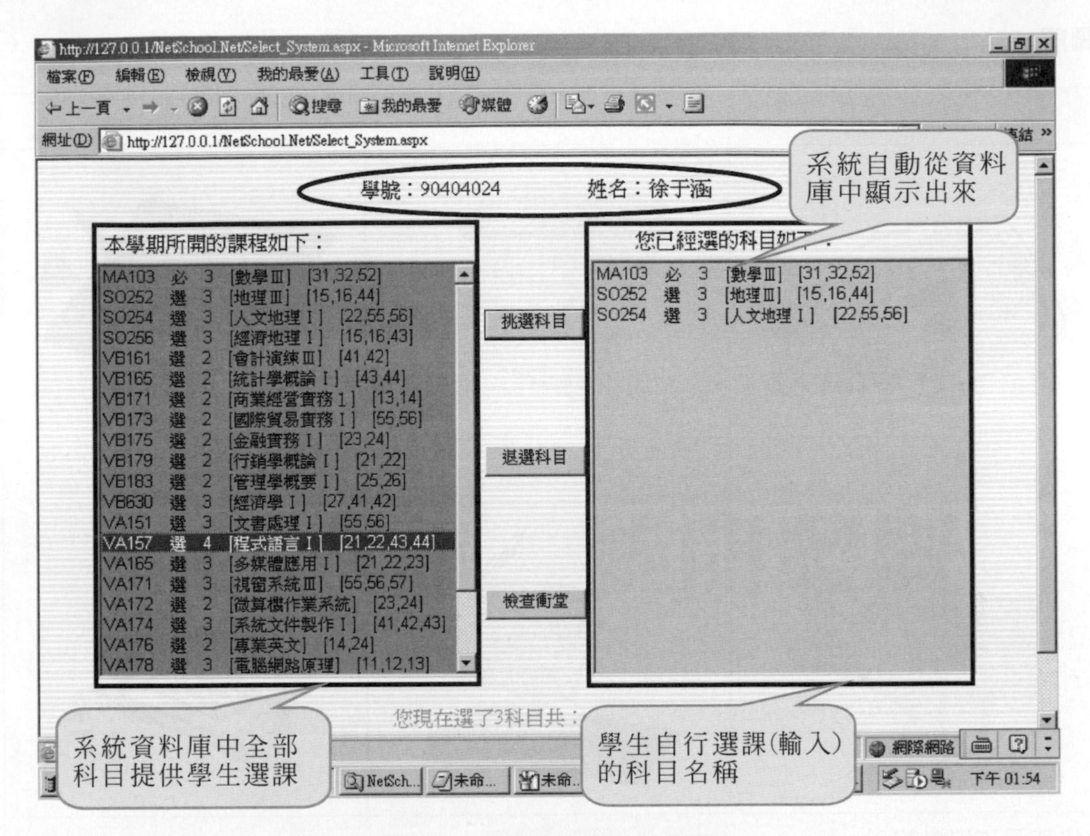

❖圖 7-1 選課系統輸入作業畫面

二、選擇輸入資料的方式與設備

定義 ⏭ 是指使用者可以依照不同性質來選擇最佳的輸入方式。

種類 ⏭ 1. 鍵盤輸入：桌上型電腦、平板電腦與手機。

2. 滑鼠輸入：桌上型電腦。
3. 手寫輸入：手機與平板電腦。
4. 語音輸入：智慧型手機使用最頻繁。
5. 打卡機輸入：電腦自動閱卷。
6. 光學掃描機輸入：先掃描再辨識後匯入。
7. 磁帶及磁碟機輸入：直接以檔案方式匯入。

圖解 ⏭

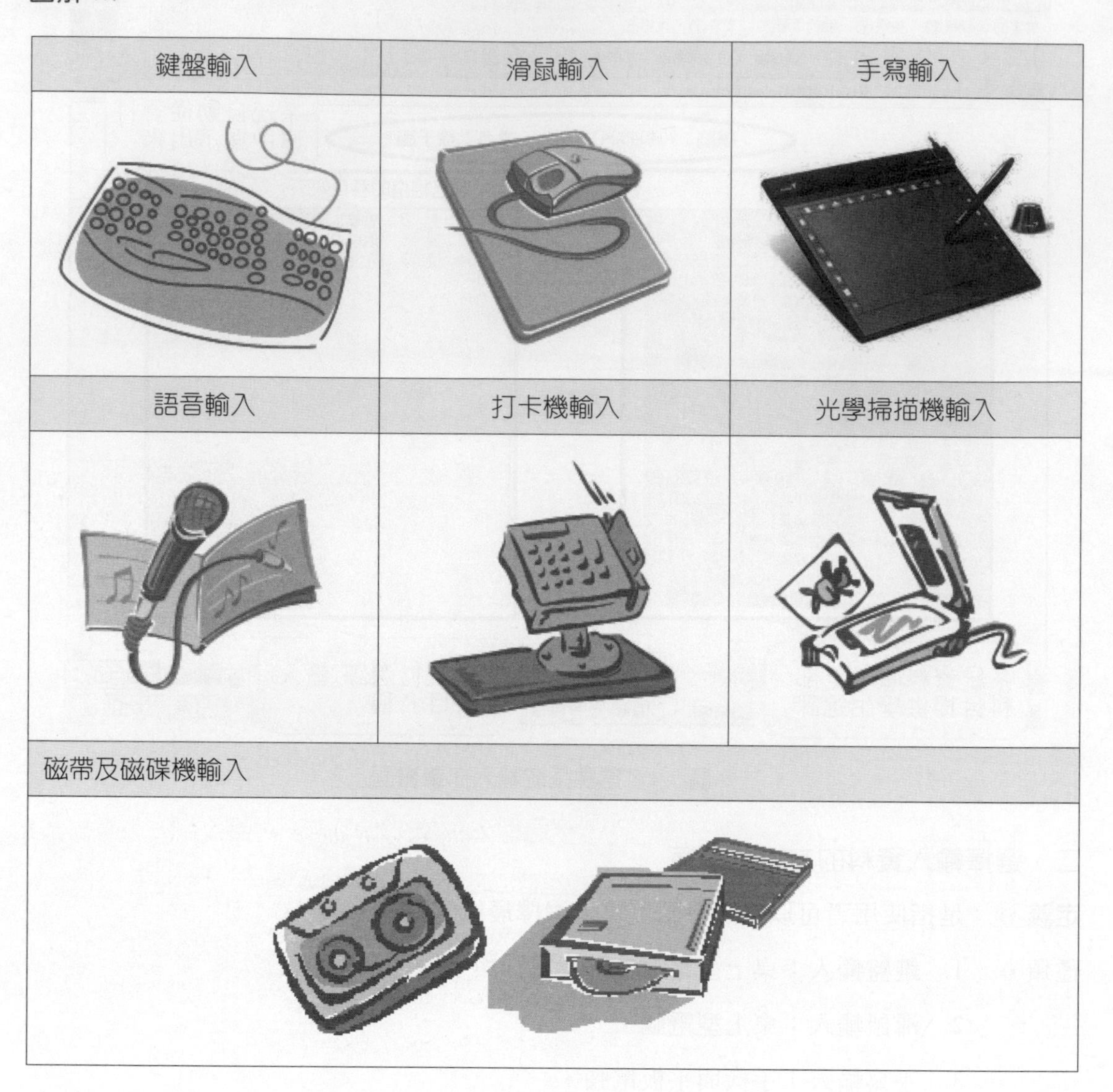

三、資料代碼設計

定義 ⏭ 為了便利使用者輸入、減少錯誤及節省記憶體空間的設計方式。

實例

在圖 7-1 選課系統輸入作業畫面中，右半邊是學生自行選課（輸入）的科目名稱（其中包含有科目代碼、必選修、學分數、科目名稱、上課日期），這些都是學生所看的視界(View)，但它實際儲存到資料庫時，則是以「科目代碼」來儲存。

(一)代碼設計的原則

1. 擴充性：每一個代碼的欄位大小是可以擴充的。

目的 ⏭ 以應付未來情況變化。

作法 ⏭ 必須要配合「資料庫管理系統」之資料結構的定義。

實例

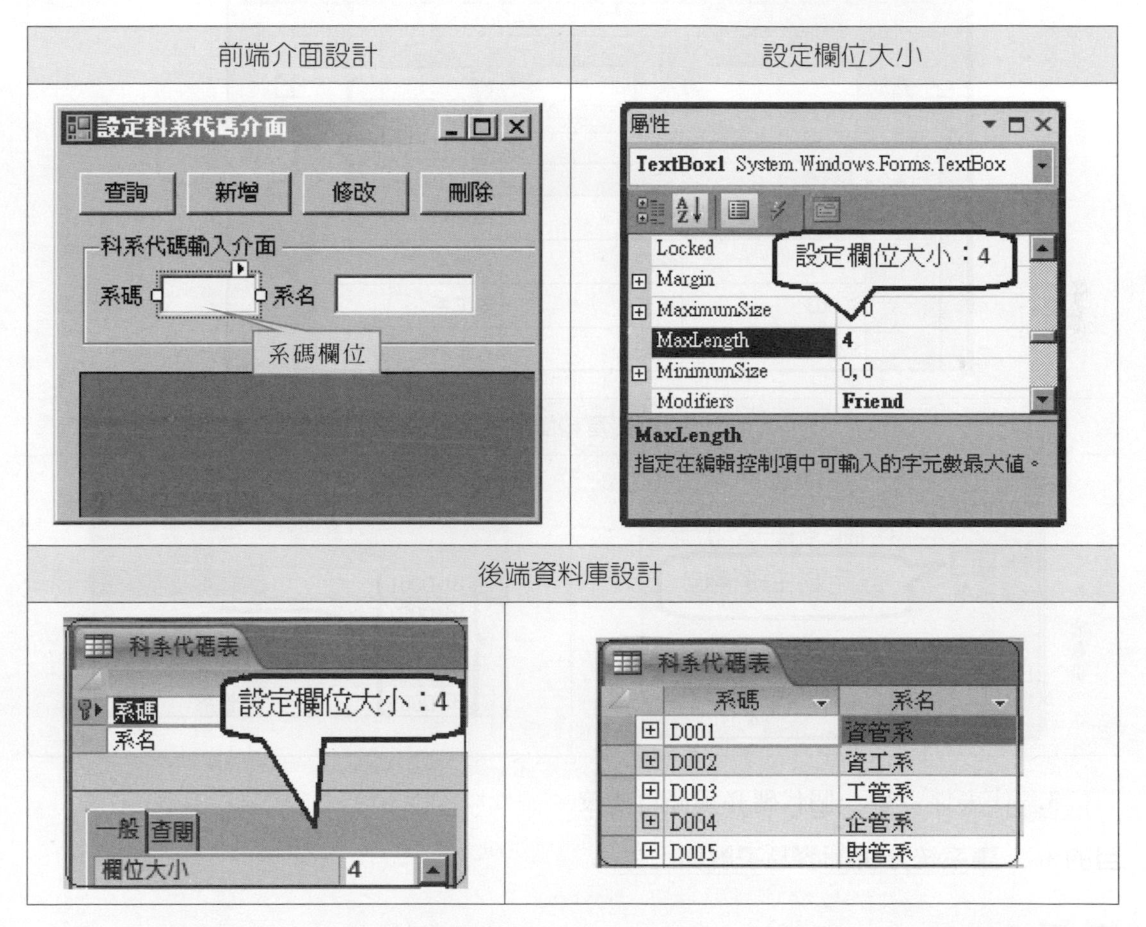

2. 唯一性：每一個代碼必須是獨一無二的。

目的 ⏭ 確保資料的完整性及一致性。

作法 ⏭ 必須要配合「資料庫管理系統」之資料結構的定義。

實例

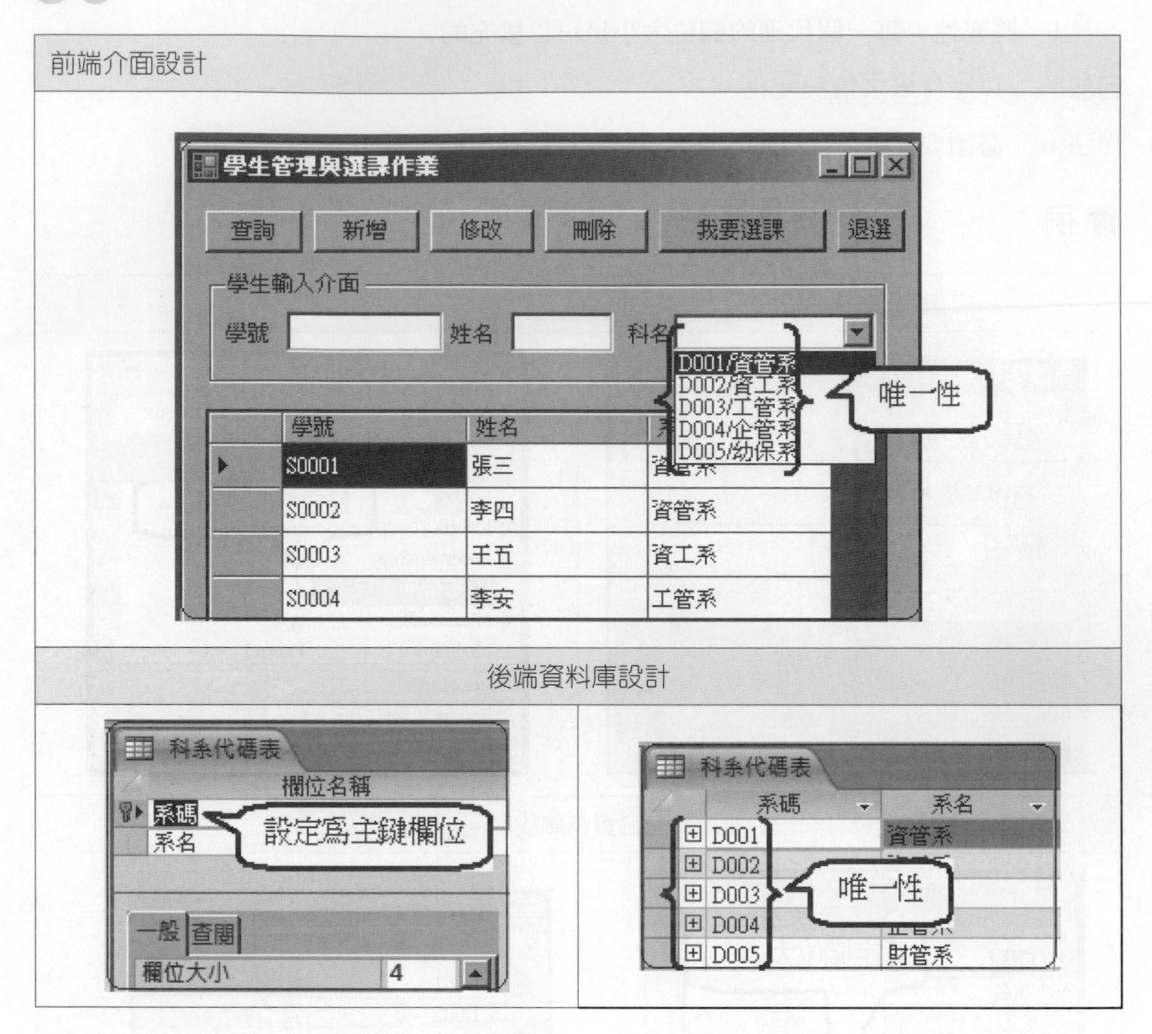

3. 代表性：每一個代碼必須簡單明瞭。

目的 ⏭ 讓系統分析師容易了解與記憶。

實例

學制＼系別	資管 001	企管 002	工管 003	財管 004	交管 005
大學部 A	A001	A002	A003	A004	A005
碩士在職專班 M	M001	M002	M003	M004	M005
研究所（含博班）D	D001	D002	D003	D004	D005

4. 可處理性：每一個代碼的欄位必須可以配合目前的人工及自動化處理作業。

目的 ⏭ 「前端介面設計」配合「後端資料庫設計」。

實例

「前端介面設計」配合「後端資料庫設計」

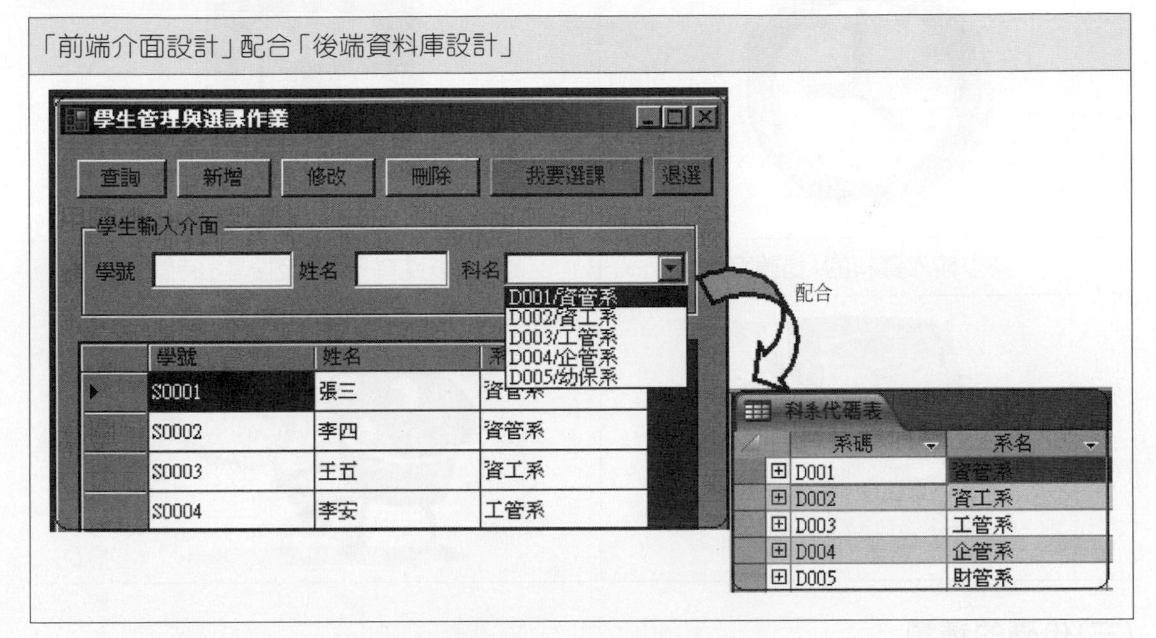

5. 有規則性：每一個代碼的制定是有規則可循的。

目的 ⏭ 可以讓使用者了解代碼的意義。

作法 ⏭ 入學年度／學制／科系代碼／流水號：制定學號

實例

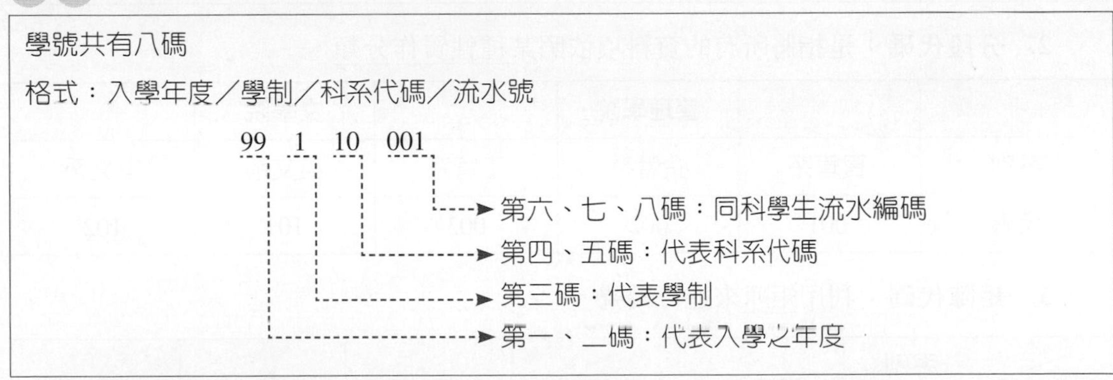

(二)使用代碼的優點

1. 節省輸入資料的時間。
2. 節省儲存資料的空間。
3. 減少輸入資料的錯誤率。
4. 減少資料排序及搜尋時間。

示意圖 ⏭

節省輸入資料的「時間」 	節省儲存資料的「空間」 
減少輸入資料的「錯誤率」 	減少資料「排序及搜尋」時間 

(三)代碼的種類

1. **順序代碼**：是指利用流水號順序來自動編號。

系別	**企管系**	**英文系**	**資管系**	**中文系**	**工管系**
代碼	001	002	003	004	005

2. **分段代碼**：是指將所有的資料項依照某種性質作分類。

	管理學院			**文學院**	
系別	資管系	企管系	工管系	英文系	中文系
代碼	001	002	003	101	102

3. **矩陣代碼**：利用矩陣來進行編號。

系別 / 學制	**資管 01**	**企管 02**	**工管 03**	**財管 04**	**交管 05**
大學部 A	A01	A02	A03	A04	A05
碩士在職專班 M	M01	M02	M03	M04	M05
研究所（含博班）D	D01	D02	D03	D04	D05

4. **類別代碼**：是指代碼是由許多段代碼所組成，每段代碼表示不同的資料性質，並使用不同編碼方式。

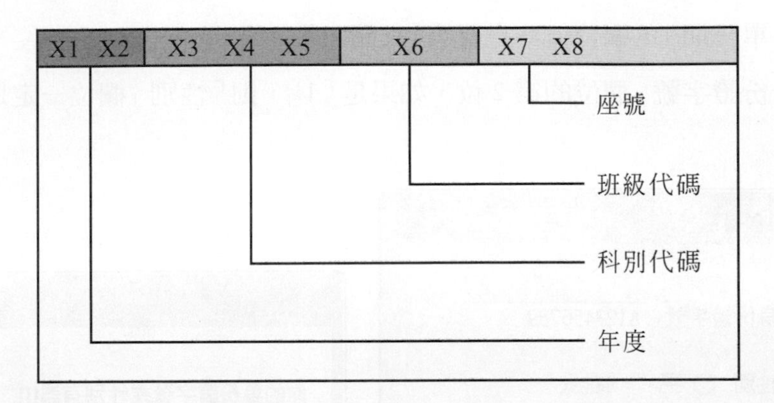

四、檢核系統設計

定義 ⏭ 為了確保資料的完整性與正確性，使用者在輸入資料時，必須要有檢核的設計。

種類 ⏭

1. 資料型態檢核

定義 ⏭ 是指用來檢查某一個欄位的資料型態是否正確。

例如 ⏭ 學生成績資料表中的「成績欄位」僅能存放「數值型態」的資料，不可以有文字或日期等格式。

圖解說明 ⏭

2. 一致性檢核

定義 ⏭ 是指用來檢查二個欄位之內容是否具有一致的關係。

例如 1⏭「訂單日期」的欄位值一定要比「送貨日期」早。

例如 2⏭「身份證字號」欄位的第 2 位，如果是「1」，則「性別」欄位一定是「男生」。

圖解說明 ⏭

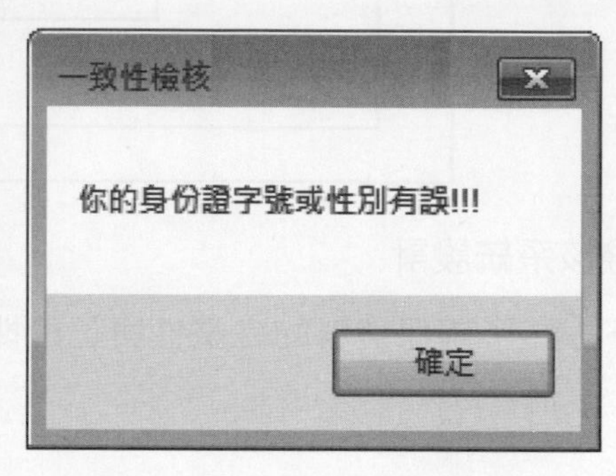

3. 存在性檢核

定義 ⏭ 是指用來檢查欲輸入的欄位值是否已經存在資料庫中。

實例 ⏭ 存在性檢核 (檢查是否有衝堂)。

以「數位學習系統」為例，學生在選課時，系統會自動檢查是否有衝堂的情況產生。如圖 7-2 選課系統衝堂處理畫面所示。

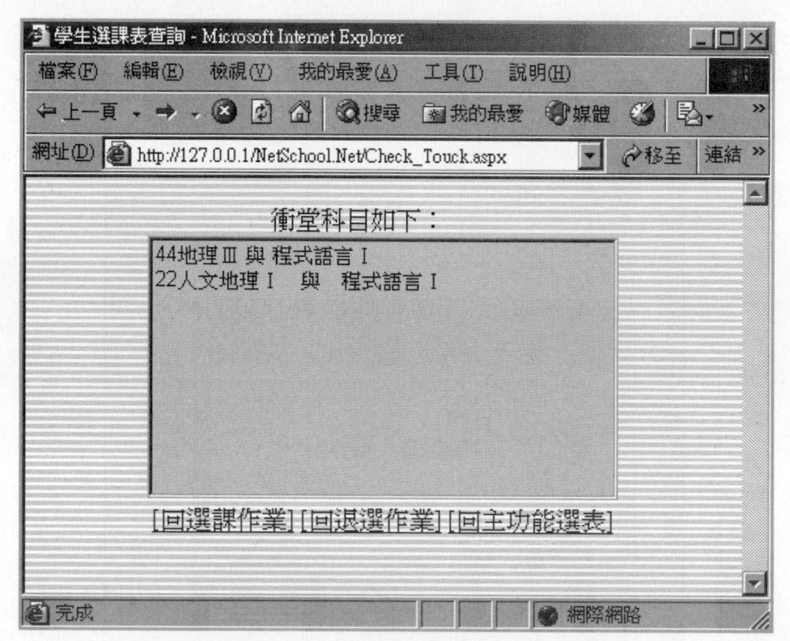

❖圖 7-2 選課系統衝堂處理畫面

4. 範圍檢核

定義 ⏭ 是指用來檢查某一個欄位中的內含值是否為合法。

例如 1 ⏭「性別欄位」的內含值，必須是「男生」或「女生」。

例如 2 ⏭ 當要新增學生的成績時，其成績的範圍為 0 ～ 100 分，如果成績超出範圍，則無法新增。

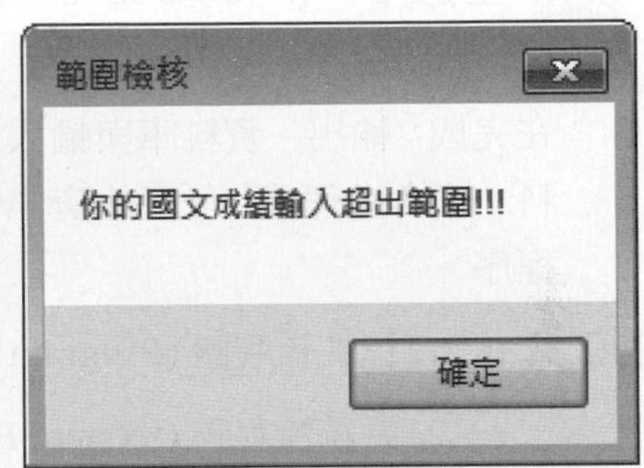

單元評量

1. (　) 有關「輸入設計步驟」之敘述，下列何者正確呢？
   (A) 確定輸入資料項目　(B) 選擇輸入資料的方式與設備
   (C) 資料代碼與檢核系統設計　(D) 以上皆是

2. (　) 關於「代碼設計的原則」中，下列何者可以用來確保資料的完整性及一致性呢？
   (A) 擴充性　(B) 唯一性
   (C) 代表性　(D) 可處理性

3. (　) 有關「使用代碼的優點」之敘述，下列何者正確呢？
   (A) 節省輸入資料的時間　(B) 節省儲存資料的空間
   (C) 減少輸入資料的錯誤率　(D) 以上皆是

4. (　) 在「檢核系統設計」中，下列何者是用來檢查欲輸入的欄位值是否已經存在資料庫中呢？
   (A) 資料型態檢核　(B) 一致性檢核
   (C) 存在性檢核　(D) 範圍檢核

7-4 資料庫設計 (Data Base Design)

詳細內容，第八章會有專章介紹。

7-5 處理設計 (Process Design)

引言 ⏭ 在完成「輸出、資料庫與輸入」設計之後，接下來，介紹系統如何將「輸入資料」轉換處理成「有用的資訊」，這是我們在進行「處理設計」時所要規劃的程序。

常用的工具 ⏭ 1. 程式流程圖 (Program Flowchart)

2. 系統流程圖 (System Flowchart)
3. 虛擬碼 (Pseudo Code)
4. HIPO 圖 (Hierarchical Input Process Output)
5. 結構圖 (Structure Chart)

示意圖 ⏭

1.程式流程圖

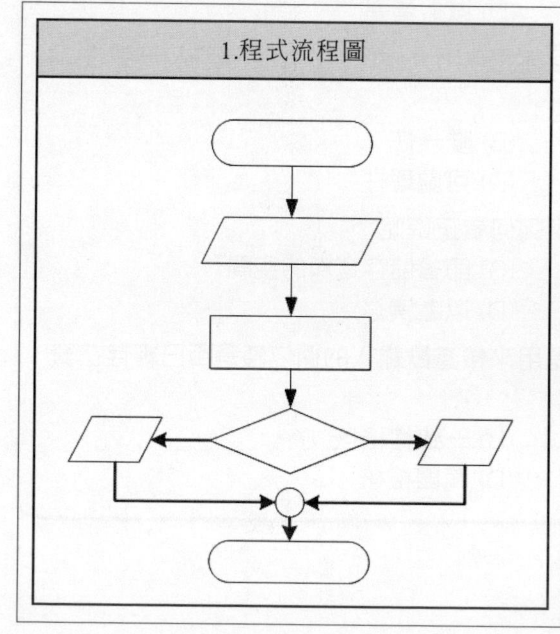

2.系統流程圖

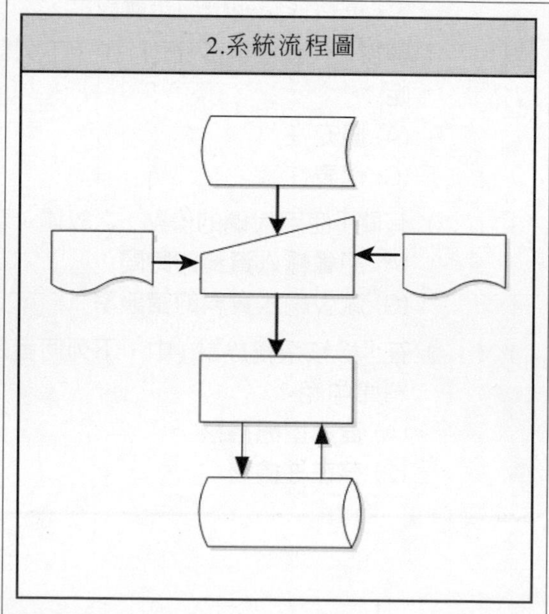

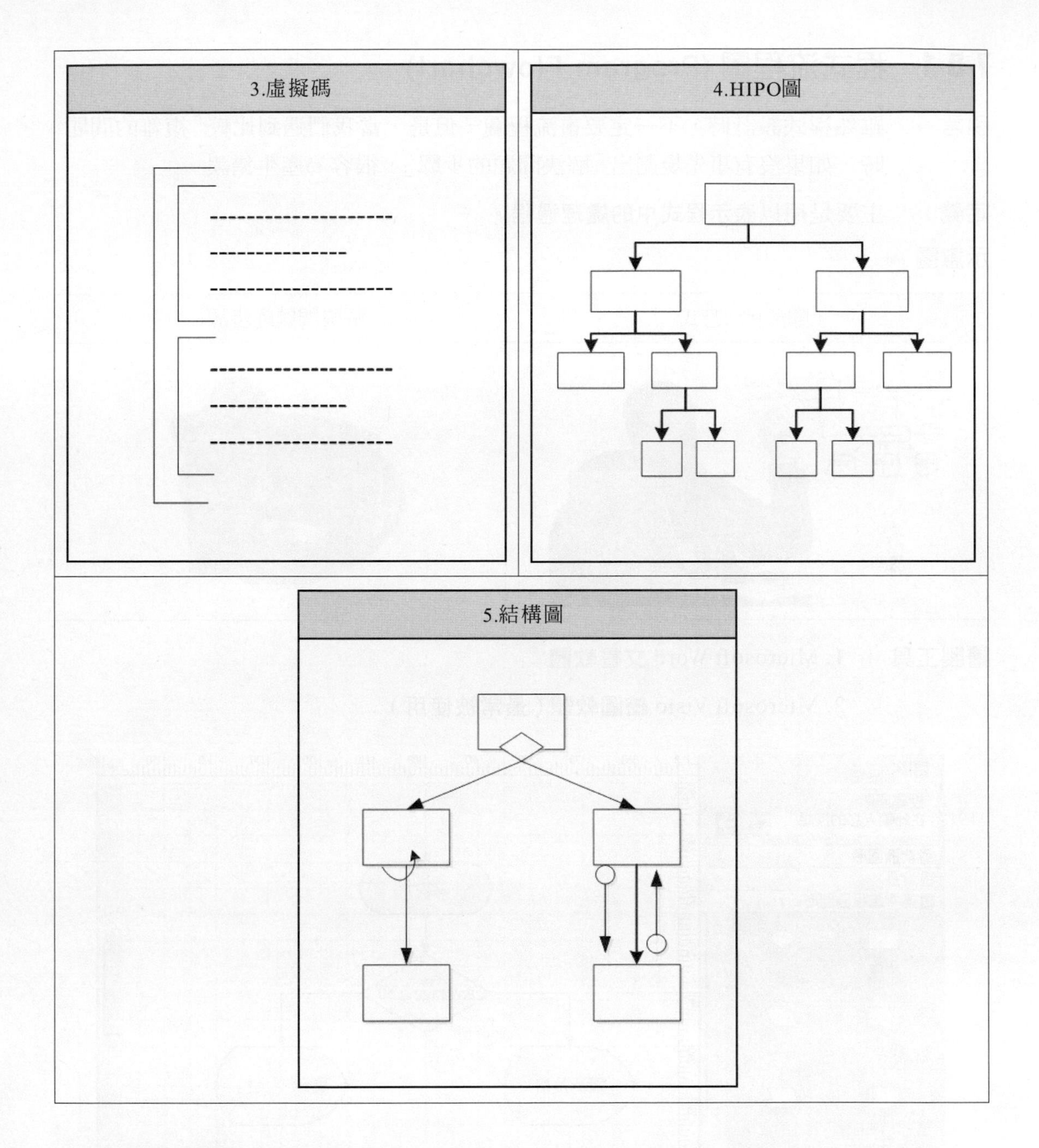

單元評量

1. (　) 關於「處理設計」的常用工具，下列何者正確呢？
(A) 系統流程圖　(B) 虛擬碼
(C)HIPO 圖　(D) 以上皆是

7-5-1 程式流程圖 (Program Flowchart)

引言 ⏭ 雖然程式設計時，不一定要畫流程圖，但是，當我們遇到比較「複雜的問題」時，如果沒有事先規劃出「解決問題的步驟」，很容易產生錯誤。

定義 ⏭ 主要是用以**表示程式中的處理過程**。

示意圖 ⏭

「圖形化」方式	解決問題的步驟

繪製工具 ⏭ 1. Microsoft Word **文書軟體**

2. Microsoft Visio **繪圖軟體 (最常被使用)**

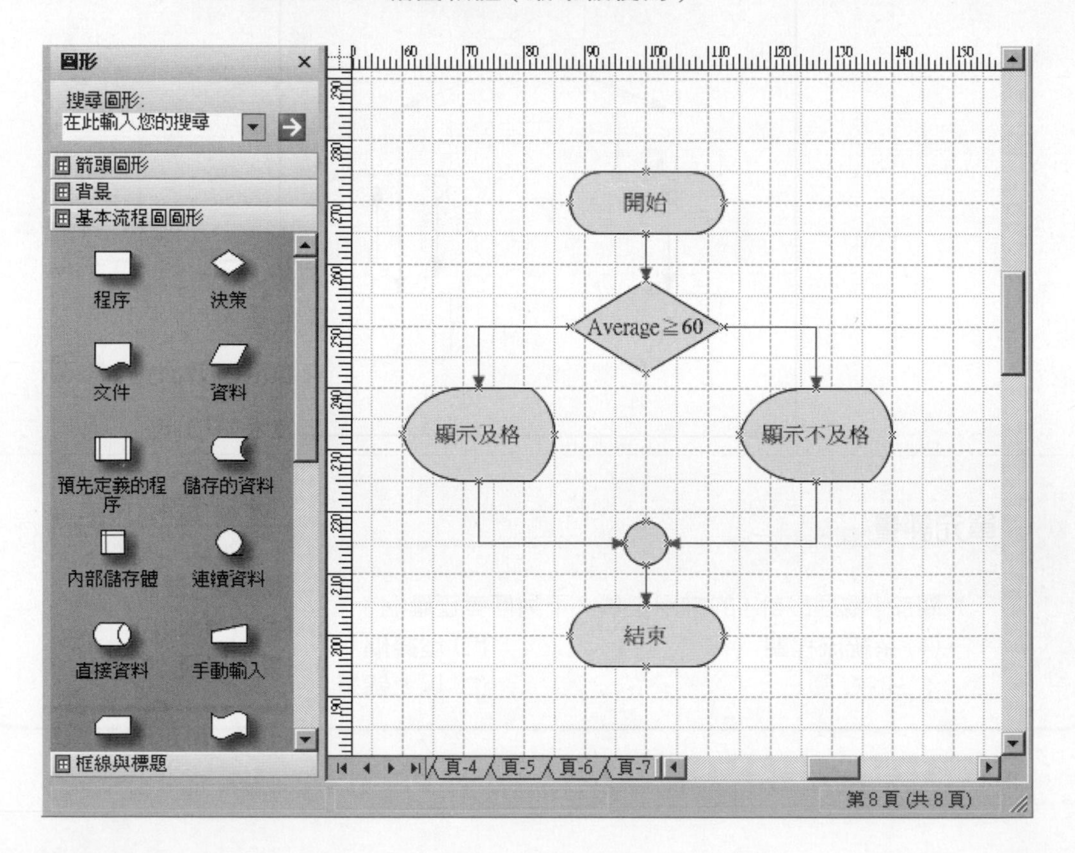

程式流程圖常用的符號表

符號	名稱	意義	實例說明
	開始/結束符號	表示流程圖的起點或終點，每一個流程圖只有一個起點，但可以有一個以上的終點。	開始 結束
	輸入/輸出符號	表示資料的輸入或輸出。	輸入成績 Score
	處理符號	表示程式正在處理。	Aver=(Chi_Score +Eng_Score)/2
	決策符號	表示條件式是否成立。	是 Aver>60 否
	迴圈符號	固定次數或前測試迴路及後測試迴路。	For x=1 to
	連結符號	表示流程圖的出口或入口的連接點。	A A
	流向符號	表示程式所執行的方向。	
	顯示符號	表示顯示輸出的結果到螢幕。	顯示平均成績
	預定處理符號	表示已定義的副程式。	副程式
	註解符號	此符號可對程式加一些說明	註解內容

繪製原則

1. 流程圖必須使用標準符號，便於閱讀和分析。
2. 流程圖中的文字力求簡潔、扼要，而且明確可行。
3. 繪製方向應由上而下，由左至右。
4. 流程線條避免太長或交叉，可多用連接符號。

繪製流程圖的重要概念

1. **分析「輸入」哪些資料**。
2. **如何「處理」輸入的資料**。
3. **要「輸出」哪些資訊報表**。

示意圖 ⏭

輸入	處理	輸出

主要功能 ⏭ 1. 了解程式的邏輯及程序。

2. 提高程式撰寫效率及可讀性。

優點 ⏭ 1. 讓程式設計師了解整個程式的流程。

2. 有助於程式的撰寫、除錯及維護。

缺點 ⏭ 1. 複雜系統的流程圖繪製不易。

2. 複雜的流程圖不易閱讀。

隨堂練習

Q 請利用「流程圖」來描述使用者登入帳號與密碼時，系統檢查的過程。

步驟 1：輸入帳號與密碼

步驟 2：檢查（處理）是否正確

步驟 3：輸出結果

步驟 3.1：正確時，則顯示 Pass。

步驟 3.2：不正確時，則顯示 NoPass。

A

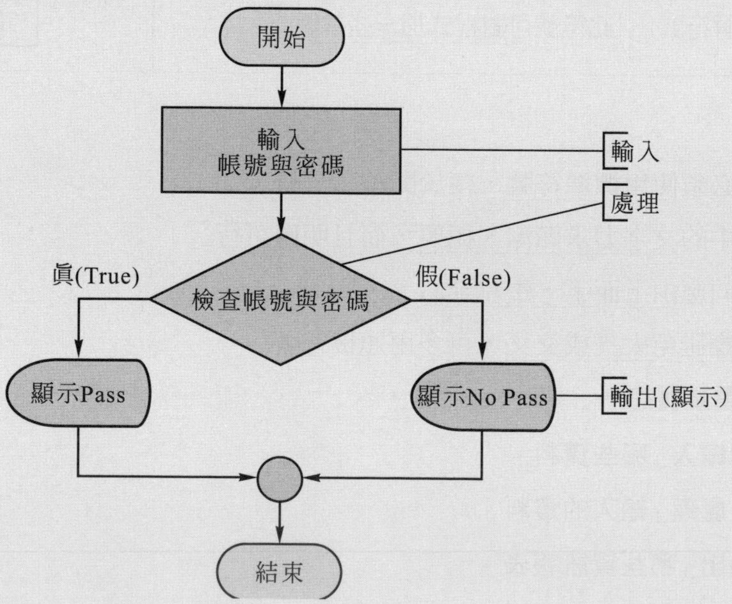

單元評量

1. (　) 關於「程式流程圖」的定義，下列何者正確呢？
   (A) 主要是用以表達系統的操作流程
   (B) 主要是用以表達機器的操作流程
   (C) 強調系統中「資料的流動」情形
   (D) 用以表示程式設計的邏輯流程
2. (　) 關於「程式流程圖」的繪製原則，下列何者正確呢？
   (A) 必須使用標準符號，便於閱讀和分析
   (B) 繪製方向應由上而下，由左至右
   (C) 流程線條避免太長或交叉，可多用連接符號
   (D) 以上皆是
3. (　) 關於「程式流程圖」的主要功能，下列何者正確呢？
   (A) 可使程式邏輯關係明確
   (B) 提高程式撰寫效率
   (C) 提高程式可讀性
   (D) 以上皆是
4. (　) 關於「程式流程圖」的優點，下列何者正確呢？
   (A) 容易了解整個作業流程
   (B) 使程式除錯容易進行
   (C) 有助於程式的修改與維護
   (D) 以上皆是

電腦軟體設計　丙級

1. (　) 流程圖多用來描述軟體程序，請問方塊、菱形、箭號各在流程圖中代表何種工作？
   (A) 邏輯狀況、處理步驟、控制流程
   (B) 控制流程、邏輯狀況、處理步驟
   (C) 處理步驟、邏輯狀況、控制流程
   (D) 處理步驟、控制流程、邏輯狀況
2. (　) 有關繪製流程圖 (Flow Chart) 的敘述，以下何者錯誤？
   (A) 流程圖上至少有一個邏輯上的終點
   (B) 流程圖上判斷符號，例如 IF 指令敘述至少有兩條向外的流線
   (C) 終止符號不能有向外的流線
   (D) 平行處理的符號是雙向箭頭

7-5-2 系統流程圖 (System Flowchart)

定義 ⏭ 主要是用來表達系統的操作流程及各種輸出 / 入的相互關係。

目的 ⏭ 用以描述整個工作系統中，各單位之間的作業關係。

功能 ⏭ 1. 了解整個系統的「複雜度」。

2. 了解整個系統的「輸入／處理／輸出」的關聯性。

3. 了解整個系統的「操作流程」。

系統流程圖常用的符號表 ⏭ 系統流程圖的圖號種類很多，但是一般人都是使用美國ANSI(American National Standards Institute)所訂標準符號：

一、輸入／輸出符號

符號	名稱	用法
	表單文件	輸入與輸出報表檔
	多重表單文件	各種輸入與輸出報表檔
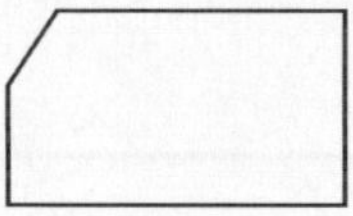	卡片檔	使用卡片儲存的資料檔
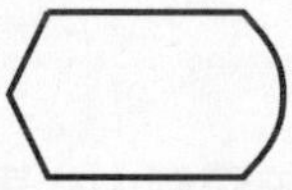	螢幕顯示	由螢幕顯示資料
	通用輸入 / 輸出符號	表示資料的輸入或輸出。
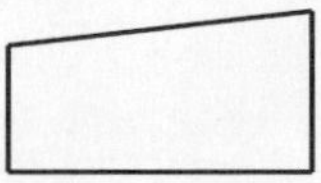	鍵盤輸入 (手動輸入)	使用鍵盤輸入的作業

二、處理符號

符號	名稱	用法
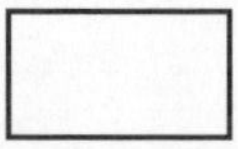	處理程序	代表處理單元或程式
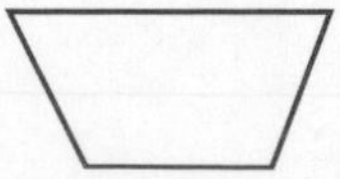	人工處理	編製文件、在文件上簽章

三、儲存符號

符號	名稱	用法
	磁帶檔	磁帶資料檔（連續資料）
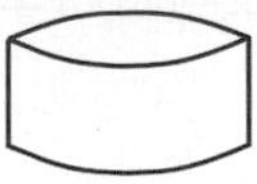	磁碟檔	使用磁碟儲存的資料檔
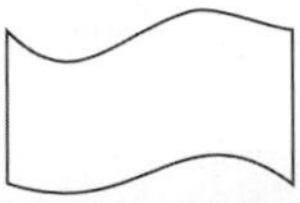	紙帶檔	使用打孔紙帶儲存的資料檔
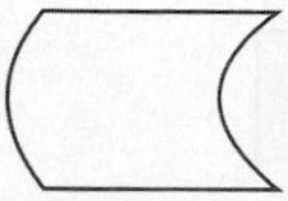	儲存資料	儲存資料

四、流向符號

符號	名稱	用法
	流向符號	表示程式所執行的方向。
	通信線路	連線作業

五、連結符號

符號	名稱	用法
	連結符號	表示流程圖的出口或入口的連接點。
	連接或轉頁	當流程需要轉接到另一頁時使用

六、合併與排序符號

符號	名稱	用法
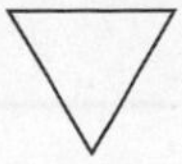	合併	合併作業
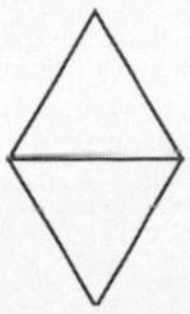	排序	排序作業

範例 請繪出更新學生成績資料的系統流程圖

參考解答 ⏭

步驟一：利用「人工作業方式」將「成績資料」、「課程資料」及「學籍資料檔」透過鍵盤輸入。

步驟二：在「更新學生成績資料」後，即時儲存到資料庫磁碟中，並同時將學生成績顯示於螢幕上。

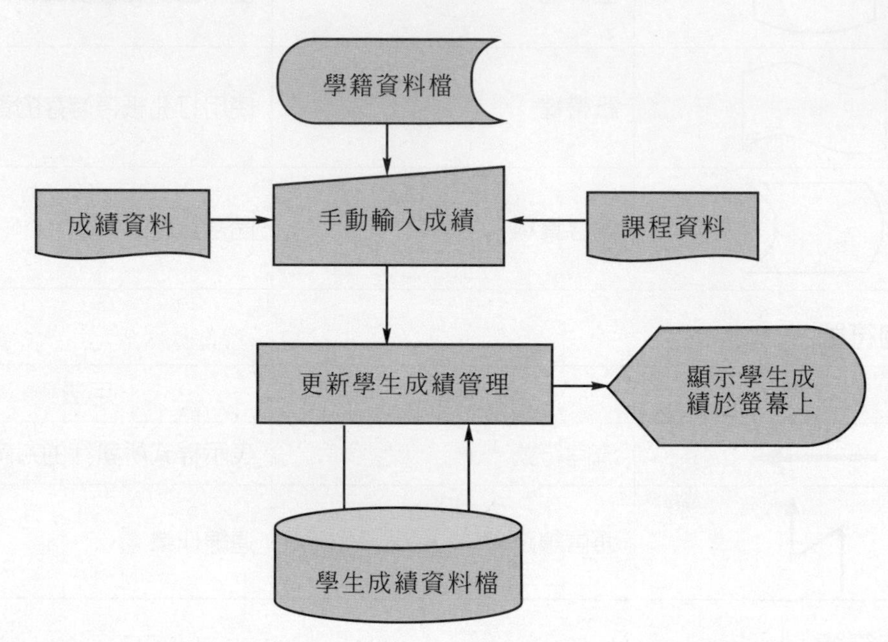

單元評量

1. (　　) 關於「系統流程圖」的敘述，下列何者正確呢？
   (A) 主要是用以表達系統內部資料之流動過程
   (B) 主要是用以表示程式中的處理過程
   (C) 主要是用以表達系統的操作流程
   (D) 用以表示程式設計的邏輯流程

2. (　　) 關於「系統流程圖」的功能，下列何者正確呢？
   (A) 可以看出「系統的複雜度」　(B) 可以看出「程式的數目」
   (C) 可以看出「程式連結檔案」　(D) 以上皆是

7-5-3 虛擬碼 (Pseudo Code)

引言 ⏭ 基本上，在撰寫程式之前，會先藉助一些工具，將「系統需求規格」轉換成「演算法」，才開始撰寫「程式設計」。其中的「**演算法**」就是所謂的**虛擬碼** (Pseudo Code)。

定義 ⏭ 利用文字中摻雜程式語言，來**描述解題步驟與方法**。

目的 ⏭ 讓電腦專業人員或使用者皆看得懂。

優點 ⏭ 1. 兼具「文字描述」及「流程圖」的優點。
2. 比較容易轉換成程式碼。
3. 撰寫時不限制任何語言。
4. 可讀性較高。

缺點 ⏭ 1. 學習者要有程式邏輯概念才能看得懂。
2. 撰寫上沒有標準化。

實例 1

請利用「虛擬碼 (Pseudo Code)」敘述使用者登入帳號與密碼時，系統檢查的過程。

‡ 解答 ‡

```
(1) Input: UserName, Password
(2) IF (UserName And Password)ALL True
        Output: You Can Pass!
    Else
        Output: You Can not Pass!
```

【註】虛擬碼是無法被執行的指令，它只是用來說明程式處理的流程。

實例 2

請撰寫「虛擬碼」來描述 1+2+3+…+10 的計算過程。

‡ 解答 ‡

```
(1) 設Count=1,Total=0;
(2) Total=Total+Count;
(3) Count=Count+1;
(4) 若Count <=10 則回步驟(2)
(5) 印出Total
```

實例 3

請撰寫「虛擬碼」來描述 10!=1×2×3×⋯×10 的計算過程。

‡ **解答** ‡

```
(1) 設i=1, Result=1;
(2) Result = Result *i;
(3) i=i+1;
(4) 若i<=10 則回步驟(2)
(5) 印出Result
```

【注意】Result的初值設定為1，否則會產生錯誤的結果。

延伸學習 ▶▶| 基本上，我們在撰寫演算法時，除了上述探討的三種方法之外，我們也可以利用「數學式表示法」。因此，數學式在轉換成程式語言中的運算式時，極為相近。

例如：

1. 計算圓面積與周長

數學式	程式語言中的運算式
圓面積=πR^2 圓周長=$2\pi R$	A=3.14*R^2 A=2*3.14*R

2. 轉換攝氏 (C) 為華氏 (F)

數學式	程式語言中的運算式
F = 9 / 5C +32	F = 9 / 5* C + 32

單元評量

1. (　) 關於「虛擬碼 (Pseudo Code)」的優點，下列何者不正確呢？
   (A) 兼具「文字描述」及「流程圖」的優點
   (B) 比較容易轉換成程式碼
   (C) 撰寫上有統一的標準化
   (D) 撰寫時不限制任何語言
2. (　) 關於「虛擬碼 (Pseudo Code)」的敘述，下列何者正確呢？
   (A) 學習者要有程式邏輯概念才能看得懂
   (B) 讓電腦專業人員或使用者皆看得懂
   (C) 描述解題步驟與方法
   (D) 以上皆是

電腦軟體設計　丙級

1.（　）若系統設計師完成軟體之設計後，可以何種方法將設計理念傳達給程式設計師以撰寫正確的程式？
(A) 虛擬碼 (Pseudo Code)　(B) 系統流程圖
(C) 使用者手冊　(D) 需求文件

7-5-4 HIPO 圖

定義 ⏭ HIPO 是英文 Hierarchy plus Input-Process-Output 的縮寫，它是一種階層式的結構圖。

HIPO 圖的組成 ⏭ 1. VTOC 圖 (Visual table of content)。
2. 總覽圖 (Overview diagram) 或 IPO 圖。
3. 細部圖 (Detailed diagram)。

一、VTOC(Visual Table Of Content) 圖

定義 ⏭ 又可稱為「**樹狀圖或階層圖**」，是**指利用「方形」**來表示一個系統、子系統、功能或模組之「模組內容表」。

目的 ⏭ 主要是將資料流程圖 (DFD) 轉換成樹狀結構的層次圖。

圖解 ⏭ 在「方形」內，包含「功能名稱」及「編號」。

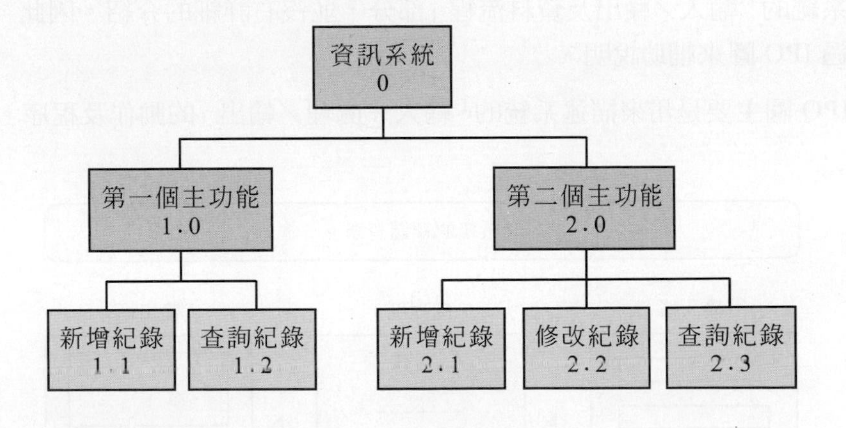

實例

參考課程第五章的 ch5-10-1 單元中的資料流程圖 DFD，轉換成 VTOC 圖。

‡ 解答 ‡

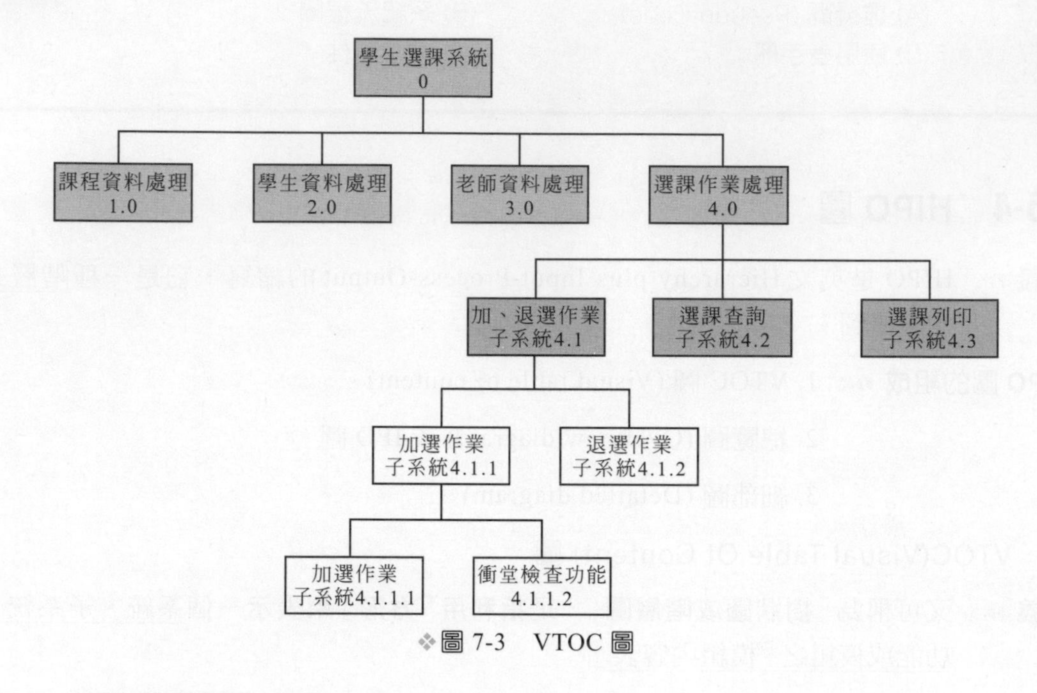

❖圖 7-3　VTOC 圖

二、IPO 圖或總覽圖 (Overview diagram)

引言 ⏭ 由於前面介紹的 VTOC 圖，只能描述「處理功能」的部分；但是，對於整個系統的「輸入／輸出及資料流程」部分，並沒有詳細的介紹。因此，也必須透過 IPO 圖來輔助說明。

定義 ⏭ IPO 圖主要是用來描述系統的「輸入／處理／輸出」的動作及程序。

圖解說明 ⏭

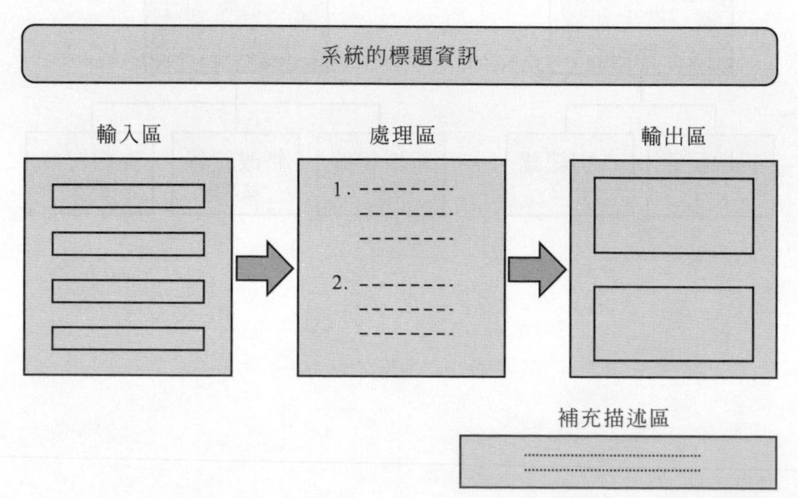

實例

系統代號：A001	系統名稱：學生選課系統	模組名稱：加退選作業
系統分析師：李雄雄	模組編號：4.1	日期：103.10.10
輸入區 (Input Section)	處理區 (Process Section)	輸出區 (Output Section)
# 選課紀錄	⇨ FOR 所有選課紀錄 DO 1. CALL 加、退選一門課程 2. CALL 加、退選處理 END FOR ⇨	

說明 ⏭ 1. **輸入區** (Input Section)：用來描述所需的輸入資料項目。

2. **處理區** (Process Section)：用來描述處理步驟，並且必須要對應 VTOC 圖中，某一個低層次的子功能。

3. **輸出區** (Output Section)：用來描述處理後所產生的輸出項目。

4. **箭頭** (Arrow)：用來描述「輸入／處理／輸出」步驟。

三、細部圖 (Detailed diagram)。

定義 ⏭ 是指用來描述最低層次的功能，**屬於最低層次的 HIPO 圖**。

目的 ⏭ 提供更詳細且**更接近實際處理程序的說明**。

優點 ⏭ 處理區描述類似處理邏輯，**可以快速轉換成真正的程式**。

實例

系統代號：A001	系統名稱：學生選課系統	模組名稱：加退選作業
系統分析師：李雄雄	模組編號：4.1	日期：103.10.10
輸入區 (Input Section)	處理區 (Process Section)	輸出區 (Output Section)

選課紀錄
紀錄 #1
紀錄 #2
……
紀錄 #N
	⇨ 1. 讀取「選課紀錄」欄位內容
	2. 「選課紀錄」與「選課紀錄檔」中的紀錄比對
	3. IF 紀錄比對成功 THEN
	列印衝堂錯誤訊息！
	ELSE
	加選成功！
	END IF
	4. RETURN	

說明 ⏭ 細部圖通常用來輔助說明 VTOC 圖中較低層次的子功能。

綜合上述，我們可以先利用 VTOC 圖來描述系統所需的主功能元件，再利用 IPO 圖（總覽圖）及細部圖來描述每個子功能的「輸入資料／內部處理邏輯／輸出資訊」，也可以使用實體設備來描述子功能的輸入及輸出資料。

單元評量

1. (　) 關於「HIPO 圖」的組成，下列何者不正確呢？
(A)VTOC 圖　(B) 總覽圖　(C) 結構圖　(D) 細部圖
2. (　) 在「HIPO 圖」中，哪一種圖可以將資料流程圖 (DFD) 轉換成樹狀結構的層次圖呢？
(A)VTOC 圖　(B) 總覽圖　(C) 結構圖　(D) 細部圖

電腦軟體設計　丙級

1. (　) 一般經常以 HIPO 圖作為說明程式內容的工具，它應包含下列四項中的哪二項？1. 模組內容表 (VTOC)　2. 結構圖 (SC)　3. 輸入、處理及輸出表 (I P O)　4. 系統流程圖 (System Flow Chart)
(A)1，2　(B)2，3　(C)1，3　(D)3，4
2. (　) 在程式說明文件中，HIPO (Hierarchy Plus Input Process Output) 圖用來表示程式之架構及功能，其中一種 VTOC (Visual Table of Contents) 如下，係表示一個具有三層模組之程式，下列有關模組 a～j 之編號，何者正確？
(A)a=000，b=001，c=002，c=003　(B)a=001，b=010，e=011，f=012
(C)a=000，c=200，d=300，j=320　(D)a=000，b=010，e=100，f=200

7-5-5 結構圖 (Structure Chart)

引言 ⏭ 由於 HIPO 圖只能描述系統或程式的輸入、處理及輸出之功能，卻無法表達系統內部各組成結構的相互關係。因此，利用「結構圖」來更詳細介紹內部結構。

定義 ⏭ 是指利用「圖形化」方式來顯示資訊系統之所有功能模組的層次性，並且描述模組之間如何進行資料傳遞之互動關係。

種類 ⏭

一、模組 (Module)

定義 ⏭ 是指副程式或函數。

圖形 ⏭ 利用「方形」表示模組。

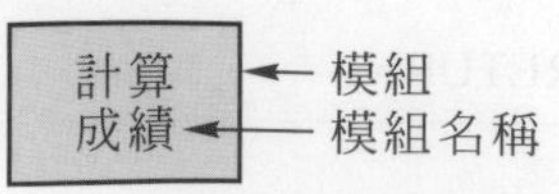

實例

計算成績的模組

Sub Call_B (ByRef A, ByRef B, ByRef Add)
  A = 15
  B = 30
  Add=A+B
End Sub

二、預先定義模組 (Pre-defined module)

定義 ⏭ 是指系統內**已存在的模組**或**庫存程式** (Library)。

例如 ⏭ 數值函數、字串函數。

圖形 ⏭ 利用「兩邊方形」表示預先定義模組。

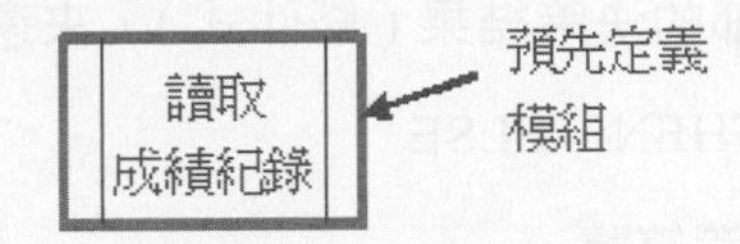

實例

利用亂數函數來產生亂數值

亂數函數	
MsgBox (Rnd)	' 產生0<=X<1的亂數
MsgBox (Int(Rnd*6+1))	' 產生1～6的亂數值

三、正常連接 (Normal connection)

定義 ⏭ 是指**呼叫模組**。

例如 ⏭ 呼叫副程式。

圖形 ⏭ 利用「箭頭」表示呼叫符號。

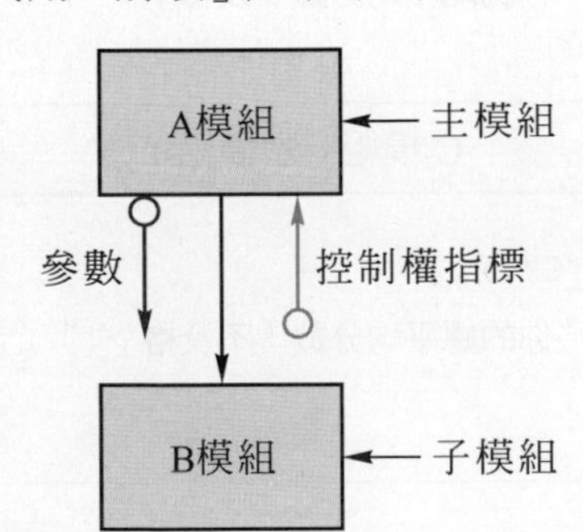

註：主模組：是指呼叫模組
　　子模組：是指被呼叫的模組

說明 ⏭ 當 A 模組呼叫 B 模組時，同時會將「參數」傳送給 B 模組。而當 B 模組執行完畢之後，則再傳回「控制權指標」給呼叫的 A 模組。

實例 ⏭

A 模組 (主模組)	B 模組 (子模組)
Dim X, Y, Result As Integer X = 5 Y = 10 Result=0 Call_B(X, Y, Result) Print("X+Y=" & Result)	Sub Call_B (ByRef A, ByRef B, ByRef Add) A = 15 B = 30 Add=A+B End Sub

四、決策 (Decision)

定義 ⏭ 是指**依據 A 模組內部的決策結果 (條件式)，來選擇 B 模組或 C 模組**。

例如 ⏭ 選擇結構中的 IF…THEN…ELSE

圖形 ⏭ 利用「菱形」表示決策符號。

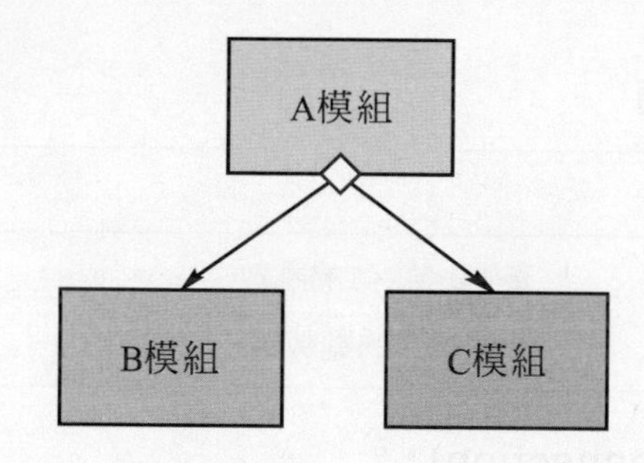

實例 ⏭

A 模組 (主模組)	B 模組 (子模組)

Dim X, Y, Average As Integer
X = 60
Y = 70
Average=(A+B)/2
IF Average>=60 Then
Call_B
Else
Call_C
End IF
	Sub Call_B ()
	Print("你的總平均分數「及格」!")
	End Sub
	C 模組 (子模組)
	Sub Call_C ()
	Print("你的總平均分數「不及格」!")
	End Sub

五、重複 (Iteration)

定義 ⏭ **是指依據 A 模組內部的迴圈結構，來重複的呼叫模組 B。**

例如 ⏭ 迴圈結構中的 FOR…NEXT

圖形 ⏭ 利用「迴旋箭頭」表示重複符號。

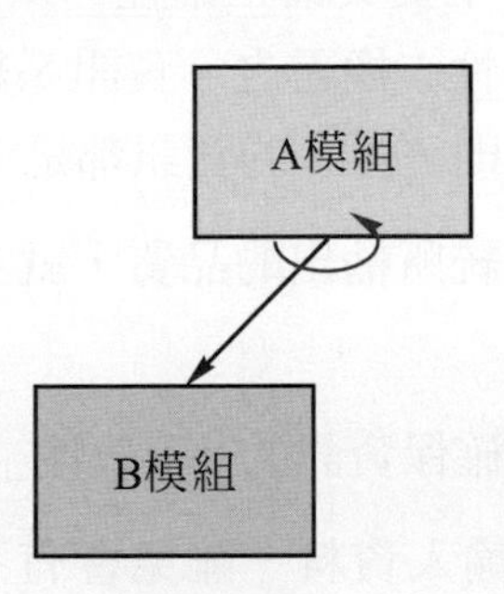

實例 ⏭ 計算 10!=1*2*3*…*10

A 模組 (主模組)	B 模組 (子模組)

Dim N, Sum As Integer
  N = 10
  Sum = 0
Call_B(N, Sum)
Print("1*2*3*…*10=" & Sum)
	Sub Call_B (ByRef N, ByRef Sum)
	  Sum = 1
	  For i = 1 To N
	    Sum = Sum * i
	  Next i
	End Sub

單元評量

1. (　) 請問，哪一種圖可以表達系統內部各組成結構的相互關係呢？
   (A)VTOC 圖　(B) 總覽圖　(C) 結構圖　(D) 細部圖
2. (　) 請問，在下面的「結構圖」中，A 模組的功能為何呢？

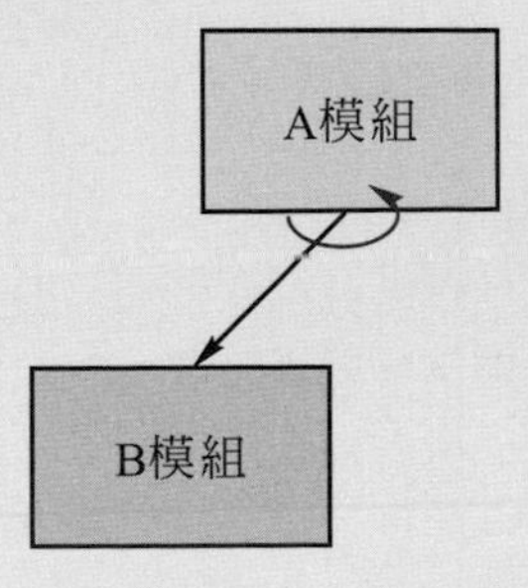

   (A) 遞迴呼叫模組 A　(B) 重複的呼叫模組 B
   (C) 無窮迴圈　(D) 以上皆非

7-6 控制設計 (Control Design)

引言 ⏭ 一套良好的資訊系統除了要具備正確性、效率性及維護性之外，還必須要具有高度的可靠性及穩定性；換言之，資訊系統所產出的「資訊」，必須要絕對百分之百正確無誤，否則，再多的資訊都是沒有意義可言。

因此，如何確保資訊系統所輸出的品質，就必須要有良好的系統「控制設計」功能。

定義 ⏭ 是指用利用審核機制來確保資訊的「正確性」與「可靠性」。

審核機制種類 ⏭ 凡是利用人工輸入資料，難免會有不可預期的錯誤發生，因此，一套良好的資訊系統，必須要有審核機制，來檢查並過濾使用者不小心輸入一些不合理或不正確的資料到系統中。而目前常見的審核機制如下：

1. 資料型態檢查。
2. 合理性檢查。
3. 合理範圍檢查。
4. 一致性檢查。
5. 順序檢查。
6. 檢查碼檢查。
7. 總數比對檢查人工計算比對報表。

一、資料型態檢查

檢查方法 ⏭ 根據系統設計師事先設定好的資料型態 (Data Type)，來檢查輸入的資料是否符合規定的資料型態。

檢查類型 ⏭ 1. 檢查是否為空白 (沒有輸入)。

2. 檢查是否為數字。

3. 檢查是否為文字。

實例 ⏭ 在下圖中，輸入學生的數學成績時，必須要輸入「數字」資料，如果是輸入「文字」資料，程式會自動檢驗出來，並顯示出錯誤訊息的對話方塊來提醒使用者。

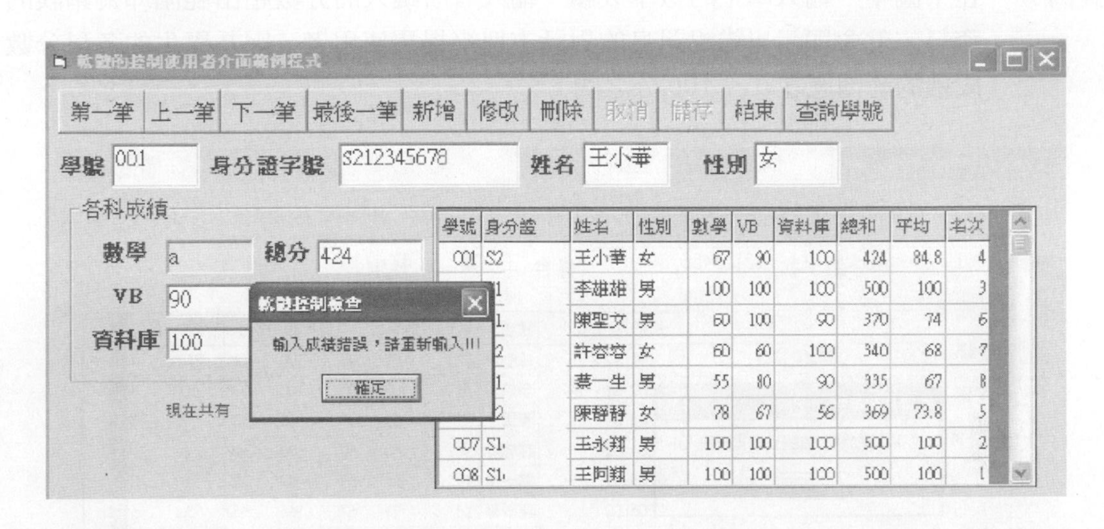

二、合理性檢查

檢查方法 ⏭ 針對某一欄位的內含值是否為合理進行檢驗。

實例 ⏭ 在下圖中，輸入學生的「性別」欄位，只能接受「男」或「女」，否則就會顯示出錯誤訊息的對話方塊來提醒使用者。

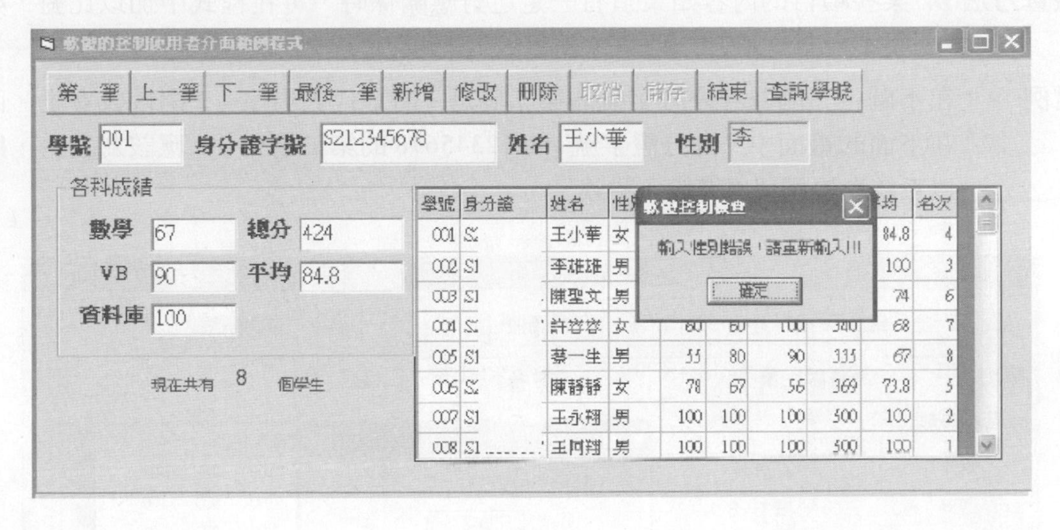

三、合乎範圍檢查

檢查方法 ⏭ 針對某一欄位的內含值是否落在某一特定合理的範圍之內做檢查。

實例 ⏭ 在下圖中，輸入學生的數學成績，輸入者所鍵入的分數超出範圍即為錯誤的資料，就會顯示出錯誤訊息的對話方塊來提醒使用者，因為學生的各科分數成績的範圍應在 0 ～ 100 分之間。

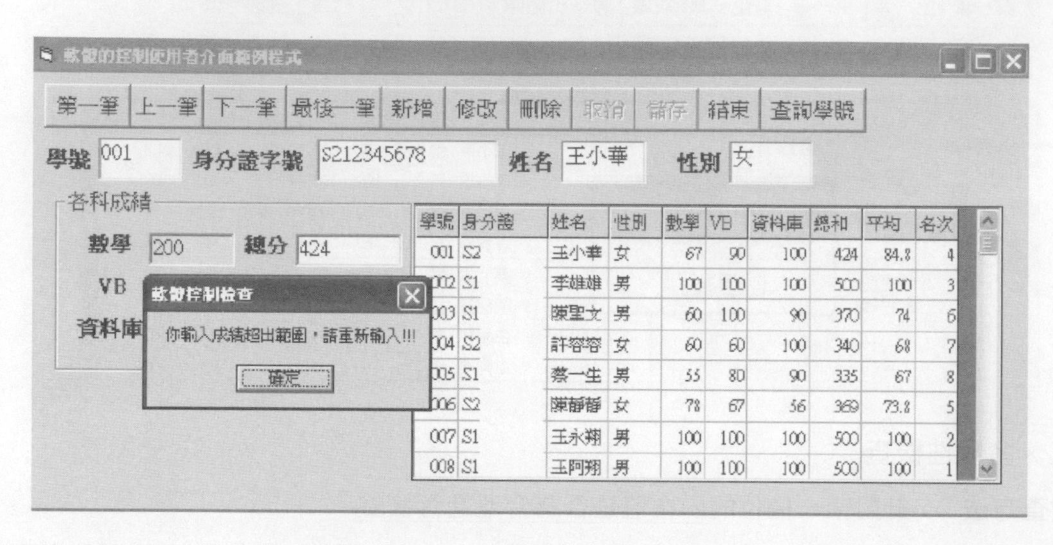

四、一致性檢查

檢查方法 ⏭ 某些項目的內容如果須有一定之對應關係時，可在程式中加以比對，如果不合對應關係，即視為錯誤。

實例 ⏭ 在下圖中，因為身分證字號的第二碼是 1 時，代表男生；2 則代表女生。而在下面的畫面中，身分證字號 =S212345678 的第二碼為 2，應該為女生，所以系統會提醒使用者輸入錯誤了。

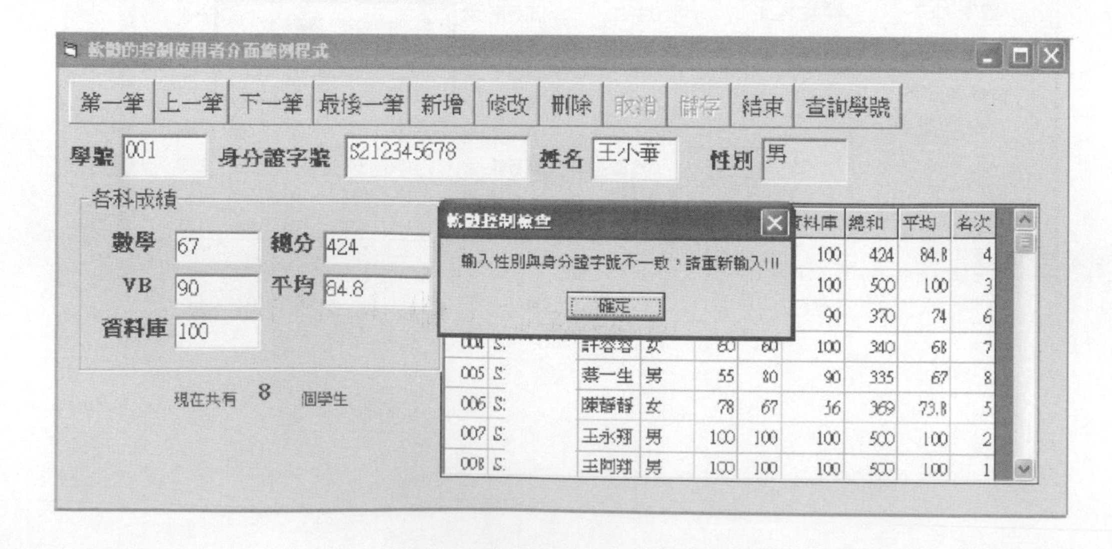

五、順序檢查

檢查方法 ⏭ 此種檢驗方式係將資料紀錄依照鍵值的大小先予以排列後，逐一檢查是否有重複或遺漏的情形。

實例 ⏭ 在下圖中，新增學生的學號時，程式會自動去檢查目前是否已經有這位學生的學號，如果有的話，代表是重複輸入情形，此時就會顯示出錯誤訊息的對話方塊來提醒使用者。

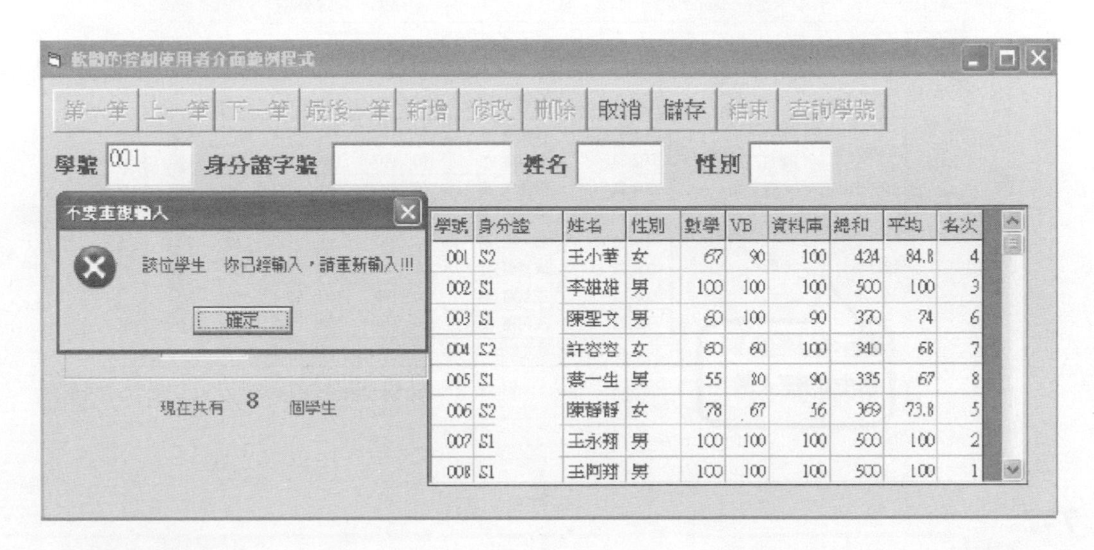

六、檢查碼檢查

檢查方法 ⏭ 是指附加在原數字資料的額外數字，以便查出錯誤的代碼。

實例 ⏭ 在下圖中，新增學生的身分證字號時，最後一位數字就是檢查碼，當輸入錯誤時，此時就會顯示出錯誤訊息的對話方塊來提醒使用者。

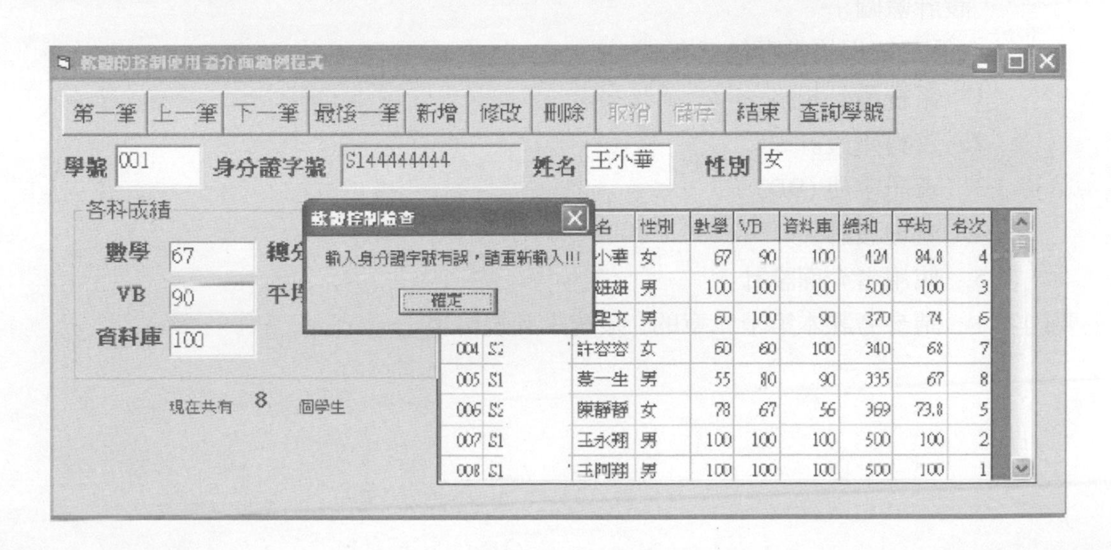

七、總數比對檢查

檢查方法 ⏭ 此種檢驗方式就是將處理完成的資料總數與原始憑證資料的總數互相比較，如果相同時，表示資料正確；否則資料有問題。

實例 ⏭ 在下圖中，登錄員已經輸入了八位學生的基本資料，程式會自動的統計出來。

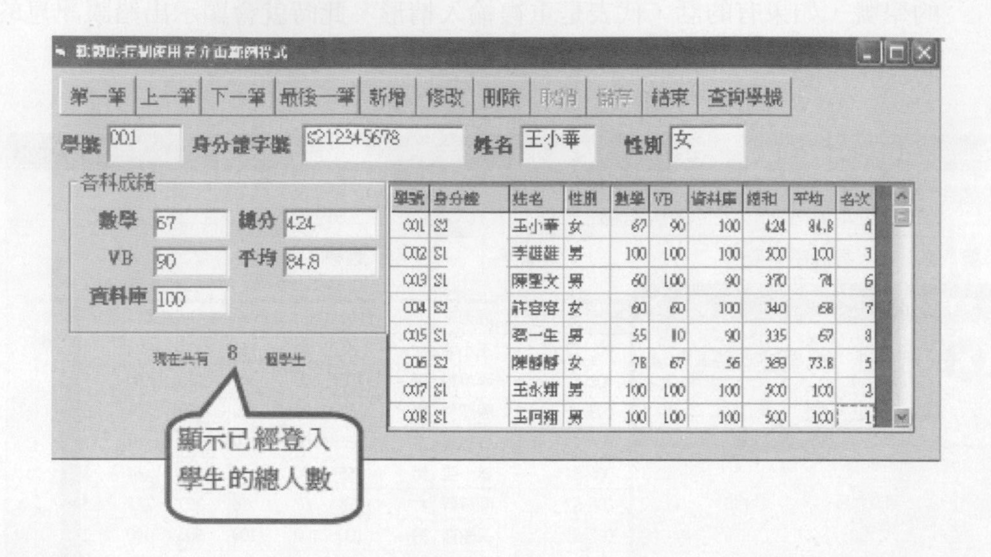

7-7 撰寫「系統設計規格書」

引言 ⏭ 在完成「軟體需求規格書」之後，接下來，必須要開始撰寫「系統設計規格書，提供給「程式設計師」設計一套適合組織現行作業的電腦化資訊系統之「設計藍圖」。

一份系統規格書應包括有：

1. 系統設計規格。
2. 資料庫設計。
3. 資訊字典 (DD)。
4. 處理設計。
5. 使用者介面設計。

主要內容 ⏭ 請參考課本第十二章的「系統設計規格書」。

7-8 實例探討與研究

撰寫「軟體需求規格書」完成之後，接下來我們將以實際的案例，加以探討研究，在本書中，我們以「數位學習系統」為例，來實際製作出一份「系統設計規格書」。

詳細內容 ⏭ 請參考課本第十一章的「系統設計規格書」。

基本題

1. 請問，「系統設計」的工作項目有哪些呢？並說明其目的。
2. 請問，系統設計師在進行「輸出設計」之前，他必須要先探討哪些問題呢？
3. 請問，系統設計師在進行「輸出設計」時，至少要提供哪些輸出需求的功能呢？
4. 請問，系統設計師在進行「輸出設計」時，必須要了解目前有哪些輸出設備呢？至少寫出四種。
5. 請問，系統設計師在設計「輸出畫面」時，必須要注意哪些設計要求呢？
6. 基本上「「輸出設計」可分為「畫面輸出」及「報表輸出」，請分別說明「畫面輸出」與「報表輸出」各具有哪些優點及缺點呢？
7. 請問，在設計輸入介面時，必須要有哪幾項準則呢？
8. 請問，在設計輸入介面時，其「代碼設計的原則」為何呢？
9. 請問，在設計輸入介面時，使用代碼的優點為何呢？
10. 請問，在設計輸入介面時，要設計哪些「檢核」呢？
11. 請問，在「處理設計」時，會時常使用哪些工具呢？
12. 請問，在「繪製流程圖」時，要注意哪些原則呢？
13. 請說明「繪製流程圖」的優點與缺點。
14. 請問，「繪製系統流程圖」的功能為何呢？
15. 請說明「撰寫虛擬碼 (Pseudo Code)」的優點與缺點。
16. 請問，「HIPO 圖」可分為哪三種圖呢？

進階題

1. 請問，系統設計師在進行「系統設計」之前的準備工作與工具有哪些呢？
2. 請問，目前大多數系統發展所採用的系統設計方法可分為哪兩大類別呢？
3. 請問，系統分析師在進行「系統設計」時，應該要注意哪些原則呢？
4. 請問，在設計「使用者介面」時，應該要遵守哪些準則呢？

5. 請問，「使用者介面」如果設計不當時，可能會造成什麼問題呢？
6. 請問，一個好的「使用者介面」應具備哪些條件呢？
7. 請問，設計「GUI 介面」的優缺點為何呢？
8. 設計「輸出報表」時，常見有三種報表(明細報表、業務文件及管理報表)，請說明每一種報表的定義及用途之不同點？
9. 請詳細探討「印表機輸出與電腦螢幕輸出」的時機之比較。
10. 請問，「虛擬碼 (Pseudo Code)」與「程式」之差異點為何？
11. 請問，「HIPO 圖」與「結構圖」最主要的差異點為何？
12. 請問，在資訊系統中，常見資訊產生錯誤的種類有哪些呢？
13. 請問，有一個「學習管理系統 (LMS)」主要是由「數位教材」、「學習管理系統；LMS」及「使用者」所組成，請繪出數位學習平台之系統架構圖。
14. 系統發展工具中，常用的流程圖有哪些？其功用為何？

NOTE

CHAPTER 8

資料塑模

本章學習目標

1. 讓讀者了解何謂**實體關係模式(Entity-Relation Model)**。
2. 讓讀者了解如何將設計者與使用者**訪談的過程記錄(情境)轉換成ER圖**。
3. 讓讀者了解如何**將ER圖轉換成資料庫**，以利資料庫程式設計所需要的資料來源。
4. 讓讀者了解**正規化的概念及分解規則**。

本章學習內容

前言

雖然「**資料流程圖 (DFD)**」會使用許多的「外部檔案」來儲存資料，而我們只能看到資料儲存名稱，且在「資料字典 (DD)」中也只能看到個別資料儲存檔中的組成內容。但是，**我們卻無法看到「資料檔案」與「資料檔案」之間的關係**。因此，在本章節中，將說明「實體」檔案與「實體」檔案之間的關聯性，也就是所謂的「**實體關係圖 (Entity Relationship Diagram, ERD)**」。

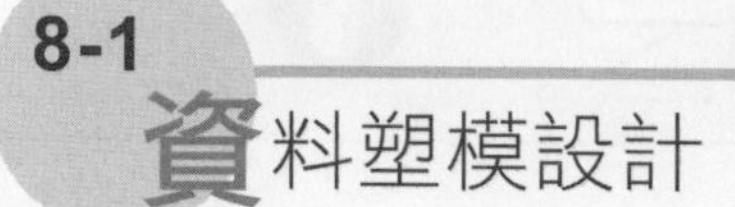

8-1 資料塑模設計

引言 ⏭ 雖然在資料流程圖 (DFD) 會使用許多的「外部檔案」來儲存資料，但是為了**避免資料重複性及一致性問題**。因此，必須使用**資料庫管理系統 (DBMS) 來解決以上的問題**，為新系統建立「概念」資料模型，也就是所稱的「實體關係圖 (ERD)。

資料塑模之流程圖 ⏭

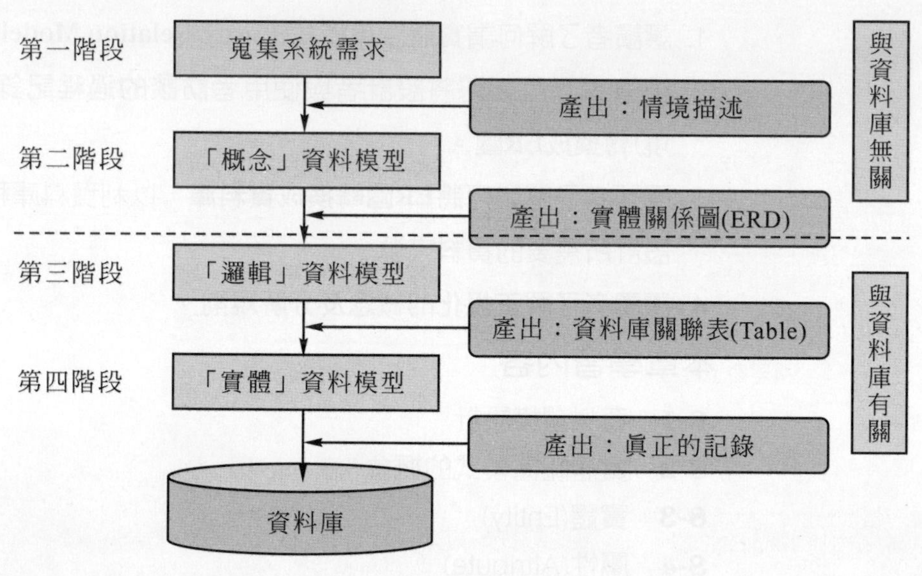

一、蒐集系統需求

定義 ⏭ 是指用來收集及分析使用者的各種需求。

目的 ⏭ 了解使用者的需求。

產出 ⏭ 情境描述

1. **情境 1**：假設每一位「學生」可以選修多門「課程」。
2. **情境 2**：每一門「課程」可以被多位「學生」來選修。

二、「概念」資料模型

定義 ⏭ 是指**系統的資訊需求**，利用**圖形化來表達**。

目的 ⏭ 描述資料庫的資料結構與內容。

產出 ⏭ 實體關係圖 (ERD)

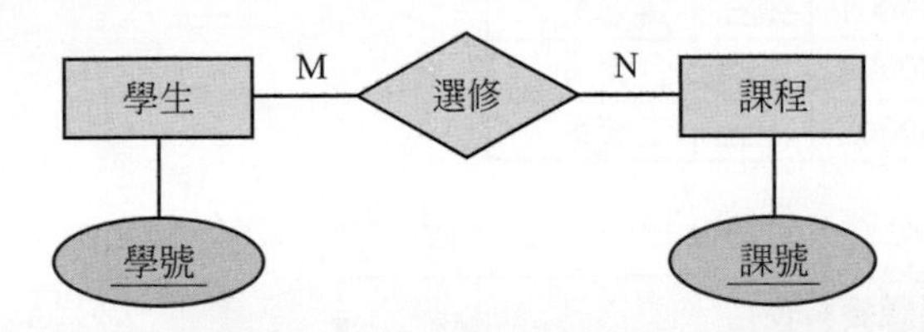

【注意】它與資料庫管理系統無關，因此，若是資料庫的技術改變，「概念」資料模型不需要重新設計。

三、「邏輯」資料模型

定義 ⏭ 是指利用某一種資料庫模型為基礎來**描述資料庫結構**。

(資料庫模型有：階層式、網路式、關聯式及物件導向式)

目的 ⏭ 將「實體關聯圖 (ERD)」轉換成「關聯式資料模型」。

方法 ⏭ **ER 圖轉換成對應表格的法則**。

產出 ⏭ 資料庫關聯表 (Table)

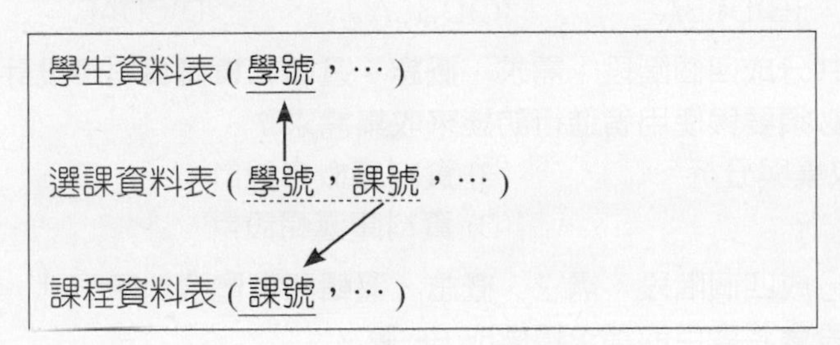

實作畫面 ⏭ 利用 Access、SQL Server 及 Oracle 來建立關聯式資料庫

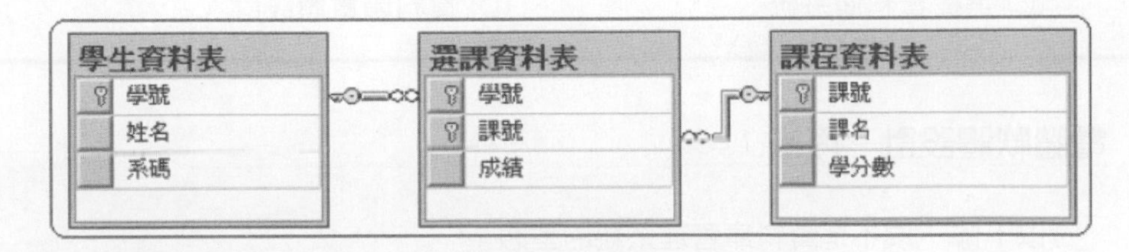

四、「實體」資料模型

定義 ⏭ 是指應用某種資料庫管理系統 (DBMS) **實際儲存資料**。

(DBMS 有：Access、SQL Server、Oracle 等)

目的 ⏭ 描述儲存資料庫的實體規格，以及資料如何有效存取。

方法 ▶▶| SQL 與程式語言結合。

產出 ▶▶| 真正的記錄。

學生資料表

	學號	姓名	系所名稱
#1	S0001	張三	資管系
#2	S0002	李四	企管系
#3	S0003	王五	工管系

選課資料表

	學號	課號	成績
#1	S0001	C001	67
#2	S0002	C004	89
#3	S0003	C002	90
#4	S0001	C002	85
#5	S0001	C003	100

課程資料表

課號	課程名稱	學分數
C001	程式設計	3
C002	資料庫	4
C003	系統分析	3
C004	資料結構	3
C005	計概	2

單元評量

1. (　　)資料塑模的設計流程：A.「實體」資料模型；B.「概念」資料模型；C.「邏輯」資料模型；D. 蒐集系統需求，請下列何者順序為正確的？
(A)ABCD　(B)DCBA　(C)DBCA　(D)CDAB

2. (　　)資料塑模設計一共分成四個階段：需求、概念、邏輯和實體資料庫設計，請問，哪一個階段必須要與使用者進行訪談來收集需求？
(A) 資料庫需求收集與分析　(B) 資料庫概念設計
(C) 選擇資料庫系統　(D) 資料庫邏輯設計

3. (　　)資料庫設計一共分成四個階段：需求、概念、邏輯和實體資料庫設計，請問，從哪一個階段會將客戶的需求轉換成 ER 圖？
(A) 資料庫需求收集與分析　(B) 資料庫概念設計
(C) 選擇資料庫系統　(D) 資料庫實體設計

電腦軟體設計　丙級

1. (　　)以下哪一項不是資料庫管理系統的型態？
(A) 階層式 (Hierarchical Approach)　(B) 檔案式 (File Approach)
(C) 網路式 (Network Approach)　(D) 關聯式 (Relational Approach)

2. (　　)以下何者不是資料庫管理師 (DBA) 的職責？
(A) 決定資料庫的架構與資訊內容　　(B) 決定儲存結構和存取策略
(C) 使用權的檢驗和核准程序　　(D) 開發前端應用程式

3. (　　)以下何種分析圖是用來說明系統的資料關係？
(A) 資料流程圖 (Data Flow Diagram, DFD)
(B) 實體 - 關係圖 (Entity-Relationship Diagram, ERD)
(C) 類別圖 (Class Diagram)
(D) 流程圖 (Flow Chart)

4. (　　)下列何者不是使用資料庫的好處？
(A) 節省專案開發經費
(B) 確保資料的獨立性
(C) 讓多數的使用者、程式間能夠共享資料
(D) 資料的統一管理

8-2 實體關係模式的概念

定義 實體關係模式 (Entity-Relation Model) 是用來描述「實體」與「實體」之間關係的工具。

實體 是指用以描述真實世界的物件。

例如 1 學生、員工、產品等等都是屬於實體。

例如 2 在實務需求上，我們可以將「實體」轉換成各種資料表：

學生實體 ➔ 學生資料表

員工實體 ➔ 員工資料表

產品實體 ➔ 產品資料表

《轉換規則》將於第 8-6 節詳細介紹。

關係 是指用來表示「一個實體」與「另一個實體」關聯的方式。

例如 一對一關係、一對多關係、多對多關係。

ER 圖的符號表 「實體關係模式」是利用「圖形化」的表示法，可以很容易的被一般非技術人員所了解。因此，「**實體關係模式**」可視為設計者與使用者溝通的工具與橋樑。

基本上，實體 (Entity) 與關係 (Relation) 是用來將事物加以模式化，並且以「圖形」表示的方式來顯示語意。如表 8-1 所示。

❖表 8-1　ER 圖物件符號表

ER 圖之組成元素	表示符號	說明
實體 (Entity)	▭	用以描述真實世界的物件。 例如：學生、員工及產品。
屬性 (Attribute)	⬭	用來描述實體的性質。 例如：學生的學號、姓名。
鍵值 (Key)	—⬭（內有底線）	用來辨認某一實體集合中的每一個實體的唯一性。 例如：學號、身分證字號。
關係 (Relationship)	—◇—	用來表示一個實體與另一個實體關聯的方式。 例如：一對一關係、一對多關係、多對多關係。

實例 ⏭ 假設資料庫設計者與使用者進行訪談之後，描述了一段事實「情境」的需求如下：

1. 每一位客戶可以下一張以上的訂單，也可以沒有下訂單。
2. 但是，每一張訂單一定會有一位客戶的下單資料。

請將以上的「情境」轉換成 E-R 圖。<細節會在第 8-6 節中介紹>

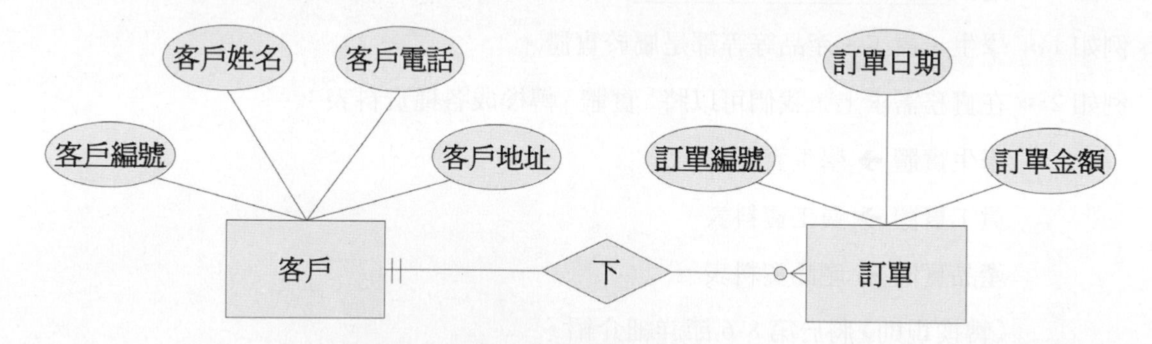

說明 ⏭ 一個「實體」在關聯式資料庫中視為一個「資料表」，對於一個實體而言，它可以含有多個「屬性」(Attribute) 用以描述該實體，在關聯式資料庫中，則以資料表的「欄位」來表示。

單元評量

1. (　　) 下列何種圖形是可以建立關聯式資料庫設計之資料塑模 (Modeling)？
   (A) 使用個案圖　(B) 資料流程圖　(C) 實體關係圖　(D) 循序圖
2. (　　) 下列何者不是實體 - 關係模型中的表示符號？
   (A) 實體　(B) 迴圈　(C) 屬性　(D) 關係
3. (　　) 下列何者為適合資料庫設計者與使用者溝通的工具與橋樑，並且針對個體、屬性、鍵值，以及關係的圖形化來設計的資料模型？
   (A)E-R Model　(B)DBA Model　(C)O-O Model　(D)DBMS Model
4. (　　) 資料庫模式中，「實體」在實作時，則視為？
   (A) 關鍵　(B) 屬性　(C) 關聯　(D) 表格
5. (　　) 資料庫模式中的「屬性」，在實作時，則視為？
   (A) 關鍵　(B) 欄位　(C) 關聯　(D) 表格
6. (　　) 利用相同的欄位值來將數個資料表格串聯起來，請問此種關係稱為
   (A) 資料表　(B) 關聯　(C) 記錄　(D) 以上皆非

8-3 實體 (Entity)

實體 (Entity) 是**用以描述真實世界的物件**。基本上，實體的定義如下：

定義 ⏭

1. 用來描述實際存在的事物 (如：學生)，也可以是邏輯抽象的概念 (如：課程)。
2. 必須可以被識別，亦即能夠清楚分辨出兩個不同的實體。
3. 實體都是以「名詞」的形式來命名，不可以是「形容詞」或「動詞」。

例如 ⏭ 學生、員工及產品。

單元評量

1. (　　) 關於「實體 (Entity)」的敘述，下列何者不正確？
   (A) 描述實際存在的事物
   (B) 也可以描述邏輯抽象的概念
   (C) 它是以「名詞」的形式來命名，也可以是「形容詞」或「動詞」
   (D) 學生、員工及產品都是屬於實體
2. (　　) 從「實體關係圖」的觀點，一個「學生」是什麼？
   (A) 鍵值屬性 (Key Attribute)　(B) 屬性 (Attribute)
   (C) 實體 (Entity)　(D) 關係 (Relation)

8-4 屬性 (Attribute)

定義 ⏭ **用來描述實體的性質 (Property)。**

例如 ⏭ 學號、姓名、性別是用來描述學生實體的性質。

分類 ⏭ 1. 簡單屬性 (simple attribute)

2. 複合屬性 (composite attribute)

單元評量

1. (　　)關於「屬性 (Attribute)」的敘述，下列何者不正確？
(A) 用來描述實體的性質 (Property)
(B) 學號、課程都是用來描述學生實體的性質
(C) 一般是以「橢圓形」方式表示
(D) 學號、姓名、性別是用來描述學生實體的性質

2. (　　)如果依照「屬性 (Attribute)」的組成分類，下列何者正確？
(A) 簡單屬性與複合屬性　(B) 單值屬性與多值屬性
(C) 簡單屬性與複雜屬性　(D) 衍生屬性與不衍生屬性

3. (　　)從「實體關係圖」的觀點，一個「學生」的學號、姓名、性別、電話及地址是屬於學生的什麼？
(A) 鍵值屬性 (Key Attribute)　(B) 屬性 (Attribute)
(C) 實體 (Entity)　(D) 關係 (Relation)

8-4-1 簡單屬性 (simple attribute)

定義 ⏭ **指已經不能再細分為更小單位的屬性。**

例如 ⏭ 「學號」屬性便是「簡單屬性」。

表示圖形 ⏭ 簡單屬性／單值屬性都是以「橢圓形」方式表示

單元評量

1. (　　)關於「簡單屬性 (simple attribute)」的敘述，下列何者不正確？
   (A) 用來描述實體的性質 (Property)
   (B) 已經不能再細分為更小單位的屬性
   (C) 一般是以「橢圓形」方式表示
   (D) 學號、地址都屬於簡單屬性
2. (　　)下列哪一個屬性不是「簡單屬性」呢？
   (A) 血型屬性　(B) 地址屬性　(C) 電話屬性　(D) 學號屬性

8-4-2 複合屬性 (Composite attribute)

定義 ⏭ 屬性是由兩個或兩個以上的其他屬性的值所組成，並且代表未來該屬性可以進一步做切割。

例如 ⏭ **「地址」屬性**是由區域號碼、縣市、鄉鎮、路、巷、弄、號等各個屬性所組成。

表示圖形 ⏭ 複合屬性表示方式如下：

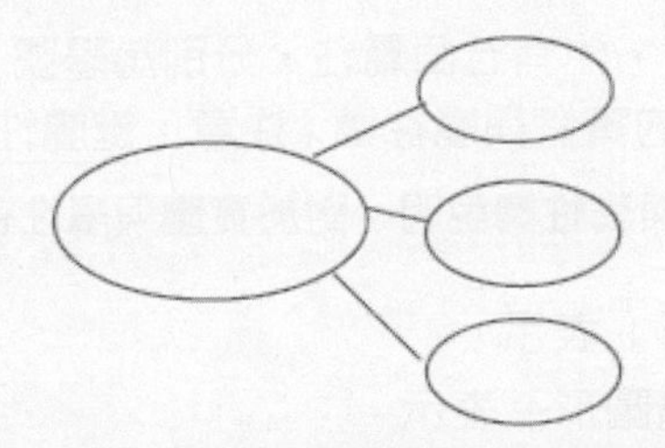

單元評量

1. (　　)關於「複合屬性 (Composite attribute)」的敘述，下列何者不正確？
   (A) 是由兩個或兩個以上的其他屬性的值所組成
   (B) 已經不能再細分為更小單位的屬性
   (C) 未來該屬性可以進一步作切割
   (D) 地址屬於複合屬性
2. (　　)下列哪一個屬性是「複合屬性」呢？
   (A) 血型屬性　(B) 地址屬性　(C) 電話屬性　(D) 學號屬性
3. (　　)假設房屋仲介的查詢網站，為了提供更方便的查詢，它可以將「地址」屬性，再細分為城市、區域及街道名…等屬性，我們稱這些屬性為何？
   (A) 子類型　(B) 推導屬性　(C) 鍵屬性 (D) 複合屬性
4. (　　)關於「複合屬性」的描述，下列何者正確？
   (A) 由多個屬性所組成　(B) 必要時可以切割為多個屬性
   (C) 地址變為複合屬性　(D) 以上皆是

8-4-3 鍵屬性 (Key attribute)

定義 ⏭ 是指該屬性的值在某個環境下具有唯一性。

例如 ⏭ 學號屬性稱為「鍵 (Key)」。

表示圖形 ⏭ 以「橢圓形」內的屬性名稱加底線方式表示如下：

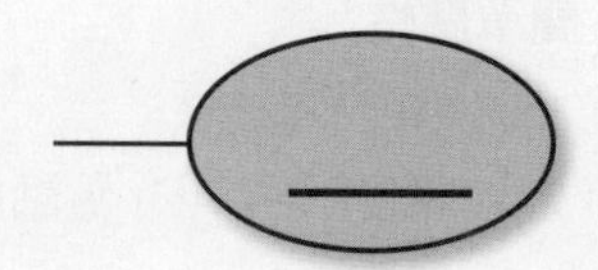

特性 ⏭

1. 在實體關係圖 (E-R Diagram) 當中，我們會在鍵屬性的名稱底下加一條底線表示之。
2. 有些實體型態的鍵屬性不只一個。例如：在「學生」這個實體型態裡面，學生的「身分證字號」及「學號」都具有唯一性，都可以是鍵屬性。

隨堂練習

假設有一個學生（實體），他有五個屬性，分別為學號、姓名、性別、身分證字號與地址。請繪出該學生的實體與屬性圖（注意：鍵屬性的標示）。

❖ 圖 8-1 學生的實體與屬性圖說明：對於實體與屬性各有指定的表示方法。

1. 實體以「長方形」表示。
2. 屬性則是以「橢圓形」表示。

單元評量

1. (　　) 關於「鍵屬性 (Key attribute)」的敘述，下列何者不正確？
   (A) 可能是由兩個或兩個以上的其他屬性的值所組成
   (B) 該屬性的值在某個環境下具有唯一性
   (C) 未來該屬性可以進一步做切割
   (D) 學號屬性稱為「鍵 (Key)」
2. (　　) 下列哪一個屬性有可能當作「鍵屬性 (Key attribute)」呢？
   (A) 身分證字號　　(B) 學號
   (C) 員工編號　　(D) 以上皆是
3. (　　) 在 ERD 中，下列哪一個屬性必須要在屬性的名稱底下加一條底線呢？
   (A) 學號　　(B) 姓名
   (C) 電話　　(D) 地址
4. (　　) 弱實體中，每個「實例」在該屬性的值都具有唯一性，該屬性稱為：
   (A) 衍生屬性　　(B) 多重值屬性
   (C) 複合屬性　　(D) 主鍵

8-4-4 單值屬性 (Single-valued attribute)

定義 ⏭ 是指屬性中只會存在一個單一值。

例如 ⏭ 每個學生只會有一個學號，因此學號就是「單值屬性」。

表示圖形 ⏭ 簡單屬性／單值屬性都是以「橢圓形」方式表示如下：

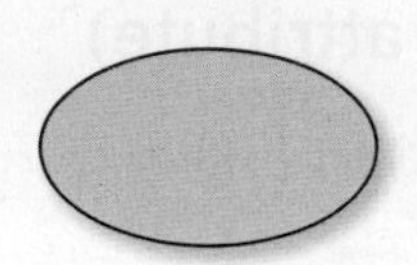

單元評量

1. (　　) 關於「單值屬性 (single-valued attribute)」的敘述，下列何者不正確？
   (A) 屬性中只會存在一個單一值
   (B) 該屬性的值在某個環境下具有唯一性
   (C) 每個學生只會有一個學號
   (D) 學號屬性為「單值屬性」
2. (　　) 下列哪一個屬性不是「單值屬性」呢？
   (A) 血型屬性　　(B) 姓名屬性　　(C) 電話屬性　　(D) 學號屬性

8-4-5 多值屬性 (Multi-valued attribute)

定義 ⏭ 指屬性中會存在多個數值。

例如 ⏭ 學生的「電話」屬性可能包含許多電話號碼。

表示圖形 ⏭ 以「雙邊線的橢圓形」方式表示如下：

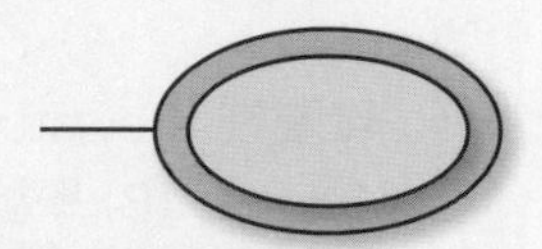

單元評量

1. (　　)關於「多值屬性 (Multi-valued attribute)」的敘述，下列何者不正確？
   (A) 屬性中會存在多個數值　(B) 表示符號是以「雙邊線的橢圓形」
   (C)「多值屬性」必定是「複合屬性」　(D) 電話屬性為「多值屬性」
2. (　　)下列哪一個屬性是「多值屬性」呢？
   (A) 血型屬性　(B) 姓名屬性　(C) 電話屬性　(D) 學號屬性
3. (　　)假設每一個學生都有兩支或兩支以上聯絡電話，因此，我們可以稱「電話」屬於什麼屬性？
   (A) 複合屬性 (composite attribute)　(B) 簡單屬性 (simple attribute)
   (C) 多值屬性 (multi-valued attribute)　(D) 衍生屬性 (derived attribute)

8-4-6 衍生屬性 (Derived attribute)

定義 ⏭ 指可由其他屬性或欄位計算而得的屬性，亦即某一個屬性的值是由其他屬性的值推演而得。

例如 ⏭ 以實際的「年齡」表示，我們可以由目前的系統時間減去生日屬性的值，便可換算出「年齡」屬性的值；因此，年齡屬性便屬於衍生屬性。

表示圖形 ⏭ 以「虛線橢圓形」方式表示如下：

隨堂練習

Q 假設有一個學生（實體），他有五個屬性，分別為學號、姓名、電話、年齡與地址。請繪出該學生的實體與屬性圖（注意：依照實際情況來標示）。

A

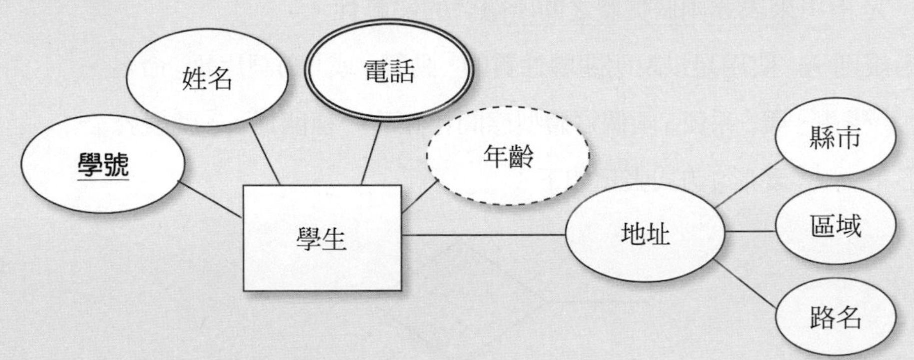

說明：對於實體與屬性各有指定的表示方法。

1. 實體以「長方形」表示。
2. 屬性則是以「橢圓形」表示。

單元評量

1. (　　)關於「衍生屬性 (Derived attribute)」的敘述，下列何者不正確？
   (A) 可由其他屬性或欄位計算而得的屬性
   (B) 表示符號是「虛線橢圓形」
   (C) 每一個屬性都可以當作「衍生屬性」
   (D) 年齡屬性為「衍生屬性」
2. (　　)請問，下列哪一種屬性是可以由其他屬性計算或導出的屬性？
   (A) 多重值屬性　(B) 衍生屬性　(C) 鍵屬性　(D) 複合屬性
3. (　　)假設某一個屬性可以從其他屬性推導出其值，則我們稱此屬性稱為？
   (A) 衍生屬性　(B) 多重值屬性　(C) 鍵值屬性　(D) 以上皆非

8-5 關係 (Relationship)

定義 ⏭ 是指用來表達兩個實體之間所隱含的關聯性。

關係命名規則 ⏭ 使用足以說明關聯性質的「動詞」或「動詞片語」命名。

例如 ⏭ 「學生」與「系所」兩個實體型態間存在著一種關係—「就讀於」。

表示圖形 ⏭ 以「菱形」方式表示如下：

隨堂練習

Q 試根據以下所示的 E-R 模式，將關係的動詞填入，並簡述其意義所在。

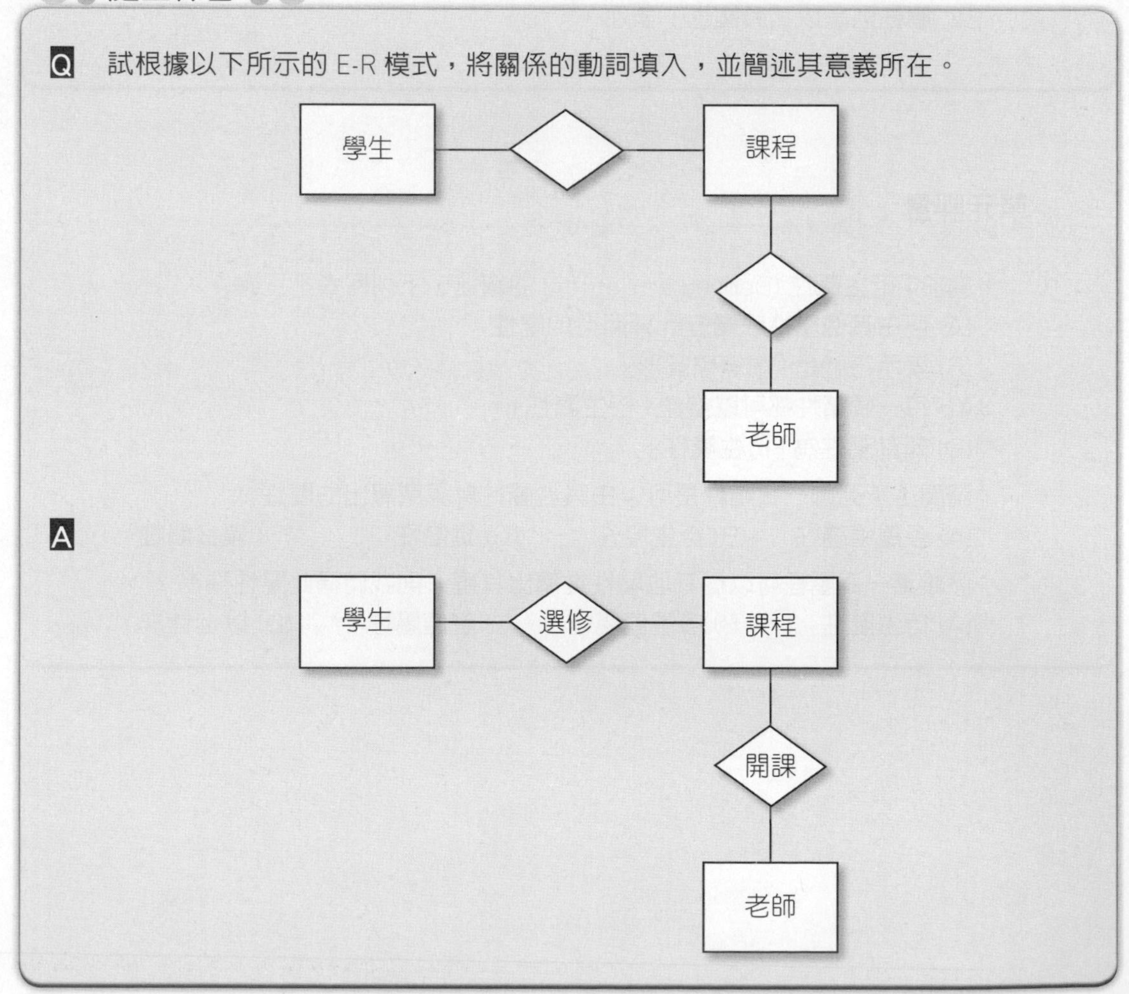

單元評量

1. (　　)在「實體關係圖」中的「關係 (Relationship)」之敘述，下列何者不正確？
 (A) 用來表達兩個實體之間所隱含的關聯性
 (B) 也可以利用「名詞」來命名
 (C) 利用「動詞」或「動詞片語」來命名
 (D) 表示符號是以「菱形」

2. (　　)假設現在有兩個實體，分別為「學生」與「系所」，請問這兩個實體之間的關係之命名，下列哪一項較適合呢？
 (A) 選修　　(B) 喜歡
 (C) 就讀於　　(D) 優先

8-5-1 關係的基數性 (cardinality)

定義 ⏭ 關係還具有「基數性」，代表實體所能參與關係的案例數。

表示方式 ⏭ 基本上，可分為三大類來表示：

1. 利用「比率關係」來表示。
2. **利用「雞爪圖基數性」來表示（本書以此為主）。**
3. 利用「基數限制條件」來表示。

利用「雞爪圖基數性」來表示 ⏭

1. **強制單基數**：指一個實體參與其關係的案例數最少一個，最多也一個。

實例 ⏭ 假設每一位老師僅能分配一間研究室；並且每一間研究室一定要被分配給老師。

2. **強制多基數**：指一個實體參與其關係的案例數最少一個，最多有多個。

實例 ⏭ 假設每一位教授至少要指導一位研究生，也可以多位，但每一位研究生只能被一位教授指導。

3. **選擇單基數**：指一個實體參與其關係的案例數最少 0 個，最多有一個。

實例 ▶▶| 假設每一位老師分配一位助教，但也有可能沒有，而每一位助教一定只能被分配給一位老師，不能多位。

4. **選擇多基數**：指一個實體參與其關係的案例數最少 0 個，最多有多個。

實例 ▶▶| 假設每一位教授可以申請國科會多項計畫，但也可以不申請；而每一件計畫至少要有一位老師來申請。

單元評量

1. (　　) 假設每一位老師僅能分配一間研究室，並且每一間研究室只能被一位老師使用。若使用「雞爪圖基數性」來表示時，則下列何者正確？

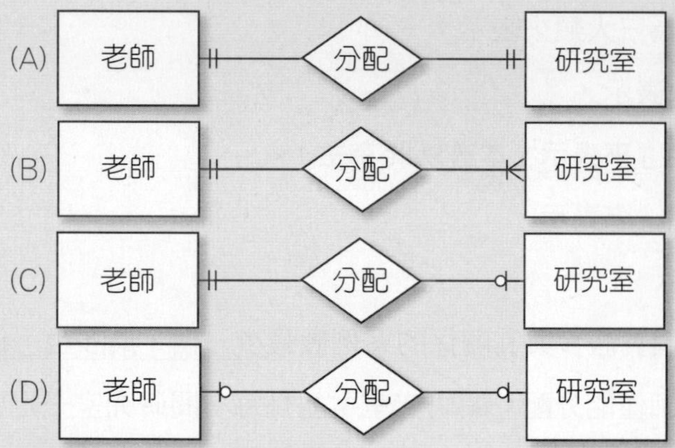

2. (　　) 假設每一位教授可以同時指導多位研究生，但每一位研究生只能有一位指導教授，不可以有共同指導現象。若使用「雞爪圖基數性」來表示時，則下列何者正確？

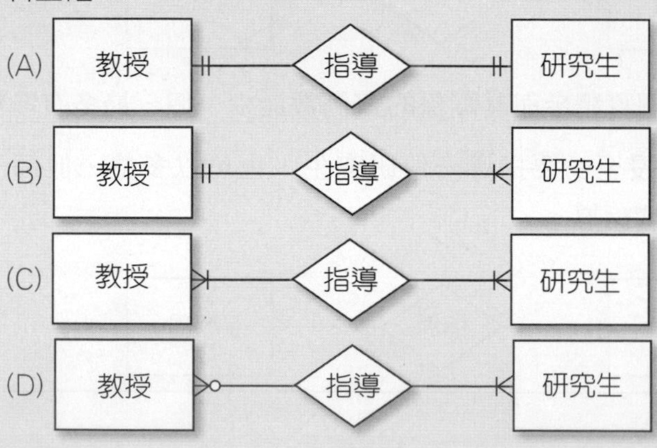

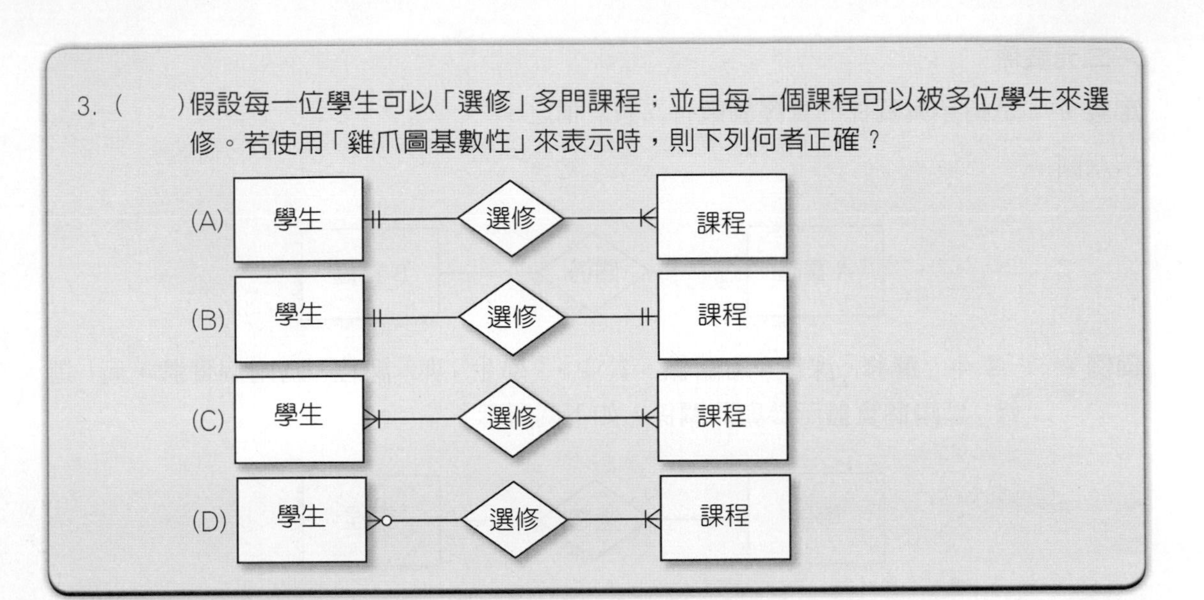

3.（　　）假設每一位學生可以「選修」多門課程；並且每一個課程可以被多位學生來選修。若使用「雞爪圖基數性」來表示時，則下列何者正確？

8-5-2　關係的分支度 (Degree)

定義 ⏭ 指參與關係的實體個數，稱之為「**分支度**」(Degree)。

分類 ⏭ 基本上，常見的分支度有三種：

1. **一元關係**：指參與關係的實體個數只有一個，稱之。
2. **二元關係**：指參與關係的實體個數有二個，稱之。
3. **三元關係**：指參與關係的實體個數有三個，稱之。

➢ 一元關係

定義 ⏭ 是指參與關係的實體個數只有一個，稱之。

示意圖 ⏭

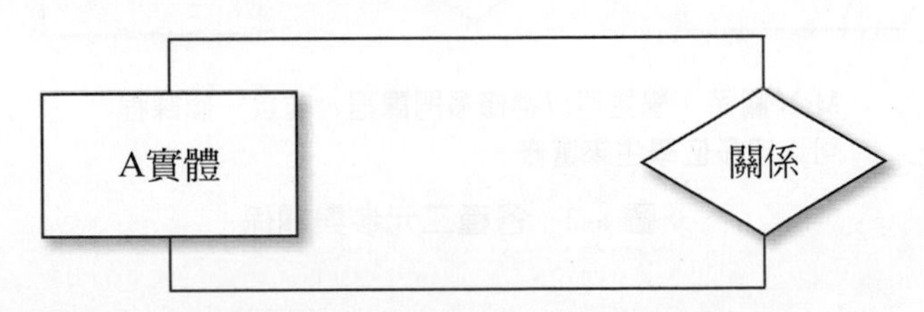

舉例 ⏭ 「員工」中的主管，可以管理許多員工。如下圖所示：

➢ **二元關係**

定義 ⏭ 是指參與關係的實體個數有二個，稱之。

示意圖 ⏭

舉例 ⏭ 「學生」選修「課程」的關係，其中，「學生」與「課程」為兩個實體，而「選修」是兩個實體所參與的關係。如下圖所示：

二元關係的 3 個重要的例子 ⏭

1: 1關係　一個老師僅可分配一個車位

1: M關係　一個客戶可以訂購多筆訂單

M:N 關係　學生可以選修多門課程，並且一個課程可以被多位學生來選修

❖圖 8-2　各種二元參與關係

➢ **三元關係**

定義 ⏭ 是指參與關係的實體個數有三個，稱之。

示意圖 ⏭

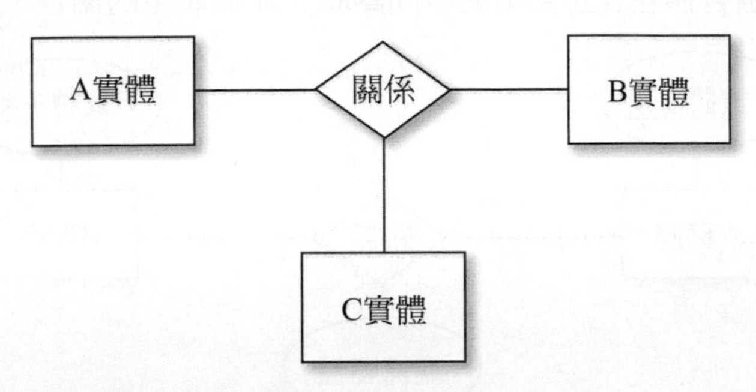

舉例 ⏭ 「供應商」、「批發商」與「零件」之間的關係為提供。如下圖所示：

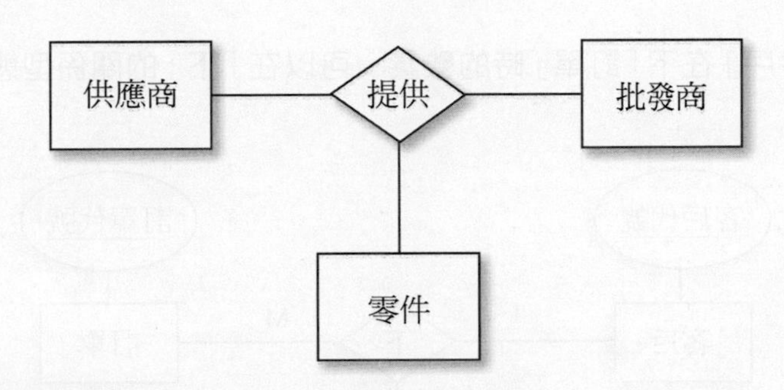

單元評量

1. (　　)關於「關係的分支度」的敘述，下列何者正確？
   (A) 用來表達兩個實體之間所隱含的關聯性
   (B) 代表實體所能參與關係的案例數
   (C) 指參與關係的實體個數
   (D) 以上皆是
2. (　　)請問，在下圖中，學生與課程的關係，為幾元關係？

   (A) 一元關係　(B) 二元關係
   (C) 三元關係　(D) 四元關係
3. (　　)關於「E-R 資料模型」之敘述，下列何者錯誤？
   (A) 以菱形表示關係
   (B) 每個 E-R 資料模式中至少要有兩個實體
   (C) 每個資料模式當中必須標示實體所包含的屬性
   (D) 屬性以橢圓形表示

8-5-3 關係的屬性

定義 ⏭ 每一個實體型態都擁有許多屬性。事實上，關係型態也可能有一些屬性。

適用時機 ⏭ 指兩個實體在真正交易的時間點時，才會產生的屬性。如下圖所示：

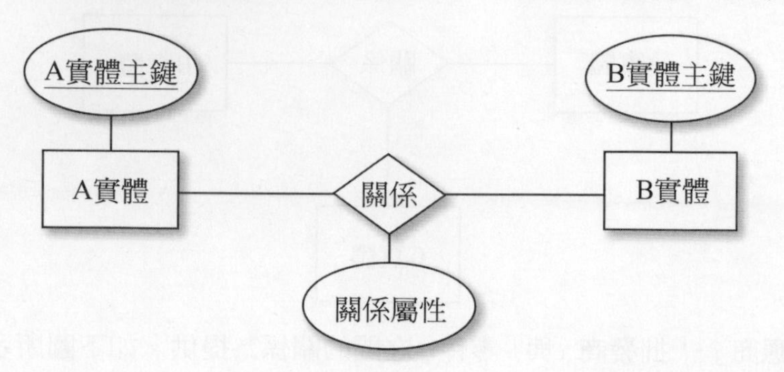

實例 1

假設為了記錄「客戶」在下「訂單」時的數量，可以在「下」的關係型態裡加上一個屬性「數量」。

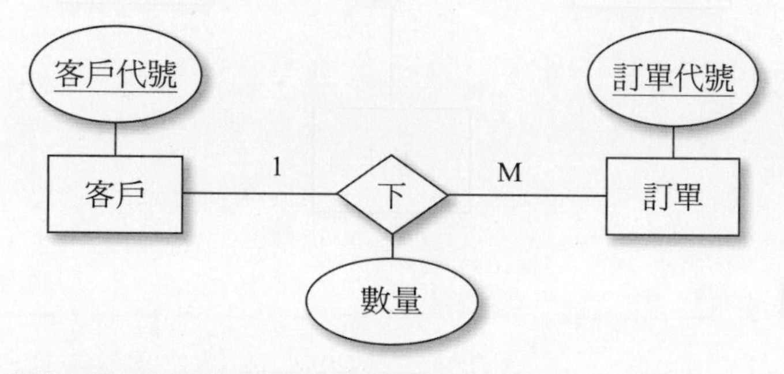

【注意】如何將 1：M 的關係屬性轉移到資料表中呢？

‡ 解答 ‡

我們只需要將「關係屬性」轉移到多的哪一方的實體型態中即可。

如下圖所示：

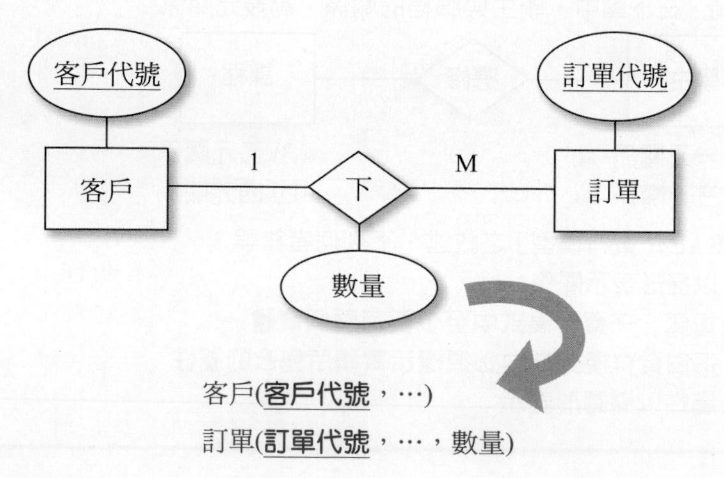

單元評量

1. (　　)關於「關係的屬性」的敘述，下列何者不正確？
   (A) 只有實體才會有屬性，而關係沒有屬性
   (B) 關係型態也可能有一些屬性
   (C) 關係的屬性是發生在兩個實體真正交易的時間點時
   (D) 學生與課程的關係屬性常見是「成績」
2. (　　)當客戶在下訂單時，所產生的「關係的屬性」，下列何者比較適合？
   (A) 單價　　(B) 品名
   (C) 數量　　(D) 客戶姓名

8-6 情境轉換成E-R Model

在前面的章節中，我們已經學會 E-R Model 的意義、製作方法及使用時機。接下來，我們將帶領各位從實際的訪談過程 (稱為情境)，轉換成 E-R Model。

首先，我們需要了解情境中的每一個實體；第二就是設定實體與實體之間的關係 (Relationship)；第三就是決定實體的屬性 (Attribute)；第四就是決定各個實體的鍵值 (Key)；最後就是決定實體之間的基數性。

完整的步驟如下：

1. 以使用者觀點決定資料庫相關的實體 (Entity)。
2. 設定實體與實體之間的關係 (Relationship)。
3. 決定實體的屬性 (Attribute)。
4. 決定各個實體的鍵值 (Key)。
5. 決定實體之間的基數性 (cardinality)

實例 1

情境一：假設每一位「老師」必須要開課一門以上的「課程」；並且，每一門「課程」只能有一位「老師」來開課，不能有多位老師開相同的課程。

情境二：假設每一位「學生」必須要選修一門以上的「課程」，而每一門「課程」可以被多位「學生」來選修。

請依照以上兩個情境來建立「學生」、「老師」及「課程」之選課的資料庫系統 ER 圖。

‡ 解答 ‡

1. 分析

(1) 以使用者觀點決定資料庫相關的實體 (Entity)

例如：學生、老師及課程三個實體。

(2) 設定實體與實體之間的關係 (Relationship)

例如：老師與課程之間有「開課」關係，

學生與課程之間有「選修」關係。

(3) 決定實體的屬性 (Attribute)

例如：學生的屬性有學號、姓名、班級，

老師的屬性有老師代號、姓名、授課系別、學歷及專長，

課程的屬性有課程編號、課程名稱及學分數。

(4) 決定各個實體的鍵值 (Key)

例如：學生的主鍵有學號，

老師的主鍵有老師代號，

課程的主鍵有課程編號。

(5) 決定實體之間的基數性 (cardinality)

2. ER 圖

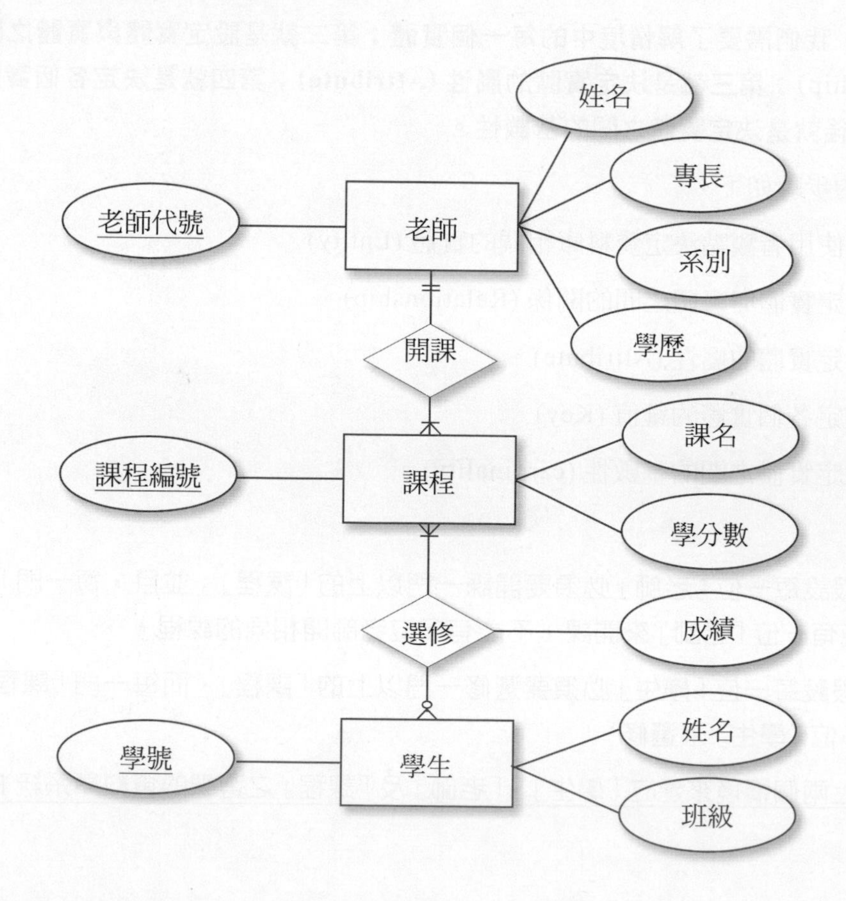

實例 2

假設下表為「雄雄桌球用品公司」的「客戶」訂購「產品」單，請依照訂購單的情況轉換成對應的 ER 圖。如表 8-2 所示：

❖表 8-2　雄雄桌球用品公司產品訂購單

雄雄桌球用品				
訂單代號	C0112		客戶代號	A01
訂單日	94/2/5		姓名	李雄雄
出貨日	94/4/10		電話	(02)5454545
地址	台北市基隆路四段五號			
產品代號	品名	數量	單價	
A001	桌球拍	2	1500	
B003	桌球	10	35	
C034	桌球衣	1	450	
		總價	3,800	

‡ 解答 ‡

1. 分析

(1) 以使用者觀點決定資料庫相關的實體 (Entity)

例如：客戶、訂單及產品三個實體。

(2) 設定實體與實體之間的關係 (Relationship)

例如：客戶與訂單之間有「下」關係

訂單與產品之間有「包含」關係。

(3) 決定實體的屬性 (Attribute)

例如：客戶的屬性有客戶代號、姓名及電話

產品的屬性有產品代號、品名、數量及單價

訂單的屬性有訂單代號、訂單日、出貨日及地址

(4) 決定各個實體的鍵值 (Key)

例如：客戶的主鍵有客戶代號。

產品的主鍵有產品代號。

訂單的主鍵有訂單代號。

(5) 決定實體之間的基數性 (cardinality)

情境一：假設每一位客戶可以下多張訂單，也可以沒有訂單，

但一張訂單僅能被一位客戶來使用。

情境二：假設每一張訂單可以包含最少一張以上的產品，

而每一個產品可以被包含在多張訂單中，也可以沒有。

2. ER 圖

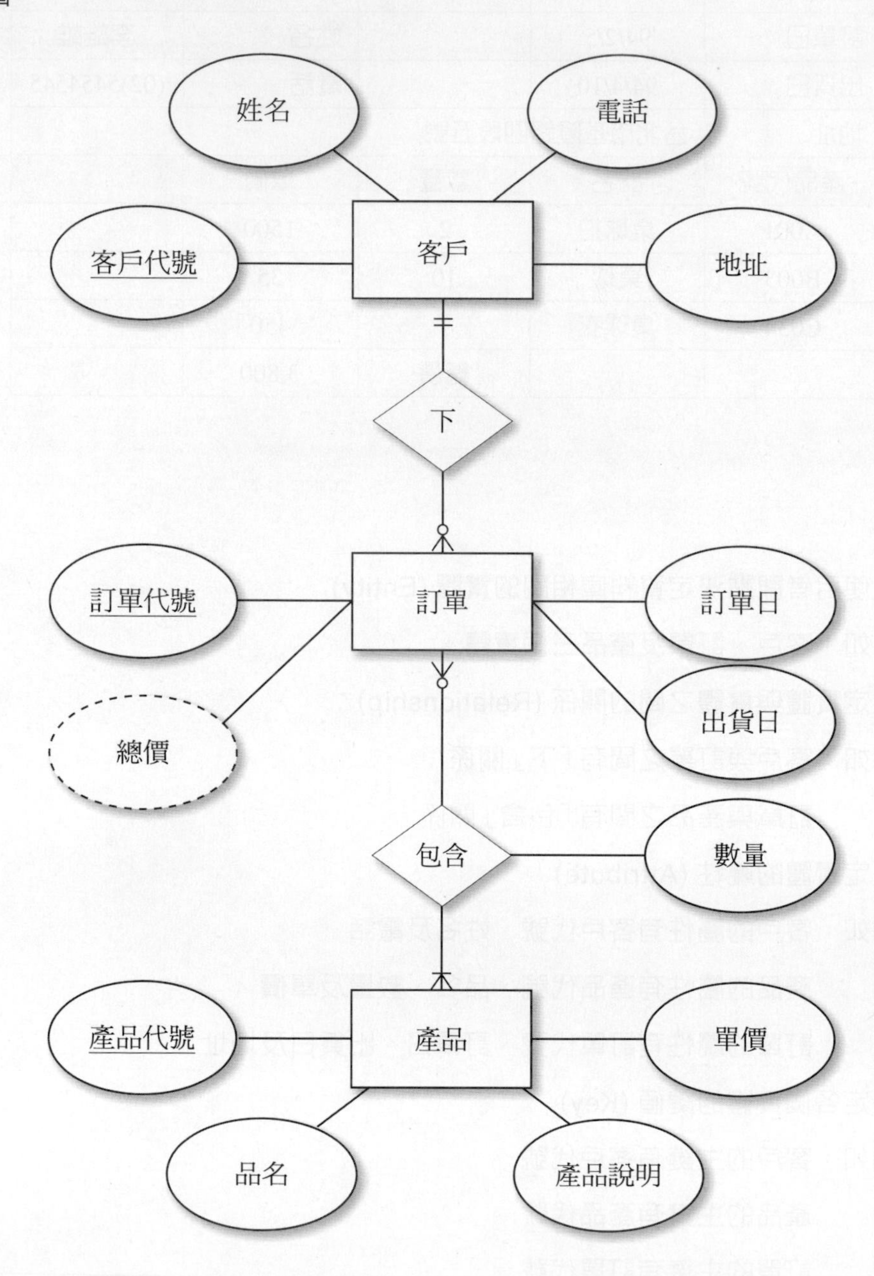

隨堂練習

Q ＜資料來源：高普考題＞

請利用「雞爪圖」，依下列的敘述來畫出完整的實體 - 關係圖 (ERD)：

1. 「學生實體」和「課程實體」之間有「選修」的關係。
2. 學生實體有學號、姓名、生日、年齡、地址、電話及專長等屬性，其中學號為鍵屬性、年齡需要利用生日導出來，而學生有兩個以上的專長。
3. 課程實體有課程編號、課程名稱、學分數等屬性，課程編號為鍵屬性。

A

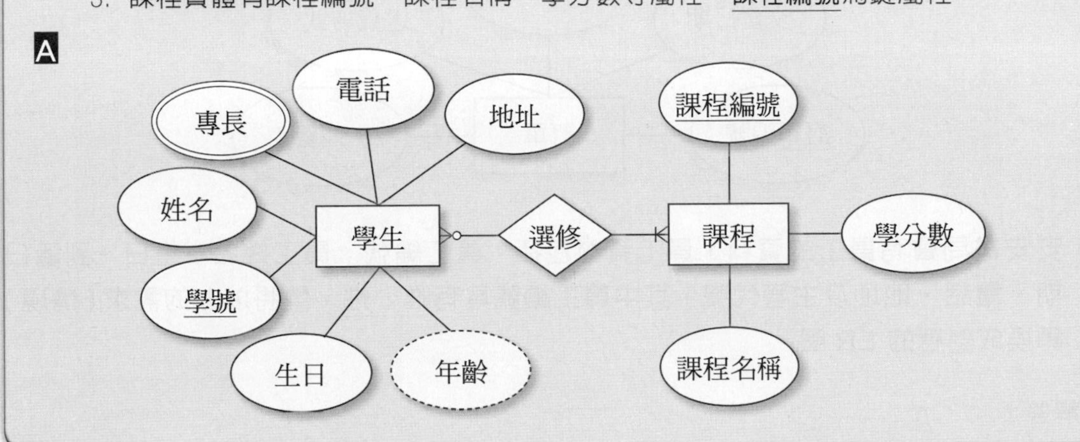

個案實例

假如有一家「安安電腦書局」想將傳統手工作業改為電腦化作業。因此，「安安電腦書局」想委託「正修科大資管系」學生來開發此系統。所以，安安書局的老闆與正修科大資管系學生必須要進行一段訪談，在訪談之後，學生已經了解安安書局的作業流程與需求。

其需求描述如下所示：

1. 安安書局會有客戶的資料，客戶資料包括：客戶代號、客戶姓名、電話及地址（城市與區域），其中客戶代號具有唯一性。請將以上的需求（情境）轉換成對應的 ER 圖。

‡ 解答 ‡

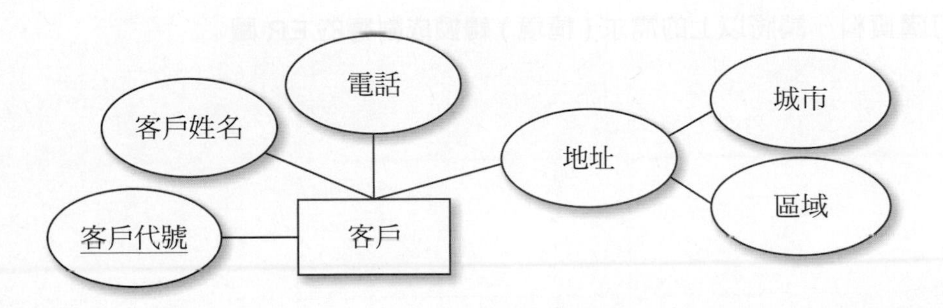

2. 安安書局會有許多訂單，訂單資料包括：訂單編號、交貨日期、送貨日期、送貨方式、運費，其中訂單編號具有唯一性。請將以上的需求（情境）轉換成對應的 ER 圖。

‡ 解答 ‡

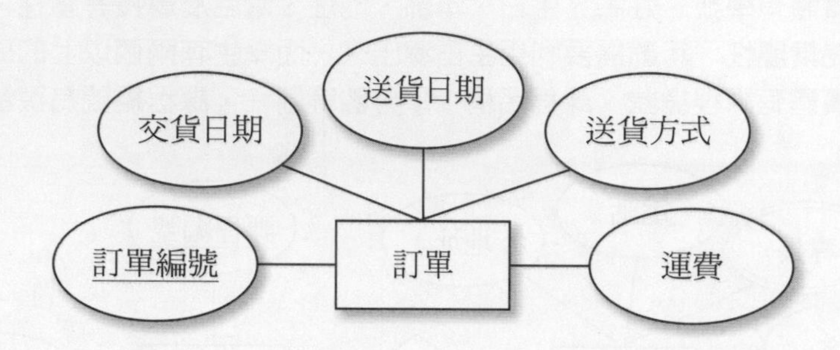

3. 安安書局會有員工的資料，員工資料包括：員工編號、員工姓名、生日、到職日期、電話、地址及主管代號，其中員工編號具有唯一性。請將以上的需求（情境）轉換成對應的 ER 圖。

‡ 解答 ‡

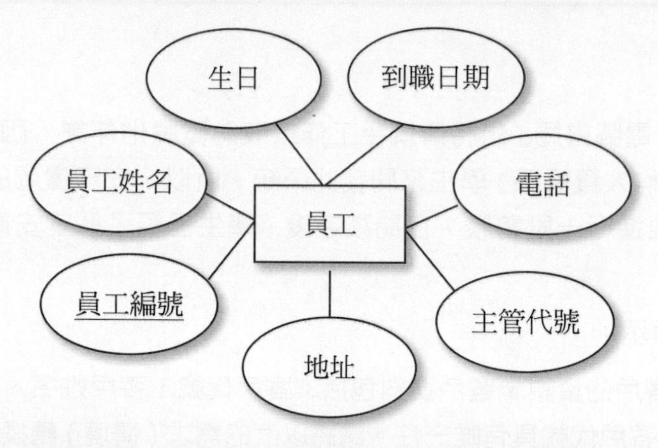

4. 假設每一位客戶可以訂購一張以上的訂單；也可以沒有下任何訂單。但是，每一張訂單必須會有一位客戶的訂購資料。並且，每一張訂單必須要有一位員工負責客戶的訂購資料。請將以上的需求（情境）轉換成對應的 ER 圖

‡ 解答 ‡

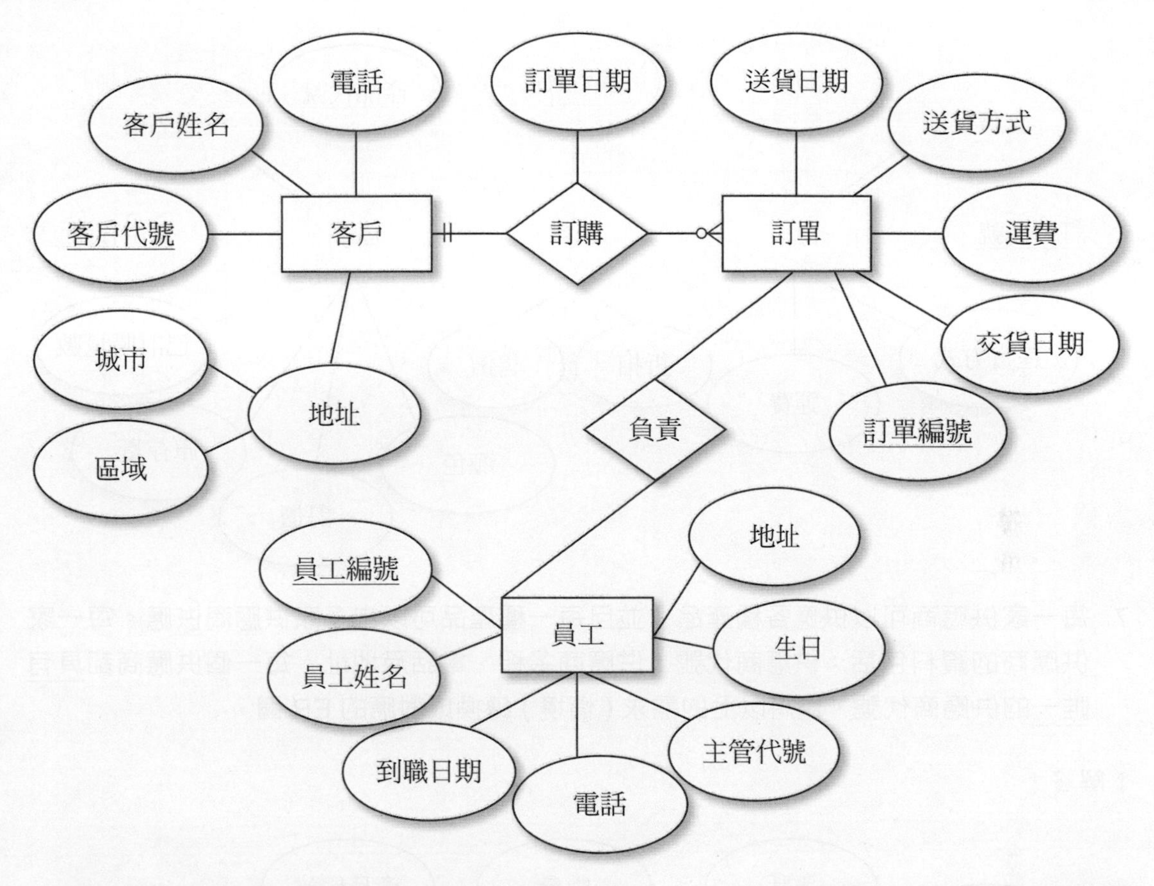

5. 每一張訂單上可以包含一個以上的產品，訂單上包含以下的明細：售價、產品數量及折扣。

6. 每一個產品有可能被客戶來訂購；也可能沒有被客戶訂購。

   產品的資料包括：產品代號、產品名稱、顏色、定價、庫存量、已訂購量數及安全存量，每一個產品都具有唯一的產品代號。假設每一張訂單可以包含最少一項以上的產品，而每一個產品可以被包含在多張訂單中，也可以沒有。請將以上的需求（情境）轉換成對應的 ER 圖。

‡ 解答 ‡

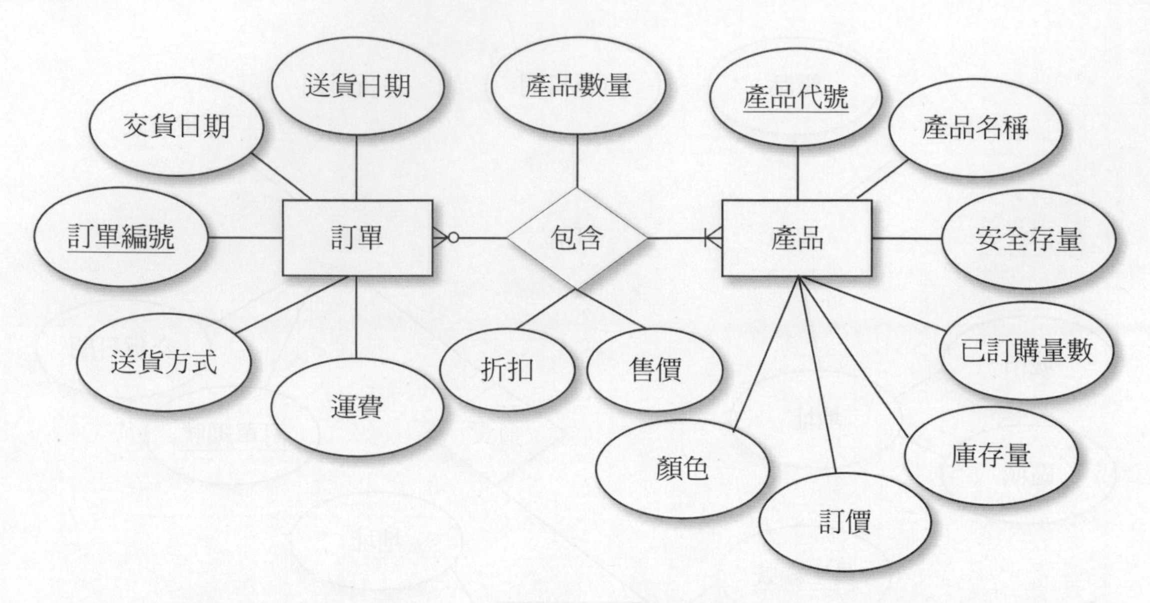

7. 每一家供應商可以供應各種產品，並且每一種產品可以由多家供應商供應。每一家供應商的資料包括：供應商代號、供應商名稱、電話及地址。每一個供應商都具有唯一的供應商代號。請將以上的需求（情境）轉換成對應的 ER 圖

‡ 解答 ‡

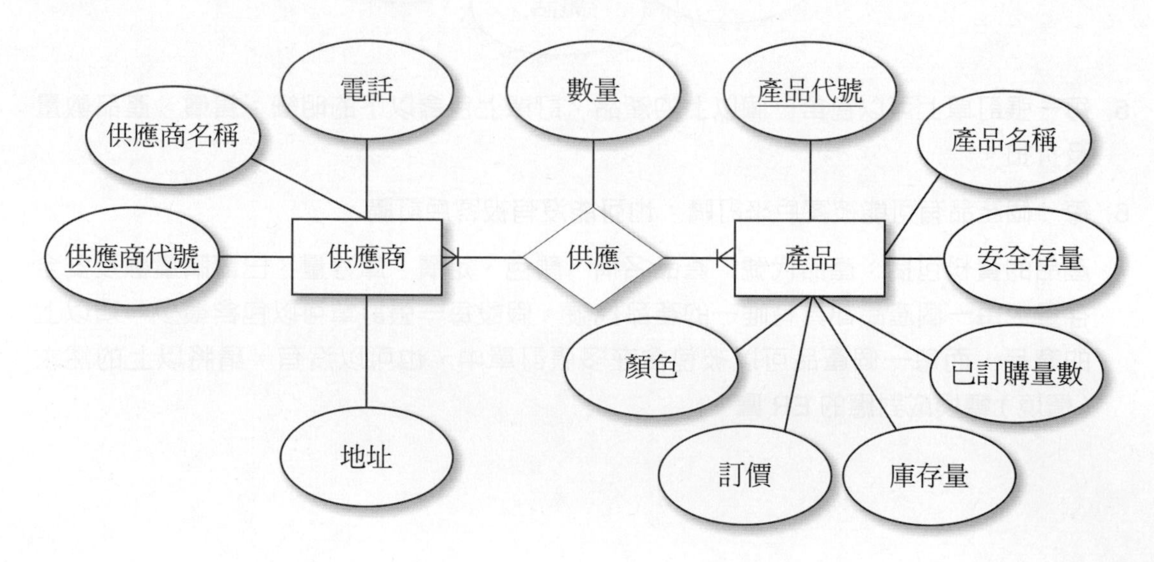

完整的 ER 圖如下所示：

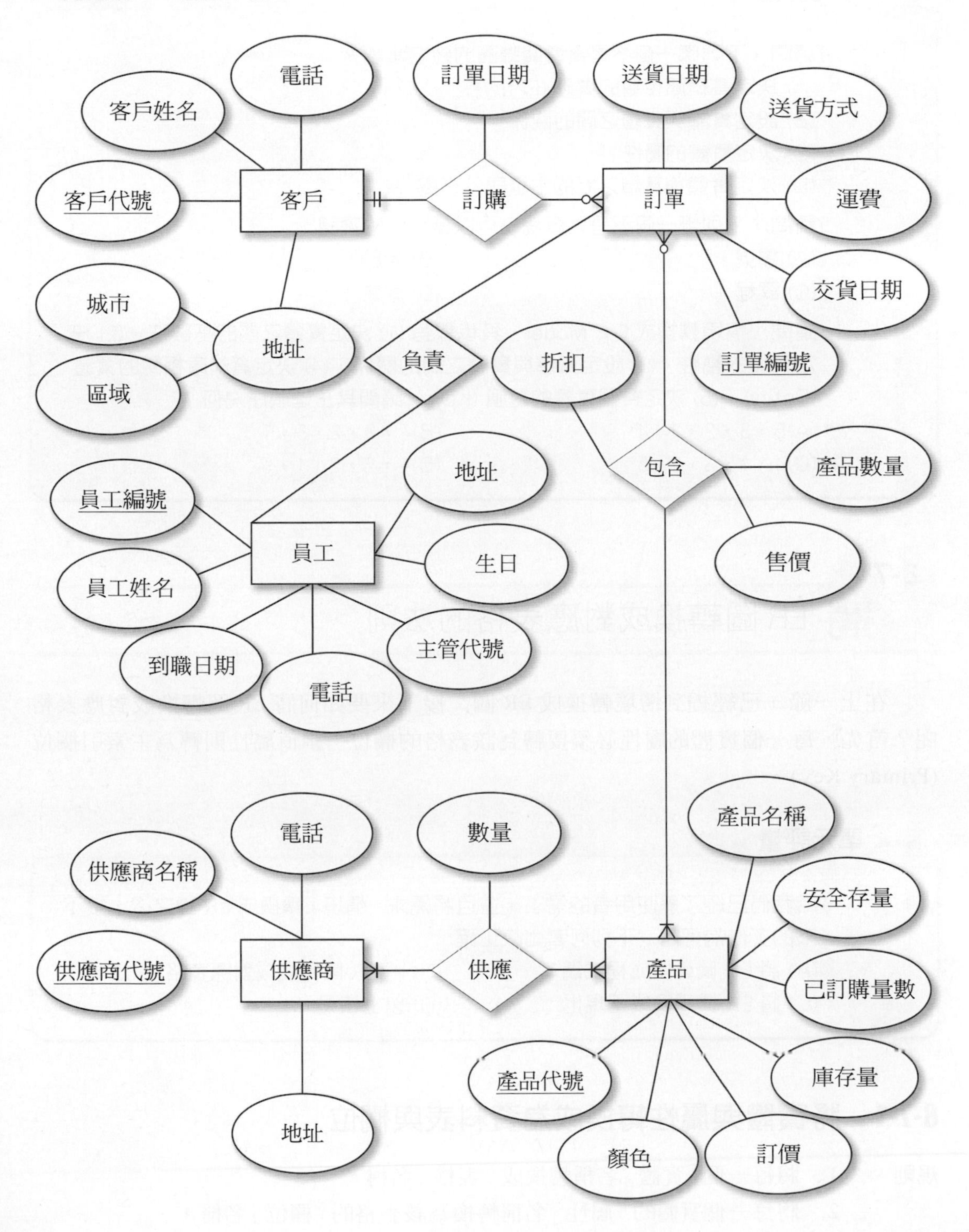
電話
客戶姓名
訂單日期
送貨日期
送貨方式
客戶代號
客戶
訂購
訂單
運費
城市
地址
交貨日期
區域
負責
折扣
訂單編號
包含
產品數量
員工編號
地址
員工
生日
售價
員工姓名
到職日期
主管代號
電話
產品名稱
電話
數量
供應商名稱
安全存量
供應商代號
供應商
供應
產品
已訂購量數
產品代號
庫存量
地址
顏色
訂價

單元評量

1. (　　)請問，下列哪一個不是實體關聯圖的建立步驟？
   (A) 決定資料庫相關的實體 (Entity)
   (B) 設定實體與實體之間的關係
   (C) 決定實體的屬性
   (D) 決定實體與實體之間的主鍵與外來鍵
2. (　　)請問，下列哪一個不是大專院校可以識別出的實體？
   (A) 學號　(B) 老師
   (C) 課程　(D) 學生
3. (　　)請問，情境轉換成 E-R Model，其步驟有 (1) 決定實體之間的基數性，(2) 決定實體的屬性，(3) 設定實體與實體之間的關係，(4) 決定資料庫相關的實體 (Entity)，(5) 決定各個實體的鍵值 (Key)。請問其正確順序為何？
   (A)5，3，2，1，4　(B)4，3，2，5，1
   (C)4，1，3，2，5　(D)4，3，2，1，5

8-7 將 ER 圖轉換成對應表格的法則

在上一節，已經提到情境轉換成 ER 圖；接下來要如何將 ER 圖轉換成對應表格呢？首先，每一個實體的屬性必須要轉為該表格的欄位；鍵值屬性則轉為主索引欄位 (Primary Key)。

單元評量

1. (　　)若我們已經了解使用者的需求，並且將需求 (情境) 轉換成 ER 圖之後，接下來的工作為何呢？下列何者比較正確
   (A) 將 ER 圖轉換成程式碼　(B) 將 ER 圖轉換成對應表格
   (C) 將 ER 圖轉換成正規化　(D) 以上皆是

8-7-1 將實體與屬性轉換成為資料表與欄位

規則 ⏭
1. 將每一個「實體」名稱轉換成「表格」名稱。
2. 將每一個實體的「屬性」名稱轉換為該表格的「欄位」名稱。
3. 將每一個實體的「鍵值屬性」轉換為「主鍵欄位」。
4. 如果鍵值屬性為<u>複合屬性</u>，則這個<u>複合屬性</u>所有的欄位皆為主索引欄位。

例如 ⏭ 請將下列的 ER 圖轉換成資料表。

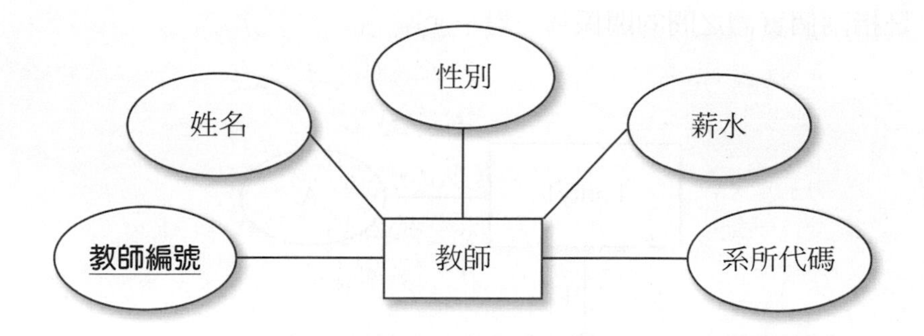

‡ 解答 ‡

教師表

<u>教師編號</u>	姓名	性別	薪水	系所代碼

單元評量

1. ( )若要將「ER 圖轉換成對應表格」，其法則下列何者正確？
   (A) 每一個「實體」名稱轉換成「表格」名稱
   (B) 每一個實體的「屬性」名稱轉換為該表格的「欄位」名稱
   (C) 每一個實體的「鍵值屬性」轉換為「主鍵欄位」
   (D) 以上皆是
2. ( )若要將「ER 圖轉換成對應表格」，其法則下列何者不正確？
   (A) 每一個「實體」名稱轉換成「資料庫」名稱
   (B) 每一個實體的「屬性」名稱轉換為該表格的「欄位」名稱
   (C) 每一個實體的「鍵值屬性」轉換為「主鍵欄位」
   (D) 如果鍵值屬性為複合屬性，則這複合屬性所有的欄位皆為主索引欄位

8-7-2 建立資料表間的關聯

基本上，在關聯式資料庫中的資料表之間，關聯性有三種情況：

- 第一種情況：1 對 1(1:1) 關係。
- 第二種情況：1 對多 (1:M) 關係。
- 第三種情況：多對多 (M:N) 關係。

第一種情況：1 對 1(1:1) 關係

定義 ⏭ 是指兩個實體之間的關係為一對一。

ER 圖 ⏭

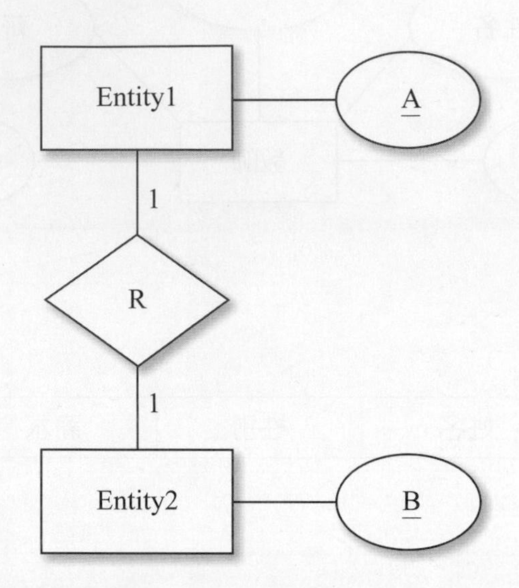

作法 ⏭ 基本上有兩種不同的作法

1. **第一種作法：**

   將 Entity2 資料表的主鍵 B 嵌入到 Entity1 資料表中，當作 Entity1 資料表的外來鍵 (F.K.)。因此，兩個資料表之間的關聯就是透過 Entity1 資料表的外來鍵 (F.K.) 參考對應 Entity2 資料表的主鍵 (P.K.)。

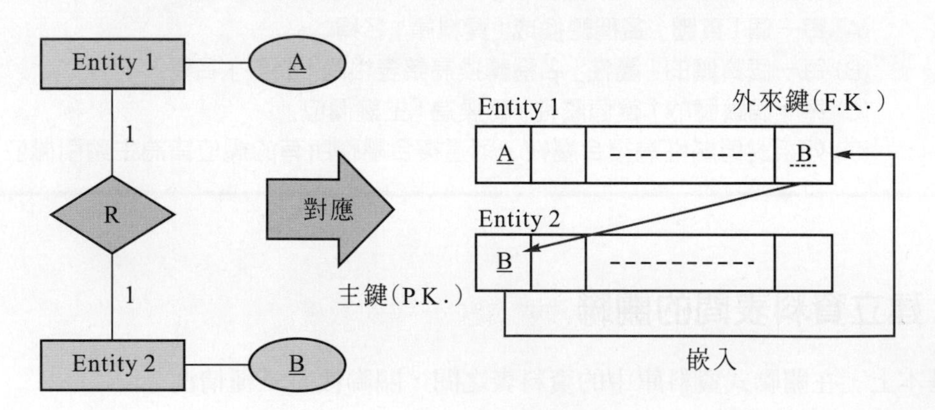

2. **第二種作法：**

將 Entity1 資料表的主鍵 A 嵌入到 Entity2 資料表中，當作 Entity2 資料表的外來鍵 (F.K.)。因此，兩個資料表之間的關聯就是透過 Entity2 資料表的外來鍵 (F.K.) 參考對應 Entity1 資料表的主鍵 (P.K.)。

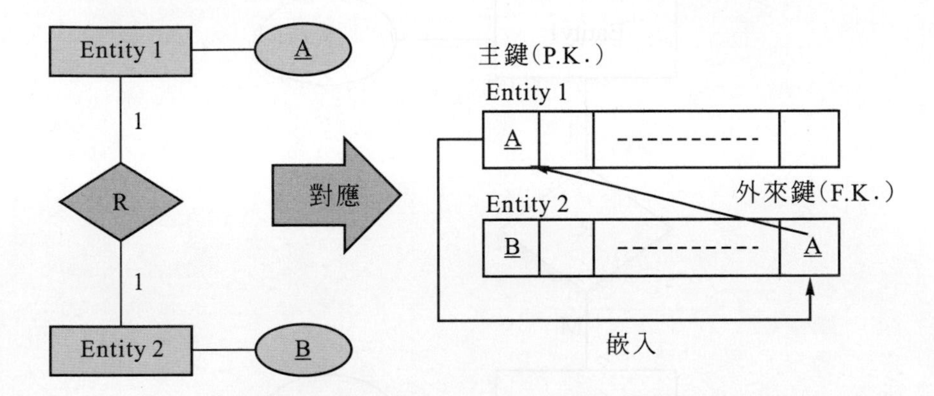

實例 ⏭

假設每一位「教師」只能分配一個「車位」；並且每一個「車位」僅能被分配給一位「教師」。其一對一關係之 ER 圖，如下所示：

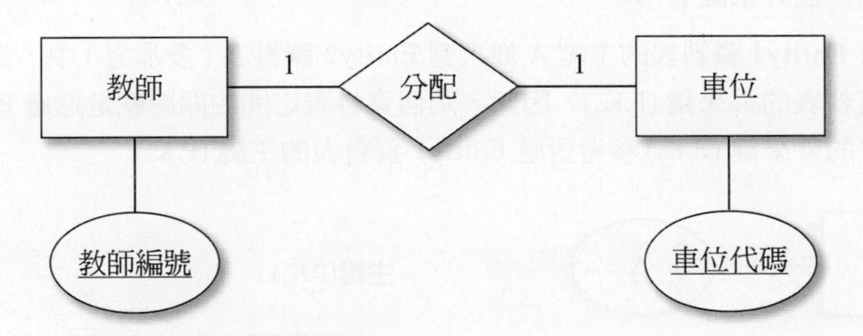

請將以上的 ER 圖轉換成資料表。

‡ 解答 ‡

第一種情況	教師資料表(**教師編號**，…車位代碼) 車位資料表(**車位代碼**，…)
第二種情況	教師資料表(**教師編號**，…) 車位資料表(**車位代碼**，…，教師編號)

第二種情況：1 對多 (1:M) 關係

定義 ⏭ 是指兩個實體之間的關係為一對多。

ER 圖 ⏭

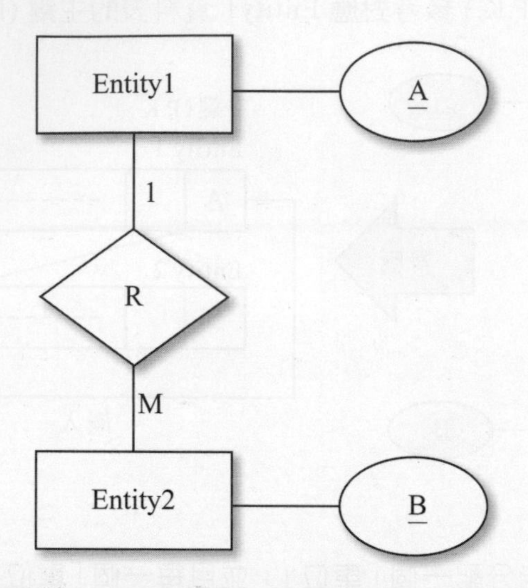

作法 ⏭ 當兩個實體的關係為一對多時，則實體為多哪方在轉換成 Table 時，要再增加一個外來鍵 (F.K.)。

將 Entity1 資料表的主鍵 A 嵌入到 Entity2 資料表 (多那方) 中，當作 Entity2 資料表的外來鍵 (F.K.)。因此，兩個資料表之間的關聯就是透過 Entity2 資料表的外來鍵 (F.K.) 參考對應 Entity1 資料表的主鍵 (P.K.)

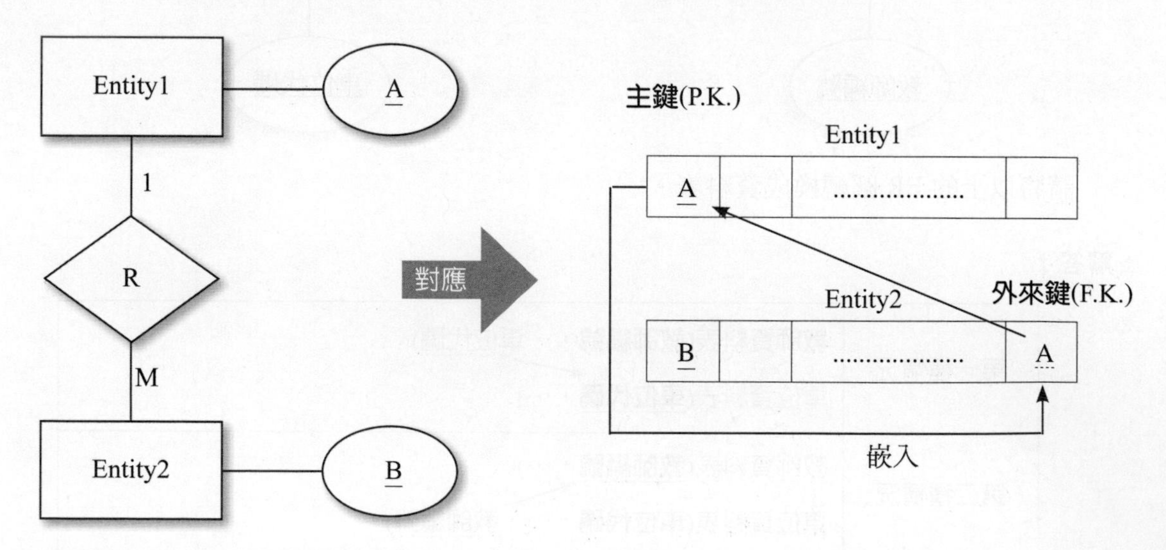

實例

假設每一位「教師」可以同時指導多位「學生」；但是，每一位「學生」僅能被一位「教師」指導，其一對多關係之 ER 圖，如下所示：

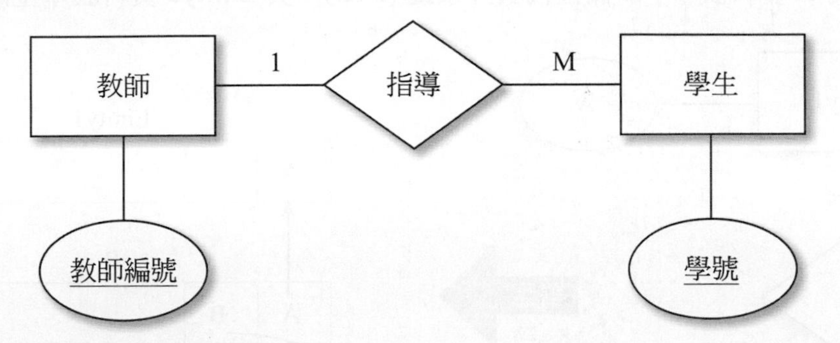

請將以上的 ER 圖轉換成資料表。

‡ 解答 ‡

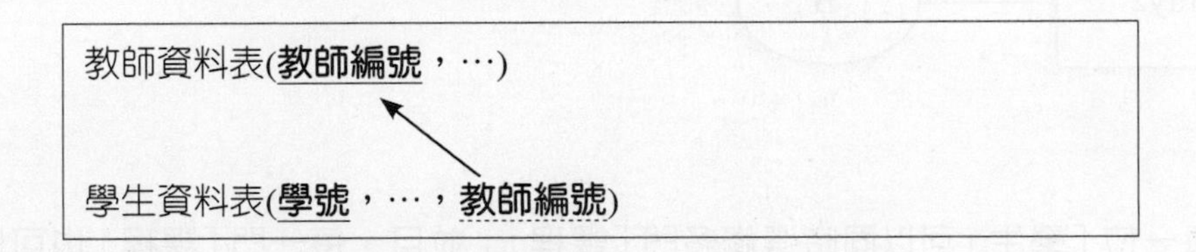

第三種情況：多對多 (M:N) 關係

定義 ⏭ 是指兩個實體之間的關係為多對多。

ER 圖 ⏭

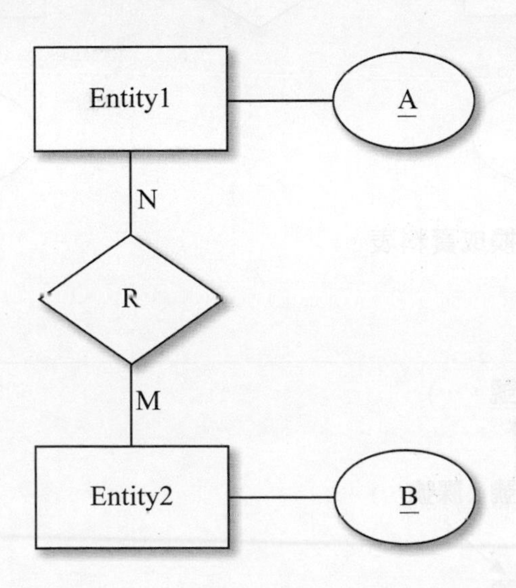

作法 ⏭ 當兩個實體之間的關係為多對多時。我們將增加一個 R 資料表，而 R 資料表的主鍵欄位是由 Entity1 資料表的主鍵 A 與 Entity2 資料表的主鍵 B 所組成。在 R 資料表中，A 欄位代表外來鍵 (F.K.)，與 Entity1 資料表產生關聯，而 R 資料表中，B 欄位代表外來鍵 (F.K.)，與 Entity2 資料表產生關聯。

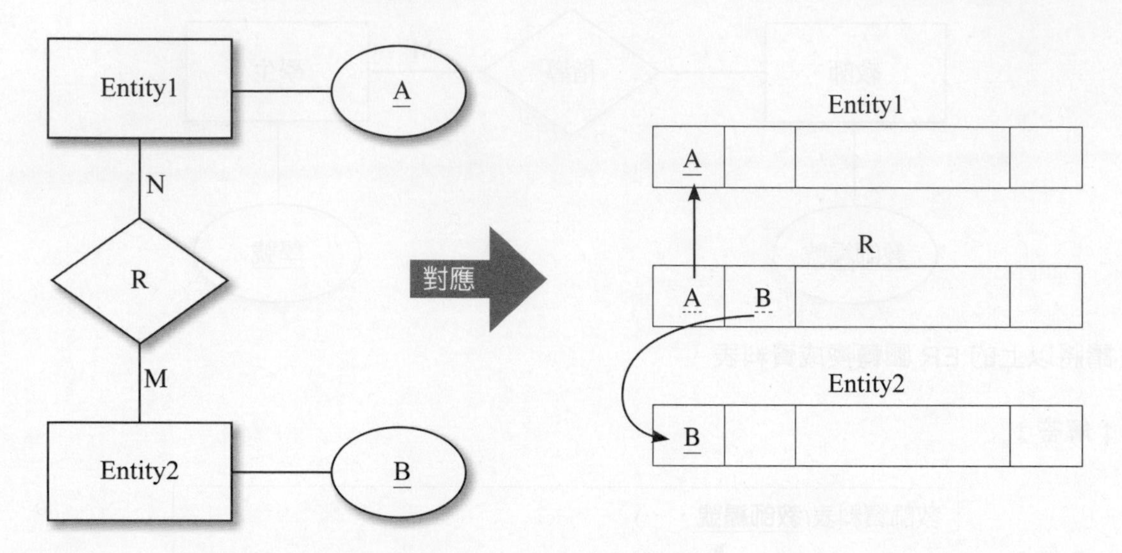

實例

假設每一位「學生」可以同時選修多門「課程」；並且，每一門「課程」也可以被多位「學生」來選課，其多對多關係之 ER 圖，如下所示：

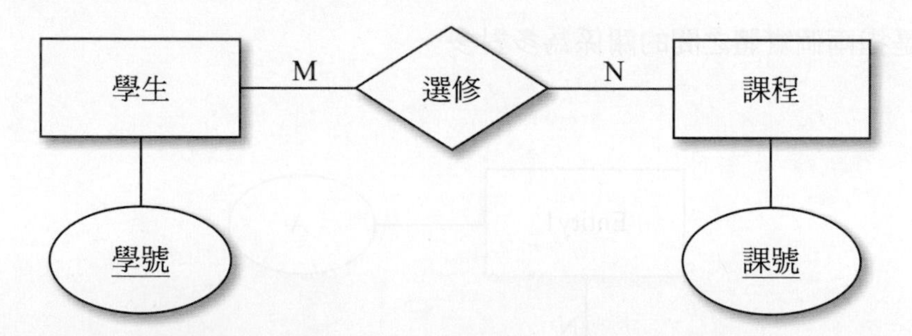

請將以上的 ER 圖轉換成資料表。

‡ 解答 ‡

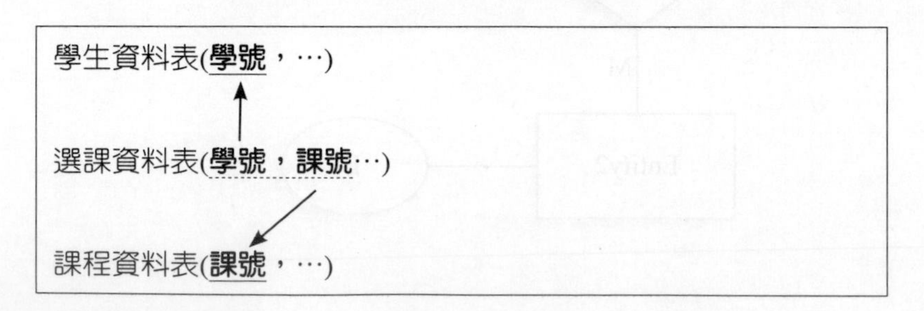
學生資料表(學號，…)

選課資料表(學號，課號…)

課程資料表(課號，…)

隨堂練習

Q 請將下列的 E-R 圖轉換成資料表。

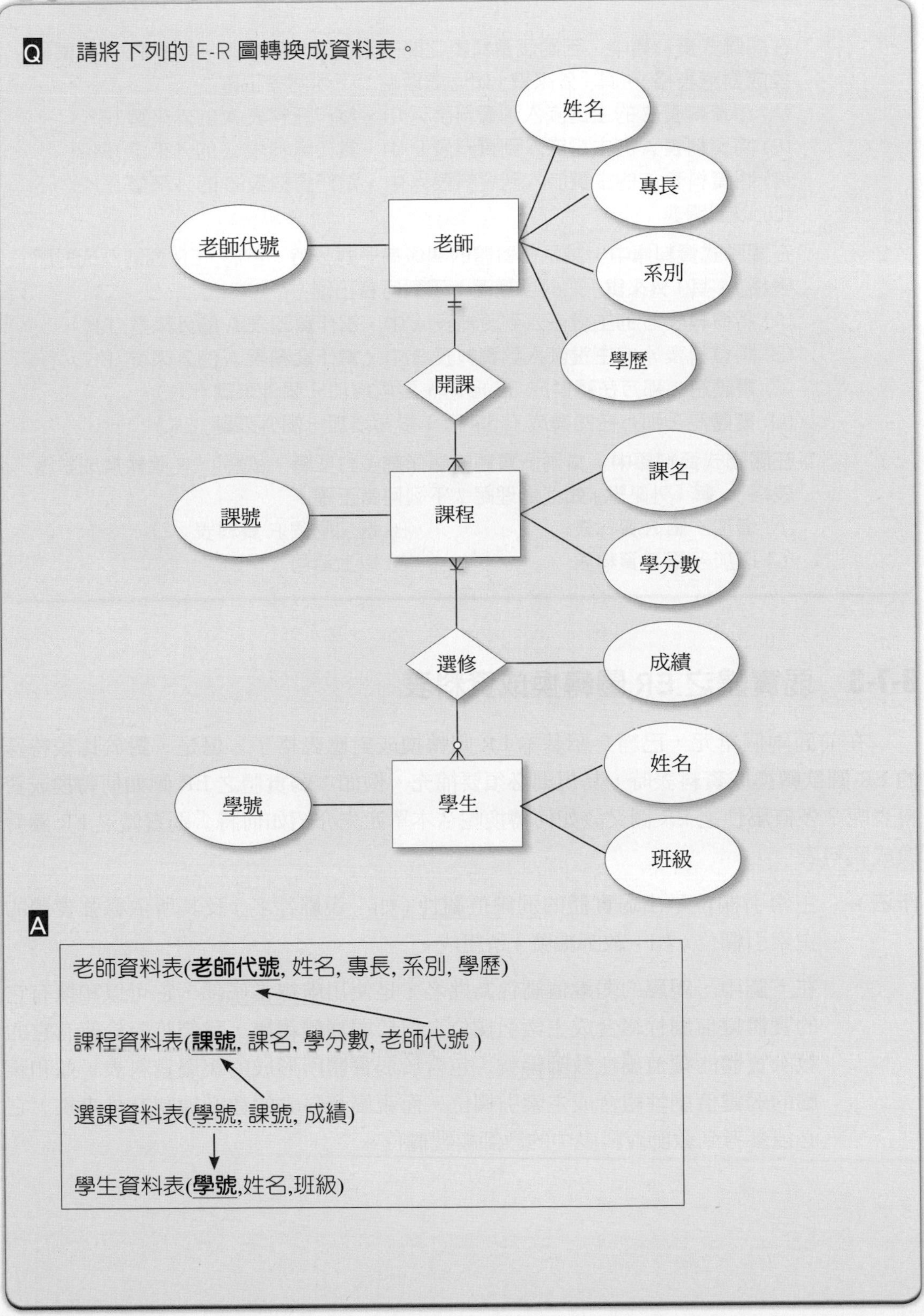

A

老師資料表(**老師代號**, 姓名, 專長, 系別, 學歷)

課程資料表(**課號**, 課名, 學分數, 老師代號)

選課資料表(學號, 課號, 成績)

學生資料表(**學號**,姓名,班級)

單元評量

1. ( )在關聯式資料庫中，若兩個資料表之間的關係為 1 對 1 時，則欲將「ER 圖轉換成對應表格」，其「外來鍵」如何處理呢？下列何者正確？
(A) 將資料表 B 的主鍵嵌入到資料表 A 中，當作資料表 A 的外來鍵 (F.K.)
(B) 將資料表 A 的主鍵嵌入到資料表 B 中，當作資料表 A 的外來鍵 (F.K.)
(C) 將資料表 A 的主鍵嵌入到資料表 A 中，當作資料表 B 的外來鍵 (F.K.)
(D) 以上皆非

2. ( )在關聯式資料庫中，當兩個實體的關係為一對多時，欲將「ER 圖轉換成對應表格」，其「外來鍵」如何處理呢？下列何者正確？
(A) 將資料表 B 的主鍵嵌入到資料表 A 中，當作資料表 A 的外來鍵 (F.K.)
(B) 將資料表 A 的主鍵嵌入到資料表 B 中，當作資料表 A 的外來鍵 (F.K.)
(C) 實體為 1 那方在轉換成 Table 時，要再增加一個外來鍵 (F.K.)
(D) 實體為多那方在轉換成 Table 時，要再增加一個外來鍵 (F.K.)

3. ( )在關聯式資料庫中，當兩個實體的關係為多對多時，欲將「ER 圖轉換成對應表格」，其「外來鍵」如何處理呢？下列何者正確？
(A) 增加一個 R 資料表　　(B) 增加兩個 R 資料表
(C) 增加多個 R 資料表　　(D) 以上皆可

8-7-3 弱實體之 ER 圖轉換成資料表

在前面兩個單元，已經介紹基本 ER 圖轉換成對應表格了。但是，對於比較特殊的 ER 圖欲轉換成資料表時，其規則必須要補充。例如：弱實體之 ER 圖如何轉換成資料表呢？多值屬性之 ER 圖又該如何轉換呢？本單元先介紹如何將「弱實體之 ER 圖轉換成資料表」。

作法 ⏭ 主索引欄位是由弱實體的弱鍵值屬性 (如：親屬姓名) 及其所依靠強實體的主索引欄位 (如：教師編號) 所組成。

在下圖中，親屬的弱鍵值屬性為姓名，是使用虛線當底部，它可以和擁有它的實體鍵值屬性組合成主索引欄位。對於弱實體親屬，我們將對於擁有它的教師實體的鍵值屬性教師編號，包含於弱實體所形成的親屬資料表，並和親屬的弱鍵值屬性組合成主索引欄位。而親屬資料表的教師編號為外來鍵，它必須參考到教師資料表中的教師編號欄位。

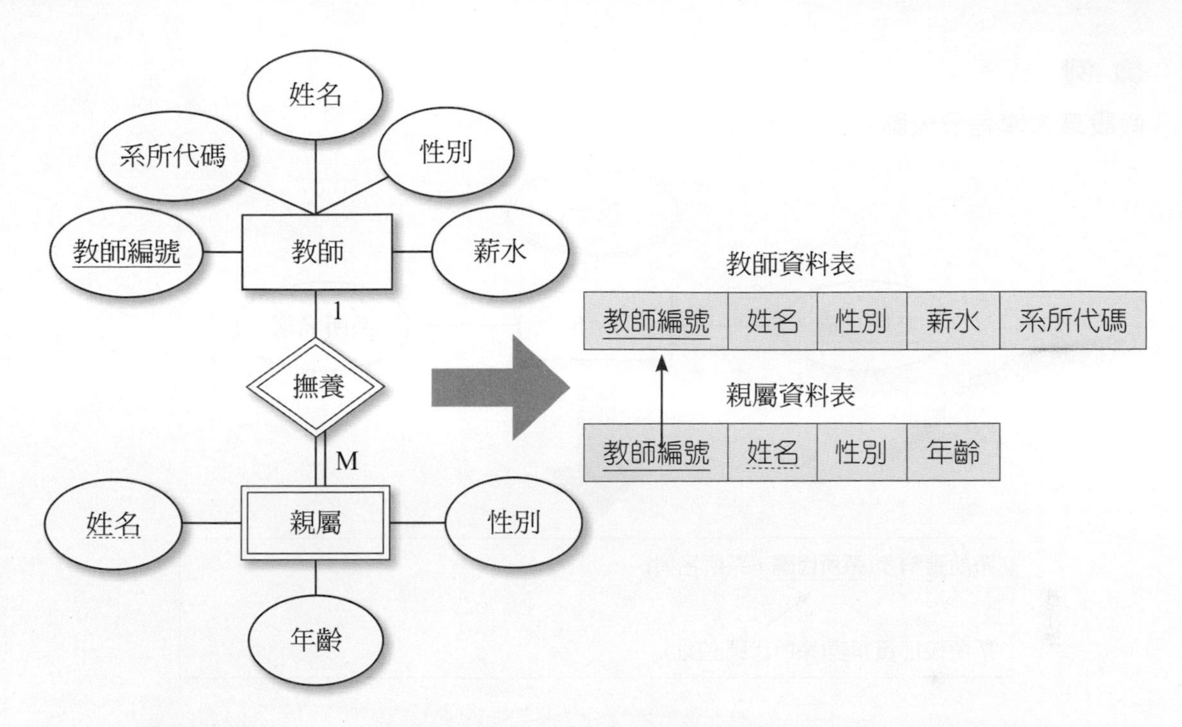

隨堂練習

Q 請再舉一弱實體之 E-R 圖轉換成資料表的例子。

A 「員工」與「親屬」之【扶養】關係。

8-7-4 多值屬性之 ER 圖轉換成資料表

作法 1. 建立一個新資料表 (內含 1 個外來鍵 (F.K.)+ 多值屬性欄位值，形成複合主鍵)

2. 再利用新資料表的外來鍵參考原資料表的主鍵。

圖解說明

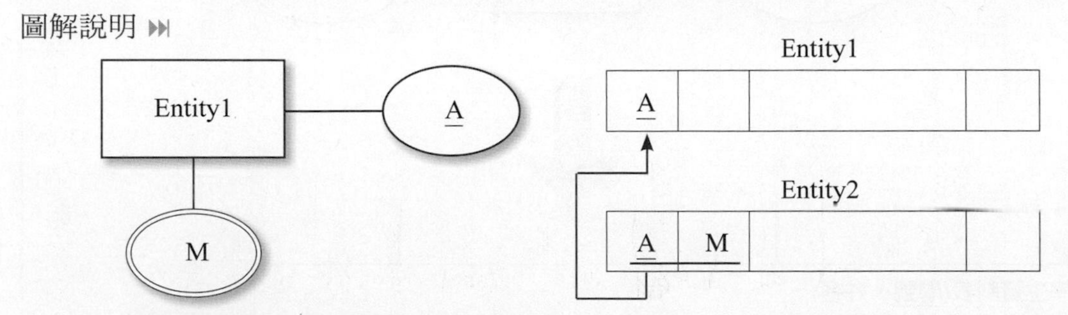

假設 Entity1 實體的多值屬性為 M，我們建立一個 Entity2 資料表，並將多值的屬性 M 放入 Entity2 資料表，也將 Entity1 實體的鍵值屬性嵌入到 Entity2 資料表當作外來鍵，使得 Entity2 資料表的外來鍵參考 Entity1 資料表的主鍵，來產生關聯。並且，此欄位和 Entity2 資料表的 M 屬性組合成 Entity2 資料表的主索引欄位。

實例

假設某大學有分校區

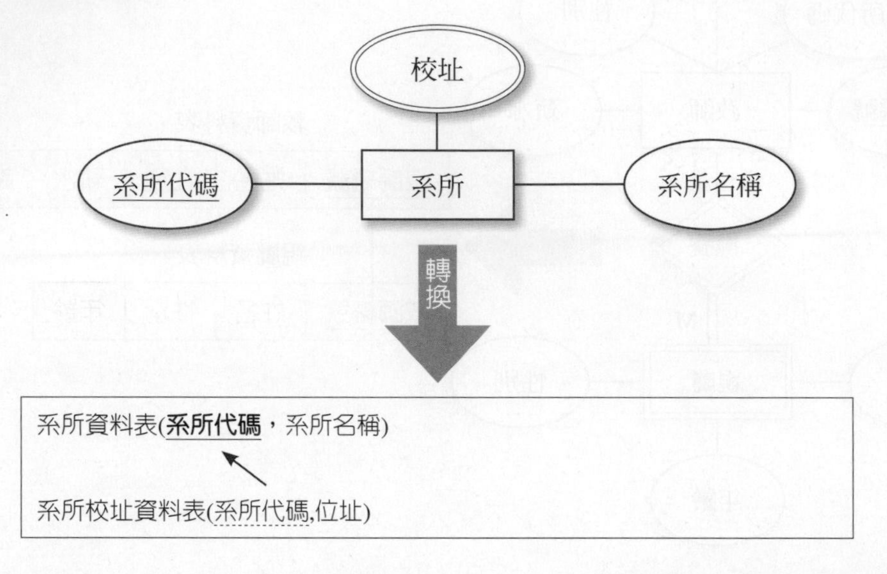

隨堂練習

Q 假設學生的電話有二支或二支以上。

A

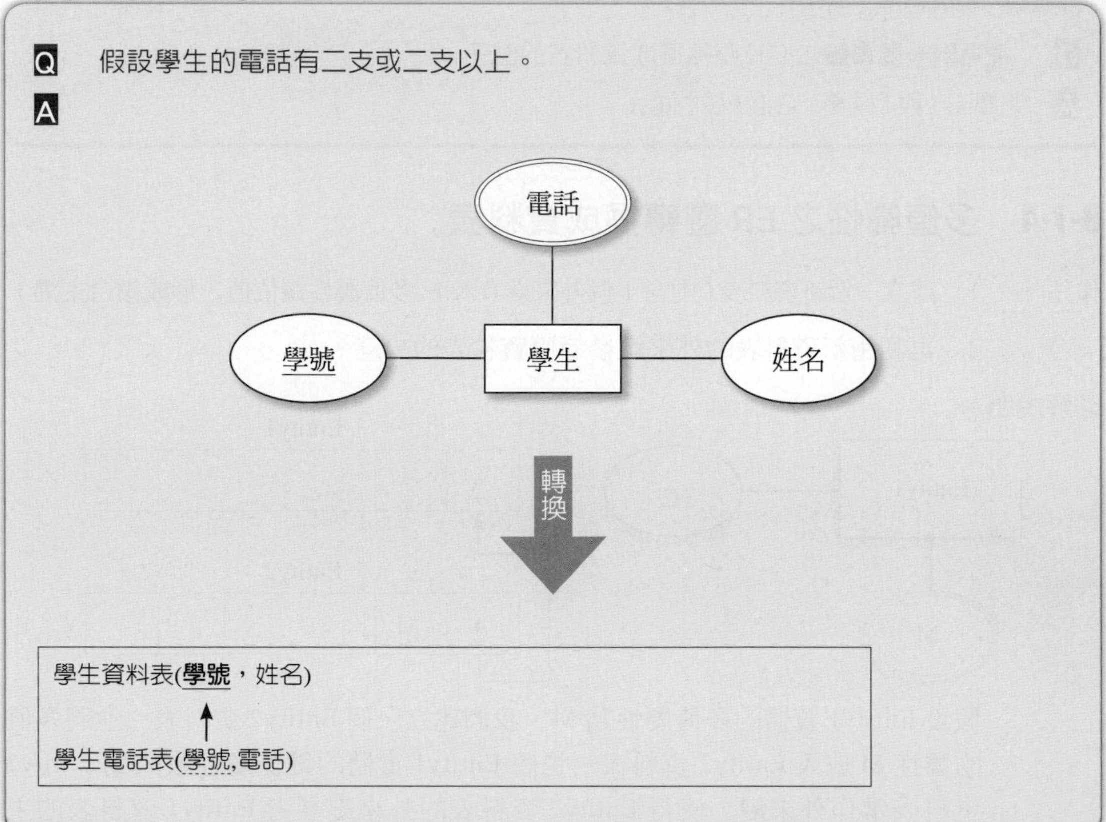

8-7-5 大於 2 元關係之 ER 圖轉換成資料表

作法 ⏭ 每一個關係大部分會存在兩個實體。但是，當關係的實體大於 2 時，則形成所謂的多元 (大於 2) 關係。因此，我們就必須要再建立一個新的弱資料表 R，包含了所有關係及實體的鍵值屬性，當作是 R 的外來鍵欄位。在 R 中，所有外來鍵欄位的組合就是 R 資料表的主鍵欄位，並且將 R 關係屬性 Z 加入到 R 資料表中。如下圖所示。

圖解說明 ⏭

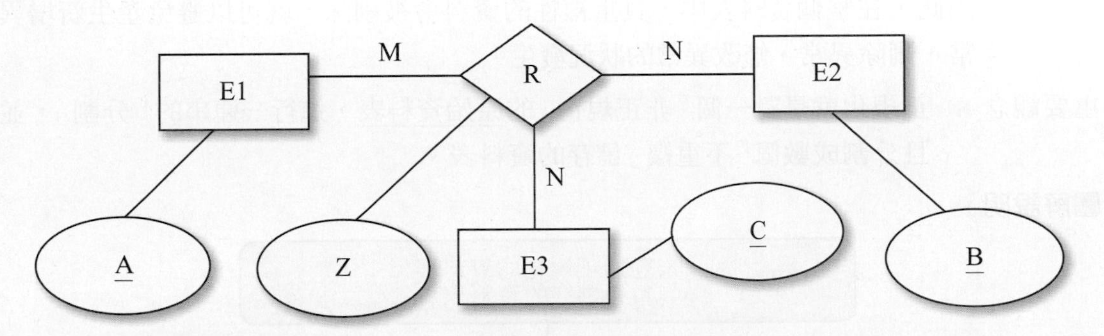

說明 ⏭ **一個新資料表 R(包含三個實體的鍵值屬性，當作是 R 的外來鍵欄位 +R 關係屬性 Z)。**

實例

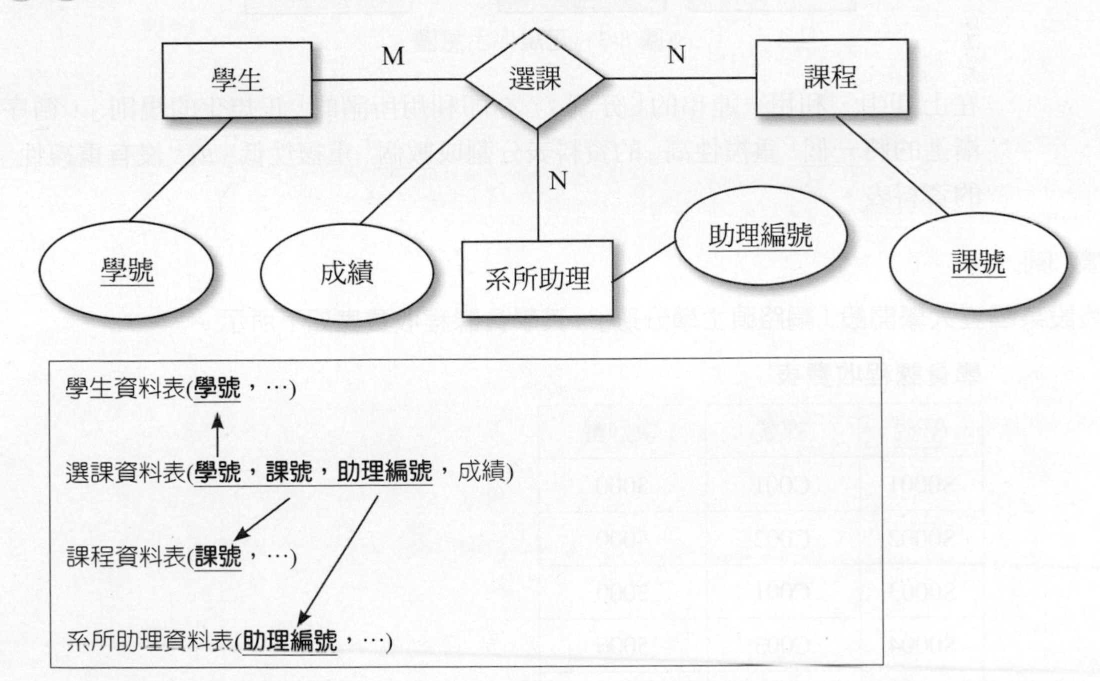

8-8 正規化 (Normalization)

定義 ▶▶ 是指在結構化分析與設計中，建構「資料模式」所運用的一個技術。

目的 ▶▶ 1. 降低資料重複性 (Data Redundancy)。

2. 避免資料更新異常 (Anomalies)。

因此，在整個資料表中，具重複性的資料會被剔除，就可以避免產生新增異常、刪除異常、修改異常的狀況發生。

重要觀念 ▶▶ 正規化就是對一個「非正規化」的原始資料表，進行一連串的「分割」，並且分割成數個「不重複」儲存的資料表。

圖解說明 ▶▶

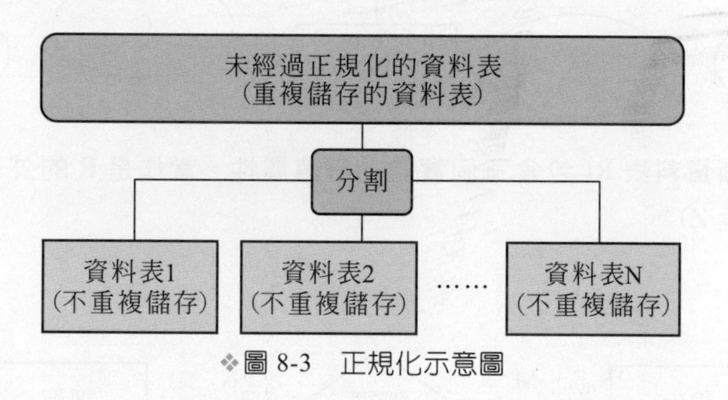

❖圖 8-3 正規化示意圖

在上圖中，利用一連串的「分割」，亦即利用所謂的「正規化的規則」，循序漸進的將一個「重複性高」的資料表分割成數個「重複性低」或「沒有重複性」的資料表。

實例

假設某國立大學開設「網路碩士學分班」，其**學員課程收費表**如下所示。

學員課程收費表

學號	課號	學分費
S0001	C001	3000
S0002	C002	4000
S0003	C001	3000
S0004	C003	5000
S0005	C002	4000

學員的選課須知如下：

1. 每一位學員只能選修一門課程。
2. 每一門課程均有收費標準 (C001 為 3000 元，C002 為 4000 元，C003 為 5000 元)。

說明 ⏭ 在上面的學員課程收費表中雖然僅有三個欄位，但是已不算是一個良好的儲存結構，因為此表格中有資料重複現象。

例如 ⏭ 有些課程的費用在許多學員身上重複出現(S0001 與 S0003；S0002 與 S0005)，因此可能會造成錯誤或不一致的異常 (Anomalies) 現象。

分析 ⏭ **三種可能的異常 (Anomalies) 現象**

1. 新增異常

假設學校又要新增 C004 課程，但此課程無法立即新增到資料表中，除非至少有一位學員選修了 C004 這門課程。

	學號	課號	學分費
#1	S0001	C001	3000
#2	S0002	C002	4000
#3	S0003	C001	3000
#4	S0004	C003	5000
#5	S0005	C002	4000

無法新增

#6	Null	C004	3000

2. 修改異常

假如 C002 課程的學分費由4000 元調整為 4500 元，若「C002 課程」有多位學員選修，因此，修改「S0002」學員的學分費時，可能有些記錄未修改到 (S0005)，造成資料的不一致現象。

	學號	課號	學分費
#1	S0001	C001	3000
#2	S0002	C002	4000 調整 ➔4500
#3	S0003	C001	3000
#4	S0004	C003	5000
#5	S0005	C002	4000 忘了調整

造成 C002 課程的學分費不一致現象

3. 刪除異常

假設學員 S0004 退選時，同時也刪除 C003 這門課程，由於該課程只有 S0004 這位學員選修，因此，若把這一筆記錄刪除，從此我們將失去 C003 這門課程及其學分費的資訊。

	學號	課號	學分費
#1	S0001	C001	3000
#2	S0002	C002	4000
#3	S0003	C001	3000
#4	~~S0004~~	~~C003~~	~~5000~~
#5	S0005	C002	4000

失去 C003 課程及其相關資訊

解決方法 ⏭ ➔ 正規化

由於上述的分析，發現學員課程收費表並不是一個良好的儲存結構，因此，我們就必須要採用後面所要討論的正規化技術，將學員課程收費表分割成兩個資料表，即「選課表」與「課程收費對照表」，因此，才不會發生上述的異常現象。

學員課程收費表

學號	課號	學分費
S0001	C001	3000
S0002	C002	4000
S0003	C001	3000
S0004	C003	5000
S0005	C002	4000

正規化

選課表

	學號	課號
#1	S0001	C001
#2	S0002	C002
#3	S0003	C001
#4	S0004	C003
#5	S0005	C002

課程收費對照表

	課號	學分費
#1	C001	3000
#2	C002	4000
#3	C003	5000

單元評量

1. ( )關於「正規化」的描述，下列何者不正確？
   (A) 是指將一個大資料表分割成數個小資料表的過程
   (B) 是指對一個「非正規化」的原始資料表，「分割」成數個「不重複」儲存的資料表
   (C) 一連串的「分割」過程，將會使資料表越來越少
   (D) 一連串的「分割」過程，將會使得資料表的「重複性」降低，或成為「沒有重複性」的資料表
2. ( )尚未正規化的資料表之問題，下列何者正確？
   (A) 重複性問題 (B) 資料之間的相依性問題
   (C) 異常性問題 (D) 以上皆可能發生

8-8-1 功能相依 (Functional Dependency, FD)

定義 ⏭ 是指資料表中各欄位之間的相依性。亦即某欄位不能單獨存在，必須要和其他欄位一起存在時才有意義，稱這兩個欄位具有功能相依。

例如 ⏭ 學生資料表

姓名	學號	性別	系所	電話	地址

說明 ⏭ 在上面的資料表中，「姓名」欄位的值必須搭配「學號」欄位才有意義，則我們說「姓名欄位相依於學號欄位」。

種類 ⏭
1. 完全功能相依 (Full Functional Dependency)。
2. 部分功能相依 (Partial Functional Dependency)。
3. 遞移相依 (Transitive Dependency)。

一、完全功能相依 (Full Functional Dependency)

定義 ⏭ 假設在關聯表 R(X, Y, Z) 中，包含一組功能相依 (X, Y)→Z，如果我們從關聯表 R 中移除任一屬性 X 或 Y 時，則使得這個功能相依 (X,Y)→Z 不存在，此時我們稱 Z 為「**完全功能相依**」於 (X,Y)。

反之，若 (X,Y)→Z 存在，我們稱 Z 為「**部分功能相依**」於 (X,Y)。

例如 ⏭ **{ 學號 (X)，課號 (Y)} → 成績 (Z)** ⇨ 這是「**完全功能相依**」

如果從關聯表中移除課號 (Y)，則功能相依 (X)→ Z 不存在 。

因為，「學號」和「課號」兩者一起決定了「成績」，缺一不可。

否則，只有一個學號對應一個成績，無法得知該成績是哪一門課程的分數。

亦即**成績 (Z) 完全功能相依於 { 學號 (X)，課號 (Y)}**。

二、部分功能相依 (Partial Functional Dependency)

定義 ⏭ 假設在關聯表 R(X, Y, Z) 中包含一組功能相依 (X, Y)→Z，如果我們從關聯表 R 中移除任一屬性 X 或 Y 時，則使得這個功能相依 (X,Y)→Z **存在**，此時我們稱 Z **為「部分功能相依」於** (X,Y)。

例如 ⏭ {學號 (X)，身分證字號 (Y)} → 姓名 (Z)⇨ 這是「部分功能相依」。如果從關聯表中移除身分證字號 (Y)，則功能相依 (X)→Z 存在。因為，「學號」也可以決定「姓名」，他們之間也具有功能相依性。

三、遞移相依 (Transitive Dependency)

定義 ⏭ 是指在二個欄位間並非直接相依，而是借助第三個欄位來達成資料相依的關係。

例如 ⏭ Y 相依於 X；而 Z 又相依於 Y，如此 X 與 Z 之間就是遞移相依的關係。

示意圖 ⏭

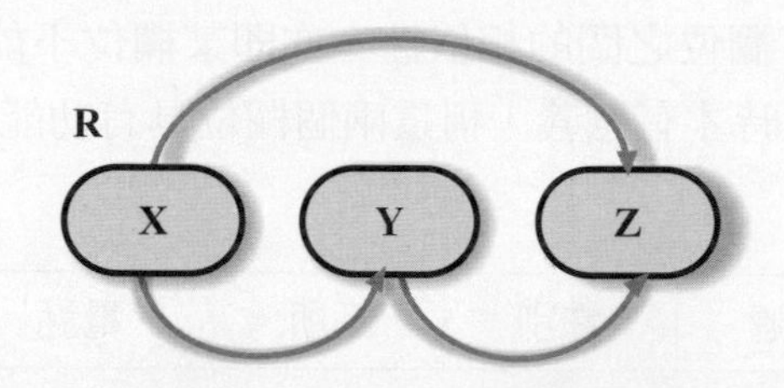

在上面的關聯表 R(X, Y, Z) 中包含一組相依 X→Y, Y→Z，則 X→Z，此時我們稱 Z 遞移相依於 X。

舉例 ⏭ 假設「課程代號」決定「老師編號」，並且「老師編號」又可以決定「老師姓名」，則「課程代號」與「老師姓名」之間是什麼相依關係呢？

‡ **解答** ‡

課程代號 → 老師編號

老師編號→ 老師姓名 ⇨ 這是遞移相依

因為，「課程代號」可以決定「老師編號」；並且，「老師編號」又可以決定「老師姓名」，因此，「課程代號」與「老師姓名」之間存在遞移相依性。

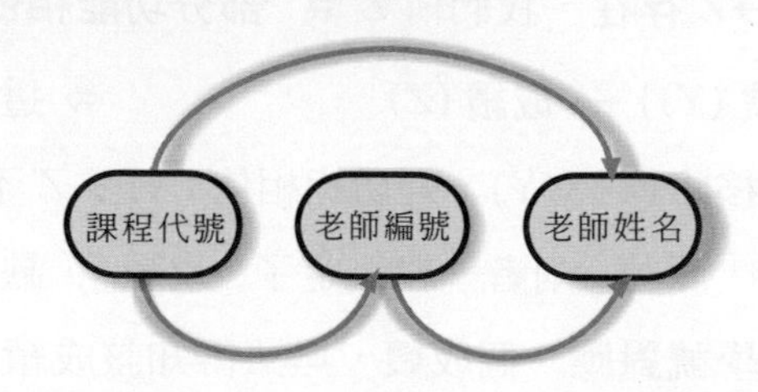

單元評量

1. (　　)關於「功能相依」的敘述，下列何者不正確？
   (A) 是指資料表中各欄位之間的相依性
   (B) 是指某欄位不能單獨存在，必須要和其他欄位一起存在時才有意義
   (C) 在學籍資料表中，常見姓名欄位相依於學號欄位
   (D) 在學籍資料表中，常見學號欄位相依於姓名欄位
2. (　　)在選課資料表中，至少會有三個欄位，分別為學號、課號及成績，請問，這三個欄位的相依關係為何？
   (A) 成績部分功能相依於 { 學號，課號 }
   (B){ 學號，課號 } 部分功能相依於成績
   (C){ 學號，課號 } 完全功能相依於成績
   (D) 成績完全功能相依於 { 學號，課號 }
3. (　　)在學籍資料表中，至少會有三個欄位，分別為學號、身分證字號及姓名，請問，這三個欄位的相依關係為何？
   (A) 姓名部分功能相依於 { 學號，身分證字號 }
   (B){ 學號，身分證字號 } 部分功能相依於姓名
   (C){ 學號，身分證字號 } 完全功能相依於姓名
   (D) 姓名完全功能相依於 { 學號，身分證字號 }
4. (　　)假設 A 與 B 相依，且 A 與 C 相依，則 B 與 C 關係為何種相依關係呢？
   (A) 部分相依　　(B) 部分獨立
   (C) 直接相依　　(D) 遞移相依

8-8-2 正規化規則

引言 資料庫在正規化時會有一些規則，並且每條規則都稱為「正規型式」。如果符合第一條規則，則資料庫就稱為「第一正規化型式 (1NF)」。如果符合前二條規則，則資料庫就被視為屬於「第二正規化型式 (2NF)」。雖然資料庫的正規化最多可以進行到第五正規化型式，但是在實務上，BCNF 被視為大部分應用程式所需的最高階正規型式。

圖解 ▶▶|

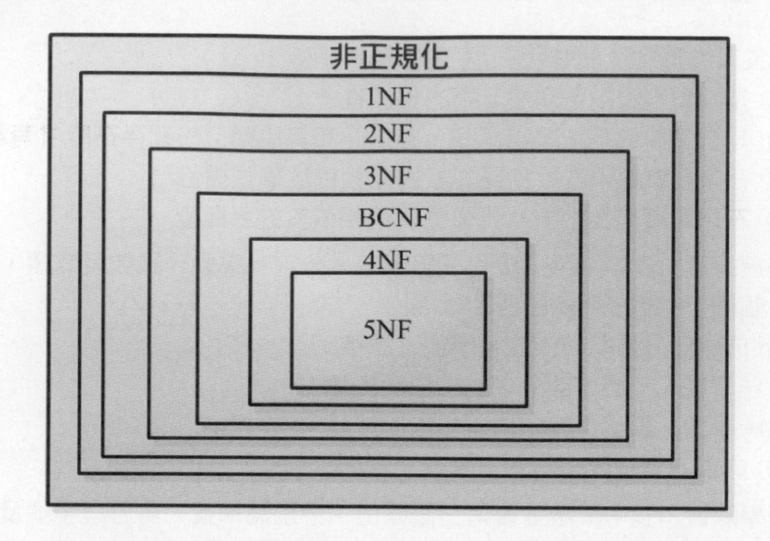

說明 ▶▶| 從上圖中，我們可以清楚得知，正規化是循序漸進的過程，亦即資料表必須滿足第一正規化的條件之後，才能進行第二正規化。換言之，第二正規化必須建立在符合第一正規化的資料表上，依此類推。

正規化步驟 ▶▶| 在資料表正規化的過程 (1NF 到 BCNF) 中，每一個階段都是以欄位的「相依性」，作為分割資料表的依據之一。其完整的正規化步驟如下圖所示：

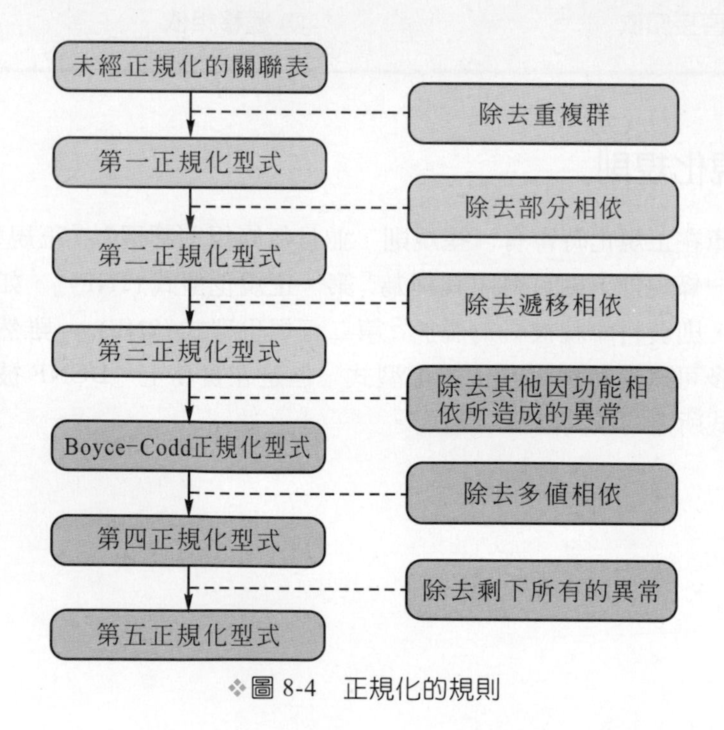

❖圖 8-4 正規化的規則

1. **第一正規化** (First Normal Form, 1NF)：由 E.F.Codd 提出。
   滿足所有記錄中的屬性內含值都是基元值 (Atomic Value)。
   即無重複項目群。
2. **第二正規化** (Second Normal Form, 2NF)：由 E.F.Codd 提出。
   符合 1NF 且每一非鍵值欄位「完全功能相依」於主鍵。
   即不可「部分功能相依」於主鍵。
3. **第三正規化** (Third Normal Form, 3NF)：由 E.F.Codd 提出。
   符合 2NF，且每一非鍵值欄位非「遞移相依」於主鍵。
   即除去「遞移相依」問題。
4. **Boyce-Codd 正規化型式** (Boyce-Codd Normal Form ;BCNF)：
   由 R.F. Boyce 與 E.F.Codd 共同提出。
   符合 3NF，且每一決定因素 (Determinant) 皆是候選鍵，簡稱為 BCNF。
5. **第四正規化** (Fourth Normal Form, 4NF)：由 R. Fagin 提出。
   符合 BCNF，再除去所有的多值相依。
6. **第五正規化** (Fifth Normal Form, 5NF)：由 R. Fagin 提出。
   符合 4NF，且沒有合併相依。

單元評量

1. (　　)一般來說，在實務上常應用至第幾正規化型式？
   (A)1NF　(B)2NF　(C)3NF　(D)BCNF
2. (　　)關於資料庫的正規化步驟，下列敘述何者不正確？
   (A) 第一正規化形式在刪除重複資料
   (B) 第二正規化形式在刪除部分相依資料
   (C) 第三正規化形式在刪除功能相依資料
   (D) 第四正規化形式在刪除多值相依資料
3. (　　)若某關聯表已符合 Boyce-Codd 正規化，則需再除去下列哪一項後，該關聯表才符合第 4 正規化？
   (A) 遞移相依　(B) 部分相依　(C) 多值相依　(D) 重複群
4. (　　)在原始資料表中，其資料項目若有下列情況時，須做作第一正規化呢？
   (A) 部分功能相依　(B) 遞移功能相依　(C) 重複項目群　(D) 完全功能相依
5. (　　)在正規的過程中，若有下列情況時，須做第二正規化呢？
   (A) 部分功能相依　(B) 遞移功能相依　(C) 重複項目群　(D) 完全功能相依
6. (　　)在正規的過程中，若有下列情況時，須做第三正規化呢？
   (A) 部分功能相依　(B) 遞移功能相依　(C) 重複項目群　(D) 完全功能相依

8-8-3 第一正規化 (1NF)

定義 ⏭ 是指在資料表中的所有記錄之**屬性內含值都是基元值 (Atomic Value)**。亦即**無重複項目群**。

實例

假設現在有一份某某科技大學的學生選課資料表，如表 8-2 (a) 所示：

❖表 8-3(a) 學生選課資料表

某某科技大學【學生選課資料表】

==

學號：001		**姓名：李碩安**				**性別：男**
課程代碼	課程名稱	學分數	必選修	成績	老師編號	老師姓名
C001	程式語言	4	必	74	T001	李安
C002	網頁設計	3	選	93	T002	張三
學號：002		**姓名：李碩崴**				**性別：男**
課程代碼	課程名稱	學分數	必選修	成績	老師編號	老師姓名
C002	網頁設計	3	選	63	T002	張三
C003	計　　概	2	必	82	T003	李四
C005	網路教學	4	選	94	T005	王五

我們可以將表 8-3(a) 的原始資料利用二維表格來儲存，如表 8-2 (b)。

二維表格來儲存

❖表 8-3 (b) 未正規化的資料表：學生選課資料報表

學號	姓名	性別	課程代碼	課程名稱	學分數	必選修	成績	老師編號	老師姓名
001	李碩安	男	C001 C002	程式語言 網頁設計	4 3	必 選	74 93	T001 T002	李安 張三
002	李碩崴	男	C002 C003 C005	網頁設計 計　　概 網路教學	3 2 4	選 必 選	63 82 94	T002 T003 T005	張三 李四 王五

重複資料項目

但是，我們發現有許多屬性的內含值都具有二個或二個以上的值(亦稱為重複資料項目)，其原因：尚未進行第一正規化。

■未符合 1NF 資料表的缺點

以上資料表中的「課程代碼」、「課程名稱」、「學分數」、「必選修」、「成績」、「老師編號」及「老師姓名」欄位的長度無法確定，因為學生要選修多少門課程，無法事先得知(李碩安同學選了 2 門，李碩崴同學選了 3 門)，因此，必須要預留很大的空間給這七個欄位，如此反而造成儲存空間的浪費。

➢ **第一正規化的作法：**

作法 ⏭ 將重複的資料項分別儲存到不同的記錄中，並加上適當的主鍵。

步驟一：檢查是否存在「重複資料項目」。

未經正規化前的學生選課表

重複資料項目

學號	姓名	性別	課程代碼	課程名稱	學分數	必選修	成績	老師編號	老師姓名
001	李碩安	男	C001 C002	程式語言 網頁設計	4 3	必 選	74 93	T001 T002	李安 張三
002	李碩崴	男	C002 C003 C005	網頁設計 計　概 網路教學	3 2 4	選 必 選	63 82 94	T002 T003 T005	張三 李四 王五

步驟二：將重複資料項分別儲存到不同的記錄中，並加上適當的主鍵

未經正規化前的學生選課表

學號	姓名	性別	課程代碼	課程名稱	學分數	必選修	成績	老師編號	老師姓名
001	李碩安	男	C001 C002	程式語言 網頁設計	4 3	必 選	74 93	T001 T002	李安 張三
002	李碩崴	男	C002 C003 C005	網頁設計 計　概 網路教學	3 2 4	選 必 選	63 82 94	T002 T003 T005	張三 李四 王五

儲存到不同的記錄中

經過正規化後的學生選課表 (1NF)

學號	姓名	性別	**課程代碼**	課程名稱	學分數	必選修	成績	老師編號	老師姓名
001	李碩安	男	C001	程式語言		必	74	T001	李安
001	李碩安	男	C002	網頁設計	3	選	93	T002	張三
002	李碩崴	男	C002	網頁設計	3	選	63	T002	張三
002	李碩崴	男	C003	計　概	2	必	82	T003	李四
002	李碩崴	男	C005	網路教學	4	選	94	T005	王五

經過正規化後的學生選課表 (1NF)

學號	姓名	性別	課程代碼	課程名稱	學分數	必選修	成績	老師編號	老師姓名
001	李碩安	男	C001	程式語言	4	必	74	T001	李安
001	李碩安	男	C002	網頁設計	3	選	93	T002	張三
002	李碩崴	男	C002	網頁設計	3	選	63	T002	張三
002	李碩崴	男	C003	計　　概	2	必	82	T003	李四
002	李碩崴	男	C005	網路教學	4	選	94	T005	王五

在經由第一正規化之後，使得每一個欄位內只能有一個資料 (基元值)。雖然增加了許多記錄，但每一個欄位的「長度」及「數目」都可以固定，而且我們可用「課程代碼」欄位加上「學號」欄位當作主鍵，使得在查詢某學生修某課程的「成績」時，就非常方便而快速了。

單元評量

1. (　　) 消除表格上的重複性資料為：
   (A) 第一正規化　(B) 第二正規化
   (C) 第三正規化　(D) 第四正規化
2. (　　) 當我們完成第一階正規化之後，已經除去哪些資料？
   (A) 重複的資料項　(B) 資料的部分功能相依
   (C) 資料的遞移相依　(D) 所有異常情況
3. (　　) 有關資料庫，下列何者為錯？
   (A) 每一個欄位內容可以儲存一個以上的資料值
   (B) 資料表中最好不要出現沒有意義且相同的多個欄位，如姓名一、姓名二等
   (C) 多對多的關聯最好能將之轉化成多個一對多對應
   (D) 資料表的正規化可將資料的重複減至最少
4. (　　) 在關聯表刪除多重值屬性，讓關聯表只擁有單元值屬性，是哪一階正規化型式？
   (A)1NF　(B)2NF
   (C)3NF　(D)4NF

8-8-4 第二正規化 (2NF)

在完成了第一正規化之後，讀者是否發現，在資料表中產生許多重複的資料。如此，不但浪費儲存的空間，更容易造成新增、刪除或更新資料時的異常狀況，說明如下。

一、新增異常檢查 (Insert Anomaly)

記錄	學號	姓名	性別	課程代碼	課程名稱	學分數	必選修	成績	老師編號	老師姓名
#1	001	李碩安	男	C001	程式語言	4	必	74	T001	李安
#2	001	李碩安	男	C002	網頁設計	3	選	93	T002	張三
#3	002	李碩崴	男	C002	網頁設計	3	選	63	T002	張三
#4	002	李碩崴	男	C003	計　　概	2	必	82	T003	李四
#5	002	李碩崴	男	C005	網路教學	4	選	94	T005	王五

無法新增

例如：鍵入 #6 筆記錄，如下所示：

記錄	學號	姓名	性別	課程代碼	課程名稱	學分數	必選修	成績	老師編號	老師姓名
#6	NULL			C004	系統分析				NULL	

無法先新增課程資料，如「課程代碼」及「課程名稱」，要等選課之後，才能新增。

原因：以上的新增動作違反「實體完整性規則」，因為，主鍵或複合主鍵不可以為空值 NULL。

二、修改異常檢查 (Update Anomaly)

記錄	學號	姓名	性別	課程代碼	課程名稱	學分數	必選修	成績	老師編號	老師姓名
#1	001	李碩安	男	C001	程式語言	4	必	74	T001	李安
#2	001	李碩安	男	C002	網頁設計	3	選	93	T002	張三
#3	002	李碩崴	男	C002	網頁設計	3	選	63	T002	張三
#4	002	李碩崴	男	C003	計　　概	2	必	82	T003	李四
#5	002	李碩崴	男	C005	網路教學	4	選	94	T005	王五

「網頁設計」課程重複多次，因此，修改「網頁設計」課程的成績時，可能有些記錄未修改到，造成資料的不一致現象。

例如：有選「網頁設計」課程的同學之成績各加 5 分，可能會有些同學有加分，而有些同學卻沒有加分，導致資料不一致的情況。

三、刪除異常檢查 (Delete Anomaly)

記錄	學號	姓名	性別	課程代碼	課程名稱	學分數	必選修	成績	老師編號	老師姓名
#1	001	李碩安	男	C001	程式語言	4	必	74	T001	李安
#2	001	李碩安	男	C002	網頁設計	3	選	93	T002	張三
#3	002	李碩崴	男	C002	網頁設計	3	選	63	T002	張三
#4	002	李碩崴	男	C003	計　概	2	必	82	T003	李四
#5	002	李碩崴	男	C005	網路教學	4	選	94	T005	王五

當刪除 #4 學生的記錄時，同時也會刪除課程名稱、學分數及相關的資料。

所以導致「計概」課程的 2 學分數也同時被刪除了。

綜合上述的三種異常現象，所以，我們必須進行「第二階正規化」，來消除這些問題。

➤ 第二正規化的作法

☑ 分割資料表；亦即將「部分功能相依」的欄位「分割」出去，再另外組成「新的資料表」。其步驟如下：

步驟一：檢查是否存在「部分功能相依」

「姓名」只相依於「學號」　「課程名稱」只相依於「課程代碼」

記錄	學號	姓名	性別	課程代碼	課程名稱	學分數	必選修	成績	老師編號	老師姓名
#1	001	李碩安	男	C001	程式語言	4	必	74	T001	李安
#2	001	李碩安	男	C002	網頁設計	3	選	93	T002	張三
#3	002	李碩崴	男	C002	網頁設計	3	選	63	T002	張三
#4	002	李碩崴	男	C003	計　概	2	必	82	T003	李四
#5	002	李碩崴	男	C005	網路教學	4	選	94	T005	王五

在上面的資料表中，主鍵是由「學號＋課程代碼」兩個欄位所組成，但「姓名」和「性別」只與「學號」有「相依性」，亦即(姓名，性別)相依於學號；而「課程名稱」只與「課程代碼」有「相依性」，亦即(課程名稱，學分數，必選修，老師編號，老師姓名)相依於課程代碼。

因此，學號是複合主鍵(學號，課程代碼)的一部分。

∴存在**部分功能相依**。

步驟二：將「部分功能相依」的欄位分割出去，再另外組成新的資料表

我們將「選課資料表」分割成三個較小的資料表(加「底線」的欄位為主鍵)：

1. 學生資料表(學號，姓名，性別)

學號	姓名	性別
001	李碩安	男
002	李碩崴	男

2. 成績資料表(學號，課程代碼，成績)

學號	**課程代碼**	成績
001	C001	74
001	C002	93
002	C002	63
002	C003	82
002	C005	94

3. 課程資料表(課程代碼，課程名稱，學分數，必選修，老師編號，老師姓名)

課程代碼	課程名稱	學分數	必選修	老師編號	老師姓名
C001	程式語言	4	必	T001	李安
C002	網頁設計	3	選	T002	張三
C003	計　　概	2	必	T003	李四
C005	網路教學	4	選	T005	王五

在第二正規化之後，產生三個資料表，分別為學生資料表、成績資料表及課程資料表，除了「課程資料表」之外，其餘兩個資料表(學生資料表與成績資料表)都已符合 2NF、3NF 及 BCNF。

單元評量

1. (　　)消除非鍵欄位與主鍵間之功能相依為：
   (A) 第一正規化　　(B) 第二正規化
   (C) 第三正規化　　(D) 第四正規化
2. (　　)當我們完成第二階正規化之後，已經除去哪些資料？
   (A) 重複的資料項　　(B) 資料的部分功能相依
   (C) 資料的遞移相依　　(D) 所有異常情況
3. (　　)在完成第幾階正規化之後，記錄中每筆資料可由主鍵單一辨識？
   (A)1NF　　(B)2NF
   (C)3NF　　(D)Boyce-Codd
4. (　　)若某關聯表已符合第一正規化，則需再除去下列哪一項後，該關聯表才符合第二正規化？
   (A) 遞移相依　　(B) 部分相依
   (C) 多值相依　　(D) 重複群

8-8-5 第三正規化 (3NF)

在完成了第二正規化之後，其實「課程資料表」還存在以下三種異常現象，亦即新增、刪除或更新資料時的異常狀況，說明如下：

一、新增異常 (Insert Anomaly)

記錄	課程代碼	課程名稱	學分數	必選修	老師編號	老師姓名
#1	C001	程式語言	4	必	T001	李安
#2	C002	網頁設計	3	選	T002	張三
#3	C003	計　概	2	必	T003	李四
#4	C005	網路教學	4	選	T005	王五

無法新增

例如：鍵入#5筆記錄，如下所示：

記錄	課程代碼	課程名稱	學分數	必選修	老師編號	老師姓名
#5	NULL				T004	李白

以上無法先新增老師資料，要等確定課程代碼之後，才能輸入。

原因為：新增動作違反「實體完整性規則」，因為主鍵或複合主鍵不可以為空值NULL。

二、修改異常 (Update Anomaly)

假如「李安」老師開設多門課程時，則欲修改「李安」老師姓名為「李碩安」時，可能有些記錄未修改到，造成資料的不一致現象。

紀錄	課程代碼	課程名稱	學分數	必選修	老師編號	老師姓名
#1	C001	程式語言	4	必	T001	~~李安~~→李碩安
#2	C002	網頁設計	3	選	T002	張三
#3	C003	計　概	2	必	T003	李四
#4	C005	網路教學	4	選	T005	王五
…						
#10	C010	資料結構	4	必	T001	~~李安~~→李碩安
…						
#100	C100	資料庫系統	4	必	T001	李安(未修改)

未修改到

三、刪除異常 (Delete Anomaly)

當刪除 #1 課程的記錄時，同時也刪除老師編號 T001。

所以導致老師編號 T001 及老師姓名的資料也同時被刪除了。

記錄	課程代碼	課程名稱	學分數	必選修	老師編號	老師姓名
#1	C001	程式語言	4	必	T001	李安
#2	C002	網頁設計	3	選	T002	張三
#3	C003	計　概	2	必	T003	李四
#4	C005	網路教學	4	選	T005	王五

綜合上述的三種異常現象，所以，我們必須進行第三階正規化，來消除這些問題。

➢ 第三正規化的作法

☑ 分割資料表；亦即將「遞移相依」或「間接相依」的欄位「分割」出去，再另外組成「新的資料表」。其步驟如下：

步驟一： 檢查是否存在「遞移相依」

由於每一門課程都會有授課的老師，因此，「老師編號」相依於「課程代碼」。並且「老師姓名」相依於「教師編號」，因此，存在有「與主鍵無關的相依性」。亦即存在「老師姓名」與主鍵（課程代碼）無關的相依性。

∴存在**遞移相依**。

「老師編號」相依於「課程代碼」

紀錄	**課程代碼**	課程名稱	學分數	必選修	老師編號	老師姓名
#1	C001	程式語言	4	必	T001	李安
#2	C002	網頁設計	3	選	T002	張三
#3	C003	計　概	2	必	T003	李四
#4	C005	網路教學	4	選	T005	王五

老師姓名**相依**於老師編號
(與主鍵無關的相依性)

「老師姓名」**遞移相依**於「課程代碼」

上述「課程資料表」中的「課程名稱」、「學分數」、「必選修」、「老師編號」都直接相依於主鍵「課程代碼」(簡單的說，這些都是課程資料的必要欄位)，而「老師名稱」是直接相依於「老師編號」，然後才間接相依於「課程代碼」，它並不是直接相依於「課程代碼」，稱為「遞移相依」(Transitive Dependency) 或「間接相依」。例如：當 A→B，B→C，則 A→C(稱為遞移相依)。因此，在「課程資料表」中存在「遞移相依」關係現象。

步驟二：將「遞移相依」的欄位「分割」出去，再另外組成「新的資料表」。

因此，我們將「課程資料表」分割為二個資料表，並且利用外來鍵 (F.K.) 來連接二個資料表。如下圖所示。

	課程代碼	課程名稱	學分數	必選修	老師編號	老師姓名
#1	A001	程式語言	4	必	T001	李安
#2	A002	網頁設計	3	選	T002	張三
#3	A003	計概	2	必	T003	李四
#4	A004	網路教學	4	選	T005	王五

第三正規化，去除遞除相依

課程資料表

課程代碼 *	課程名稱	學分數	必選修	老師編號 #
A001	程式語言	4	必	T001
A002	網頁設計	3	選	T002
A003	計概	2	必	T003
A004	網路教學	4	選	T005

符合 3NF, BCNF

老師資料表

老師編號	老師姓名
T001	李安
T002	張三
T003	李四
T005	王五

符合 3NF, BCNF

➢ 第三正規化後的四個表格

在我們完成第三正規化後，共產生了四個表格，如下表所示：

學生資料表

學號	姓名	性別
001	李碩安	男
002	李碩崴	男

符合2NF, 3NF

成績資料表

學號	課程代碼	成績
001	A001	74
001	A002	93
002	A002	63
002	A003	82
002	A005	94

符合2NF, 3NF

第二正規化產生的表格

課程資料表

課程代碼	課程名稱	學分數	必選修	老師編號#
A001	程式語言	4	必	T001
A002	網頁設計	3	選	T002
A003	計概	2	必	T003
A005	網路教學	4	選	T005

符合3NF

老師資料表

老師編號	老師姓名
T001	李安
T002	張三
T003	李四
T005	王五

符合3NF

第三正規化產生的表格

單元評量

1. (　　)資料庫的正規化中，不可以從主鍵值的一部分，就可以直接辨識出某些欄位的值，也就是避免或消除「遞移依賴性 (Transitive dependency)」的階段是
   (A)1NF　(B)2NF　(C)3NF　(D) 以上皆是
2. (　　)消除遞移相依為：
   (A) 第一正規化　(B) 第二正規化　(C) 第三正規化　(D) 第四正規化
3. (　　)當我們完成第三階正規化之後，已經除去哪些資料？
   (A) 重複的資料項　(B) 資料的部分功能相依
   (C) 資料的遞移相依　(D) 所有異常情況

8-9 結語

基本上，建立 ER Model 後，已經可以達到正規化的前三階 (1NF、2NF、3NF) 或是 BCNF 的步驟。因此，我們必須了解建立完整的資料庫結構，亦即建立**「邏輯」資料模型時**，可以使用兩種方法來建構：

方法 ⏭ 1. ER 圖轉換成對應表格的法則。

2. 資料庫正規化 ➔ 驗證 E-R Model 是否達到最佳化。

圖解 ⏭

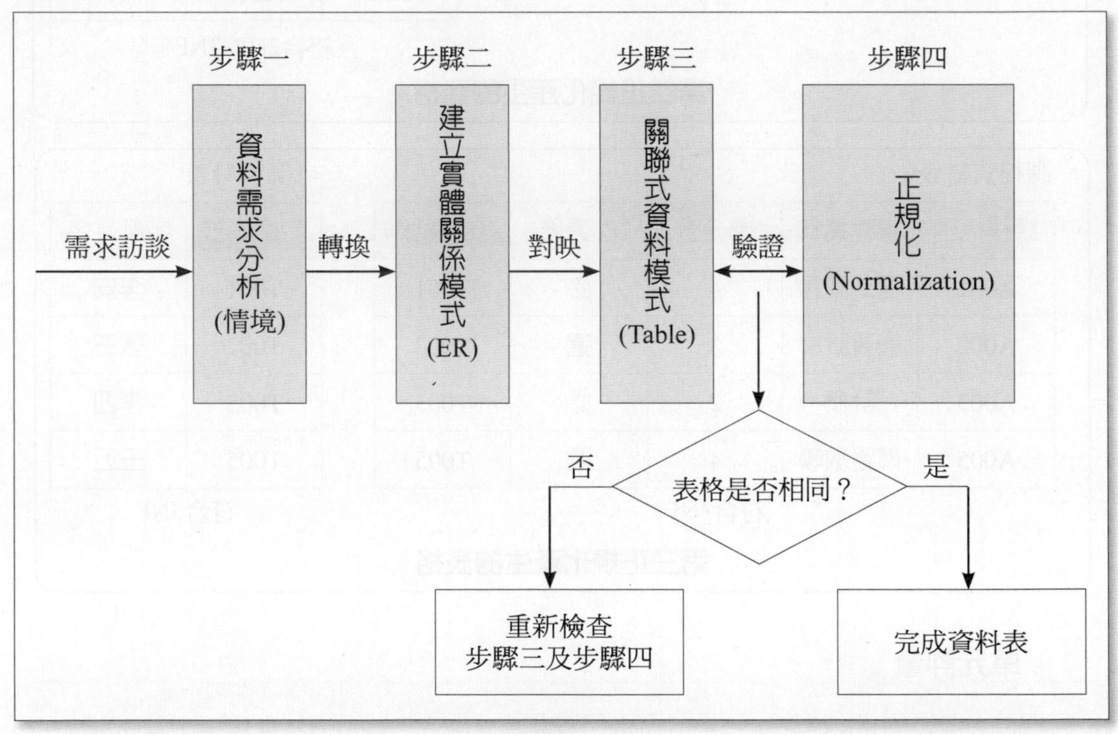

❖圖 8-5

說明 ⏭

1. 如果是剛成立的企業想要電腦化，則是要從需求訪談開始，將訪談的資料需求進行分析 (情境)，然後建立實體關係模式 (ER 圖)，接下來依照關聯式的規則，對映成資料表。筆者認為如果步驟一到步驟三都有確實，則對映後的資料表會與正規化的表格是一樣的。所以，正規化的步驟就不一定要進行。

2. 如果某一企業早期已經人工作業，並且使用許多表單，筆者建議，可以直接進行正規化。但是，如果人工作業的表單沒有完全依照企業的需求設計時，還是要依照步驟一到步驟三來進行。如上圖所示。

3. 步驟四的資料表正規化

   為了達到資料庫最佳化的目的，在轉換資料表後，能依照正規化的步驟重新檢驗一次，最好讓每一個資料表都能符合 3NF 或 BCNF (Boyce-Codd Normal Form) 的規範。

基本題

1. 請說明下列 ER 圖物件符號的名稱、意義及舉例。

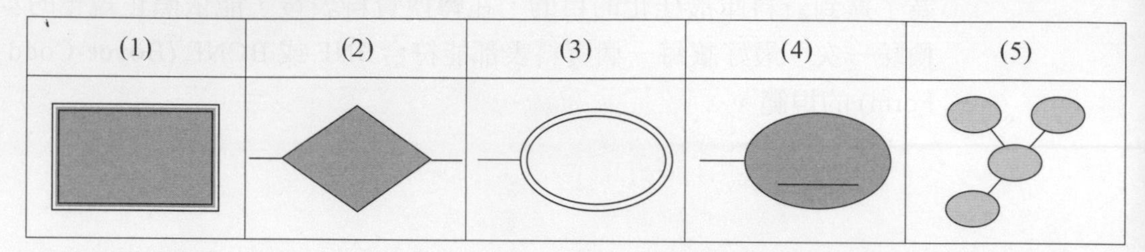

2. 請大略說明實體 - 關係模型的三大要素：實體、關係及屬性。並各舉一個例子。
3. 請說明何謂「複合屬性」(Composite attribute) 與「多值屬性」(Multi-Valued Attribute)，「衍生型屬性」(Derived Attribute)。並各舉一個例子。
4. 何謂「強實體」與「弱實體」？並各舉一個例子。
5. 請繪製出「學生選課」的實體關係的圖形。

進階題

1. 請依下列的敘述來畫出完整的實體 - 關係圖 (ERD)：
   (1)「學生實體」和「課程實體」之間有「選修」的關係。
   (2)「學生實體」有學號、姓名、生日、年齡、地址、電話及專長等屬性，其中「學號」為鍵屬性、「年齡」需要利用生日推導出來，而學生有兩個以上的「專長」。
   (3)「課程實體」有課程編號、課程名稱、學分數等屬性，「課程編號」為鍵屬性。
2. 請依下列的敘述畫出完整的實體 - 關係圖 (ERD)。
   (1) 某圖書館租借系統有三個實體：「學生」實體、「租借」實體和「書籍」實體，其中「學生」實體和「租借」實體之間有「擁有」的關係；「租借」實體和「書籍」實體之間有「租借」的關係。
   (2)「學生」實體有四個屬性：學號、姓名、電話和班級，其中學號是唯一的。
   (3)「租借」實體有四個屬性：租借編號、租借日期、是否歸還和歸還日期，其中租借編號是唯一的。
   (4)「書籍」實體有三個屬性：書籍編號、書籍名稱和數量，其中書籍編號是唯一的。

3. 試根據以下 E-R 模式，將關係的動詞填入，並簡述其意義所在。

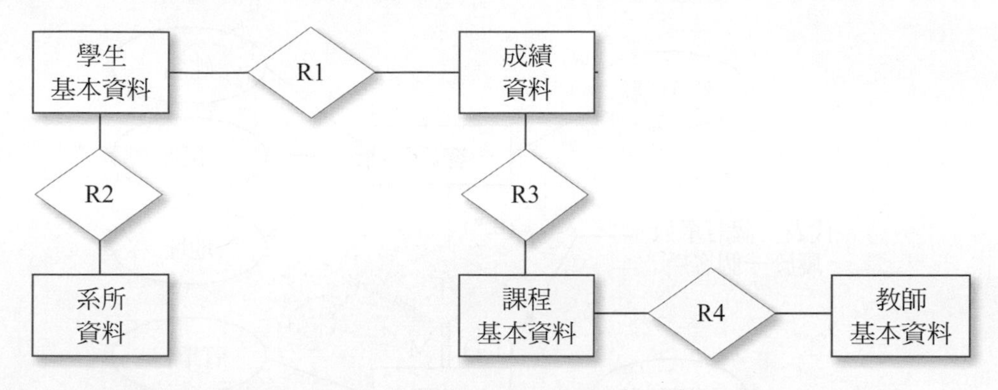

4. 請將下列的 ER 圖轉換成資料表。

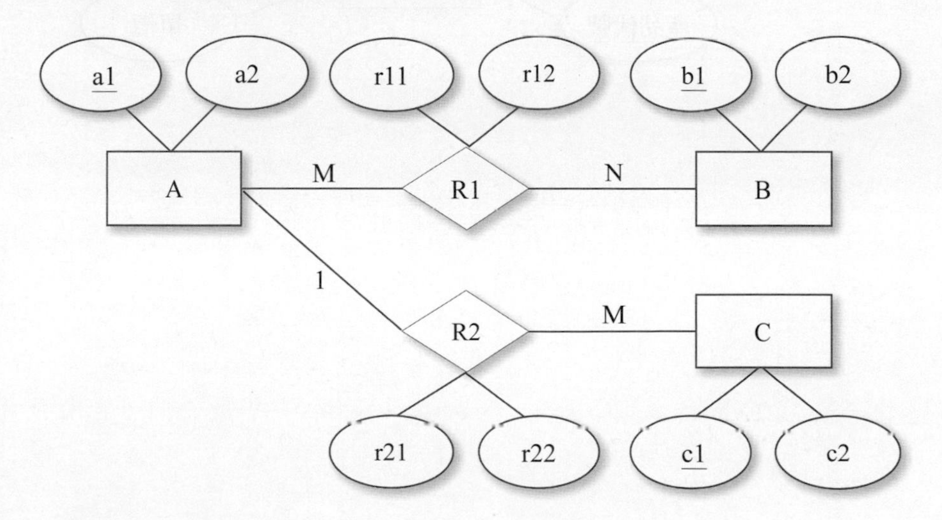

5. 將 E-R 圖轉換為關聯（表格）下以圖為例：

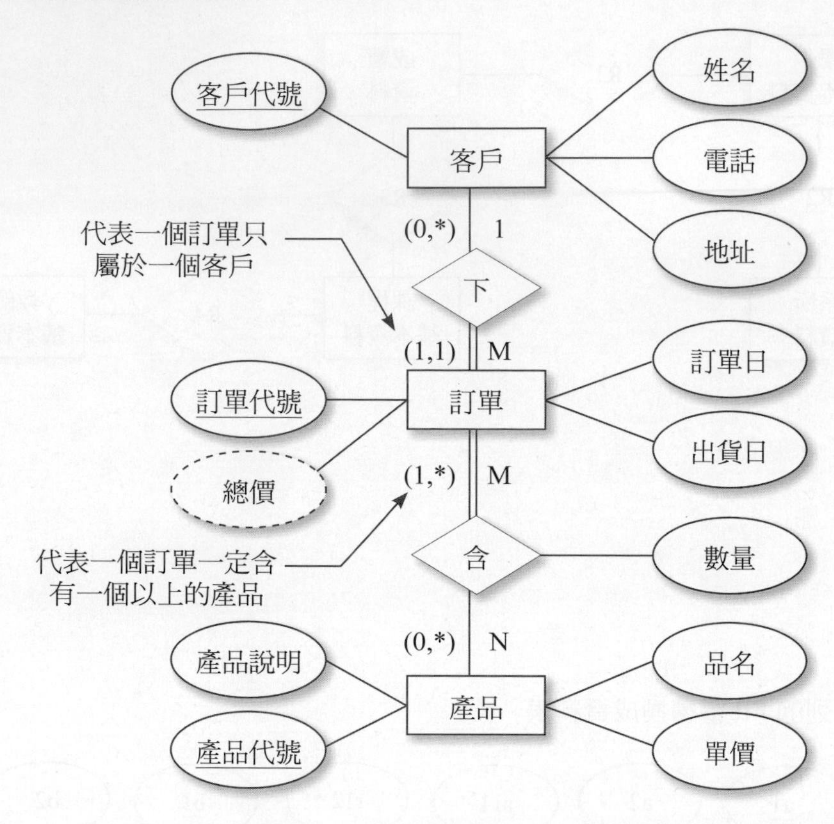

6. 針對以下之 ER 圖
   (1) 請說明繪製實體關係圖的目的。
   (2) 請解釋此圖之意義。
   (3) 請說明此圖有何缺點？應如何改善？

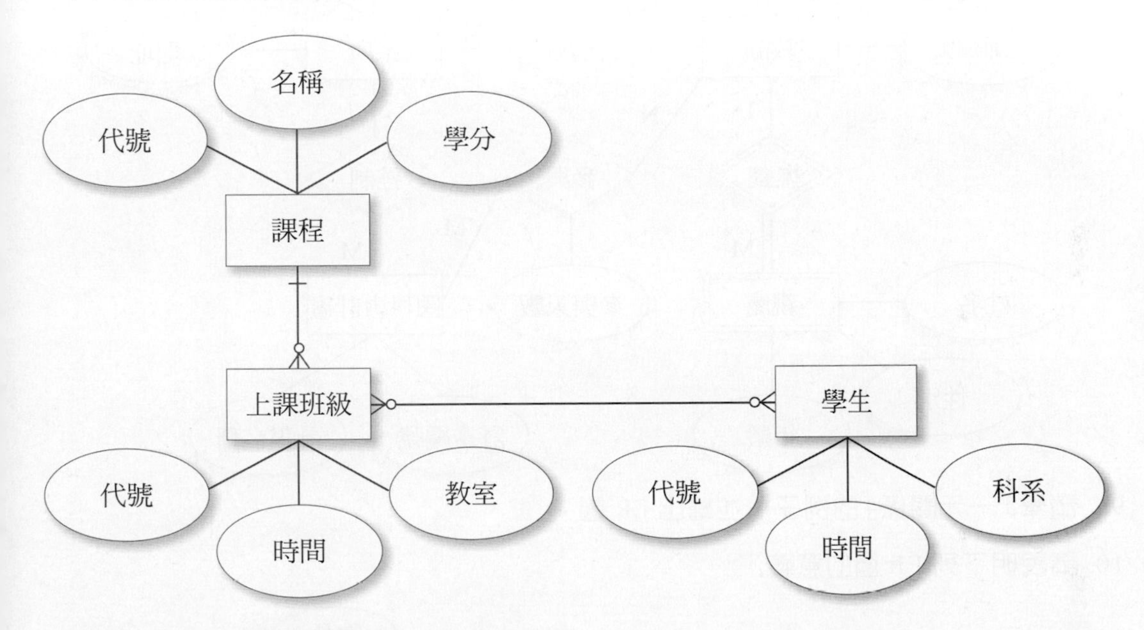

7. 請將下列之「實體關係圖」轉換成資料表。

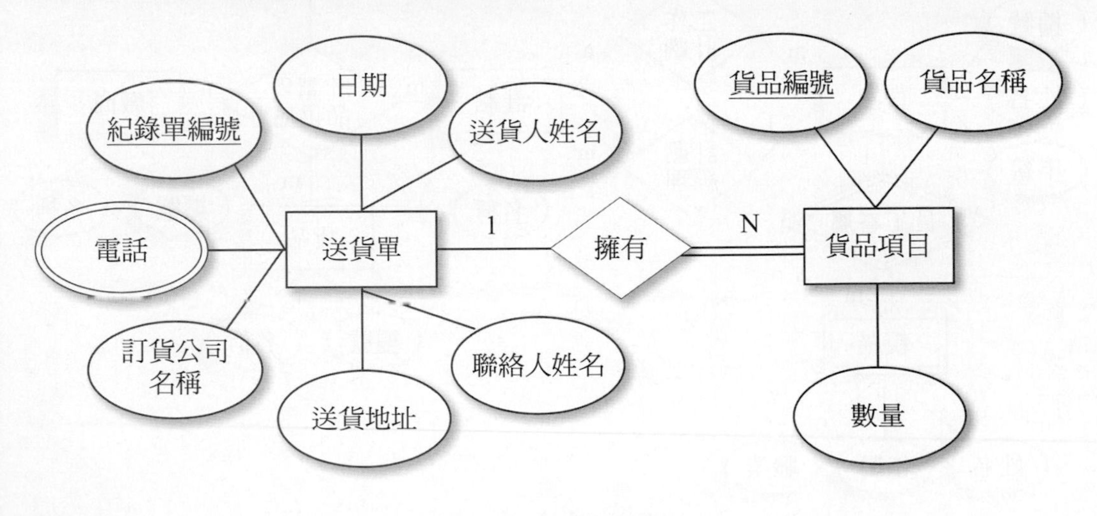

8. 請將下列的 ER 圖轉換成資料表。

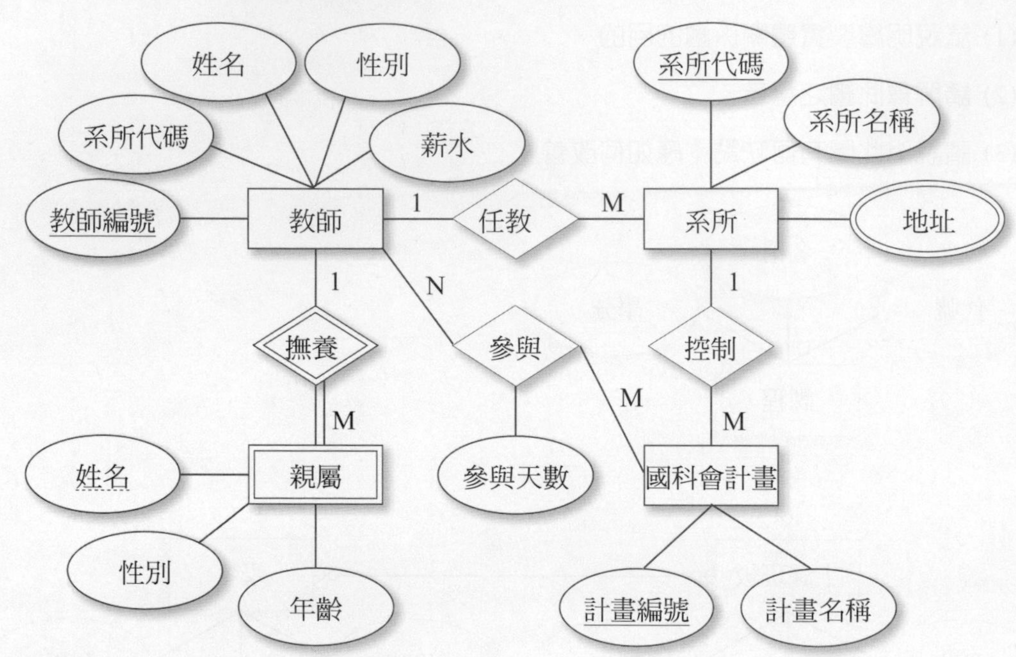

9. 請舉「一元關係」的例子，並繪出 ER 圖。

10. 請說明下列 ER 圖的意義。

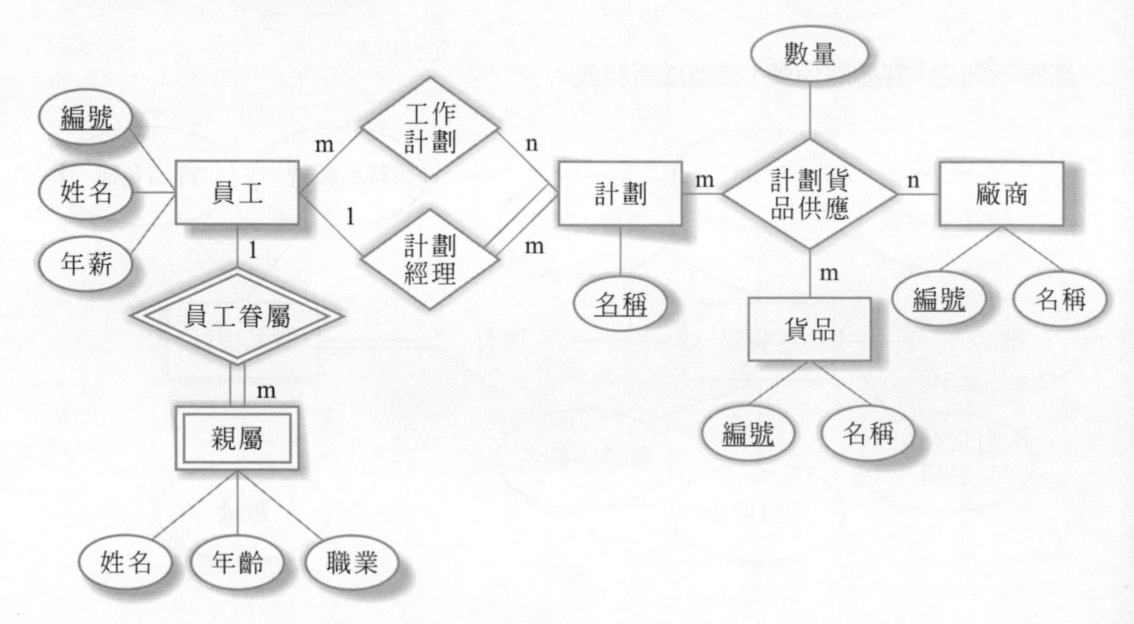

11. 請將下列的 ER 圖轉換成資料表。

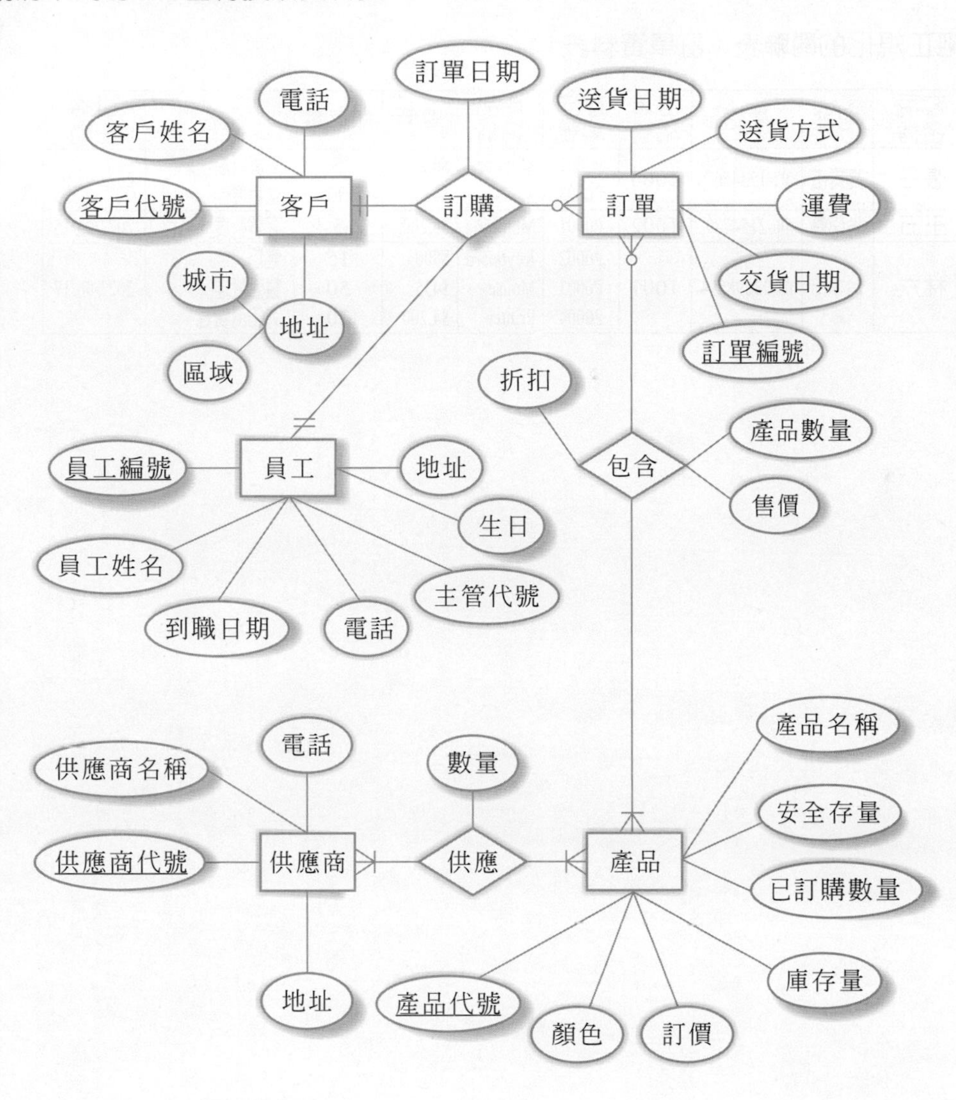

12. 請將下表進行正規化到 3NF，並說明其過程。

未經正規化的關聯表：訂單資料表

客戶編號	客戶名稱	地址	電話	訂單編號	產品編號	產品名稱	單價	庫存量	特性	訂購日期
C0001	張三	高雄市	07-1234567	1000	P0001 P0003	Monitor Mouse	$6,200 $435	5 50	高解析度、彩色 靈活度佳	2022/05/06
C0002	王五	台南縣	06-2154789	1002	P0001	Monitor	$6,200	5	高解析度、彩色	2022/03/15
C0003	林六	台中市	04-23698574	1001	P0002 P0003 P0004	Keyboard Mouse Printer	$500 $435 $4,200	15 50 20	輕巧 靈活度佳 列印品質高	2022/06/17

CHAPTER 9

系統製作

本章學習目標

1. 讓讀者了解**系統製作**是整個系統開發過程中**最具技術性的階段**。
2. 讓讀者了解系統如何進行**撰寫程式**、**軟體測試**及**系統轉換**的方法。

本章學習內容

9-1 系統製作

9-2 撰寫程式

9-3 軟體測試(Testing)

9-4 軟體的四階段測試

9-5 系統轉換(System Conversion)

9-1 系統製作

引言 ⏭ 根據 Boehm(1981) 的調查統計結果指出，開發一套資訊系統時，其系統發展生命週期 (SDLC) 中各個發展階段的**工作量分配比例**如下表所示。

SDLC 各階段	工作量分配百分比
調查規劃	13%
系統分析	8%
系統設計	23%
系統製作	56%

說明 ⏭ 在上表中，我們可以清楚的了解，「系統製作」工作是整個系統開發過程中最重要的階段，所以，相對的所需投入的人力、時間及成本也非常的龐大。因此，系統製作階段對於未來系統是否能如期完成、是否合乎使用者需求、是否具有高擴充性與可維護性等之影響最為直接。

工作項目 ⏭ 1. **撰寫程式**。

2. **軟體測試**。

3. **系統轉換**。圖解說明 ⏭

單元評量

1. (　) 請問，在「系統發展生命週期 (SDLC)」的五個階段中，哪一個階段所必須投入的工作量最多呢？
   (A) 規劃　(B) 分析
   (C) 設計　(D) 製作
2. (　) 關於「SDLC 工作量分配百分比」，下列何者正確？
   (A) 調查規劃 20% 以上　(B) 系統評估 30% 以上
   (C) 系統設計 40% 以上　(D) 系統製作 50% 以上
3. (　) 關於「SDLC」的「製作階段」之工作項目，下列何者正確？
   (A) 撰寫程式階段　(B) 軟體測試
   (C) 系統轉換　(D) 以上皆是

電腦軟體設計　丙級

1. (　) 下列哪一項不是資訊需求分析的方法？
   (A) 軟體測試　(B) 詢問使用者
   (C) 由現行資訊系統中導出　(D) 綜合使用系統之特性導出
2. (　) 在軟體發展的生命週期中，耗費時間最長的是哪一個階段？
   (A) 系統分析　(B) 程式製作
   (C) 系統測試　(D) 系統維護
3. (　) 下列何者不屬於「軟體危機」(Software Crisis) 所涵蓋的問題？
   (A) 軟體產品和使用者需求不符　(B) 缺乏軟體公司
   (C) 軟體品質的好壞甚難判定　(D) 軟體維護工作極為困難
4. (　) 在軟體發展生命週期最後之維護階段通常費時最久，成本也最高，其形成原因相當多，下列何者並非其中之一？
   (A) 分析時未全盤了解使用者需求　(B) 軟體文件 (如程式說明書) 不全
   (C) 維護人員偷懶　(D) 程式設計不夠結構化

9-2 撰寫程式

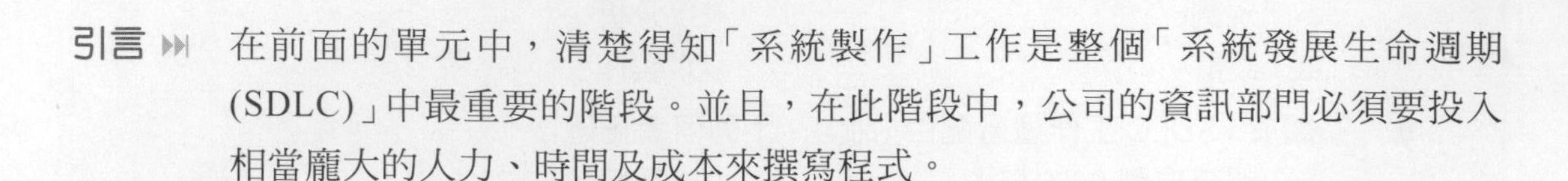

引言 ⏭ 在前面的單元中，清楚得知「系統製作」工作是整個「系統發展生命週期(SDLC)」中最重要的階段。並且，在此階段中，公司的資訊部門必須要投入相當龐大的人力、時間及成本來撰寫程式。

主要工作內容 ⏭ 1. 安裝系統製作所需的相關軟體。

2. 程式設計。

3. 建立系統相關文件。

圖解說明 ⏭

安裝系統軟體	程式設計	建立系統相關文件
Microsoft® Visual Studio™		

電腦軟體設計　丙級

1. (　) 系統發展過程的敘述，以下何者正確？
   (A) 必須先完成系統設計，才開始對此系統進行分析
   (B) 必須驗證使用者需求無誤，才能進行系統設計
   (C) 初步設計必須設計資料結構與演算法則
   (D) 程式撰寫必須對系統進行驗證

9-2-1 安裝系統製作所需的相關軟體

引言 ⏭ 開發一套資訊系統猶如蓋大樓一樣，都必須先打穩地基，大樓才能一層一層的蓋起來。因此，在我們撰寫程式之前，也必須先安裝系統製作所需的相關軟體，才能開始開發資訊系統。

安裝系統軟體之注意事項 ⏭

1. **先確認目前的「硬體環境」是否有支援欲安裝的開發軟體。**

   例如：舊型的主機可能無法支援新版的 Microsoft Visual Studio。

2. **再確認目前的「作業系統 (OS)」是否有支援欲安裝的開發軟體。**

   例如：舊版的 Windows 作業系統可能無法支援新版的 Microsoft Visual Studio。

3. **安裝合法授權的開發軟體。**

   例如：Microsoft Visual Studio。

4. **安裝最新版本的開發軟體。**

   例如：Microsoft Visual Studio 2XXX 版本。

5. **確認新版開發軟體是否可以讀取由舊版開發軟體所建置資料庫檔案。**

   例如：Microsoft Visual Studio 2013 版本是否可以讀取舊版的 Microsoft SQL Server 2005 資料庫。

6. **撰寫安裝系統的備忘錄，以便爾後的維護。**
7. **集中管理軟體相關文件記錄與使用手冊。**

圖解說明 ⏭

合法授權的開發軟體	合法授權的資料庫管理系統
Microsoft® Visual Studio®	Microsoft® SQL Server®

9-2-2 程式設計

引言 ⏭ 在安裝系統製作所需的相關軟硬體設備之後，整個系統發展環境便已建立，此時，系統開發人員就可以在此環境下進行程式的編寫工作，亦即所謂的「程式設計」工作。

程式設計的五大步驟 ⏭ 基本上，我們在開發一個「資訊系統」時，並非直接撰寫程式，而是必須要先經過一連串的步驟，而「程式設計」其實只是其中一個步驟。因此，我們要開始程式設計時，一定要進行下面五個步驟。

圖解 ⏭

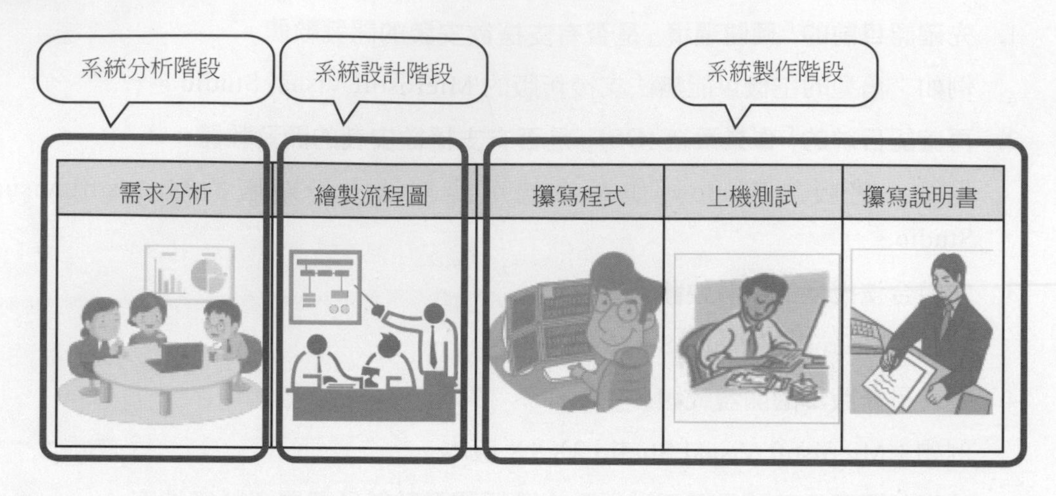

說明 ⏭

步驟 1.　分析所要解決的問題（需求）

(1) 先了解使用者的問題及需求。

(2) 確定要「輸入」哪些資料。

(3) 確定要「輸出」哪些資訊報表。

步驟 2.　設計解題的步驟（演算法）

根據使用者的需求，著手撰寫演算法以解決問題。它可以利用文字敘述、流程圖或虛擬碼來表示解決問題的步驟。

步驟 3.　編寫程式（程式碼）

選擇適當的程式語言，將演算法的步驟寫成一個完整的程式。

步驟 4.　上機測試、偵測錯誤（偵錯）

一個具有有用性、易用性的程式，必須要經過多次的測試，若有錯誤，立即更正，直到正確無誤為止。

步驟 5.　編寫程式說明書（可執行）

一個功能強而完整的程式，使用者就會願意使用，因此必須有使用說明書，以便於別人使用或日後的維護；一般而言，在程式書面資料中，包括有下列三項：

(1) 程式的功能、輸入需求及輸出格式。

(2) 演算法或程式流程圖。

(3) 測試結果或數據。

單元評量

1. (　) 下列撰寫程式步驟何者是正確的？
   (A) 需求、演算法、偵錯、程式碼、可執行
   (B) 演算法、需求、程式碼、偵錯、可執行
   (C) 需求、演算法、程式碼、偵錯、可執行
   (D) 程式碼、偵錯、演算法、需求、可執行
2. (　) 請問，程式設計師在撰寫程式步驟中，在哪一個階段就必須要選擇適當的程式語言呢？
   (A) 第一階段　(B) 第二階段　(C) 第三階段　(D) 第四階段

電腦軟體設計　丙級

1. (　) 測試程式時難免會有錯誤的結果，程式設計師必須藉由下列何者來與測試程式交互進行？
   (A) 遞迴　(B) 流程圖　(C) 除錯　(D) 編譯
2. (　) 在程式內每段程式碼加上一些註解，何者為多餘的？
   (A) 此段程式碼資料處理的方式
   (B) 此段程式碼的例外情形處理方式
   (C) 整個程式的目的、功能
   (D) 此段程式碼若用到 GOTO 時，以結構化方式描述，加強了解程式走向
3. (　) 關於註釋 (Comments) 的說明，以下何者不正確？
   (A) 註釋依其解釋的範圍，可分為標頭註釋和功能註釋
   (B) 標頭註釋使用在每一個程式單元的最前頭，用來說明該程式單元的功能
   (C) 註釋的說明數量應該愈多愈好，以提高程式的可讀性
   (D) 優良的程式碼 (Source Code) 本身就是最好的說明文件，所以應取用適當的變數名稱，適當的縮排，使程式具有自我詮釋 (Self-Commented) 的效果
4. (　) 對於程式文件的編寫，下列何者有誤？
   (A) 對於程式的執行效率無所助益，因此不須浪費時間去編寫
   (B) 好的程式文件可減少程式維護時所花的時間
   (C) 讓程式文件與應用程式同在，是程式設計人員的職業道德
   (D) 程式文件必須隨著程式的修改而修改
5. (　) 下列何者非功能註釋 (Functional Comments) 之特性？
   (A) 只描述每一段落的原始程式，而非逐行註釋
   (B) 逐行註釋
   (C) 註釋採用內縮方式
   (D) 註釋須正確說明

6. (　　) 當程式設計師完成程式設計後需撰寫程式說明書。下列何者非程式說明書中之項目？
(A) 處理邏輯　(B) 程式維護紀錄　(C) 流程圖　(D) 原始憑證

7. (　　) 應用系統開發完成後，必須編寫程式文件，下列何者對程式說明文件之敘述有誤？
(A) 方便系統的維護　(B) 利於系統的移交
(C) 可以提高系統的價值　(D) 提高系統的可讀性

9-2-3 建立系統相關文件

定義 ⏭ 是指一個資訊系統在調查規劃、系統分析、系統設計、系統製作及系統維護過程中，各階段產出的相關說明文件。

功能 ⏭

開發的藍圖	溝通的媒介	維護的依據	研習的教材	經驗的傳承

說明 ⏭

1. 系統**「開發的藍圖」**

(1) 系統開發人員：可以熟悉整個系統的詳細規格面。

(2) 使用者：可以檢視整個系統的功能面。

2. **系統「溝通的媒介」**

是指系統分析師、資料庫管理師、程式設計師及使用者之間相互溝通的平台。

3. **系統「維護的依據」**

當企業環境或使用者需求改變時，程式設計師就可以直接參考系統文件，以便立即了解整個系統的情況。

4. **教育訓練「研習的教材」**

在資訊系統開發完成之後，透過系統文件說明書，就可以讓使用者實際操作，以了解整個系統架構、系統流程及各項系統功能。

5. 扮演「經驗的傳承」

   當原先的系統開發人員因故調職或離職時，透過詳細的系統文件記錄，就可以保留完整文件資料，傳承給其他的新進人員。確保不會有斷層的情況。

Jordan & Machesky,1990 ⏭

依據使用對象的不同，我們可以將系統文件記錄區分為兩大類：

1. 使用手冊 (User Manuals)
2. 技術手冊 (Technical Manuals)

圖解說明 ⏭

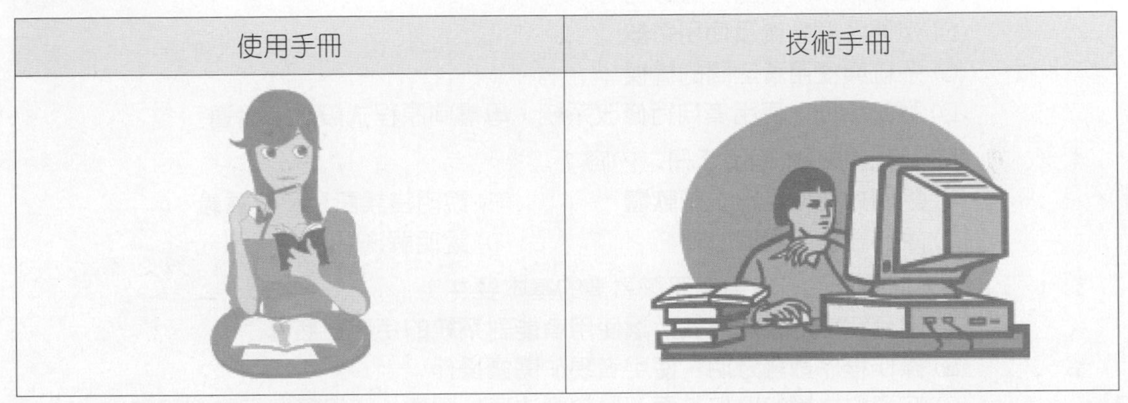

一、使用手冊 (User Manuals)

定義 ⏭ 是指提供給「非專業技術」之使用者操作的文件資料。

文件內容強調 ⏭ 利用圖形化的方式來呈現操作流程。

二、技術手冊 (Technical Manuals)

定義 ⏭ 是指提供給「專業技術」人員操作的文件資料。

文件內容強調 ⏭ 軟體與硬體之系統結構、低階的程式指令。

分類 ⏭ 一般而言，技術手冊可以分為三類：

1. 系統安裝手冊：

   是指用來描述新系統如何安裝硬體、軟體、周邊設備，以及如何設定相關的系統組態檔。

2. 系統操作手冊：

   是指用來描述如何啟動新系統硬體、軟體、正確執行作業程序。

3. 系統維護手冊：

   是指系統維護工作最重要的文件，它是描述系統如何進行備份機制；當系統發生錯誤時，如何進行回復；此外，它也提供未來新系統發展或修改之參考依據。

電腦軟體設計　丙級

1. (　) 下列何項不適於列在系統使用手冊中？
   (A) 系統效益評估　(B) 系統的主要功能
   (C) 線上輸入作業程序　(D) 異常狀態的處理程序
2. (　) 系統使用手冊應如何充分描述該系統所具有的功能及基本使用方法？
   (A) 儘量使用電腦專用術語　(B) 使用一般文詞
   (C) 使用程式流程圖　(D) 使用程式語言
3. (　) 下列何者不屬於系統使用手冊的目的？
   (A) 當要做系統修改時的參考
   (B) 方便了解系統及使用系統
   (C) 系統與使用者之間的橋樑
   (D) 藉由手冊，使用者自行修改系統，毋需向原程式設計者溝通
4. (　) 下列何者非系統使用手冊之內容？
   (A) 說明如何使用程式或軟體　(B) 說明錯誤訊息及其意義
   (C) 說明程式之設計邏輯　(D) 說明解決疑難之指引
5. (　) 下列何者非系統使用手冊該具備的基本要件？
   (A) 附有完整的原始程式，讓使用者能對系統的使用更熟稔
   (B) 操作程序敘述分明，使用者易於閱讀操作
   (C) 在資料維護的操作方面，對於應注意的事項，使用手冊應詳細記載
   (D) 附有系統整體的功能結構圖，讓使用者易於瞭解系統功能間的關係
6. (　)「系統使用手冊」中不包含下列何者：
   (A) 系統功能　(B) 輸入畫面　(C) 檔案結構　(D) 所需設備
7. (　) 關於系統使用手冊，下列何者錯誤？
   (A) 內容應說明系統的功能及作業方式
   (B) 封面應填列系統名稱，代號與製作人姓名
   (C) 目錄應列出說明書各項目及其頁次
   (D) 解釋各個程式的內容
8. (　) 系統分析師或程式設計師所製作的系統使用手冊不包含下列何項？
   (A) 系統概述　(B) 程式維護記錄　(C) 使用手冊目錄　(D) 程式操作須知
9. (　) 下列何者是製作系統使用手冊時應避免之缺點？
   (A) 文字宜簡單，少用抽象及專門之名詞
   (B) 由整體到細部，由系統特點至一般功能
   (C) 提醒避免常犯之錯誤
   (D) 撰寫應具有專業眼光以及專家導向使手冊具有深度
10. (　) 系統使用手冊中，下列何者通常不列於批次作業？
   (A) 定期報表作業　(B) 不定期報表作業
   (C) 工作流程安排作業　(D) 線上查詢作業

9-3 軟體測試 (Testing)

定義 ⏭ 是指用來驗證「軟體品質」是否符合使用者需求的方法。

目的 ⏭ **提高軟體的品質**，以達軟體的**正確性、一致性及完整性**。

測試步驟 ⏭ 1. 事先準備多組測試資料 (Test Data)。

2. 實際測試撰寫的程式碼。

3. 尋找出各種可能的錯誤。

示意圖 ⏭

事先準備多組測試資料 (Test Data)	實際測試撰寫的程式碼	尋找出各種可能的錯誤
Test Data1: 1,2,3 Test Data2: 10,20,30 Test Data3: 100,200,300 …… …… …… …… Test DataN: 1000,2000,3000		

目標 ⏭ 1. 以最少的測試資料 (Test Data)，來尋找最多的錯誤。

2. 利用最少的人力、物力及時間，來尋找最多的錯誤。

3. 找出尚未發現的錯誤。

示意圖 ⏭

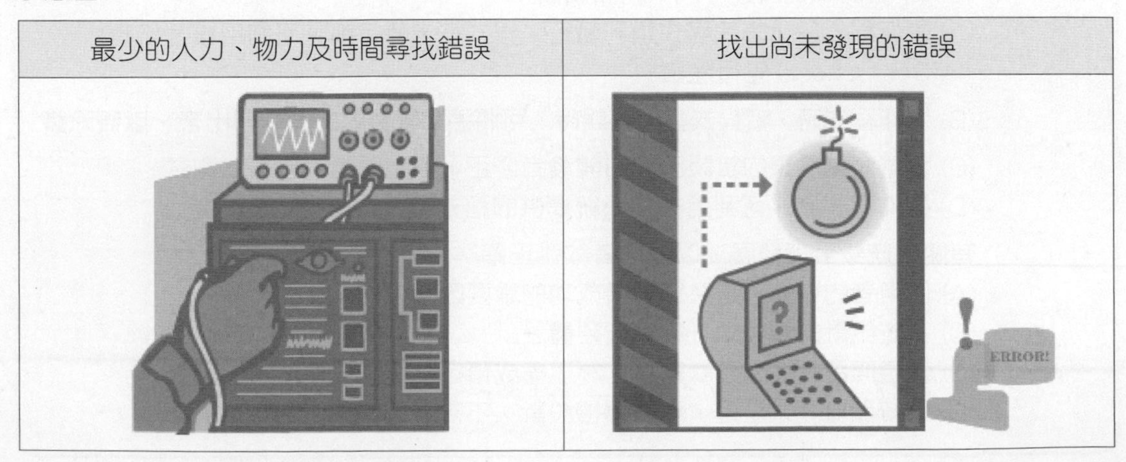

測試評估流程圖 ▶▶|

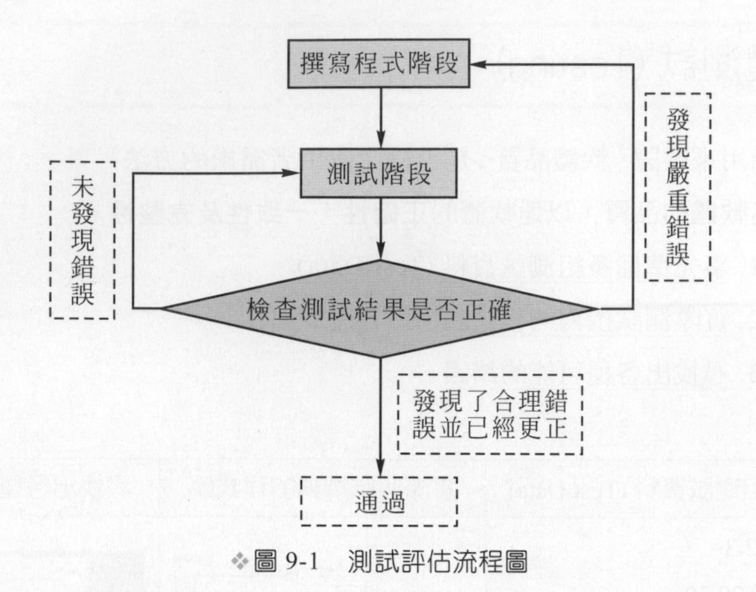

❖圖 9-1　測試評估流程圖

常見的測試技術 ▶▶| 1. 白箱測試。

2. 黑箱測試。

電腦軟體設計　丙級

1. (　　) 對測試工作的敘述下列何者錯誤？
   (A) 執行一個程式去找尋程式中錯誤的過程是測試工作的一種
   (B) 良好的測試，可以提昇程式的可信度
   (C) 良好的測試資料具有高度發現錯誤的可能性
   (D) 沒有發現錯誤的測試就是成功的測試
2. (　　) 在軟體發展過程中，下列程序何者是用以發掘隱藏於程式中且尚未顯露之錯誤？
   (A) 測試　(B) 除錯　(C) 維護　(D) 設計
3. (　　) 有關軟體測試的敘述，以下何者錯誤？
   (A) 製作程式時，為使程式順利執行，程式在未執行前，可利用桌上檢查 (Desk Check) 先行除錯
   (B) 製作程式時，若程式執行有誤時，可將適當變數內的值列印出來，以便除錯
   (C) 軟體測試發現的錯誤已交由開發者修正，不需要再重新予以測試
   (D) 製作程式時，可利用一些系統提供的程式軟體，加速除錯的進行
4. (　　) 有關系統設計與發展，以下何者敘述正確？
   (A) 使用者的參與，是系統發展成功的重要因素之一
   (B) 系統設計的項目中，不包含硬體設計
   (C) 軟體開發時發生設計錯誤，為了達成預定進度，不要回頭修正
   (D) 系統開發務求正確，可以慢慢設計，不需要理會預定的進度

9-3-1 白箱測試(White-box Testing)

定義 ⏭ 是指在「**模組內部**」進行程序及結構上的測試。所以又稱為「**結構測試**」。

強調 ⏭ 1. 如何運作 (HOW) 與執行結果。

2. 評量執行效率是否達到使用者可以接受的標準。

圖解 ⏭ 白箱測試。

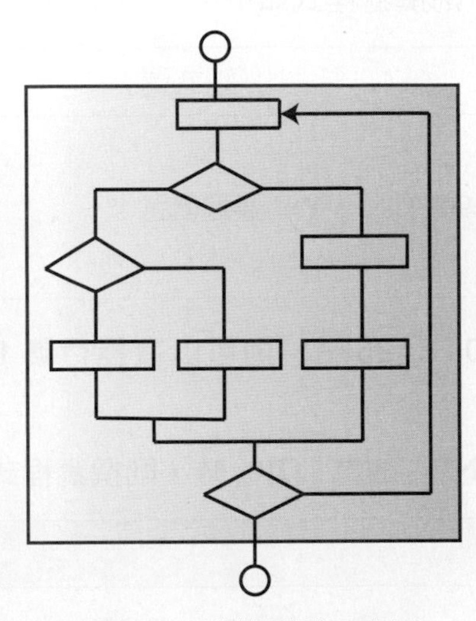

❖圖 9-2　白箱測試示意圖

測試者 ⏭ 一般是由「程式設計師」親自測試。

測試項目 ⏭ 測試程式的指令、處理邏輯、及執行路徑是否正確。

例 1 ⏭ 氣泡排序法是用來測試「暫時記憶變數的設定」。

例 2 ⏭ 快速排序法是用測試「遞迴呼叫」及「堆疊的使用」是否會影響排序效率。

測試資料 ⏭ 編造錯誤狀況的資料。

適用時機 ⏭ 1. 特殊系統的即時系統。

2. 較複雜的中、大型系統。

測試技術 ⏭

一、敘述涵蓋法 (Statement Coverage)

定義 ⏭ 是指在「**模組內部**」中，測試個案要能使程式中的「**每個敘述**」至少都會被執行一次。

缺點 ⏭ 不夠周延。除非每個敘述被有效地執行，否則我們無法知道，是否哪一項敘述裡隱藏著缺陷。

實例

假設我們現在有一份「資訊管理系」學生的成績單，其各科目代碼如下：

A 代表：「程式設計」成績。

B 代表：「資料庫」成績。

如果我們想找一位要具備「程式設計」成績 100 分，而且「資料庫」成績 90 分 (含以上) 的「系統開發人員」時，則撰寫程式如下：

行號	程式碼
10	INPUT A, B
20	If (A=100)And (B>=90) Then Y=" 通過甄選 !"
30	PRINT Y

測試個案 1：輸入值 A=100, B=95 時，則可以覆蓋行號 10 ～ 30，結果 Y=" 通過甄選 !"

如果將上面行號 20 中的「AND」改為「OR」時，則撰寫程式如下：

行號	程式碼
10	INPUT A, B
20	If (A=100) OR (B>=90) Then Y=" 通過甄選 !"
30	PRINT Y

測試個案 2：輸入值 A=100, B=80 時，雖然可以覆蓋行號 10 ～ 30，程式執行結果仍然沒變，所以找不出這一種程式撰寫上的邏輯錯誤。

注意 ⏭ 「敘述涵蓋法」是最弱的邏輯涵蓋法，因此，白箱測試至少要做到此類測試。

二、分支涵蓋法 (Branch Coverage)

定義 ⏭ 是指在「**模組內部**」中，測試個案要能使程式中的「**每個決策點**」至少都會被執行一次。

實例

假設我們現在有一份「資訊管理系」學生的成績單，其各科目代碼如下：

A 代表：「程式設計」成績

B 代表：「資料庫」成績

如果我們想找一位要具備「程式設計」成績 100 分，而且「資料庫」成績 90 分 (含以上) 的「系統開發人員」時，則撰寫程式如下：

行號	程式碼
10	INPUT A,B
20	If (A=100) And (B>= 90) Then Y=" 通過甄選 !"
30	PRINT Y

您必須要準備二組測試個案：

第一組 測試個案：輸入值 A=100, B=95。

第二組 測試個案：輸入值 A=95, B=85。

因此，這兩組測試個案，就可以讓「布林運算式」均能產生真值和假值。

所以，第一組測試個案會產生「真值」。

而第二組測試個案會產生「假值」。

三、路徑測試法 (Path Testing)

定義 ⏭ 是指依照程式碼的執行邏輯結構，找出所有可能執行路徑，並設計測試個案來執行測試。

流程圖 ⏭

循序結構	雙重選擇結構	多種選擇結構	迴圈結構
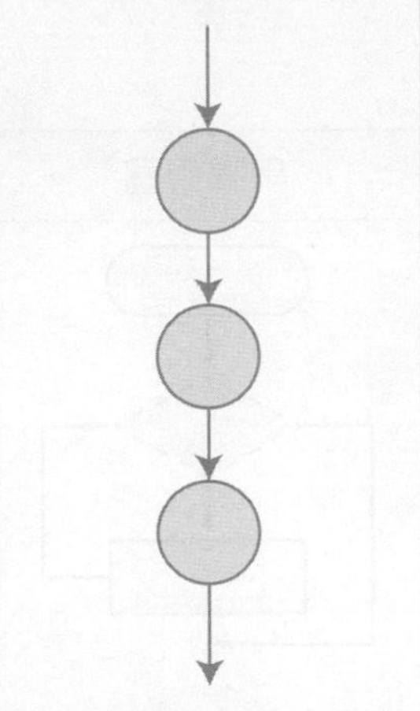	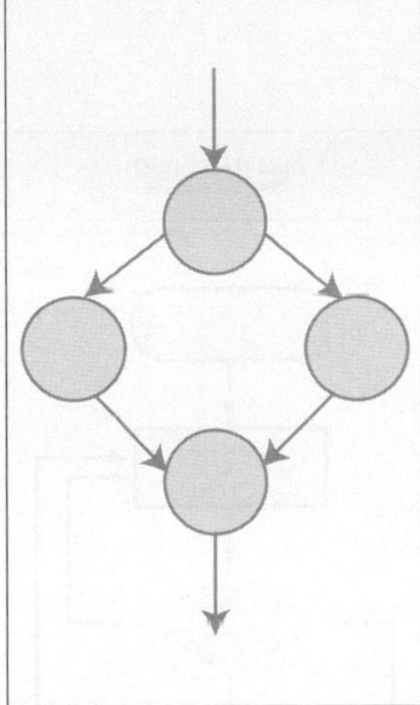	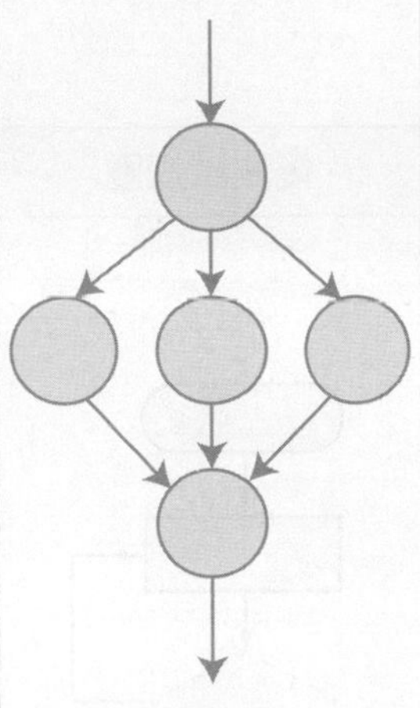	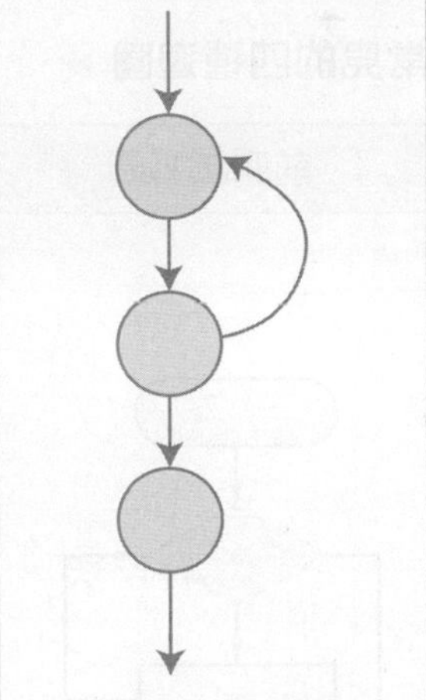

【註】圓形：表示流程圖節點 (Node)，可以為一個或多個程式敘述。

實例

請繪出計算 1 到 10 的偶數數目程式的路徑測試圖

行號	計算 1 到 10 的偶數數目	路徑測試
	int Odd_Even_Count(int odd, int even)	
	{	
❶	int i;	
❷	for (i = 1; i <= 10; i++){	
❸	if (i % 2 == 1)	
❹	odd++;	
	else	
❺	even++;	
❻	}	
❼	MessageBox.Show("even=" + even);	
	}	

四、迴圈測試法 (Loop Testing)

定義 ⏭ 是指在「模組內部」中，「迴圈結構」的起始條件、終止條件及處理敘述區塊都會被測試過。

常見的四種迴圈 ⏭

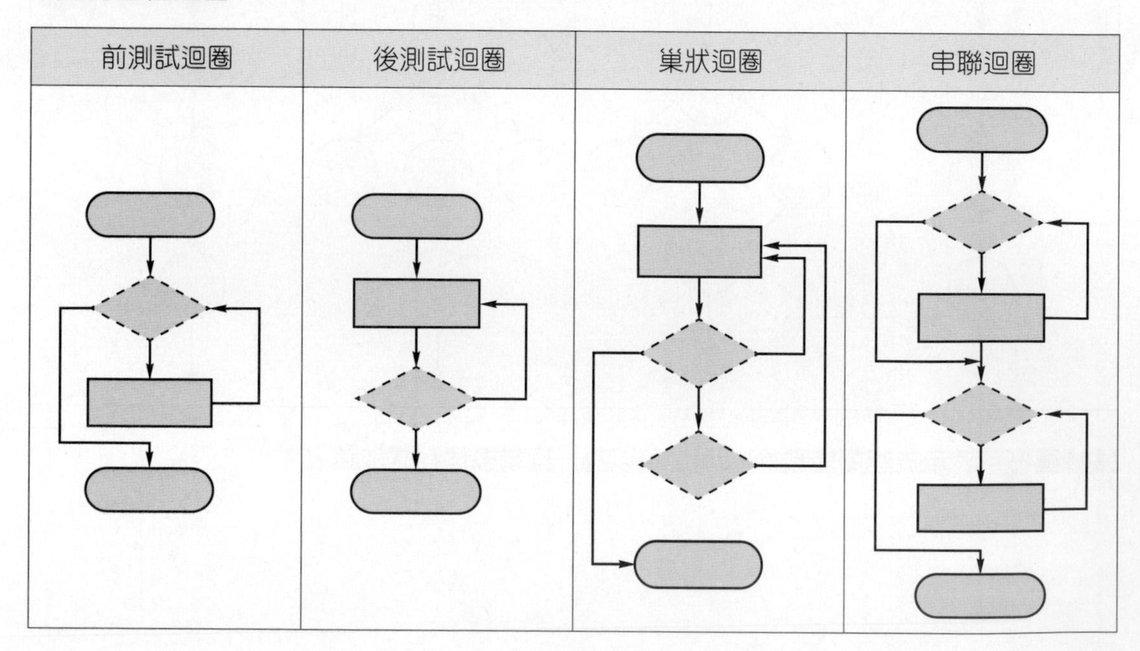

測試情況 ⏭ 1. 跳過整個迴圈。

2. 只執行迴圈一次。
3. 執行迴圈 M 次，M<N。
4. 執行迴圈 N 次。

語法 ⏭ VB 版本

```
起始條件
Do  While  終止條件
    處理敘述區塊
Loop
```

實例

請撰寫 1 加到 10 的程式碼

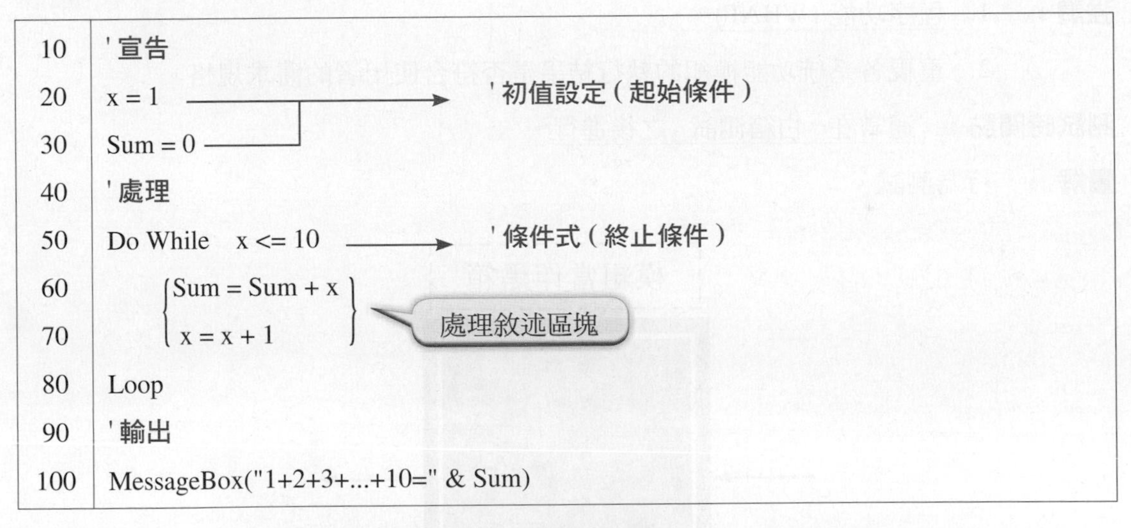

10	'宣告
20	x = 1 → '初值設定(起始條件)
30	Sum = 0
40	'處理
50	Do While x <= 10 → '條件式(終止條件)
60	Sum = Sum + x
70	x = x + 1
80	Loop
90	'輸出
100	MessageBox("1+2+3+...+10=" & Sum)

實作測試 ⏭ 從上面的實例，來進行四項測試個案。

1. **跳過整個迴圈** ➔ 當起始條件 X 設定為 11 時，則 Sum=0。

   測試重點：當條件式不成立時，是否會跳過整個迴圈。
2. **只執行迴圈一次** ➔ 當起始條件 X 設定為 1 時，則 Sum=1。

   測試重點：當條件式成立時，總和 Sum 變成 1，並且計數變數自動加 1。
3. **執行迴圈 M 次**，M<N➔ 當起始條件 X 設定為 9 時，則 Sum=45。

   測試重點：當條件式成立時，總和 Sum 與 X 是否會繼續變化。
4. **執行迴圈 N 次** ➔ 當起始條件 X 設定為 10 時，則 Sum 55。

   測試重點：當起始條件 X 等於終止條件 10 時，是否正常被執行。

單元評量

1. (　) 關於「白箱測試」的敘述，下列何者不正確？
   (A) 又稱為「結構測試」
   (B) 一般是由「程式設計師」親自測試
   (C) 適用於小型系統
   (D) 強調如何運作 (HOW)
2. (　) 有關「白箱測試」的測試技術，下列何者正確的？
   (A) 循序測試 (Sequence Testing)　　(B) 條件測試 (Condition Testing)
   (C) 迴圈測試 (Loop Testing)　　(D) 以上皆是

9-3-2 黑箱測試(Black - boxing testing)

定義 ⏭ 是指針對程式本身提供的**功能進行測試**。所以又稱為「**功能性測試**」。

強調 ⏭ 1. 程序功能 (WHAT)。

2. 重視各系統功能模組的執行結果是否符合使用者的需求規格。

測試時間點 ⏭ 通常在「白箱測試」之後進行。

圖解 ⏭ 行為測試。

測試者 ⏭ 一般是由「使用者」親自測試。

測試項目 ⏭ 測試產品是否合乎原先需求。

例 1 ⏭ 由小至大排序 (20, 15, 6, 23, 2, 7)，應得到的結果為 (2, 6, 7, 15, 20, 23)，不必去探討是以何種排序演算法來排序。

例 2 ⏭ 某一模組的執行反應時間為 5 秒鐘，則該模組在即時系統的應用是無法讓人接受的。

測試資料 ⏭ 真實資料 (Live Data)。

適用時機 ⏭ 對於一般小型或較簡單的系統。

綜合分析 ⏭ 1. 對於小型或簡單的系統，都是以「黑箱測試」來進行。

2. 對於即時系統或較複雜的大系統，則以「白箱測試」來進行。

測試技術 ⏭

一、等價分割法 (Equivalence Partitioning)

定義 ⏭ 是指將所有資料分割成「有效值」與「無效值」的兩種等價，再針對每種等價的資料去設計出測試個案。

分割種類 ⏭ 1. 測試資料的「**有效範圍**」。

2. 測試資料的「**特定值域**」。

3. 測試資料的「**布林條件**」。

（一）測試資料的「有效範圍」

測試個案 ⏭ 1. 一組有效值（在範圍內）。

2. 兩組無效值（＞上限　與　＜下限）。

圖解說明 ⏭

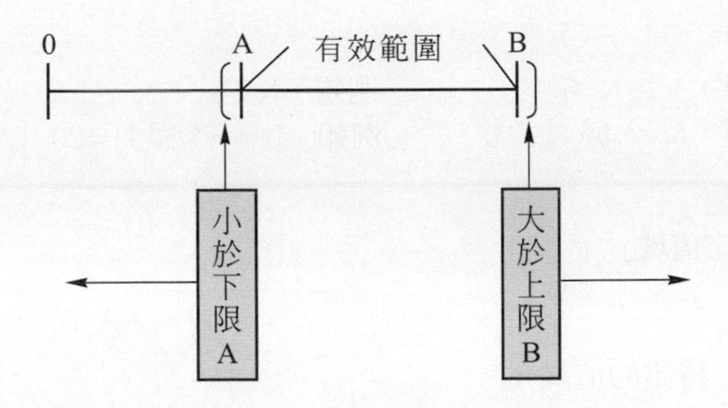

實例

假設學生的及格成績 (Score) 的範圍是在 60 ～ 100 分之間，其測試個案如下：

1. 一組有效值：80。
2. 兩組無效值：59 與 101。

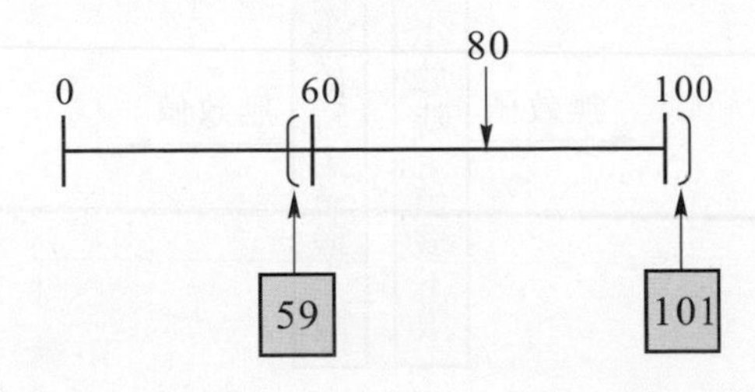

將以上測試個案，進行下列程式的測試：

```
If   Score>=60 Then
   MsgBox (" 及格 ")
Else
   MsgBox (" 無效值 ")
End If
```

此時將會發現第二組「無效值 (101)」的資料都會被執行「及格」，因此，必須要再修改程式為如下所示：

```
If   Score>=60 And Score<=100 Then
     MsgBox(" 及格 ")
ElseIf
     MsgBox(" 無效值 ")
End If
```

隨堂練習

Q 假設輸入資料條件的範圍為 1 到 10 之間的整數 N，請設計它的「有效值」、「無效值」之測試個案。

A 1. 一組有效值：1 ≦ N ≦ 10　　例如：N=5
2. 兩組無效值：N<1 與 N>10　　例如：N=-1 與 N=20

(二) 測試資料的「特定值域」

測試個案 ⏭

1. 一組有效值 (特定的值域)
2. 兩組無效值 (>值域上限　與　<值域下限)

圖解說明 ⏭

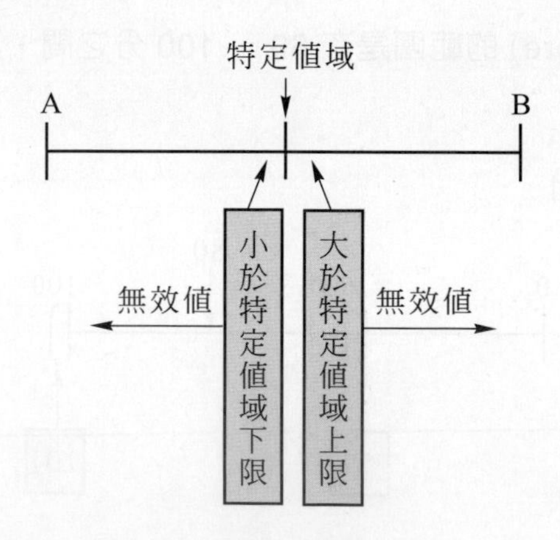

實例

假設學生的學號 (Stu_ID) 固定八個碼，其測試個案如下：

1. 一組有效值：八個碼。
2. 兩組無效值：大於 8 個碼，與小於 8 個碼。

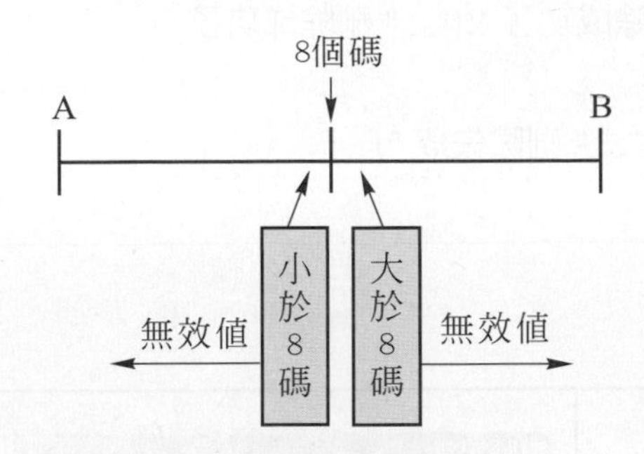

將以上測試個案，進行下列程式的測試：

```
If   Len(Stu_ID)=8 Then
     MsgBox(" 學號正確 ")
Else
     MsgBox(" 您所輸入的學號位數不正確 ")
End If
```

隨堂練習

Q 假設輸入資料條件的值域為固定 10 碼，如：身分證字號或手機號碼，請設計它的「有效值」、「無效值」之測試個案。

A 1. 一組有效值：N=10。
2. 兩組無效值：N=8 與 N=12。

(三) 測試資料的「布林條件」

測試個案 ⏭ 1. 一組有效值 (條件式成立 (True))
2. 一組無效值 (條件式不成立 (False))

實例 ⏭ 讓使用者確認刪除重要機密資料的畫面，其測試個案如下：

1. 一組有效值：按「是」。
2. 一組無效值：按「否」。

將以上測試個案，進行下列程式的測試：

實 例

```
Result = MsgBox(" 這是一筆重要的機密資料 " + Chr(13)+ " 你的
                確定要刪除嗎 ?", vbQuestion + vbYesNo, " 刪除記錄 ")
If   Result = vbYes Then
     MsgBox(" 機密資料刪除成功了 !!!", , " 刪除成功了 ")
Else
     MsgBox(" 不刪除了 !!!", , " 刪除失敗 ")
End   If
```

執行結果 ▶▶|

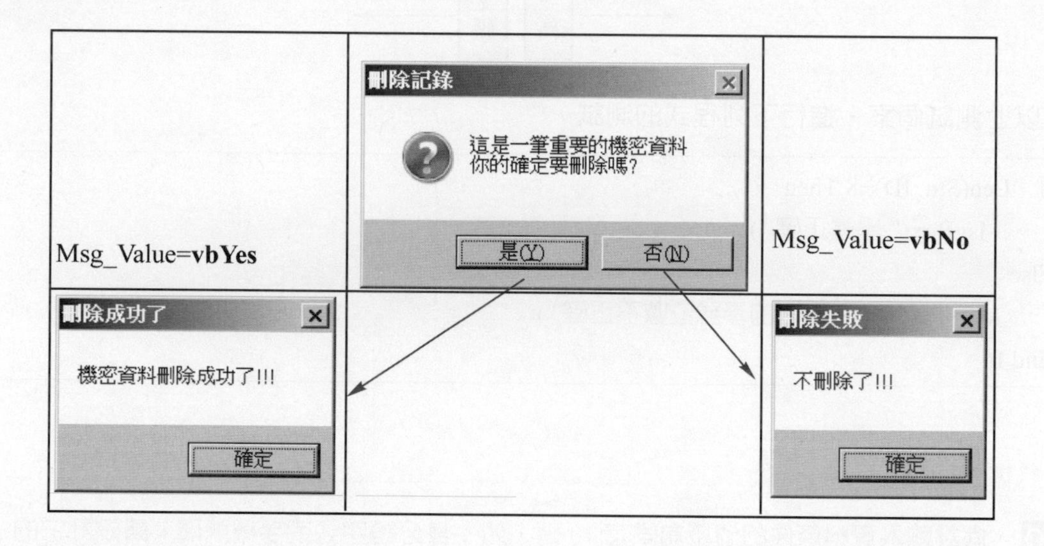

隨堂練習

Q 假設輸入資料條件為布林條件，例如「判斷是否大於等於 60」的整數，請設計它的「有效值」、「無效值」之測試個案。

A 1. 一組有效值：真　　例如：N=80。

2. 一組無效值：假　　例如：N=30。

二、邊界值分析法 (Boundary-Value Analysis，簡稱為 BVA)

引言 ▶▶| 其實，「邊界值分析法」取得測試資料的原則方式與「等價分割法」類似，那我們為什麼也要再介紹「邊界值分析法」呢？主要原因就是在實務上，設計軟體的錯誤時常發生在「邊界條件」上，例如：及格的重要門檻值 60 分。

與等價分割法之不同點 ⏭

1. 等價分割法：是從輸入資料條件中，「任取一值」。

2. 邊界值分析法：是從輸入資料條件中，「邊界上取值」。

目的 ⏭ 利用邊界值 (如極大值、極小值或上限與下限) 來測試周圍是否有錯誤。

測試邊界值方法 ⏭

條件式： 某一個範圍 [A, B]，

其中，A 為下限，B 為上限。

➢ 測試個案一《範圍內》：

1. 取剛好大於或等於下限A為測試資料。
2. 取剛好小於或等於上限B為測試資料。

圖解說明 ⏭

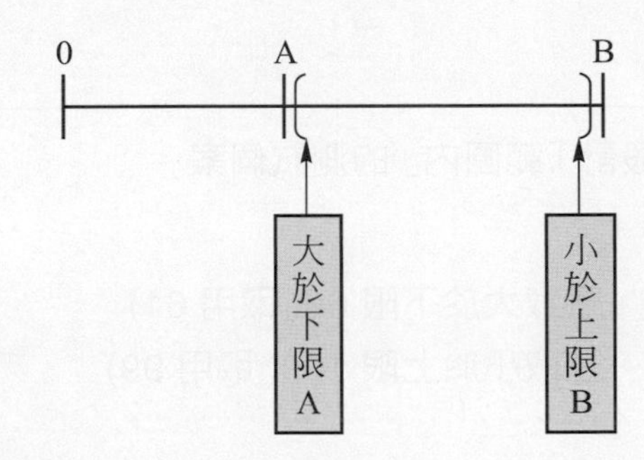

➢ 測試個案二《範圍外》：

1. 取剛好小於下限A為測試資料。
2. 取剛好大於上限B為測試資料。

圖解說明 ⏭

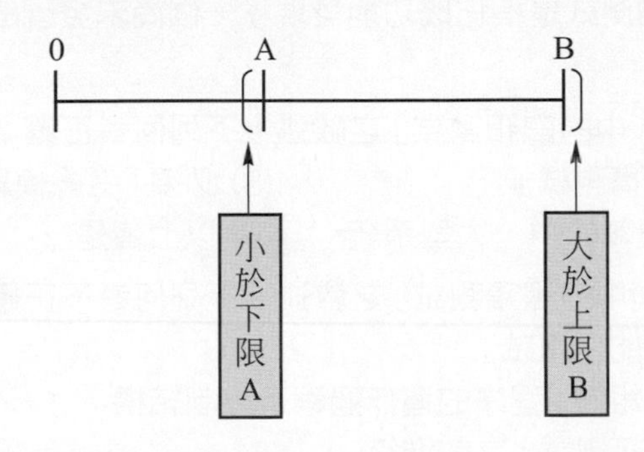

範例

假設輸入資料條件為 1 到 10 之間的整數，請利用「邊界值分析法」來設計它的「有效值」、「無效值」之測試個案。

參考解答 ⏭

1. 測試個案一《有效值》：1 ≦ N ≦ 10　　例如：N=1 與 N=10。
2. 測試個案二《無效值》：N<1 與 N>10　　例如：N=0 與 N=11。

實例

假設學生成績的「及格門檻值」為 60 分 (下限)；並且，最高分為 100 分 (上限)，其程式碼如下：

```
If   Score>=60 And Score<=100 Then
     MsgBox(" 及格 ")
ElseIf
     MsgBox(" 不及格 ")
End If
```

請依照上面的程式碼，來設計「範圍內」的測試個案。

‡ 解答 ‡

1. 下限值的測試資料：應取大於下限 60(取用 61)
2. 上限值的測試資料：應取小於上限 100(取用 99)

單元評量

1. (　) 關於「SDLC 的製作階段中的測試 (Testing)」之敘述，下列何者正確？
   (A) 用意在發現錯誤而執行一個軟體程式的過程
   (B) 一個好的「測試個案」是指一個測試個案有很高的機率可以發現一個尚未發現的錯誤
   (C) 一個成功的測試是指它成功地發現了一個尚未發現的錯誤
   (D) 以上皆是
2. (　) 有關「測試技術中的白箱測試」之敘述，下列何者正確？
   (A) 又稱為「結構測試」　(B) 必須「考慮模組內」程序的運作過程
   (C) 適用於較複雜的中、大型系統　(D) 以上皆是
3. (　) 有關「測試技術中的黑箱測試」之敘述，下列何者不正確？
   (A) 又稱為「功能性測試」
   (B)「不考慮模組內」程序的運作過程及控制結構
   (C) 通常在「白箱測試」之前進行
   (D) 適用於小型或較簡單的系統
4. (　) 當軟體模組測試著重在考慮其輸入、輸出、功能時，此種測試常被稱為下列何者？
   (A) 黑箱測試　(B) 白箱測試　(C) 玻璃箱測試　(D) 灰箱測試

9-4 軟體的四階段測試

引言 ⏭ 一套功能完整的資訊系統，可能包含數十個，甚至數百個模組所組成。因此，當我們撰寫程式完成之後，接下來的重要工作就是要進行軟體測試。除非，你是撰寫一個小程式，否則軟體測試工作是無法避免的。

四階段測試 (Four phase testing)⏭

基本上，資訊系統的完整測試過程，可以分成以下四個階段來進行。

❖表 9-1　測試四階段

<table>
<tr><th>階段</th><th>測試範圍</th><th>證實</th><th>使用技術</th><th>人員</th></tr>
<tr><td rowspan="2">單元測試
(模組測試)</td><td rowspan="2">針對單一模組</td><td rowspan="2">程式碼及模組描述</td><td>1. 白箱測試</td><td>開發人員</td></tr>
<tr><td>2. 黑箱測試</td><td>使用者</td></tr>
<tr><td>整合測試</td><td>模組之間
連結性</td><td>程式結構之正確性</td><td>1. 由上往下整合測試
2. 由下往上整合測試
3. 組合式整合測試</td><td>開發人員
使用者</td></tr>
<tr><td>系統測試</td><td>全面性的
軟體測試</td><td>安全、控制、性能
和軟硬體需求</td><td>1. 復原測試
2. 安全測試
3. 壓力測試
4. 性能測試
5. 相容測試</td><td>使用者</td></tr>
<tr><td rowspan="2">驗收測試</td><td rowspan="2">依照軟體需求
規格書功能</td><td rowspan="2">功能、人機介面是
否符合使用者需求</td><td>1. Alpha(α) 測試</td><td>開發人員</td></tr>
<tr><td>2. Beta(β) 測試</td><td>使用者</td></tr>
</table>

電腦軟體設計　丙級

1. (　) 根據軟體工程理論，軟體測試過程有四個步驟，其順序為何？
   (A) 單元測試、整合測試、驗收測試、系統測試
   (B) 整合測試、系統測試、單元測試、驗收測試
   (C) 單元測試、整合測試、系統測試、驗收測試
   (D) 整合測試、單元測試、驗收測試、系統測試
2. (　) 系統測試過程中，下列何者不屬於系統發展測試？
   (A) 個別程式測試　(B) 程式整合測試
   (C) 系統驗收測試　(D) 專案計畫測試

3. (　) 有關軟體測試的敘述，以下何者正確？
(A) 商用套裝程式已經過發行者進行軟體測試，所以使用者不必再予以測試
(B) 通常模組測試完成後，才會進行整合測試
(C) 在軟體系統開發測試時，程式設計師必須負責完成整個測試工作，包括單元測試及系統測試
(D) 在軟體發展生命週期中，若時間不夠，可以省略測試工作

4. (　) 系統整合測試最後進行的是數量測試 (Volume Testing)，藉由此項測試，往往可以發現一些較少發生的錯誤，而數量測試所使用的資料量，以何者為佳？
(A) 大量的真實資料
(B) 小量的真實資料
(C) 適中的真實資料
(D) 資料量不影響測試結果，可以隨心所欲

9-4-1 單元測試 (Unit Testing)

定義 ⏭ 又稱為「**元件測試、模組測試、程式測試**」，它是指系統中的每一個模組，測試人員可以利用「白箱和黑箱測試技術」，對每一個模組的原始碼設計各種「測試個案」，來找出模組內各種可能的錯誤。

示意圖 ⏭

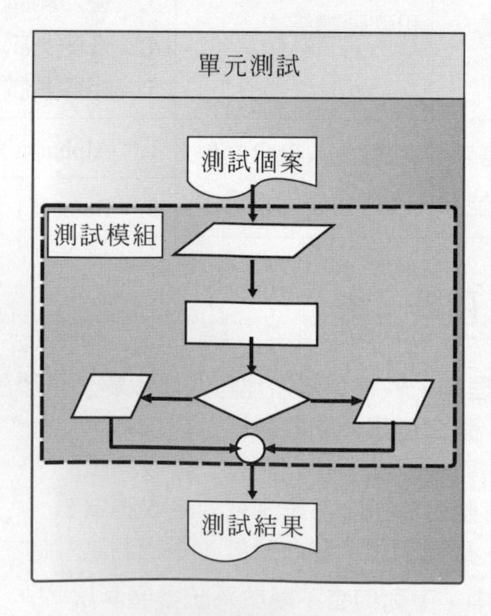

測試工作 ⏭ 程式的模組 (Module)、函數的應用 (Function)、程序 (Procedure) 及副程式 (Subroutine)。

測試項目 ⏭

一、模組介面測試

定義 ⏭ 主要測試模組內輸入資料及輸出資料的正確性。

實例 ⏭ 將攝氏 (輸入) 轉換成華氏 (輸出)。

模組程式
Dim F, C As Single Sub F_C(ByVal C)　　　　'副程式名稱 　F = (9/5)* C+32　　　　'求出華氏溫度 　MessageBox(" 華氏 F=" & F) End Sub

測試個案 ⏭ 輸入攝氏 C=30，輸出華氏 F=86。

二、模組內的資料結構測試 (區域資料結構)

定義 ⏭ 是指主要檢查模組內部所使用的區域，以及總體資料項目的正確性。

例如 ⏭ 1. 檢查不一致的資料型態。

2. 檢查不正確的變數初始值。

實例 ⏭ 計算圓的面積與周長

行號	模組程式	
10	Dim R As Long	'宣告半徑 R 為長整數型態
20	Dim A As Single	'宣告面積 A 為單精準度型態
30	Dim L As Single	'宣告周長 L 為單精準度型態
40	Const PI As Single = 3.14	'定義一個常數圓周率 PI 為 3.14
50		
60	Private Sub Button1_Click(……)Handles Button1.Click	
70	R =10	'半徑 R 初值設定
80	Call Circle_R(R)	'呼叫副程式
90	End Sub	
100	Sub Circle_R (ByVal R)	'副程式名稱
110	A = PI * R ^ 2	
120	L = 2 * PI * R	
130	McssageBox (" 圓面積 =" & A)	
140	MessageBox (" 圓周長 =" & L)	
150	End Sub	

說明 ⏭

1. 檢查行號 20 與 30 中，面積 A 與周長 L 的資料型態是否一致，如果 A 是整數型態，而 L 是單精準度型態時，則代表不一致的資料型態。因為，圓周率 PI 為 3.14，是屬於單精準度型態，因此，在計算面積 A 與周長 L 時，也一定是單精準度型態。
2. 檢查不正確的變數初始值。

   檢查行號 40 圓周率 PI 是否為 3.14，如果是整數時，則代表不正確的變數初始值。

三、錯誤處理測試

定義 ⏭ 是指測試模組內產生錯誤時的例外處理程式。

語法 ⏭

```
Try
  '可能會產生錯誤的程式區段
Catch ex As Exception
  '定義產生錯誤時的例外處理程式碼
Finally
  '一定會被執行的程式區段
End Try
```

實例 ⏭ 兩數相除，分母不能為 0，否則必須要偵測出來，並例外處理。

```
01  Private Sub Button1_Click (……)Handles Button1.Click
02          Dim x, y, z As Integer
03          Try
04              x = 1
05              y = 0
06              z = x / y        兩個相除，分母為0
07          Catch ex As Exception
08              MsgBox (ex.Message)
09          Finally              定義產生錯誤時的例外處理程式碼
10              MsgBox (" 結果 Z=" & z)
11          End Try
12  End Sub
```

四、邊界值測試

定義 ⏭ 是指用來測試模組內所設定的控制流程的邊界點條件。

例如 ⏭ 在輸入邊界值如 x>=60 時，則可以使用 x=60 及 x=59 進行測試

【註】詳細介紹，請參閱前面單元中的「黑箱測試」之「邊界值分析法」。

測試環境 ⏭

引言 ⏭ 一般而言，程式設計師在每撰寫完成一個模組程式時，就會立即進行「單元測試」工作。但是，單元模組往往無法獨立的被執行。因此，在進行測試時，程式設計師必須要再額外加上一些「輔助測試模組」才有辦法順利的被執行。

使用時機 ⏭ 如果模組不是獨立的程式，就會需要輔助測試模組。

種類 ⏭ 1. **驅動模組** (Driver)：欲被測試模組的**主模組**。

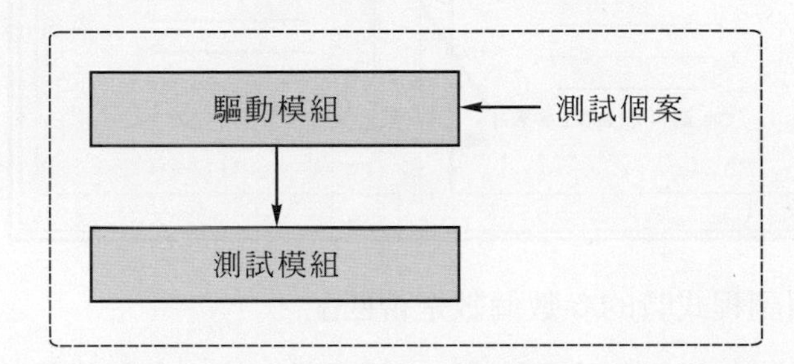

2. **假模組** (Dummy)：用來代替所測模組呼叫的**子模組**。

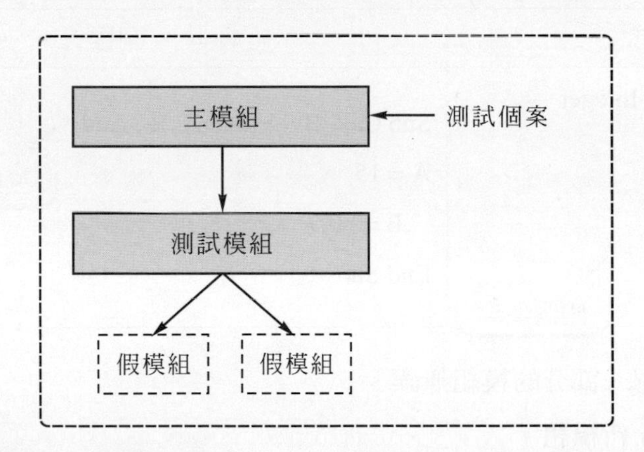

電腦軟體設計 丙級

1. (　) 在系統測試階段中，下列工作之順序應以何者為先？
(A) 實施系統測試　(B) 實施單元測試
(C) 實施功能模組之間的整合測試　(D) 實施驗收測試

2. (　) 程式設計師在完成部分程式後即可予以測試，其使用方法為下列何者？
(A) 程式中加入虛擬段落　(B) 未完成部分優先跳過
(C) 避免執行未完成部分　(D) 使用現成程式取代之

9-4-2 整合測試 (Integration Testing)

引言 ⏭ 針對所有單元測試後的模組，都必須經過整合測試，來驗證「模組間」連結 (Linking) 的正確性。

定義 ⏭ 主要測試模組與模組之間的介面 (亦即參數的傳遞)，用來檢查模組間輸入資料及輸出資料的正確性。

示意圖 ⏭

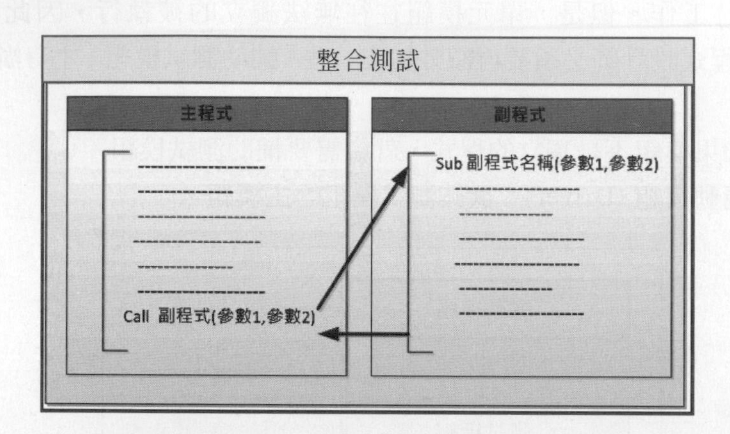

例如 ⏭ 主程式呼叫副程式時的參數個數是否匹配。

實例 ⏭ 主程式 (兩個參數) 呼叫副程式 (三個參數) 時，參數個數無法匹配。

主程式	副程式
Dim X, Y, Result As Integer X = 5 Y = 10 Call_By_Value(X, Y) Print(X, Y) 〔兩個參數〕	Sub Call_By_Value(A, B , Add) A = 15 B = 30 End Sub 〔三個參數〕

作法 ⏭ 1. 先確認一部分的模組無誤。

2. 再加入新模組。
3. 最後再檢查測試它們之間有無相關的影響。

種類 ⏭ 一般而言，在程式結構中，依照模組被連結先後順序的不同，整合測試的方法，可以分成以下三種：

1. **由上往下整合測試。**
2. **由下往上整合測試。**
3. **組合式整合測試。**

電腦軟體設計　丙級

1. (　) 系統整合測試發現錯誤時，不宜做下列何種處理？
   (A) 將所有程式全部刪除
   (B) 依據結果，研判錯誤發生之成因及所在
   (C) 查閱相關手冊，確定發生錯誤之原因
   (D) 使用偵錯程式，協助追蹤錯誤之所在
2. (　) 系統整合測試之目的，下列何者有誤？
   (A) 資料在經過不同模組介面時可能會消失
   (B) 個別模組時，可忍受之不精確，合併後會放大至不能接受地步
   (C) 全面性資料結構可能發生問題
   (D) 某個模組對其他模組一定會有不良影響
3. (　) 下列何者不是系統整合測試的目的？
   (A) 測試系統的美觀性　(B) 測試系統的穩定性
   (C) 測試系統能否正常運作　(D) 測試系統是否有缺失
4. (　) 下列對整合測試之敘述何者錯誤？
   (A) 在單元測試後執行
   (B) 策略上可由上而下 (Top-Down) 或由下而上 (Bottom-Up)
   (C) 目的是測試各模組之整合上是否有問題
   (D) 由客戶來執行
5. (　) 在分別對各個模組個別測試完畢後，便須進行所謂的整合測試，下列何者為最常用的作法？
   (A) 自上而下測試法及由左而右之測試法
   (B) 自下而上測試法及由右而左之測試法
   (C) 自上而下及自下而上混合測試法
   (D) 自上而下測試法、自下而上測試法及混合測試法
6. (　) 整合測試的執行程序可區分為兩種：一為非遞增式，針對各模組單獨測試後，再將其各模組合成加以測試；另一為遞增式，先測試單獨模組，然後逐一增加測試模組。有關遞增式測試程序之優點，下列何者為非？
   (A) 可以節省測試工作時間
   (B) 可以提早測試出模組介面之程式錯誤
   (C) 可以提前讓使用人員參與
   (D) 可以方便偵錯工作之展開
7. (　) 對於整合測試，下列何者錯誤？
   (A) 必須在整個系統發展完成後才開始測試
   (B) 當懷疑系統有錯誤時，可以在工作環境直接測試，而不影響實際資料的正確性
   (C) 系統可以遞增方式測試，逐步由一個模組擴增至整個系統
   (D) 由上而下的整合測試缺點為低層模組的錯誤會較晚發現

8. (　) 整合測試之主要目的是以下何者？
   (A) 確認系統功能是否合乎使用者的需求
   (B) 確認系統的可靠度
   (C) 確認模組間介面一致性問題，測試軟體整體功能
   (D) 通過使用者驗收

9. (　) 進行整合測試前，需先完成以下哪一種測試？
   (A) 系統測試　(B) 單元測試　(C) 壓力測試　(D) 灰箱測試

9-4-2-1 由上往下整合測試 (Top-down Integration Testing)

定義 ⏭ 是指先從「**最上層的主模組**」開始往「**下層的次模組**」進行**整合測試**，直到所有模組皆被測試完成為止。

適用時機 ⏭ 1. 系統操作環境複雜。

2. 開發全新程式。

優點 ⏭ 1. 當資訊系統有完工日期壓力時，由上而下測試，**較能提早看到系統輪廓**。

2. **最上層的主模組如果有問題時，可以提早發現**。

缺點 ⏭ 1. 可能必須要製作許多假模組 (Dummy)，因此，**成本比較高**。

2. 最低層次的基本功能模組，必須要等到「上層模組」測試完畢之後，才能被測試，因此，**如果有問題時，最晚被發現**。

測試過程 ⏭

1. 先將最上層的 A 主模組及第二層的 B、C 次模組進行整合測試。
2. 再各別針對第二層的 B 次模組及 D、E 基本模組進行整合測試。

   其中，D 基本模組必須要額外加上二個「假模組」才有辦法順利的被執行。
3. 並且再針對第二層的 C 次模組及 F、G 基本模組進行整合測試。
4. 最後，就可以完成整個系統的連結整合測試。

圖解說明 ⏭

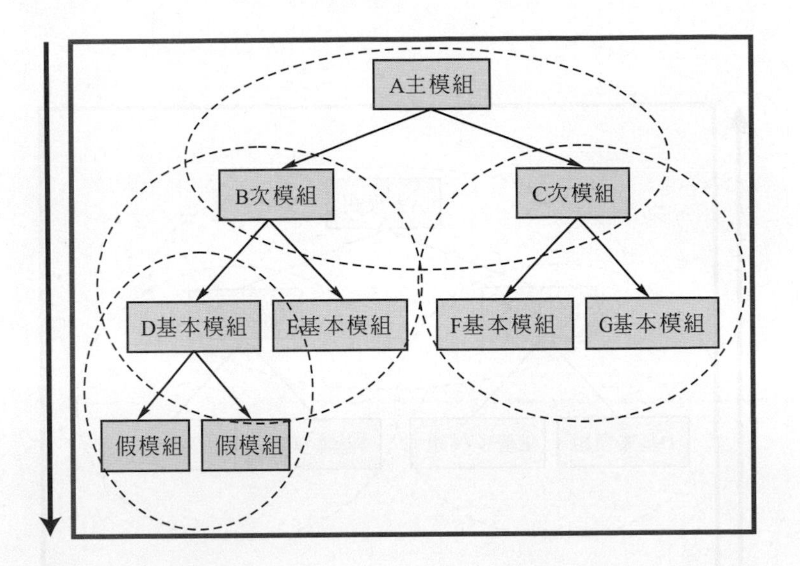

電腦軟體設計　丙級

1. (　) 由上而下整合測試 (Top-Down Integration Testing) 的最大缺點為何？
   (A) 需要有虛擬副程式，造成一些測試上的困難
   (B) 無法進行模組測試
   (C) 驅動程式設計困難
   (D) 要到最後一個模組整合進來，才可看到軟體的完整功能

9-4-2-2　由下往上整合測試 (Bottom-up Integration Testing)

定義 ⏭ 是指先從「**最下層的基本模組**」開始往「**高層次的模組**」進行**整合測試**，直到所有模組皆被測試完成為止。它只需撰寫「驅動模組」而不需「假模組」。

適用時機 ⏭ 1. 系統操作環境簡單。

2. 加入新功能。

優點 ⏭ 1. 所需要製作的假模組 (Dummy) 較「由上往下」少，因此，可以**節省成本**。

2. **最低層次的基本功能模組，可以較早被完成測試。**

缺點 ⏭ 1. 當資訊系統有完工日期壓力時，**無法提早看到系統輪廓**。

2. **最上層的主模組如果有問題時，最晚被發現。**

測試過程 ⏭ 1. 先進行第二層 B 次模組及 D、E 基本模組的整合測試。

2. 並且再針對第二層的 C 次模組及 F、G 基本模組進行整合測試。

3. 當第二層的 B、C 次模組整合測試完成之後，再向上整合 A 主模組進行測試。

4. 最後，就可以完成整個系統的連結整合測試。

圖解說明 ⏭

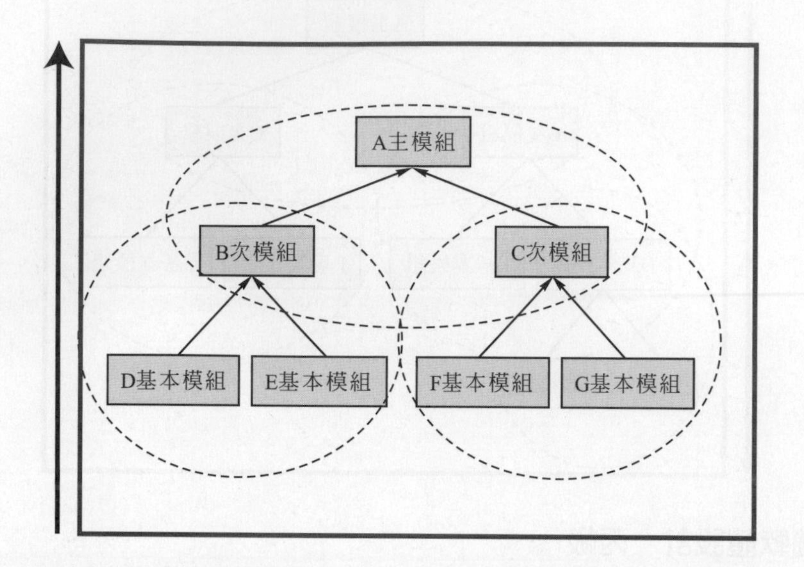

電腦軟體設計　丙級

1. (　) 由下而上的系統整合測試 (System Bottom-Up Integration Testing) 的最大缺點為何？
(A) 難以找到個別模組缺點
(B) 延後許多下層模組真實的測試
(C) 要到最後一個模組整合進來，才可看到軟體的完整功能
(D) 增加開發殘根 (Stub) 模組的成本

9-4-2-3　組合式整合測試 (Modular Integration Testing)

定義 ⏭ 又稱為三明治測試，是指結合「**由上往下**」及「**由下往上**」兩種不同的測試策略之優點。

適用時機 ⏭ 針對大型資訊系統。

測試過程 ⏭

1. **先「由上而下」測試**：是指高層次的模組先進行整合測試，以提早發現各種與協調、控制和介面等有關的問題。

   例如：先將最上層的 A 主模組及第二層的 B、C 次模組進行整合測試。

2. **再「由下而上」測試**：是指針對低層次的模組進行整合測試，以較早被完成測試。

   例如：較低層 B 次模組及 D、E 基本模組的整合測試。

圖解說明 ⏭

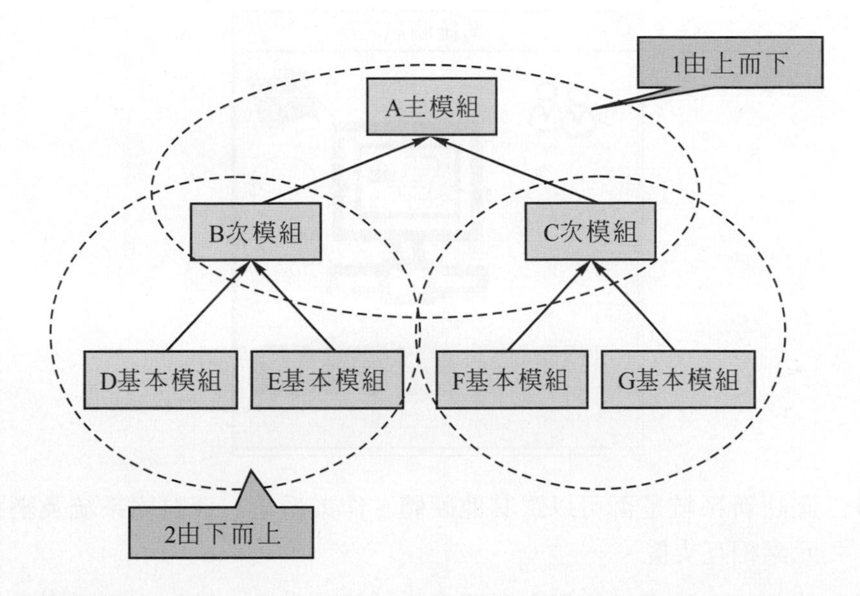

單元評量

1. ( ) 關於「組合式整合測試」之敘述，下列何者正確？
   (A) 又稱為三明治測試
   (B) 結合「由上往下」及「由下往上」兩種不同的測試策略
   (C) 針對大型資訊系統
   (D) 以上皆是

9-4-3 系統測試 (System Testing)

引言 ⏭ 在本書第一章中，筆者已經介紹過，一套「資訊系統」是由「人員、程序、資料、硬體及軟體」組成，因此，我們就可以清楚得知，「軟體」只是資訊系統五大元素的其中一項。所以，我們在進行測試工作時，也必須測試「軟體」在執行時，是否可以跟其他硬體、作業系統、資料庫系統及網路系統等元素相互支援，並且滿足使用者所要求的性能、安全、控制、資料庫備份及復原機制等需求。

示意圖 ⏭

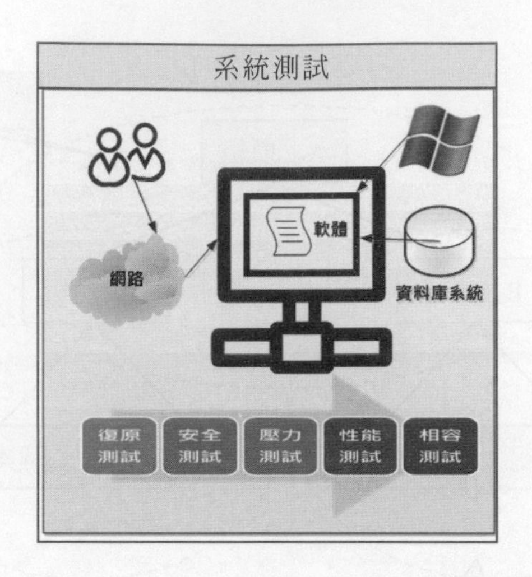

目的 ⏭
1. 確認新系統是否可以跟其他硬體、作業系統、資料庫系統及網路系統等元素相互支援。
2. 確認新系統滿足使用者所要求的性能、安全、控制、資料庫備份及復原機制等需求。

種類 ⏭

1. 復原測試 (Recovery Testing)

定義 ⏭ 是指測試人員先利用各種方法來迫使資訊系統產生失敗，而導致無法運作，再檢查系統重新啟動之後，是否有能力恢復到正常狀態。

圖解說明 ⏭

資訊系統無法運作	重新啓動恢復到正常狀態

2. 安全測試 (Security Testing)

定義 ⏭ 是指測試人員先扮演駭客或破壞者角色，使用各種非法手段，企圖破壞資訊系統的安全設計機制，再檢查是否有能力防止非法入侵，及自動偵測入侵者的 IP，以便追蹤。因為世界上沒有絕對安全的資訊系統。

圖解說明 ⏭

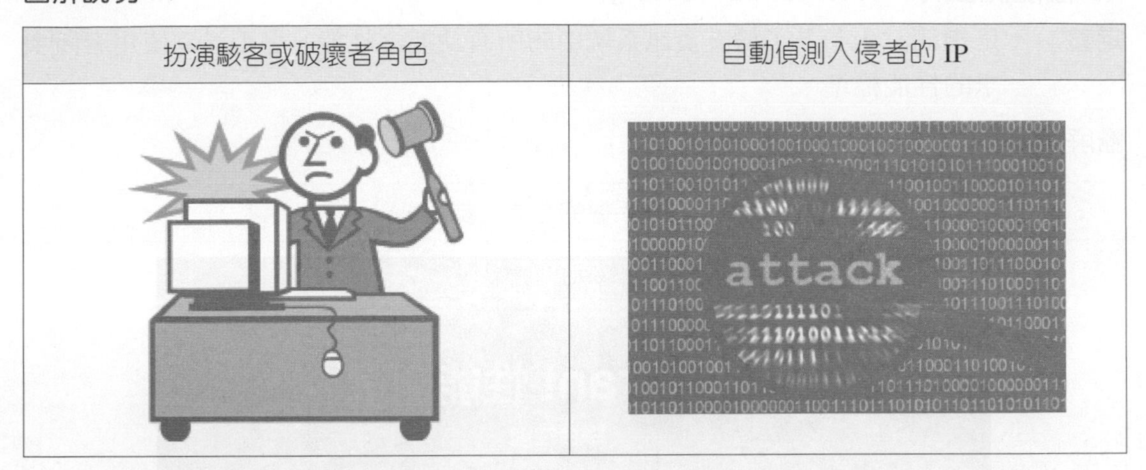

3. 壓力測試 (Stress Testing)

定義 ⏭ 是指用來測試軟體系統在最大極限或負荷下，其系統回應時間與穩定度是否符合使用者的需求。

測試項目 ⏭ 資料量 (Data Volume) 和反應時間 (Response Time)。

測試個案 ⏭ 利用「極端」及「例外」個案來造成系統不穩定。

例如 ⏭ 一秒內故意干擾系統十次，使用超出平常十倍、百倍的資料量，或大量佔用記憶體等，了解系統的極限！

測試範例 ⏭ 1. 系統可以同時上線的終端機數目。

2. 系統可以處理的最大資料量。
3. 系統可以連續執行的最長時間。
4. 系統可接受的資料型態。

圖解說明 ⏭

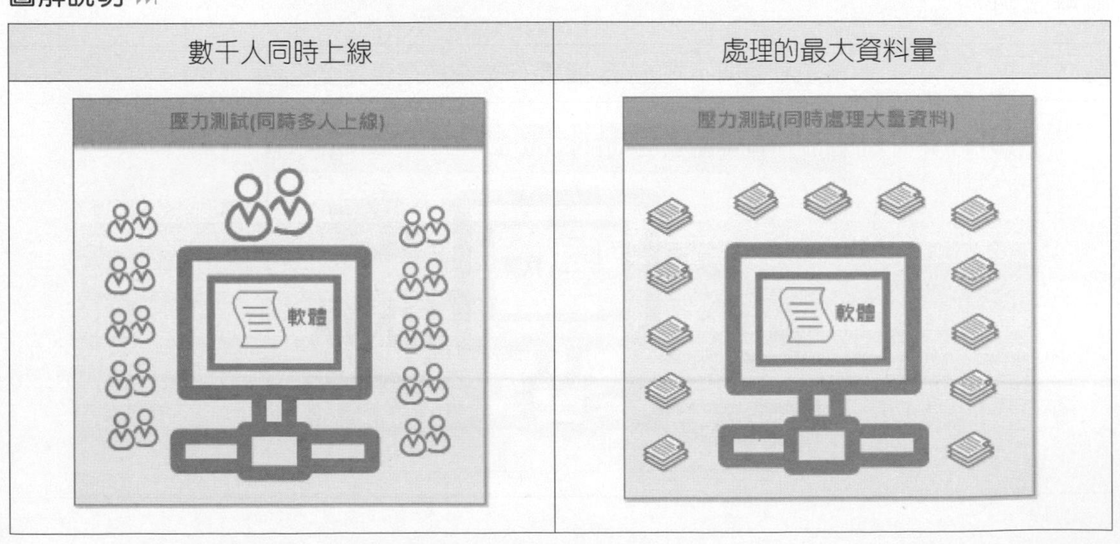

4. 性能測試 (Performance Testing)

定義 ⏭ 是指測試人員為了檢查資訊系統中的所有功能之性能，是否達到使用者所要求的性能標準。

圖解說明 ⏭

各種手機的性能測試

5. 相容測試 (Compatibility Testing)

定義 ⏭ 主要是檢驗軟體、硬體、網路、資料庫及作業系統等不同供應商的產品，是否能與新開發完成的軟體完全相容，緊密整合在一起。

圖解說明 ⏭

檢驗軟體與不同的資料庫及作業系統是否完全相容

電腦軟體設計 丙級

1. (　) 系統測試是應用系統開發過程中，不可省略的一環。關於系統測試的方式，下列敘述何者不正確？
   (A) 先由每位程式設計師分別對自己所撰寫的部分，進行單元測試 (Unit Testing)
   (B) 由一人專責系統測試的工作，免得因多頭馬車，徒增程式設計師的困擾
   (C) 系統測試的工作除了程式設計師必須參與外，亦應由數個不同的使用者做使用前的測試，以增加系統的穩定性
   (D) 系統測試應以真實的資料進行，以增進其適用性
2. (　) 對於系統測試的敘述，以下何者正確？
   (A) 完成系統測試後，仍無法保證該系統在執行時百分之百正確
   (B) 系統測試可以找出系統分析師的所有系統分析錯誤
   (C) 系統測試可以完全找出程式撰寫時產生的錯誤
   (D) 系統測試目的在找出軟體模組之間介面溝通的錯誤
3. (　) 軟體壓力測試是以下哪一種測試？
   (A) 單元測試　(B) 系統測試　(C) 整合測試　(D) 白箱測試
4. (　) 軟體測試中，測試對使用者個數的容忍程度屬於以下哪一種測試？
   (A) 壓力測試　(B) 相容性測試　(C) 整合測試　(D) 驗收測試

9-4-4 驗收測試 (Acceptance Testing)

定義 ⏭ 是指系統開發人員陪同使用者親自針對「功能面」與「人機介面」進行測試，以了解是否符合使用者需求。

示意圖 ⏭

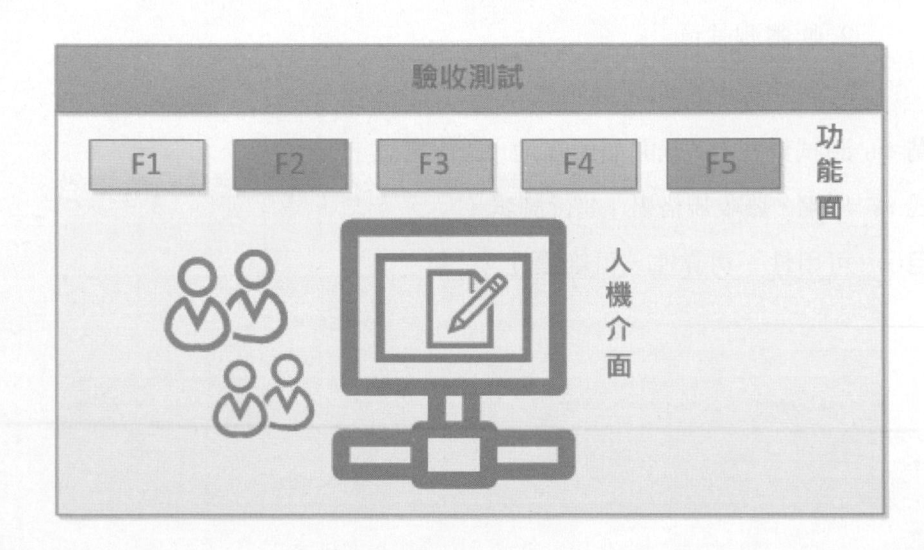

驗收測試的目的 ⏭

1. 確認新系統所提供的功能及人機介面是否滿足「使用者」的要求。

2. 確認新系統所提供的功能及人機介面是否符合「軟體需求規格書」的要求。

驗收測試的步驟 ⏭

一般而言，一套應用軟體要上市之前，通常都會經過兩階段的測試步驟：

第一階段：稱為 **Alpha(α) 測試**：由軟體測試員負責執行。

第二階段：稱為 **Beta(β) 測試**：一般的使用者負責執行。

圖解說明 ⏭

Alpha(α) 測試 (軟體測試員)	Beta(β) 測試 (一般的使用者)

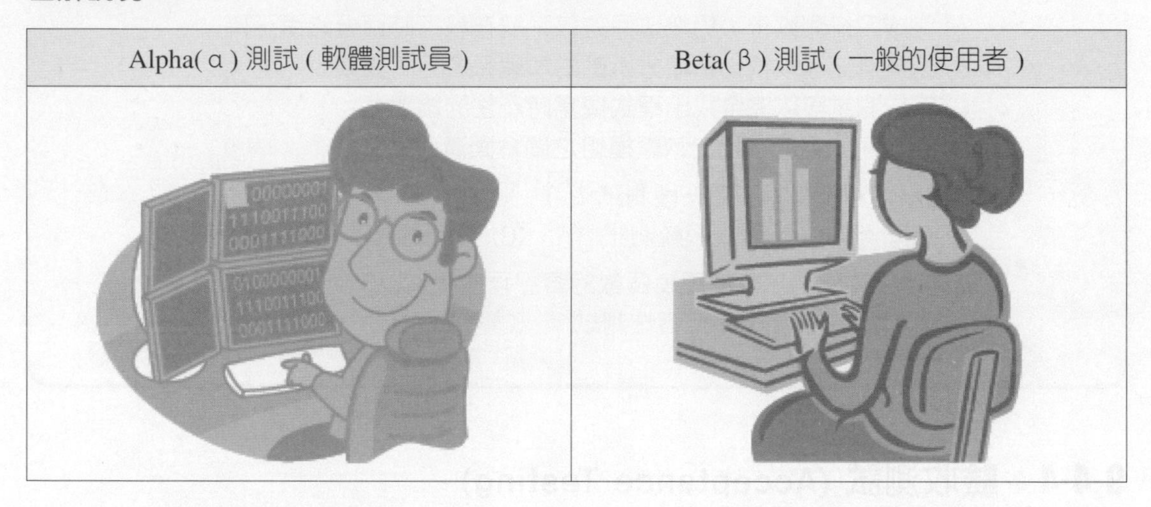

一、Alpha 測試 (α 測試)

定義 ⏭ 是指由系統開發者或相關測試機構，親自上機測試來驗收系統。

測試機構 ⏭ 1. 經銷商

2. 軟體測試員

3. 研發廠商內部人員測試

測試地點 ⏭ 測試員在「系統開發所在地」進行測試。

進行方式 ⏭ 依照「驗收規格書」進行測試。

測試項目 ⏭ 可用性、可靠性、可維護性。

圖解說明 ⏭

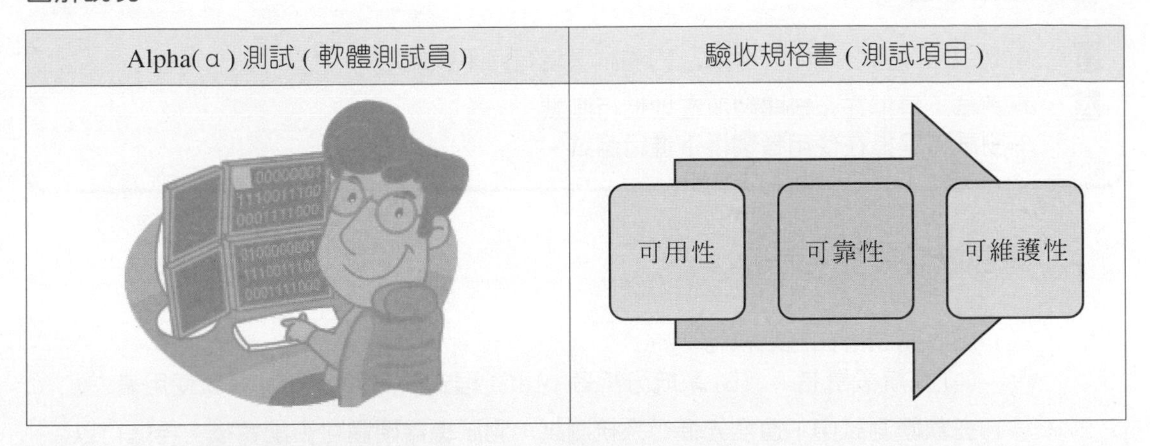

優點 ⏭ 1. 系統設計者可以即時發現錯誤，即時修改。

2. 可以節省軟體發展生命週期 (SDLC) 的回溯時間。

二、Beta 測試 (β 測試)

定義 ⏭ 是指由使用者單獨進行測試。

使用者 ⏭ 1. 特定對象的使用者。

2. 沒有特定對象的使用者。

測試地點 ⏭ 在「顧客所在環境」進行測試。

進行方式 ⏭ 特定對象的使用者，必須依照「驗收規格書」進行測試。

測試項目 ⏭ 系統功能及人機介面。

注意 ⏭ 一般在市面上流傳的測試版多屬於 Beta 版，即俗稱的「**測試版**」，並且又可細分為 **Beta 1**、**Beta 2 兩階段**。

圖解說明 ⏭

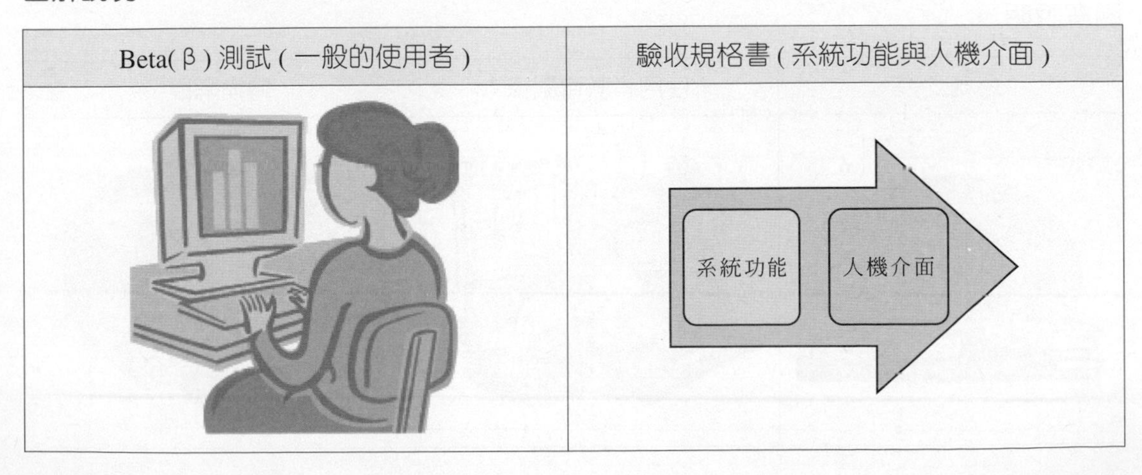

隨堂練習

Q 請問，「α 測試」與「β 測試」的測試環境有何不同呢？

A α 測試：是指在系統開發所在地進行測試。
β 測試：是指在使用者環境下進行測試。

電腦軟體設計　丙級

1. (　) 驗收測試應由誰來執行？
   (A) 系統設計者　(B) 系統分析者　(C) 程式撰寫者　(D) 系統使用者
2. (　) 在軟體測試中，通常先進行系統測試，測試機器硬體可否配合後，再進行以下哪一種測試？
   (A) 整合測試　(B) 單元測試　(C) 白箱測試　(D) 驗收測試

9-5 系統轉換 (System Conversion)

引言 ⏭ 當新系統開發完成之後，隨即進行「系統安裝」工作。此時，系統開發者可同時進行「使用者訓練」與「系統轉換」的工作。

定義 ⏭ 是指將「新系統」替換掉「舊系統」的軟硬體和作業程序。

工作項目 ⏭ 1. 系統安裝。
2. 使用者教育訓練。
3. 轉換階段。

圖解說明 ⏭

單元評量

1. (　　) 關於「系統安裝與轉換階段」工作項目之敘述，下列何者不正確？
(A) 系統安裝　　(B) 使用者教育訓練
(C) 系統設計　　(D) 系統轉換

9-5-1 系統安裝

引言 ⏭ 當系統開發人員完成新系統的開發工作之後，隨即進行「系統安裝」工作。此時，系統開發者必須親自到使用者的工作環境下，安裝新資訊系統。

安裝的步驟 ⏭

步驟一： 根據「系統安裝手冊」的指示，先安裝及設定「新系統」所需的系統運作環境。

例如：作業系統、資料庫管理系統版本及相關的環境設定。

步驟二： 根據「系統安裝手冊」的說明，逐步安裝「新系統」。

例如：實際安裝「新系統」到使用者的工作環境中。

步驟三： 在安裝完成後，必須再測試新系統是否可以正常運作。

例如：安裝者先指導使用者操作一次，再由使用者親自操作。

圖解說明 ⏭

設定新系統運作環境	逐步安裝「新系統」	使用者親自操作
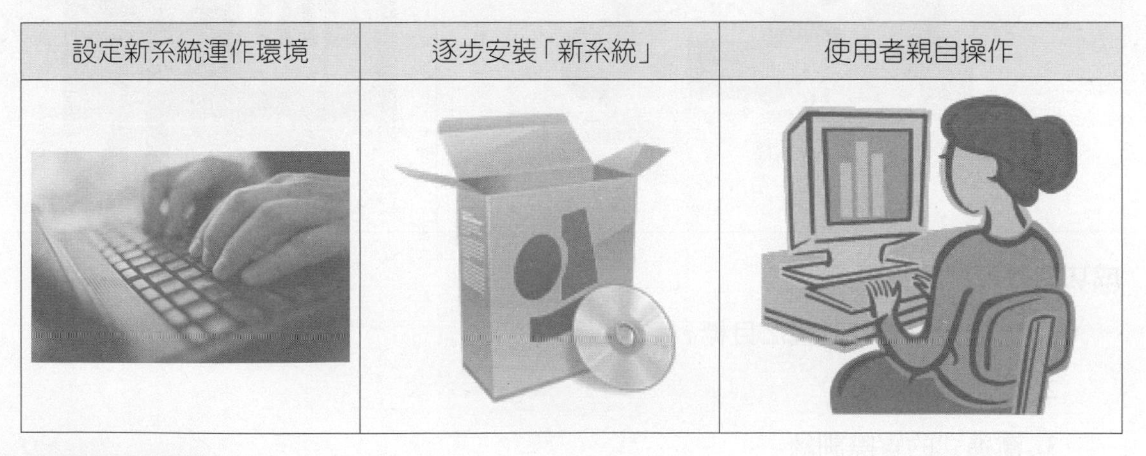		

安裝的注意事項 ⏭

1. 確實依照「系統安裝手冊」的安裝步驟進行。
2. 先拷貝「系統母片」，再利用「備份系統光碟片」進行安裝。可以避免因為安裝程序的操作不當或磁碟機不清潔而毀損系統母片。

單元評量

1. (　) 有關「系統安裝」工作之敘述，下列何者是正確的？
(A) 先拷貝「系統母片」，再利用「備份系統光碟片」進行安裝
(B) 根據「系統安裝手冊」的指示進行安裝及設定
(C) 在安裝完成後，必須再測試新系統是否可以正常運作
(D) 以上皆是

9-5-2 使用者教育訓練

引言 ⏭ 當企業導入或開發新的資訊系統時，其功能上、操作上及作業流程上可能都跟原先的舊系統不盡相同。因此，系統開發人員就必須要**舉辦一系列的教育訓練研習課程**，來讓使用者可以快速熟悉新系統的操作方式，以真正發揮資訊系統所帶來的競爭優勢。

示意圖 ⏭

員工教育訓練	提高企業的競爭力

成功的教育訓練步驟 ⏭

1. 安排教育訓練計畫之目標。
2. 培訓使用者。
3. 漸進式的實際訓練。
4. 評量受訓使用者是否符合訓練目標。

示意圖 ⏭

教育訓練模式 ⏭ 1. 傳統教育訓練模式

2. 數位學習訓練模式

3. 混合教育訓練模式

一、傳統教育訓練模式

定義 ⏭ 是指系統開發人員及使用者必須要在同一個時間與地點（會議室或電腦室），由系統開發人員講授研習內容。

互動模式 ⏭ 使用者可以與開發者進行「面對面」的互動。

示意圖 ⏭

優點 ⏭ 開發者及使用者之間可以即時性互動。

缺點 ⏭
1. 提高企業教育訓練成本。
2. 無法提供多媒體的互動學習效果。
3. 無法重複學習。

二、數位學習訓練模式

定義 ⏭ 是指讓使用者在任何時間 (anytime)、任何地點 (anywhere) 都可以透過 e 化工具來進行教育訓練。

主要貢獻 ⏭ 突破時間與空間的限制。

示意圖

優點
1. 降低企業教育訓練成本。
2. 可以提供多媒體的互動學習效果。
3. 可以重複學習。

缺點 開發者及使用者之間無法即時性互動。

三、混合教育訓練模式

定義 是指開發者先對使用者辦理一場「傳統教育訓練模式」，其餘時段再進行「數位學習訓練模式」。

主導者 先以開發者為主，再以使用者為中心。

優點 兼具「傳統教育訓練模式」與「數位學習訓練模式」的優點。

示意圖

傳統教育訓練模式		數位學習訓練模式
	+	

單元評量

1. (　) 有關「教育訓練模式」的種類，下列何者正確？
(A) 傳統教育訓練模式　(B) 數位學習訓練模式
(C) 混合教育訓練模式　(D) 以上皆是

2. (　) 請問，下列哪一種「教育訓練模式」是開發者先對使用者辦理一場「傳統教育訓練模式」，其餘時段再進行「數位學習訓練模式」？
(A) 傳統教育訓練模式　(B) 數位學習訓練模式
(C) 混合教育訓練模式　(D) 以上皆是

9-5-3 轉換階段

引言 ⏭ 當企業開發一套功能完整的資訊系統時，往往必須要整合企業內部各個部門，因此，部門之間是否能夠充分配合，將會影響系統轉換的成敗。

定義 ⏭ 是指如何將「新系統」取代「舊系統」的過程。

四個轉換方法 ⏭ 1. 直接轉換 (Direct Conversion)
2. 平行轉換 (Parallel Conversion)
3. 試驗轉換 (Pilot Conversion)
4. 階段轉換 (Phased Conversion)

示意圖 ⏭

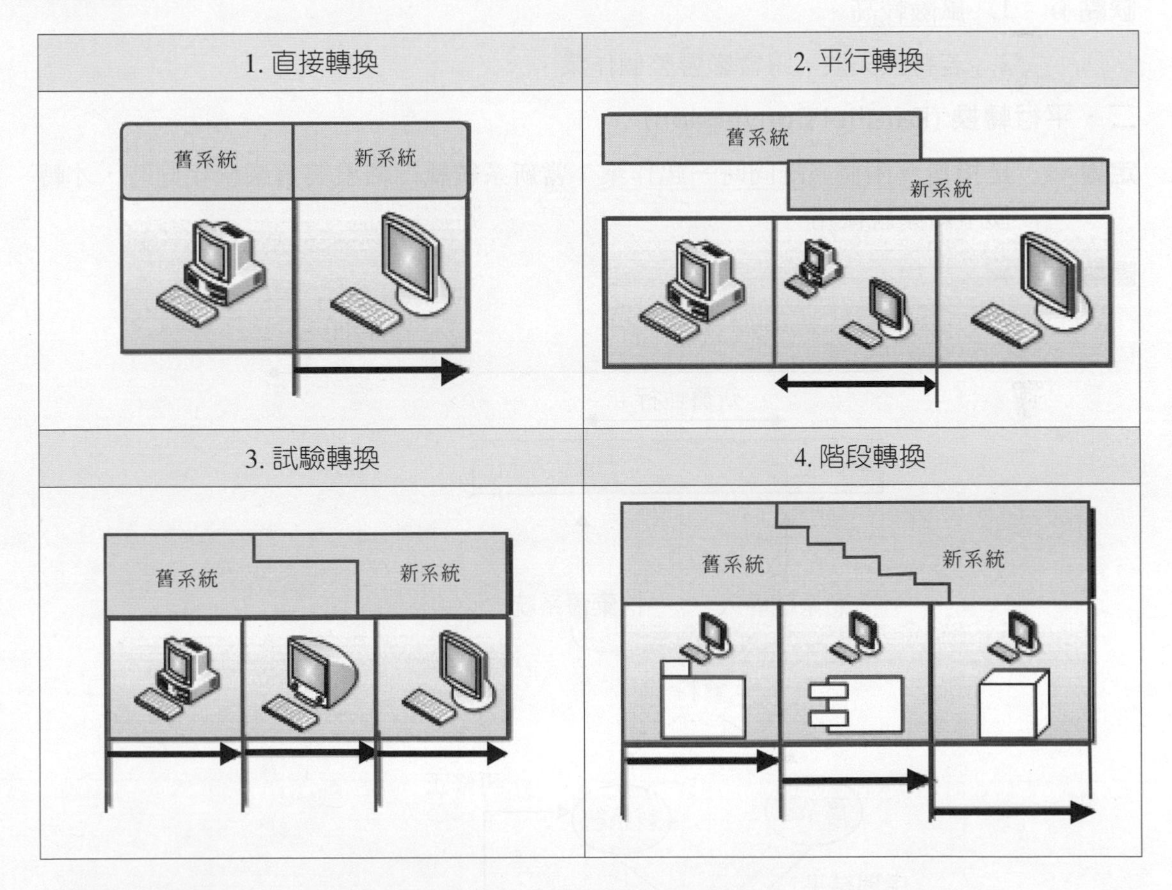

一、直接轉換 (Direct Conversion)

定義 ⏭ 又稱為立即轉換，是指停止使用舊系統，而直接使用測試完成的新系統的作業方式。

圖解說明 ⏭

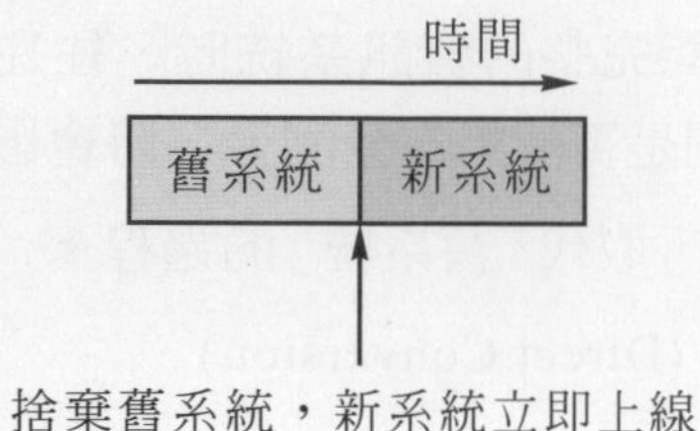

適用時機 ⏭ 小規模的資訊系統。

優點 ⏭ 1. 轉換過程快速而有效率。

2. 最簡單也最省事。

缺點 ⏭ 1. 風險較高。

2. 若轉換失敗，將會影響整個作業。

二、平行轉換 (Parallel Conversion)

定義 ⏭ 是指新舊兩個系統同時一起作業，當新系統執行結果與舊系統相同時，才轉換至新系統使用。

圖解說明 ⏭

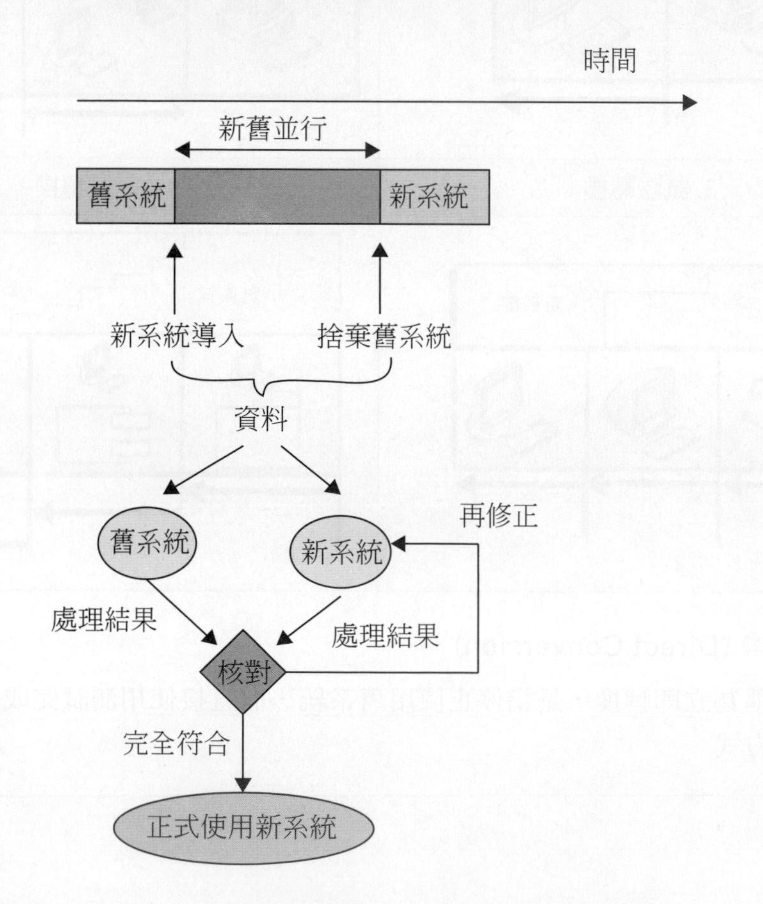

適用時機 ⏭ 複雜性較高的資訊系統

優點 ⏭ 1. 安全性較高。

2. 若轉換失敗，仍可以使用舊系統。

缺點 ⏭ 1. 成本比較高（因為新舊系統都必須要運作）。

2. 較浪費人力、物力與時間。

三、試驗轉換 (Pilot Conversion)

定義 ⏭ 又可稱為「**先導轉換**」或稱「**分批轉換**」，它是以組織部門為導向（亦即組織的重點單位）。也就是說，測試企業組織中的某一部門使用，當使用者測試沒有問題之後，再繼續推廣到其他部門。

例如 ⏭ 資管系先推行 E-Learning。

圖解說明 ⏭

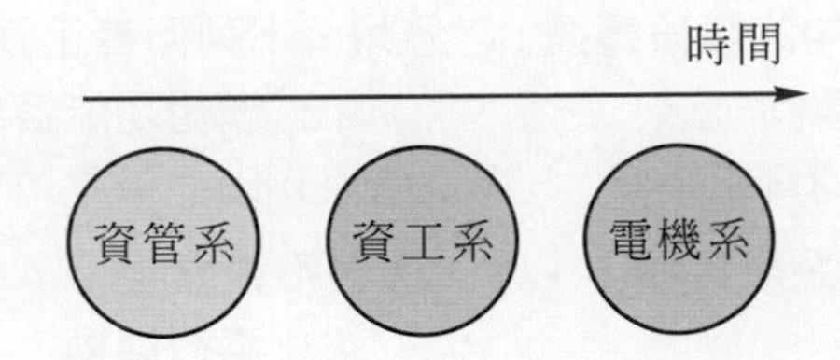

優點 ⏭ 穩健可靠。

缺點 ⏭ 無法一次全部實施。

四、階段轉換 (Phased Conversion)

定義 ⏭ 將不同模組安排在不同的時間內進行轉換，當這些模組運作沒有問題之後，再繼續轉換其他的模組。它是以**模組為導向**。

圖解說 ⏭

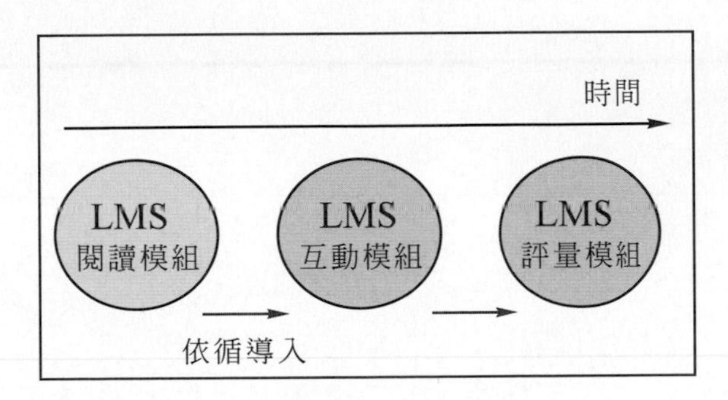

適用時機 ⏭ 大型的資訊系統（由許多獨立功能的模組所組成）。

優點 ⏭ 1. 模組功能容易掌握。

2. 安全性較高

單元評量

1. ( )關於「SDLC 的製作階段中的轉換」之分類，下列何者不正確？
   (A) 直接轉換 (B) 平行轉換
   (C) 嵌入轉換 (D) 階段轉換
2. ( )關於「轉換階段中的直接轉換」之分類，下列何者正確？
   (A) 又稱為立即轉換 (B) 適用於小規模的資訊系統
   (C) 風險較高 (D) 以上皆是
3. ( )關於「轉換階段中的平行轉換」之分類，下列何者正確？
   (A) 新舊兩個系統同時一起作業 (B) 適用於複雜性較高的資訊系統
   (C) 較浪費人力、物力與時間 (D) 以上皆是
4. ( )關於「轉換階段中的試驗轉換」之分類，下列何者正確？
   (A) 又可稱為「先導轉換」 (B) 穩健可靠
   (C) 無法一次全部實施 (D) 以上皆是
5. ( )關於「轉換階段中的階段轉換」之分類，下列何者正確？
   (A) 是以模組為導向 (B) 模組功能容易掌握
   (C) 適用於大型的資訊系統 (D) 以上皆是
6. ( )請問，下列四種系統轉換中，哪一種最不具風險呢？
   (A) 直接轉換 (B) 平行轉換
   (C) 試驗轉換 (D) 階段轉換
7. ( )圖書館自動化的系統轉換方式，下列何者最花時間與經費？
   (A) 直接轉換 (direct conversion) (B) 階段式轉換 (phased conversion)
   (C) 先導式轉換 (pilot conversion) (D) 平行轉換 (parallel conversion)
8. ( )ERP 系統轉換中，較節省人力的是？
   (A) 直接轉換 (B) 平行轉換
   (C) 試驗轉換 (D) 階段轉換

習題

基本題

1. 請問，在系統製作階段中，它的主要「工作項目」及每一項目的工作內容為何呢？
2. 請問，安裝系統軟體時，應該要注意哪些事項呢？
3. 請寫出程式設計的五大步驟。
4 請問，在開發資訊系統時，都必須要撰寫各階段的系統相關文件，其功能為何呢？
5. 請您繪出「測試評估流程圖」。
6. 請問，「白箱測試」與「黑箱測試」的主要差異之處為何？
7. 請寫出軟體測試過程可分為單元測試、整合測試與驗收測試，試說明其間的差異。
8. 請問，在進行「系統轉換階段」時，常見有哪四個轉換方法呢？

進階題

1. 請列出常見的系統測試方法。< 至少寫出五種 >
2. 請問，我們為何需要進行系統測試？
3. 請問，系統測試常見的錯誤有哪些？
4. 請問，資訊系統在進行測試時，其「測試個案」可分為哪些種類呢？
5. 請問，軟體測試有哪五個面向呢？
6. 請繪出「軟體測試 V 模型」。
7. 請問，軟體錯誤可以分為哪些呢？
8. 請問，您覺得好的測試應具有哪些特性呢？
9. 請問，什麼才算是成功的軟體測試技術呢？
10. 假設剛開發一套新的資訊系統，並且它全部錯誤的數目為 60，現在想利用甲、乙兩種軟體測試技術：

    其中，甲技術使用 20 個測試個案，找出 30 個錯誤，乙技術使用 100 個測試個案，找出 50 個錯誤。

    請您利用這種兩種測試技術，來計算出「測試軟體錯誤率」為何？

【註】

測試軟體錯誤率 公式＝$\dfrac{\text{測試出錯誤的數目}}{\text{全部錯誤的數目} \times \text{測試個案數目}}$

11. 請問，「驗證與確認」之間存在什麼關係呢？請繪圖說明之。
12. 請利用「白箱測試」中的「分支涵蓋法」來設計下圖中的「測試個案」。

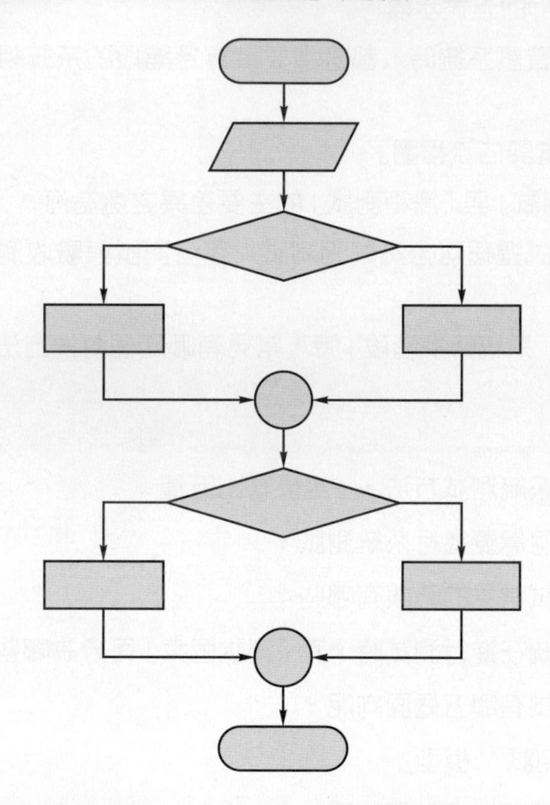

13. 假設您們公司的資訊系統委外開發，當開發完成之後，如果您是公司的程式設計師，請問您要如何進行系統驗收呢？<考量因素>
14. 資訊系統開發模式，常見有「自行開發、委外開發或購買套裝軟體」。但是，不管是「自行開發、委外開發或是購買套裝軟體」，都必須要一連串的系統整合與測試，如果測試通過，才能進行系統安裝與轉換，並且還必須要舉辦教育訓練活動，讓使用者學會操作與管理新的資訊系統。請繪出整個評估流程圖。

CHAPTER 10

系統維護

本章學習目標

1. 讓讀者了解**系統維護**工作在資訊系統開發中**扮演永續的角色**。
2. 讓讀者了解**系統維護的生命週期、需求及類別**。

本章學習內容

前言

在完成資訊系統的開發之後，便是系統操作階段的開始，也就是系統維護階段的開始，這個階段將持續直到整個系統已無法繼續使用，或是維護工作無法再進行為止。此時，系統使用者必須捨棄該舊系統，而重新提出新系統的需求。

系統維護工作的目標，乃**在確保系統能正常運作，並延長系統生命週期**。而維護工作的需求實乃因應維持系統的正常運作、提高系統執行的效能、使用者需求的改變，以及系統操作環境的改變。

10-1 系統維護的概念

引言 ⏭ 當企業的資訊系統開發完成，亦即資訊系統經過測試階段及轉換階段之後，就可以讓使用者正式作業。此時，資訊系統就會進入到系統發展生命週期(SDLC)的「系統維護」階段。系統必須不斷地修正和更改，直到整個系統已無法繼續使用，或是維護工作無法再進行為止。

定義 ⏭ **是指修正系統測試階段不週全而產生的錯誤，以及更符合使用者的實際需求。**

主要的工作 ⏭

1. 更正性維護：修改系統**運作時產生的軟體錯誤**。
2. 適應性維護：修改系統**因應外在環境變動的需求**。
3. 完善性維護：修改系統**以提昇軟體效能**。
4. 預防性維護：修改系統以**避免未來可能發生之錯誤**。

示意圖 ⏭

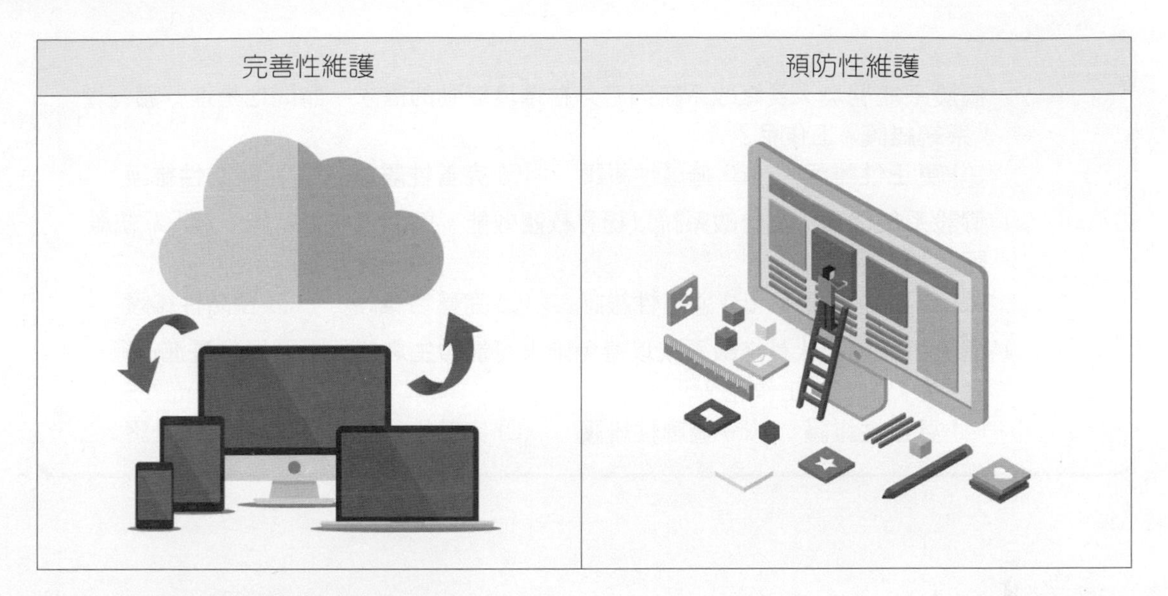

目標 ⏭ 1. 確保系統能正常運作。
2. 提高系統執行的效能。
3. 延長系統生命週期。

示意圖 ⏭

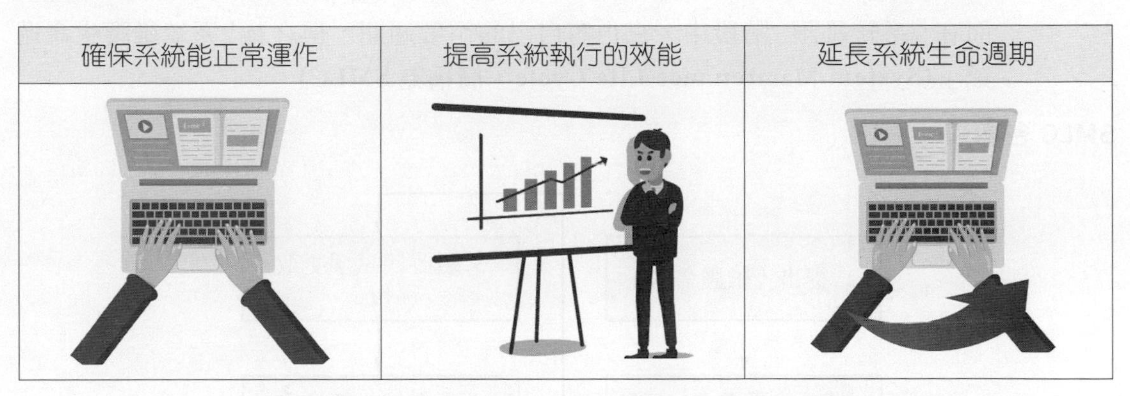

單元評量

1. (　　)關於「系統維護」的主要工作，不包括下列何者呢？
(A) 更正性維護　(B) 美化性維護　(C) 適應性維護　(D) 預防性維護

2. (　　)關於「系統維護」的目標，下列何者正確呢？
(A) 確保系統能正常運作　(B) 提高系統執行的效能
(C) 延長系統生命週期　(D) 以上皆是

3. (　　)假設系統開發人員修改系統運作時產生的軟體錯誤，請問他是進行哪一種「系統維護」工作呢？
(A) 更正性維護　(B) 適應性維護　(C) 完善性維護　(D) 預防性維護

4. (　) 假設系統開發人員修改系統因應外在環境變動的需求，請問他是進行哪一種「系統維護」工作呢？
(A) 更正性維護　(B) 適應性維護　(C) 完善性維護　(D) 預防性維護

5. (　) 假設系統開發人員修改系統以提昇軟體效能，請問他是進行哪一種「系統維護」工作呢？
(A) 更正性維護　(B) 適應性維護　(C) 完善性維護　(D) 預防性維護

6. (　) 假設系統開發人員修改系統以避免未來可能發生之錯誤，請問他是進行哪一種「系統維護」工作呢？
(A) 更正性維護　(B) 適應性維護　(C) 完善性維護　(D) 預防性維護

10-2 系統維護生命週期

引言 ⏭ 我們都知道，開發資訊系統大部分都會依循「系統發展生命週期 (SDLC)」。而在「系統維護」階段中，它也有自己的循環週期，稱之為**「系統維護生命週期」(System Maintenance Life Cycle，簡稱為 SMLC)**。

SMLC 各階段 ⏭

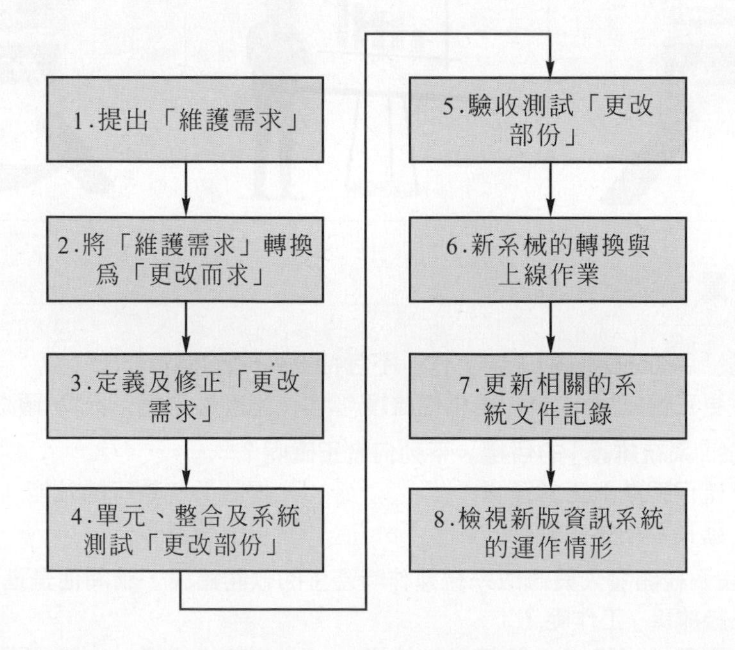

說明 ⏭

1. **提出「維護需求」**

   當各處室的使用者有「維護需求」時，必須要主動提出「需求申請表」(如表10-1「系統維護申請表」)，並送交「計算機中心」之系統開發者處理。

2. **將「維護需求」轉換為「更改需求」**

   計算機中心主管與系統開發者在接到各處室的維護需求表時，必須詳細的評估新需求與既有系統的差異性及必要性，並將差異性的「維護需求」轉換為「更改需求」。

3. **定義及修正「更改需求」**

   系統開發者依據「系統發展生命週期 (SDLC)」中產生的「軟體需求規格書」、「軟體設計規格書」及相關文件，定義新系統的更改需求並付諸實現。

4. **針對「更改部分」進行單元、整合及系統測試**

   當完成軟體程式系統開發者更改之後，新系統仍然必須要進行「單元測試」、「整合測試」及「系統測試」工作，以確保該更改部分合乎使用者的「維護需求」功能。

5. **進行「更改部分」的驗收測試**

   如果「更改部分」相當簡單，則可省略此階段。反之，若新系統經過大幅度的更改，或操作程序有相當大的改變時，則系統開發者就必須要執行 Alpha 測試。而使用者也必須要進行 Beta 測試，以確保該更改部分合乎使用者的「維護需求」。

6. **新系統的轉換與上線作業**

   更改後的新版資訊系統，其轉換工作大多以「平行轉換」或「階段轉換」方式進行之。

7. **更新相關的系統文件記錄**

   完成新版資訊系統，也必須同時更新相關的系統文件記錄(如使用者操作手冊、系統技術手冊及程式註解)，並且應詳細載明系統的更改部分。

8. **檢視新版資訊系統的運作情形**

   新版資訊系統正式上線作業一段時間之後，系統開發者應再進行新系統執行情形的檢視工作，以確定更改部分完全符合使用者原先的需求。

❖表 10-1　系統維護申請表

系統維護申請表					
系統代號		系統名稱			
申請人		申請時間		需求時間	
修改內容					
修改原因					
負責人		優先等級		排定時間	
需求評估					
修改方法					
主管確認					
備註					

【註】系統維護申請表，大多以書面資料描述與呈現。

單元評量

1. (　　)關於「系統維護生命週期 (SMLC)」的循環週期之敘述，下列何者正確呢？
   (A) 不需要進行新系統的單元、整合及系統測試
   (B) 當使用者有維護需求時，只需口頭聯絡系統開發者即可
   (C) 新版資訊系統也必須同時更新相關的系統文件記錄
   (D) 新版資訊系統，其轉換工作大多以「直接轉換」方式進行之

10-3 系統維護的需求

為什麼資訊系統在發展完成之後，就會馬上進入到「系統維護」需求階段呢？其主要的原因，我們可以歸納如下：

一、政府政策或主管的要求

例如 ▶▶| 系統增加統計員工繳納「二代健保費」的功能。

示意圖 ⏭

二、企業受外在環境影響，導致使用者的需求改變

例如 ⏭ 競爭企業的資訊系統網站同時提供「電腦版」與「行動版」的瀏覽功能。

示意圖 ⏭

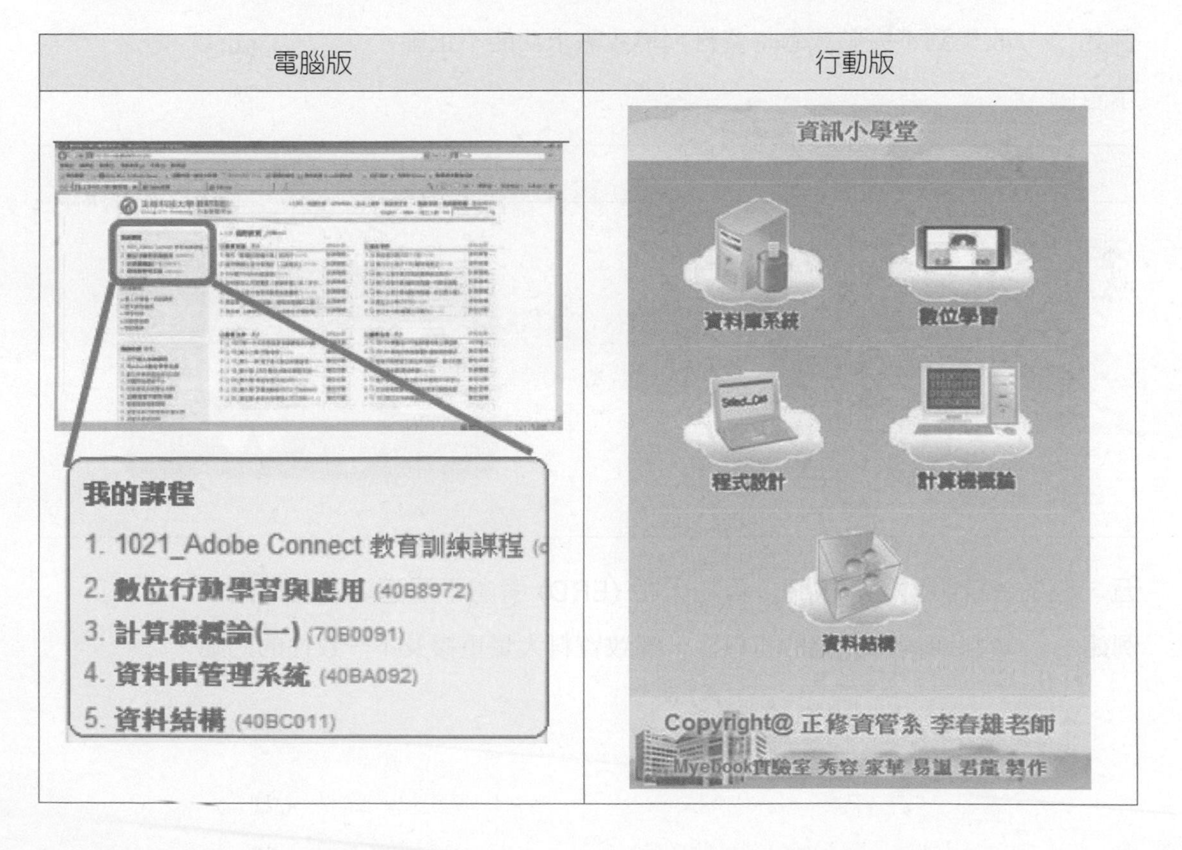

三、企業的作業流程變更，系統的作業流程也要跟著改變

例如 ⏭ 競爭企業由「電子商務」走向「行動商務」。

示意圖 ⏭

圖片來源：一等一科技 (http://www.edetw.com/ubook/ubook_3.htm)

四、在「系統分析」階段時，流程分析 (DFD) 與使用者需求不符

例如 ⏭ 收集到不完整或過時資料，導致需求功能不正確。

示意圖 ⏭

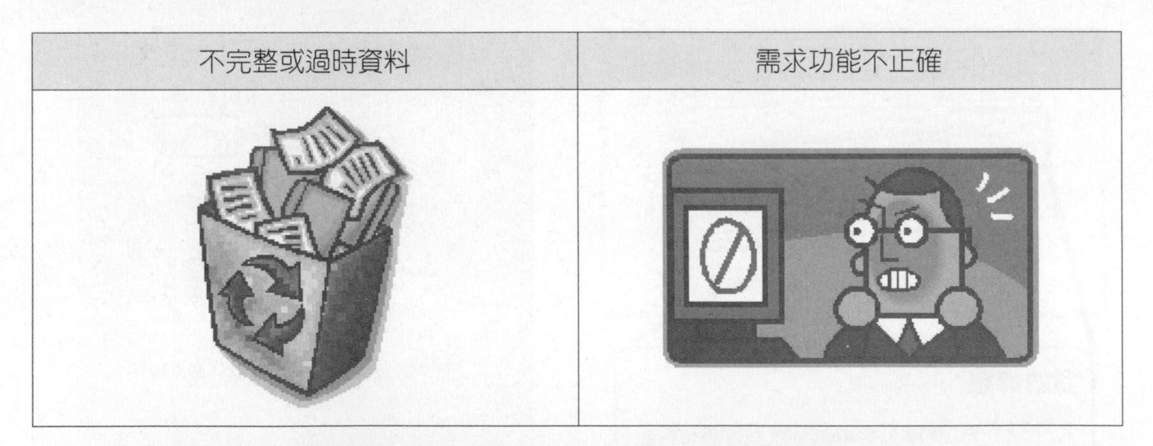

五、在「系統設計」階段時，資料分析 (ERD) 考慮不周延導致的問題

例如 ⏭ 資料庫尚未完整的正規化，導致資料大量重複及不一致性的問題。

示意圖 ⏭

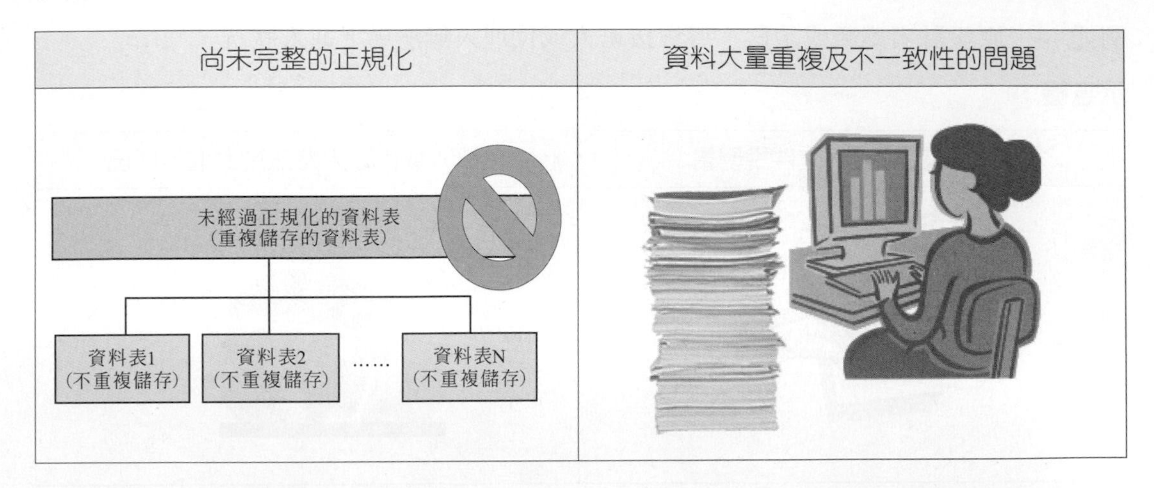

六、在「系統測試」階段時，測試不週全導致偶爾會出現程式發生錯誤的現象

例如 ⏭ 只完成第一階段的 Alpha(α) 測試，而沒有進行第二階段的 Beta(β) 測試。

示意圖 ⏭

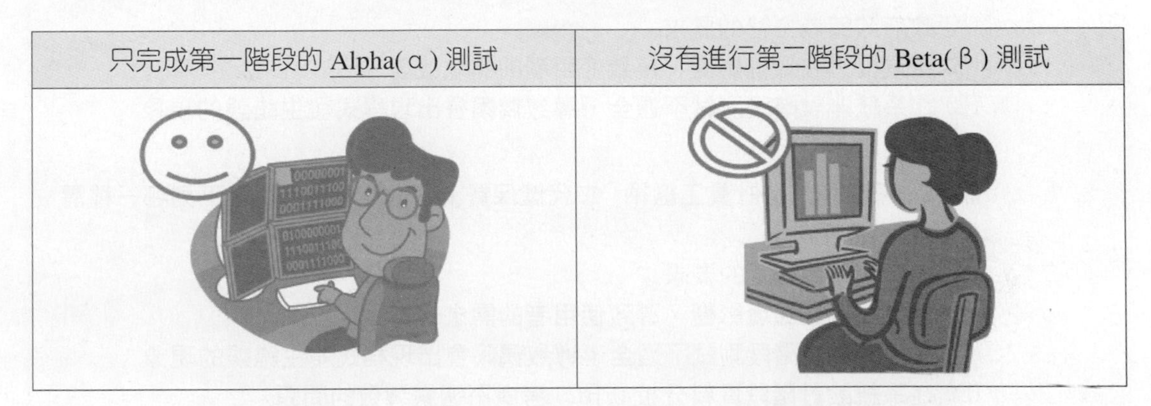

七、程式設計未採用模組化，導致牽一髮而動全身的大問題

例如 ⏭ 使用者的需求變化，無法即時修改與擴充。

示意圖 ⏭

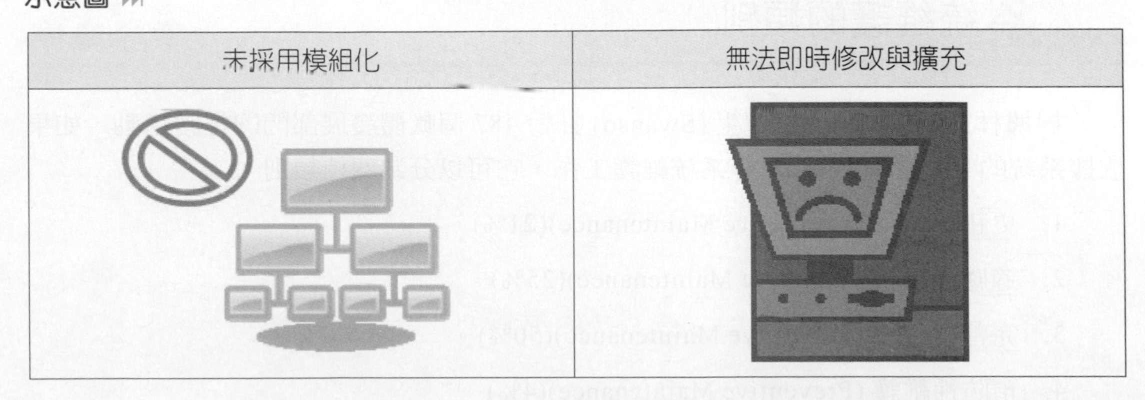

八、尚未建立完整的文件說明書

例如 ⏭ 原設計者離職或請假，導致接班人或代理人無法馬上進入狀況。

示意圖 ⏭

尚未建立完整的文件說明書	接班人或代理人無法馬上進入狀況

單元評量

1. (　　)關於「系統維護」的需求原因，下列何者正確呢？
   (A) 政府政策或主管的要求
   (B) 企業受外在環境影響，導致使用者的需求改變
   (C) 在系統測試階段測試不週全，導致偶爾會出現程式發生錯誤的現象
   (D) 以上皆是
2. (　　)請問，系統增加統計員工繳納「二代健保費」的功能，它是屬於下列哪一種需求原因呢？
   (A) 政府政策或主管的要求
   (B) 企業受外在環境影響，導致使用者的需求改變
   (C) 在系統測試階段測試不週全，導致偶爾會出現程式發生錯誤的現象
   (D) 在系統設計階段資料分析 (ERD) 考慮不週嚴導致的問題

10-4 系統維護的類別

根據林茲 (Lients) 與史望生 (Swanso) 針對 487 個軟體發展部門的維護活動，如果依據系統的「工作性質」來區分系統維護工作，它可以分為四種類別：

1. 更正性維護 (Corrective Maintenance)(21%)。
2. 適應性維護 (Adaptive Maintenance)(25%)。
3. 完善性維護 (Perfective Maintenance)(50%)。
4. 預防性維護 (Preventive Maintenance)(4%)

系統維護活動的比例圖 ⏭

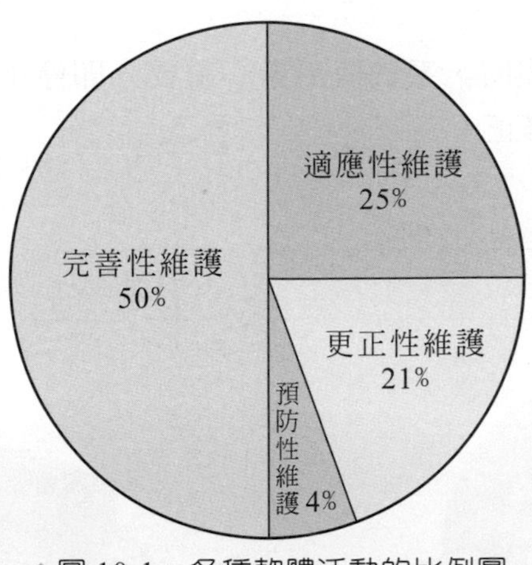

❖圖 10-1　各種軟體活動的比例圖

根據以上所述的四種維護方法，我們可充分了解維護工作與軟體系統的運轉效率有極為密切關係，且對軟體的品質與成本具有關鍵性的影響力。

單元評量

1. (　　) 請問，在「系統發展生命週期 (SDLC)」的五個階段中，哪一個階段是最後一個階段呢？
(A) 分析　(B) 設計　(C) 製作　(D) 維護
2. (　　) 關於「SDLC 中的維護階段」之分類，下列何者不正確呢？
(A) 更正性維護　(B) 易用性維護　(C) 適應性維護　(D) 預防性維護
3. (　　) 系統需要維護的情形一般而言有四種，分別是：更正性維護、適應性維護、完善性維護、預防性維護。根據文章內容的估計，哪一種維護佔了最大的比例？
(A) 更正性維護　(B) 完善性維護　(C) 適應性維護　(D) 預防性維護

10-4-1 更正性維護 (Corrective Maintenance)

引言 ⏭ 我們都知道，在系統發展生命週期 (SDLC) 過程中，系統測試不可能發現系統中的所有錯誤，可能還存在著許多潛在的錯誤，因此，系統開發人員必須進行診斷和改正這類錯誤的維護工作。根據 Lientz and Swanson 的報告，這一類的維護工作佔了大約所有軟體維護工作的 21%。

定義 ⏭ 是指**針對「測試階段」未發現的錯誤進行修正。**

目的 ⏭ **修改系統運作時產生的軟體錯誤。**

原因 ⏭ 由於此種錯誤往往都必須要等到系統實際操作使用之後，才會一一的浮現出來。

解決方法 ⏭ 一旦發現錯誤時，系統使用者必須要立即停止操作，並且要馬上聯絡相關人員盡速修正。

示意圖 ⏭

一旦發現錯誤	程式設計師盡速進行「更正性維護」

實例

例如 1：計算 10! 的總和時，超出變數的表示範圍（亦即產生溢位現象）。

例如 2：主程式呼叫副程式時，參數傳遞個數不一致。

例如 3：兩數相除，分母為 0 產生的錯誤。

單元評量

1. (　　) 請問，在「SDLC 中的維護階段」中，下列哪一種維護是最具有急迫性呢？
   (A) 更正性維護　(B) 完善性維護
   (C) 適應性維護　(D) 預防性維護
2. (　　) 當系統一旦發現錯誤時，系統使用者必須要立即的停止操作，請問他必須要進行「SDLC 中的維護階段」中的哪一種維護工作呢？
   (A) 更正性維護　(B) 完善性維護
   (C) 適應性維護　(D) 預防性維護

10-4-2 適應性維護 (Adaptive Maintenance)

引言 ⏭ 在適應性維護中，除了要滿足使用者的各項服務需求，還必須要具備有高度的擴充性，以**因應外在環境變動的需求**。這一類的維護大約佔整個軟體維護的 25%。

定義 ⏭ 指為了配合使用者需求，或系統運作環境而修改軟體功能所實施的維護。

目的 ⏭ **修改系統因應外在環境變動的需求。**

示意圖 ⏭

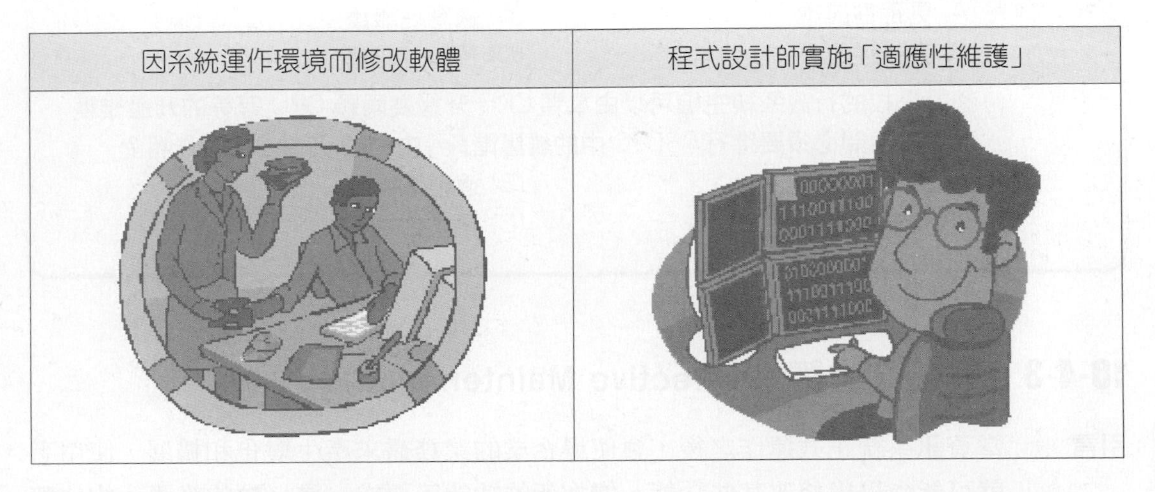

實例

例如 1：學校中的成績處理系統，原本成績的計算方式是以七等第來區分學生的成績，現在教育部可能要改變學生成績的區分方式，由七等第改為五等第時，系統必須要有立即調適的功能。

例如 2：為某編號由 4 位碼改成 5 位碼（∵組織員工數成長）。

例如 3：修改業務獎金計算方式，額外增加新獎勵方式的功能。

例如 4：修改程式適用其他中文系統、作業系統（∵簡體中文）。

例如 5：郵遞區號的位數增加，由 3 位碼改成 5 位碼。

例如 6：新的稅制法令（二代健保費的計算）。

例如 7：硬體更新（主機由單顆 CPU 升級為兩顆 CPU)。

例如 8：資料庫管理系統功能提昇（使用最新版的資料庫軟體）。

單元評量

1. (　　)假設在公司的「員工管理系統」中，因為組織員工數成長，所以將編號由 4 位碼改成 5 位碼。請問必須要進行「SDLC 中的維護階段」中的哪一種維護工作呢？
   (A) 更正性維護　　(B) 適應性維護
   (C) 完善性維護　　(D) 預防性維護
2. (　　)因為外界真實世界的改變而導致使用者需求改變，因應這樣變化而做的維護稱為？
   (A) 更正性維護　　(B) 適應性維護
   (C) 完善性維護　　(D) 預防性維護
3. (　　)假設學校的行政系統主機可以由單顆 CPU 升級為兩顆 CPU 等等的升級維護工作。請問必須要進行「SDLC 中的維護階段」中的哪一種維護工作呢？
   (A) 更正性維護　　(B) 適應性維護
   (C) 完善性維護　　(D) 預防性維護

10-4-3 完善性維護 (Perfective Maintenance)

引言 ⏭ 當資訊系統正式運作之後，會使得企業的業務需求產生變化和擴展，使用者就可能會提出修改某些功能、增加新的功能等要求。這一類的維護大約佔整個軟體維護的 50%。

定義 ⏭ 指針對使用者功能需求的更新。

目的 ⏭ **修改系統是為了提昇軟體效能。**

示意圖 ⏭

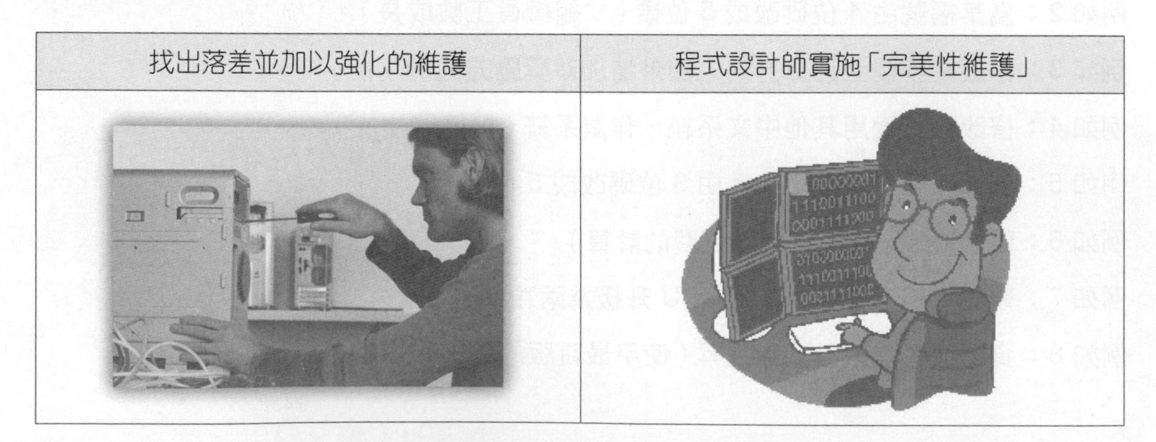

實 例

客戶要求改善產品的效能

例如 1：以「數位學習系統」為例，當學習者同時上線人數超過一百人，或同時線上會議時，系統可能會有延遲或斷線的現象，更嚴重將導致當機。

例如 2：縮短系統的反應時間，達到特定需求（∵快速回應客戶的要求）。

例如 3：龐大資料量排序，而無法即時處理時，必須要重新撰寫排序程式。

單元評量

1. (　　)請問，在「SDLC 中的維護階段」中，下列哪一種維護會佔整個軟體維護的絕大部分呢？
   (A) 更正性維護　(B) 完善性維護　(C) 適應性維護　(D) 預防性維護
2. (　　)縮短系統的反應時間，達到特定需求之維護工作。請問必須要進行「SDLC 中的維護階段」中的哪一種維護工作呢？
   (A) 更正性維護　(B) 適應性維護　(C) 完善性維護　(D) 預防性維護

10-4-4 預防性維護(Preventive Maintenance)

引言 ⏭ 俗語說：「預防重於治療」，由此可見，預防維護的重要性。它主要是透過定期性的觀察檢視，與評估系統的運作狀況，提早發現系統可能潛在的問題，並加以防範。

主要的精神 ⏭ 為了提高系統未來可維護性、可靠性及模組化等能力，但是這一類的預防性維護仍不普遍，大約只佔整個軟體維護的 4%。

定義 ⏭ 是指為了提升軟體品質，對系統所做的修改。

目的 ⏭ **修改系統以避免未來可能發生之錯誤。**

示意圖 ⏭

提升軟體品質	程式設計師實施「預防性維護」

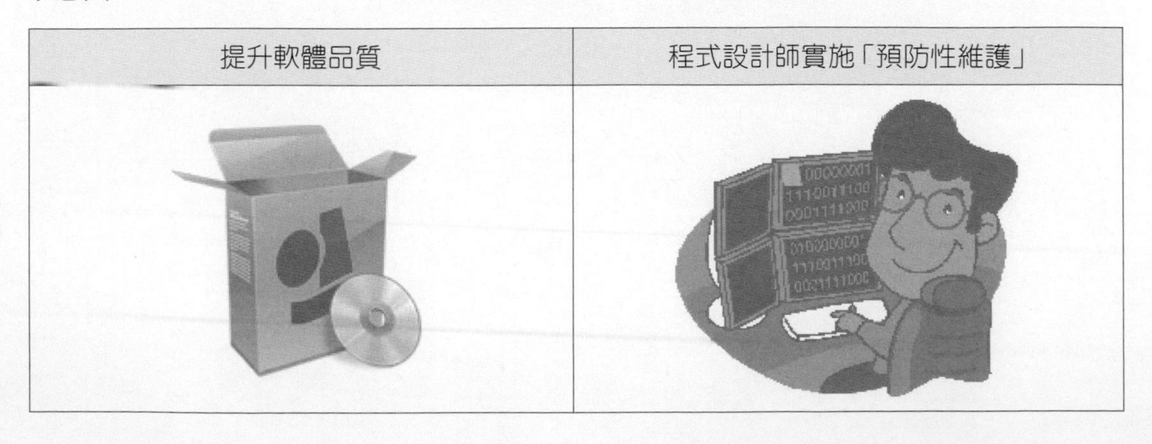

實例

例如 1：在使用者操作介面中，增加「資料檢核」功能。

例如 2：在使用者操作介面中，增加「導引」功能。

例如 3：修改畫面輸入方式，更具方便性（如：GUI 介面）

例如 4：增加 Help 指令。

例如 5：增加資訊系統執行狀態的提示。

單元評量

1.（　　）俗語說：「預防重於治療」，請問它是用來強調哪一種維護性的重要呢？
(A) 更正性維護　(B) 完善性維護
(C) 適應性維護　(D) 預防性維護

2.（　　）請問，在「SDLC 中的維護階段」中，下列哪一種維護性最不普遍呢？
(A) 更正性維護　(B) 完善性維護
(C) 適應性維護　(D) 預防性維護

基本題

1. 如果依據系統的「工作性質」，請問系統維護工作可分為哪些類別呢？
2. 請問，「系統維護」的主要目標為何？
3. 請寫出「系統維護生命週期 (SMLC)」的每一步驟。
4. 請說明資訊系統在發展完成之後，為何要有「系統維護」階段呢？
5. 請列舉有關「更正性維護」的實例？至少二個。
6. 請列舉有關「適應性維護」的實例？至少二個。
7. 請列舉有關「完善性維護」的實例？至少二個。
8. 請列舉有關「預防性維護」的實例？至少二個。

進階題

1. 目前政府單位很多資訊系統都外包，外包軟體系統驗收之後，通常會要求免費「保固」，考量「更正性維護、適應性維護、完善性維護及預防性維護」等四種資訊維護。請問，哪些應為資訊軟體系統保固應涵蓋的範圍？其條款應如何列？

   《2011 年檢事官電資組　考題》

2. 請問，何謂「冰山堡效應」？它跟系統維護有何關係呢？
3. 如果依據系統的「組成元件」，請問系統維護工作可分為哪些類別呢？
4. 如果依據系統的「運作程序」，請問系統維護工作可分為哪些類別呢？
5. 請問，在「維護階段」時，應該要具備哪些條件呢？
6. 我們都知道，「維護成本」佔整個軟體開發的 50%！請問它還存在哪些問題呢？例如：對顧客的維護要求無法做迅速的回應與修復，造成日後信譽損失。

NOTE

CHAPTER 11

專題製作

《數位學習平台之設計、開發及應用》

本章學習目標

1. 讓讀者了解一個資訊人員如何經過一連串的規劃、分析、設計、製作及維護階段來開發一套資訊系統。
2. 讓讀者了解開發一套「數位學習系統」的方法與步驟。

本章學習內容

11-1 資訊系統之專題製作介紹

11-2 摘要

11-2 研究動機與目的

11-3 文獻探討

11-4 系統分析與設計

11 5 系統實作與應用

11-6 討論與建議

11-1 資訊系統之專題製作介紹

引言 ⏭ 在大專院校裡，資管系、資工系及相關科系的學生在學習「程式設計」課程、「資料庫系統」課程、「系統分析與設計」課程，或「軟體工程」課程的同時，老師往往會要求在期末時，必須要完成一份「專題製作報告」，將本學期所學習的理論，實際應用到實務資訊系統的開發。如此，就可以讓學生應用所學，真正「學以致用」。

而在整個資訊系統的開發過程中，必須要牽涉到許多元素，包括：軟硬體設備、人員的互動、系統分析的藍圖、資料庫設計，以及正規化等。並且其中會牽涉到「技術層面」、「管理層面」與「團隊合作層面」等三個層面，相輔相成，缺一不可。

因此，學生在開發資訊系統的過程中，不僅可以深入體會上課時所學習的理論之重要性，更能將所學的理論加以實務化。有鑑於此，筆者為讀者整理出目前大專院校中，常見的資訊系統開發專題製作題目。

專題參考範例 ⏭

校務行政系統	服務業
數位學習系統(網路教學系統)	美髮院資訊系統
選課管理系統	電子商務系統
成績處理系統	超市購物系統
線上測驗系統	影帶出租系統
電子書轉檔系統	旅遊諮詢系統
排課管理系統	語音購票系統
圖書借閱管理系統	房屋仲介系統
圖書館訂位系統	生產管理系統
學生網頁系統	旅館管理系統
人事薪資管理	線上網拍系統
會計系統	租車管理系統
電腦報修系統	決策支援系統
線上諮詢預約系統	選擇投票系統

校務行政系統	服務業
多媒體題庫系統	餐廳管理系統
財產保管系統	自動轉帳出納系統
庫存管理系統	醫院管理系統
智慧型概念診斷系統	e-mail帳號管理及自動發送系統
線上考試以及題庫系統	客戶訂單管理系統
校園租屋系統	小說出租系統
圖書查詢管理系統(APP版)	客製銷售系統
電子公文系統	醫院掛號批價管理系統
知識管理系統	漢堡速食店訂單處理系統
人力資源管理系統	汽車購買指南查詢系統

專題名稱 ▶▶|《數位學習平台之設計、開發及應用》

11-2 摘要

由於學校是學習知識的重要基地，負有推行教育、培育人才之重責大任。因此，為了彌補學校教育中時間與空間上的限制，可透過網路進行的「網路教學」，以輔助「傳統教學」不足之處。所以，學校藉由「網路教學平台(又稱為學習管理系統)」的建置，可以將現有的教學資源進行「整合再運用」，以便讓更多學習者得以分享。

關鍵字：數位學習 (e-Learning)、數位學習平台 (LMS)、電子書 (e-Book)。

11-2 研究動機與目的

我們都知道：「知識就是力量」，但是，我們要如何獲取「知識」，才能擁有「力量」呢？其實答案很簡單，那就是要透過「學習」。但是，在資訊科技及通訊網路進步的時代裡，我們要如何「有效學習」呢？其實只要透過 e 化工具，就可以隨時隨地進行學習，也就是所謂的「數位學習 (e-Learning)」。

既然「數位學習」可以帶給我們「知識」，進而產生「力量」，那我們就必須要再探討其原因。其主要原因就在「數位學習」環境中，老師和學生不必在同一時間、地點出現，而是透過老師事先將數位教材上傳到「數位學習系統」上，以讓學生隨時可上網閱讀教材。若課業有問題，可利用 E-mail、討論區、聊天室與老師或同學討論，老師透過學習平台來指定作業或線上命題測驗；學生也在網上寫作業並上傳，對於好的作業，並可公開在網路上供其他同學參考。

由於「數位學習系統」可以讓學生在課後再複習數位教材、線上測驗、繳交作業及參與師生互動的學習環境，這種學習模式可以彌補課堂教室上課時間不夠的問題，其好處就是可以讓學生獲得更多的資源。因此，學生可以跟老師進行同步與非同步的互動、閱讀及取得線上數位教材、筆記或大綱等等，這些都是數位學習平台帶給學生的「加值服務」。

綜合上述，本專題研究歸納以下三項目的：

1. 開發一套適用於系上的「數位學習平台 (LMS)」。
2. 開發「教材管理模組」，提供授課老師輕鬆上傳數位教材到 LMS 上。
3. 提供學習者數位學習的學習環境；而授課老師也可以隨時檢視學習者的學習歷程，來了解學習者學習情況，以作為老師對學習者補救教學的依據。

11-3 文獻探討

在本專題中，將探討與「數位學習」相關的文獻，分別有：

1. 數位學習 (e-Learning)
2. 數位學習平台 (Learning Manager System；LMS)
3. 電子書 (e-Book)

11-3-1 數位學習「e-Learning」

隨著資訊科技的進步、電腦網路的普及，透過網路來進行「教學 (老師)」與「學習 (學生)」已經被視為 e 世代的學習型態，並且也是目前全世界之潮流與趨勢。因此，透過 e 化工具來進行學習的模式，就稱為 e-Learning。

e-Learning 就是電子化學習，即目前最熱門的「數位學習」議題，它的前身就是遠距教學 (Distant Education)。而 e-Learning 在國內外都有許多不同的定義：

國外 ⏭ 根據美國教育訓練發展協會 (American Society of Training and Education；ASTD) 的解釋：電子化學習就是學習者應用「數位媒介」學習過程。

其中數位媒介包括：網際網路、企業網路、電腦、衛星廣播、錄音 / 影帶、以及光碟片教材等來進行課程學習，都屬於數位學習。

國內 ⏭ 根據國內學者陳年興、楊錦潭 (2007) 所下的定義：

狹義 ⏭ 它是以「網路學習」為主，亦即在網際網路上所建構的數位學校，可以讓老師與學習者在數位教室中，進行各種學習活動。

廣義 ⏭ 即凡可以利用 e 化工具來進行學習的模式，就可以稱為 e-Learning。

11-3-2 數位學習平台 (LMS)

基本上，一個學習平台主要是由「數位教材」、「學習管理系統 (Learning Manager System；LMS)」及「使用者」所組成。(李春雄，2013)

1. 「數位教材」：是指經過數位化的教學資源，例如 PowerPoint、HTML、Flash 及影音教材等可以在電腦上呈現的資訊，都可以稱為數位教材。
2. 「學習管理系統 (Learning Manager System；LMS)」：是指支援各種學習活動的進行，像是同步、非同步、混合式的教學方式等。
3. 「使用者」：是指使用 LMS 平台的人，例如：學生、老師及管理者等三種不同的身分；並且，不同身分的使用者會有不同的使用權限。

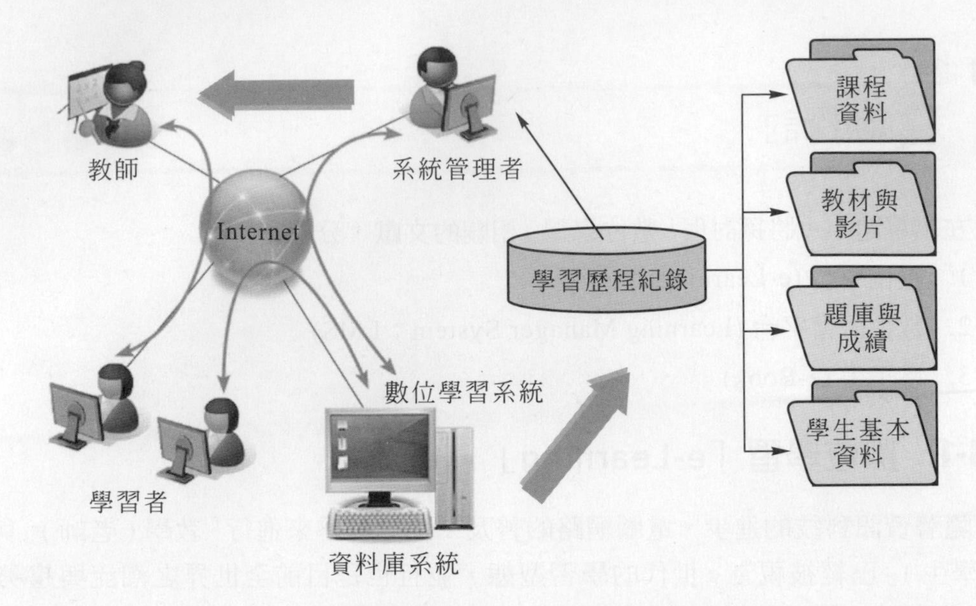

在上圖中，「學習者」可以透過電腦網路連到遠端的「學習管理系統 (LMS)」，來閱讀「數位教材」及進行相關的學習活動。而 LMS 平台就會將學習者的學習歷程加以記錄，「老師」也可以透過網路連結到遠端的 LMS，來檢視學習者平時的學習紀錄，以作為評量的依據。

11-3-3 電子書 (e-Book)

國外學者的定義 ⏭ 哈金斯 (Donald T. Hawkins) 認為：「電子書是將書籍的內容以電子形式，供讀者使用」(Donald T.H.,2000)。

國內學者的定義 ⏭ 將各式資料數位化後予以系統與結構化的處理，提供一種與傳統閱讀經驗一樣或相似的環境，並透過不同的設備供人們閱讀與再利用 (童敏惠，民 91；程蘊嘉，民 91；駱英豐，民 89)。

綜合上述不同學者專家的定義，筆者認為電子書可以從「廣義」及「狹義」來說明：(李春雄，2013)。

廣義 ⏭ 凡是可以利用「閱讀器」播放的數位資料，就可以稱為 e-Book。

例如 ⏭ Word 文書檔、PPT 簡報檔及 PDF 檔等數位資料檔案格式。

狹義 ⏭ 它是以「行動載具」為主，亦即要符合電子書標準 (ePub) 格式才能夠在「電子書閱讀器」上播放的檔案。

行動載具 ⏭ 手機、個人數位助理 (PDA)、電子書閱讀器、平板電腦。

行動載具之作業系統 ⏭ 1. 蘋果公司的 iOS 系統。
2. 谷歌公司的 Android 系統。
3. 微軟公司的 Windows Phone 系統。

11-4 系統分析與設計

本專題製作的開發模式採用「瀑布模式 (Waterfall Model)」，又稱全功能模式 (Fully Functional Approach)，它是由 Royce 於 1970 年所提出。而瀑布模式就是一般所說的「系統發展生命週期 (System Development Life Cycle, SDLC)」。由於此模式從圖形的外觀上來看，各階段依序就像是個梯型瀑布順勢而下，所以才稱為瀑布模型 (Waterfall Model)。其各階段的說明及產出如下圖所示：

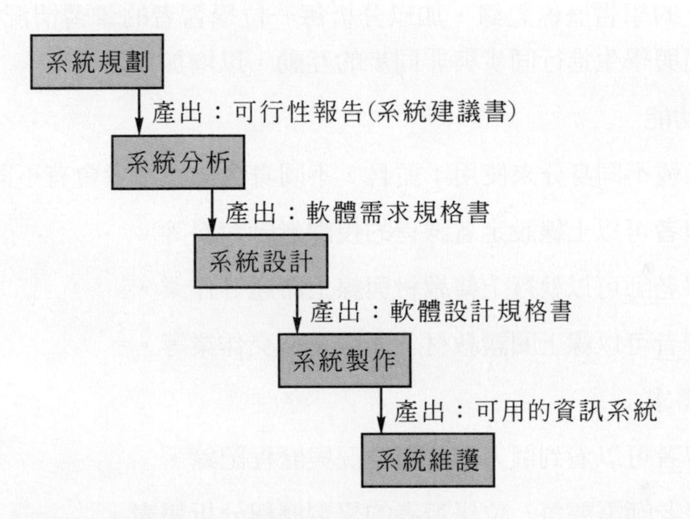

在上圖中，系統分析與設計在整個資訊系統開發過程中，扮演著非常重要的關鍵。

11-4-1 可行性報告書 (系統建議書)

一、前言

由於「數位學習」可以提供學生「加值」的服務，因此，希望我們學校或系上可以開發一套「數位學習平台」。現在就調查規劃 (初步分析) 結果，提出簡要報告與建議，請惠予審核，如蒙核准，當立即著手進行新系統開發工作。

二、目前舊系統概況 (或沒有資訊系統產生的問題)

由於目前學校尚未開發「數位學習平台」，因此，學生產生以下的問題：

1. 學習能力較低的同學，在課堂上聽不懂，無法反覆的學習，導致學習意願低落。
2. 老師在課堂上指定的作業，學生無法即時的繳交，導致學習能力低的同學無法立即完成。

3. 在課餘時間，老師無法掌握學生的學習歷程，如果只從月考成績就決定學生的學習成效是不夠客觀的。

4. 學生與老師在課餘時間，沒有互動的平台。

三、新系統概況

(一) 系統目的

1. 讓「學習者」可以利用課餘時間，進行線上學習、線上測驗、線上繳交作業、線上互動。

2. 讓「教學者」除了可以將數位教材上傳到學習平台中，還可以從學習者平台上的學習歷程記錄，加以分析每一位學習者的學習情況；也可以在課餘時間與學生進行同步與非同步的互動，以增加學習成效。

(二) 系統功能

提供三種不同身分來使用；並且，不同身分的使用者會有不同的管理權限。

1. 管理者可以上線設定各課程的授課老師資料等。

2. 授課老師可以執行上傳教材與線上命題等作業。

3. 學習者可以線上閱讀教材、測驗及繳交作業等。

(三) 主要需求

1. 學習者可以看到個人的學習情況與歷程記錄。

2. 授課老師需要每一位學習者的學習歷程分析報表。

3. 在同步「視訊會議」系統中，要有高品質的解析度需求，以提高線上學習意願。

(四) 限制條件

1. 開課的授課老師必須要自行製作數位教材與錄製教學影片。

2. 每一位學習者家中必須要有穩定的網路頻寬與數位攝影機，以及教材影片播放軟體：Windows Media Player等設備。

3. 如果同時上線人數超過一百人，則會導致數位教學影片延遲現象。

(五) 作業流程

在「數位學習系統」中，學習者在進行線上學習時 (輸入)，電腦會自動記錄每一位學習者的各種學習活動 (包括：閱讀教材、時間、上傳繳交作業、互動討論、線上測驗等 (處理))；而讓授課老師可以查詢及列印出每一位學習者的學習情況 (輸出)。

四、可行性分析

(一) 技術可行性

可利用計算機中心現有的設備與人員，或再增加資訊系學生支援。

(二) 經濟可行性 (使用「成本效益」分析)

➢ 成本分析(針對系統「開發」成本)

(1) 人事成本(系統分析師、程式設計師及使用者之費用)

(2) 軟硬體設備(電腦設備、相關軟體費用)

(3) 其他雜費(辦公室租金、家俱及相關文具成本)

➢ 效益分析

由於「數位學習平台」是給學生「加值」的學習服務，所以效益就必須要看授課老師的課程內容設計，與教學策略的運用來決定了。

(三) 法律可行性

當學校想要利用「數位學習系統」來讓學生進行「重補修」時，在現行的教育法規中，學分是否會被承認，這是學校中的系統分析人員所要考慮到的層面。

(四) 作業可行性

學習者家中只要有電腦或行動載具，就可以進行數位學習。

(五) 時限可行性

假設數位學習系統的開發時間為半年，可以使用五年。

五、開發經費與時程

(一) 開發經費

與成本效益可行性的「成本」相同。

(二) 開發時程

工作項目	2月	3月	4月	5月	6月	7月
系統分析						
系統設計						
系統建置						

六、建議

(一) 經過初步分析的結果，電腦化之後，可以提高學生的學習興趣及成效。

(二) 建議早日實施數位化學習。

11-4-2 軟體需求規格書

一、前言

與《可行性報告書》相同

二、現行業務說明

<略>因為沒有舊系統

三、新系統功能需求

(一)系統名稱：《數位學習系統》

(二)系統目標：

提供學習者數位學習的學習環境；而授課老師也可以隨時檢視學習者的學習歷程，來了解學習者學習情況，以作為老師對學習者補救教學的依據。

(三)系統範圍：目前只提供個人電腦PC來進行數位學習，尚未支援「行動學習」。

(四)資料流程圖：與《可行性報告書》相同

在資料流程圖可分為「高層次圖」與「低層次圖兩種。其中，「高層次圖」又可區分為兩種：

(1) 系統環境圖：第0階(Level-0 Diagram)，又稱為「概圖」。

(2) 主要功能圖：第1階(Level-1 Diagram)。

1. 系統環境圖(概圖)

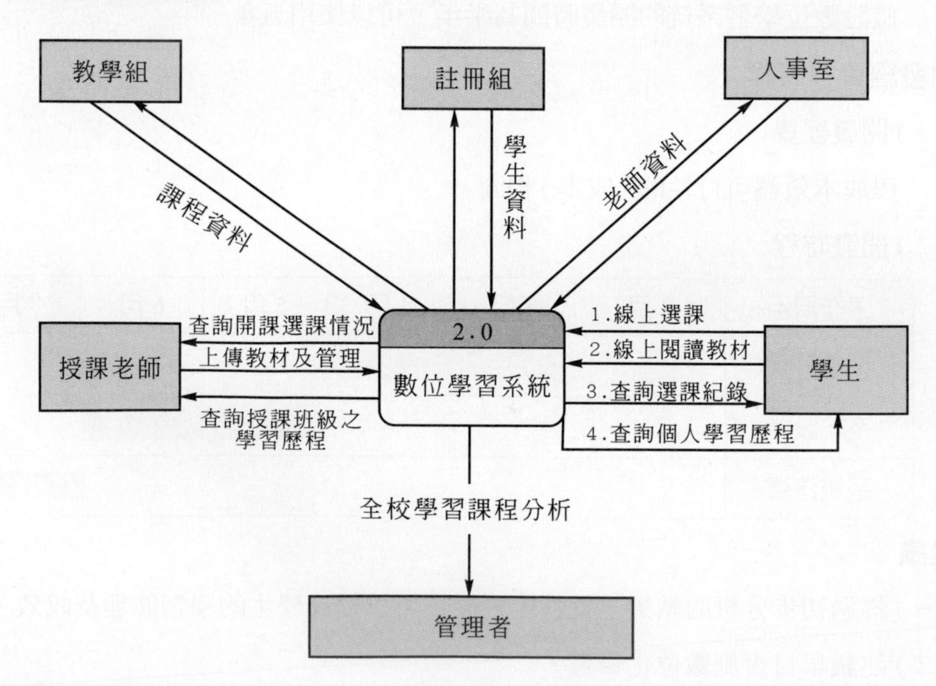

2. 主要功能圖(第1階)

(1) 無資料流名稱

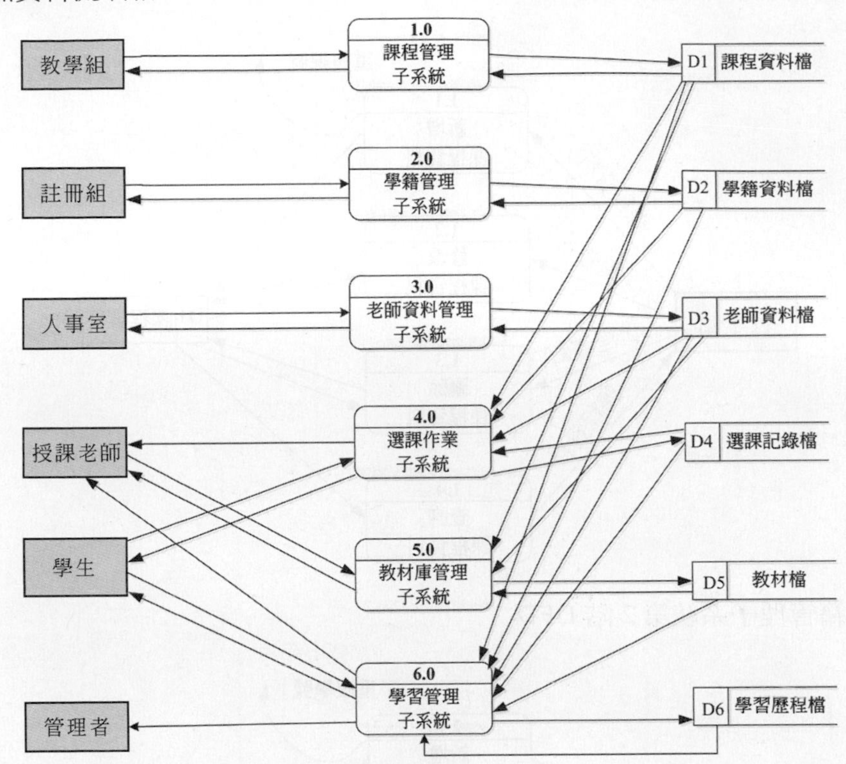

註：如果加入資料流名稱，會顯得非常的混亂。

(2) 有資料流名稱

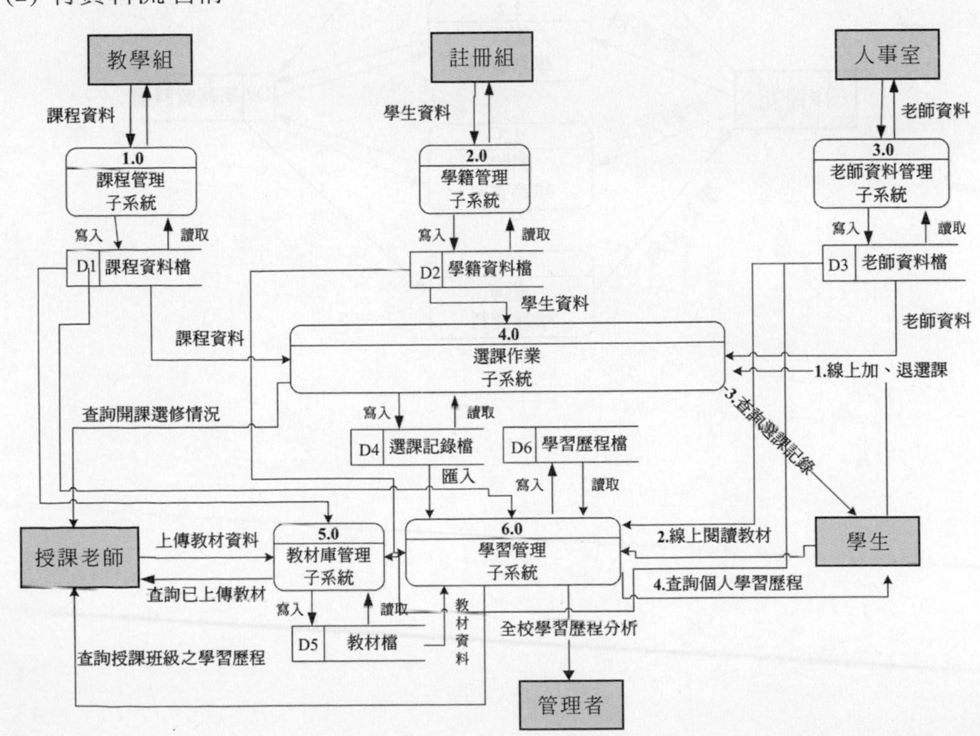

3. 低層次資料流程圖(第2階)

(1) 課程管理子系統第 2 階 DFD

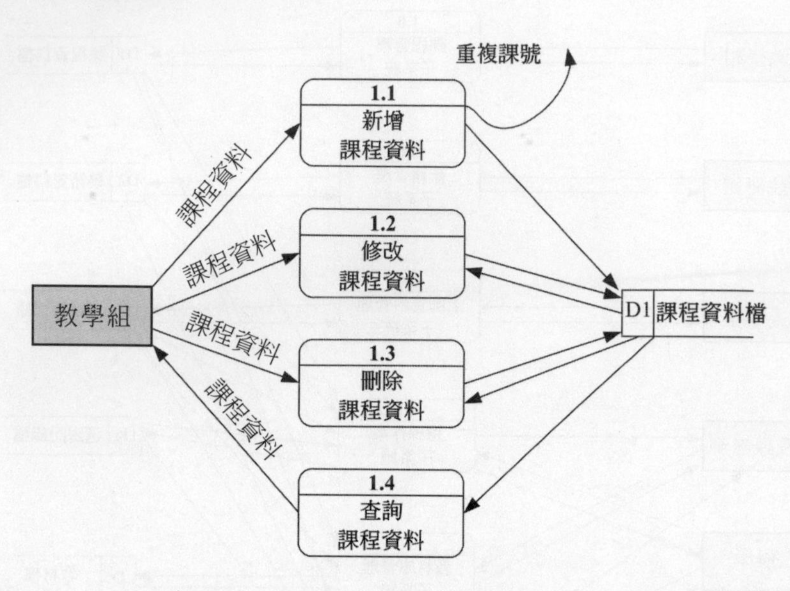

(2) 學籍管理子系統第 2 階 DFD

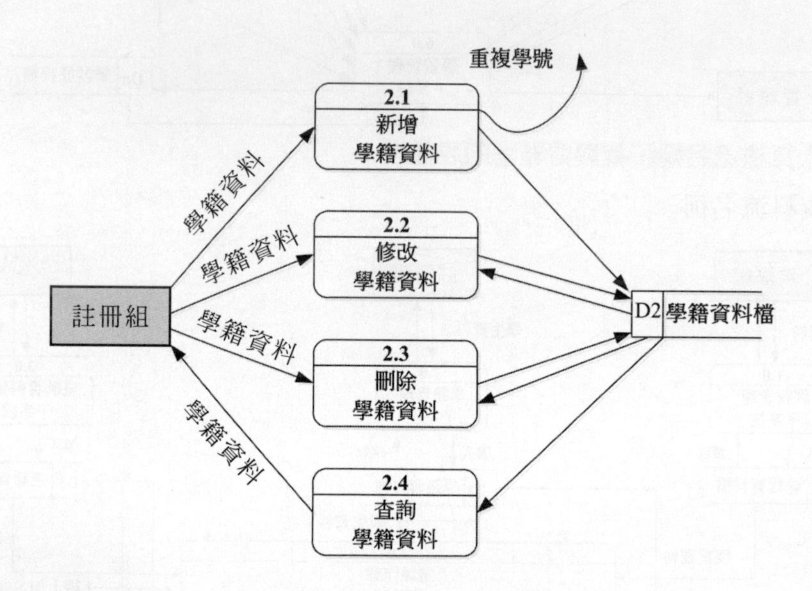

(3) 老師資料管理子系統第 2 階 DFD

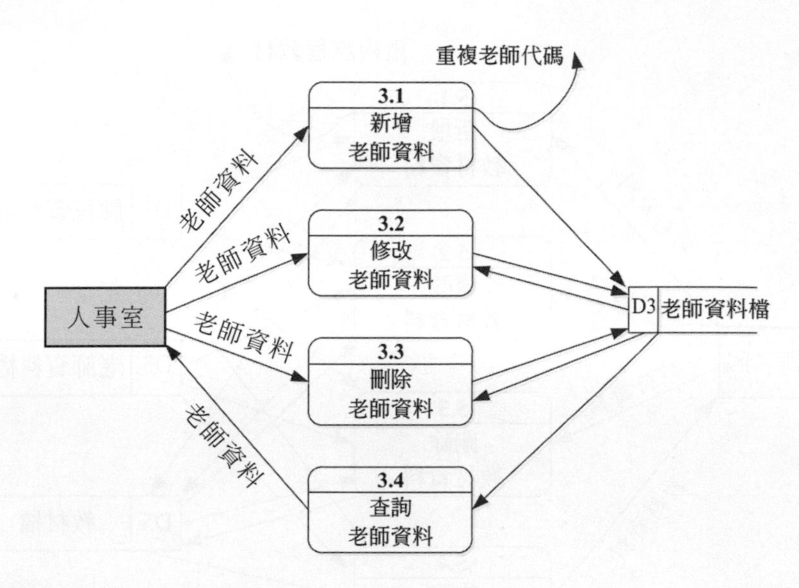

(4) 選課作業子系統第 2 階 DFD

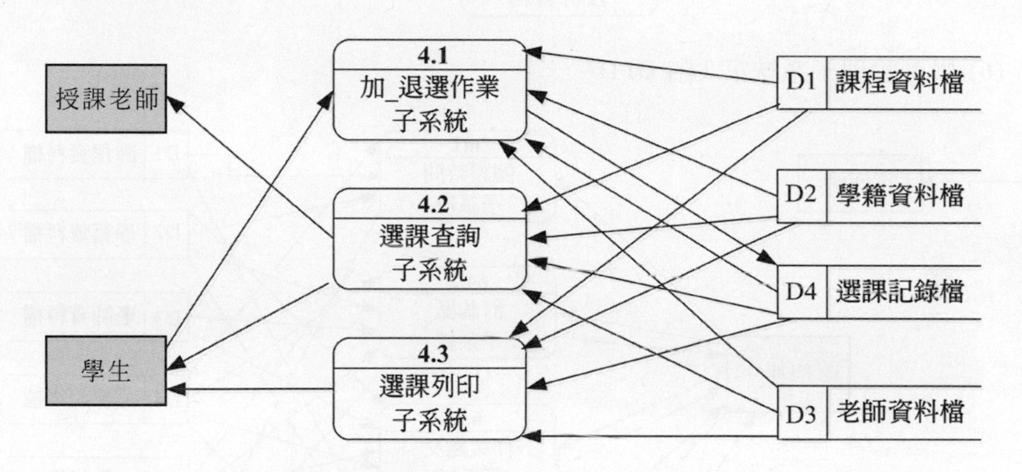

➢選課作業子系統第3階DFD

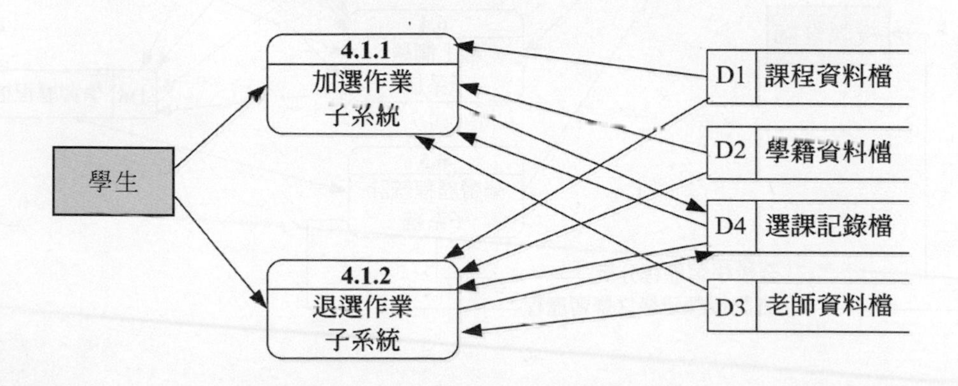

(5) 教材庫管理子系統第 2 階 DFD

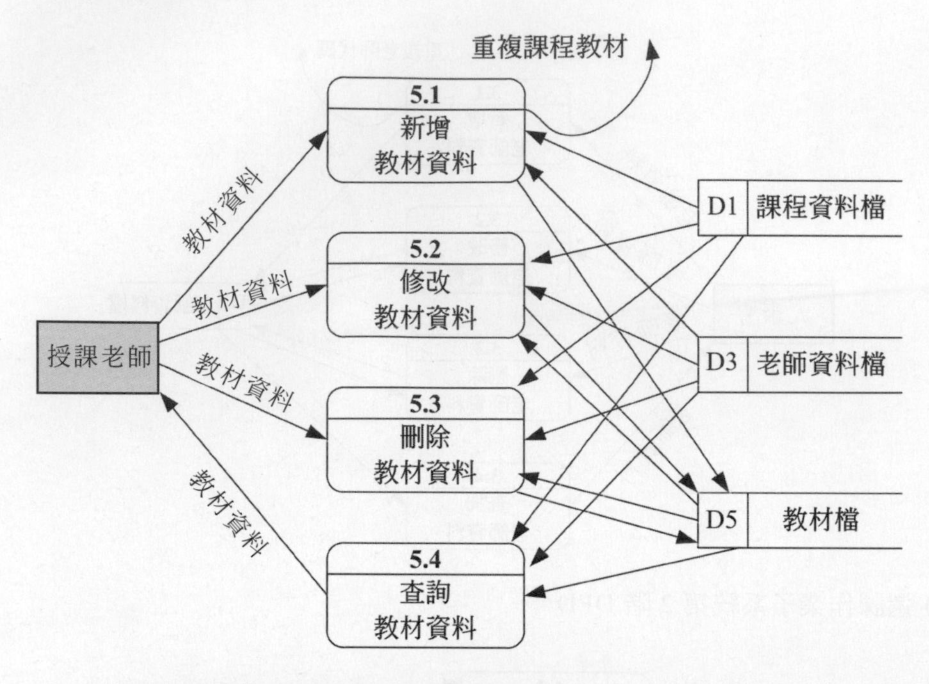

(6) 學習管理子系統第 2 階 DFD

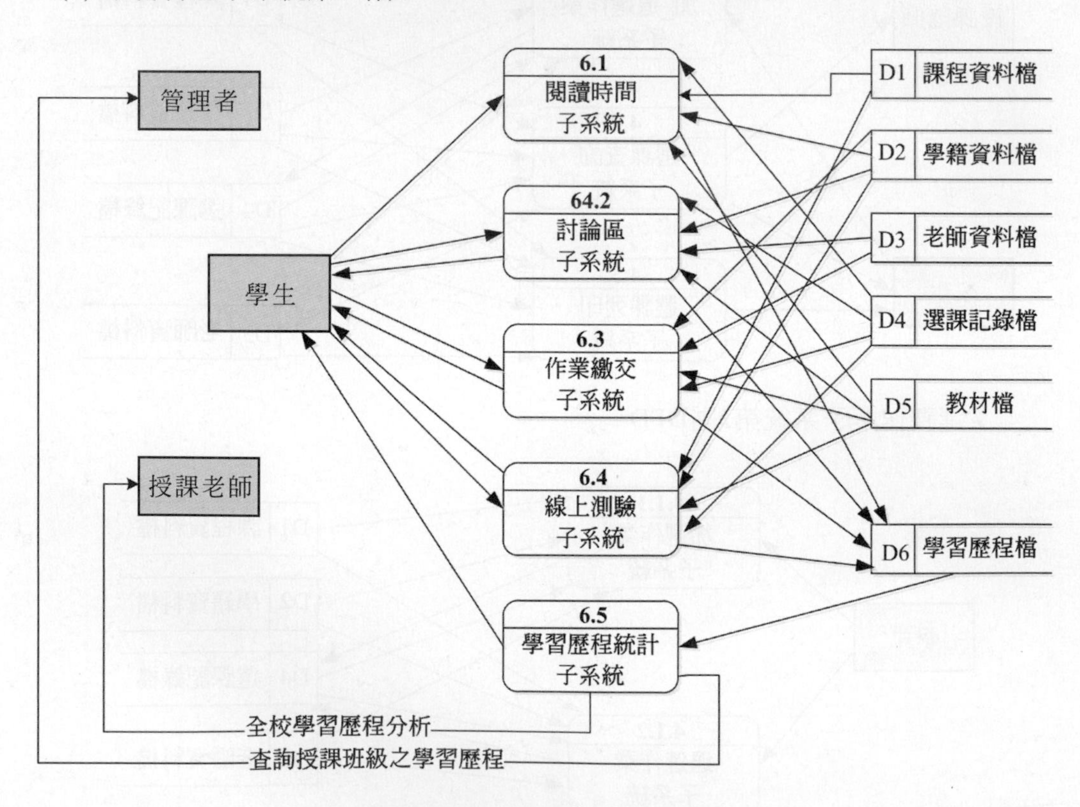

(五) 通訊網路架構

本專題是利用「三層式的網路架構」，亦即資料庫系統獨立放在一台「資料庫伺服器」；另外，應用程式也獨立放在一台「應用程式伺服器」。使用者只要使用瀏覽器，就可以透過網際網路連接到「應用程式伺服器」，再透過網路連接到後端的「資料庫伺服器」來存取資料。

架構圖 ⏭

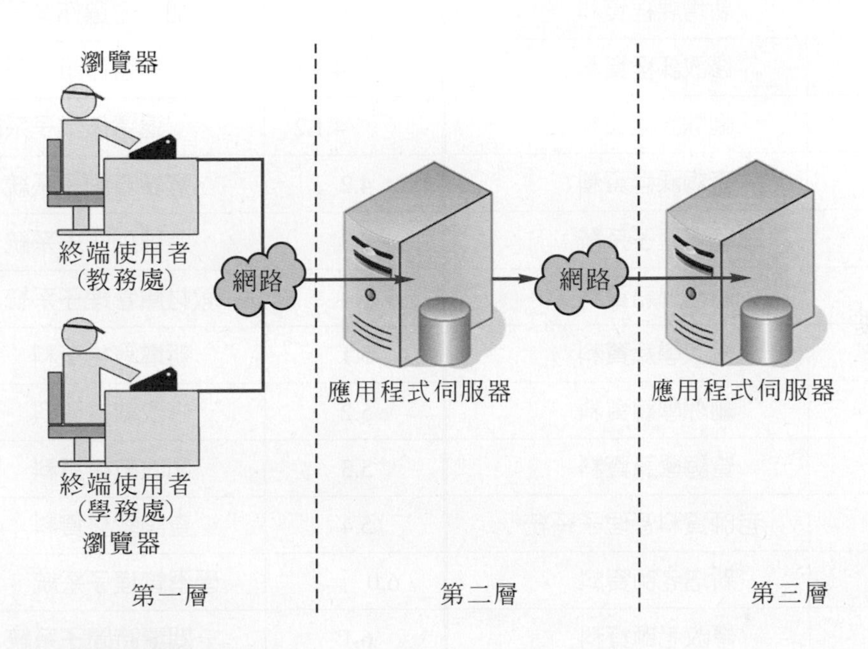

(六) 軟硬體設備規格

1. 軟體設備

(1) 前端開發工具：Visual Studio 2012。

(2) 後端資料庫管理系統：SQL Server 2008R2。

2. 硬體設備

伺服器級的主機。

四、非功能性需求

1. 時效：數位學習平台可以讓學習者在任何時間透過 LMS 平台來獲取適當的學習內容。
2. 安全性：數位學習平台對上載的教材應有掃毒的功能。
3. 容量：數位學習平台應能儲存使用者資料 1000 筆以上。
4. 可靠性：(1) 數位學習平台應有同時提供 20 位使用者同時上線使用的能力。
   (2) 數位學習平台應有持續運作 24 小時不當機的能力。

5. 相容性：數位學習平台中的「數位教材內容」可在「不同的 LMS 學習平台」上播放呈現。

五、需求規格表（配合資料流程圖中的處理功能之編號）

項目編號	項目需求	項目編號	項目需求
1.0	課程管理子系統	4.0	選課作業子系統
1.1	新增課程資料	4.1	加_退選作業子系統
1.2	修改課程資料	4.1.1	加選作業子系統
1.3	刪除課程資料	4.1.2	退選作業子系統
1.4	查詢課程資料	4.2	選課查詢子系統
2.0	學籍管理子系統	4.3	選課列印子系統
2.1	新增學籍資料	5.0	教材庫管理子系統
2.2	修改學籍資料	5.1	新增教材資料
2.3	刪除學籍資料	5.2	修改教材資料
2.4	查詢學籍資料	5.3	刪除教材資料
3.0	老師資料管理子系統	5.4	查詢教材資料
3.1	新增老師資料	6.0	學習管理子系統
3.2	修改老師資料	6.1	閱讀時間子系統
3.3	刪除老師資料	6.2	討論區子系統
3.4	查詢老師資料	6.3	作業繳交子系統
		6.4	線上測驗子系統
		6.5	學習歷程統計子系統

11-4-3 系統設計規格書

一、系統簡介

1. 系統名稱：《數位學習系統》
2. 系統目標
   (1) 開發一套適用於資管系的「數位學習平台(LMS)」。
   (2) 開發「教材管理模組」，提供授課老師輕鬆上傳數位教材到LMS上。

二、系統設計規格

根據「系統分析」所產出的系統需求規格書，提供給「程式設計師」設計一套適合組織現行作業的電腦化資訊系統之「設計藍圖」。

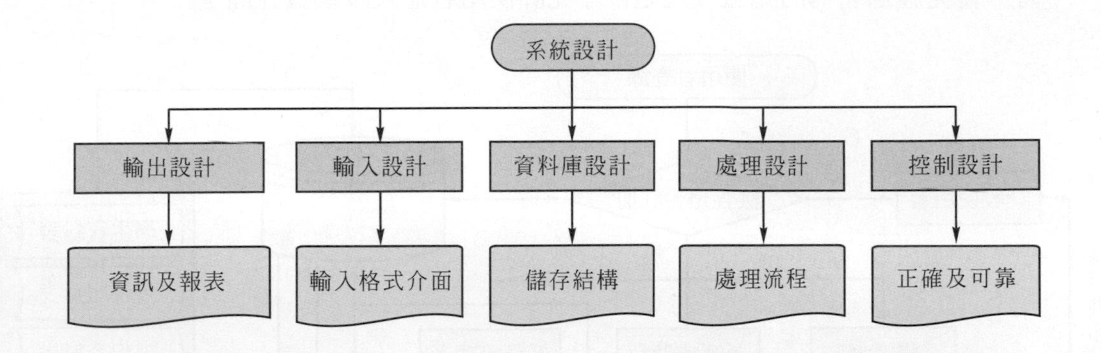

(一) 系統架構圖 (HIPO 圖)

將「軟體需求規格書」中的資料流程圖 DFD，轉換成 HIPO 圖中的 VTOC 圖。

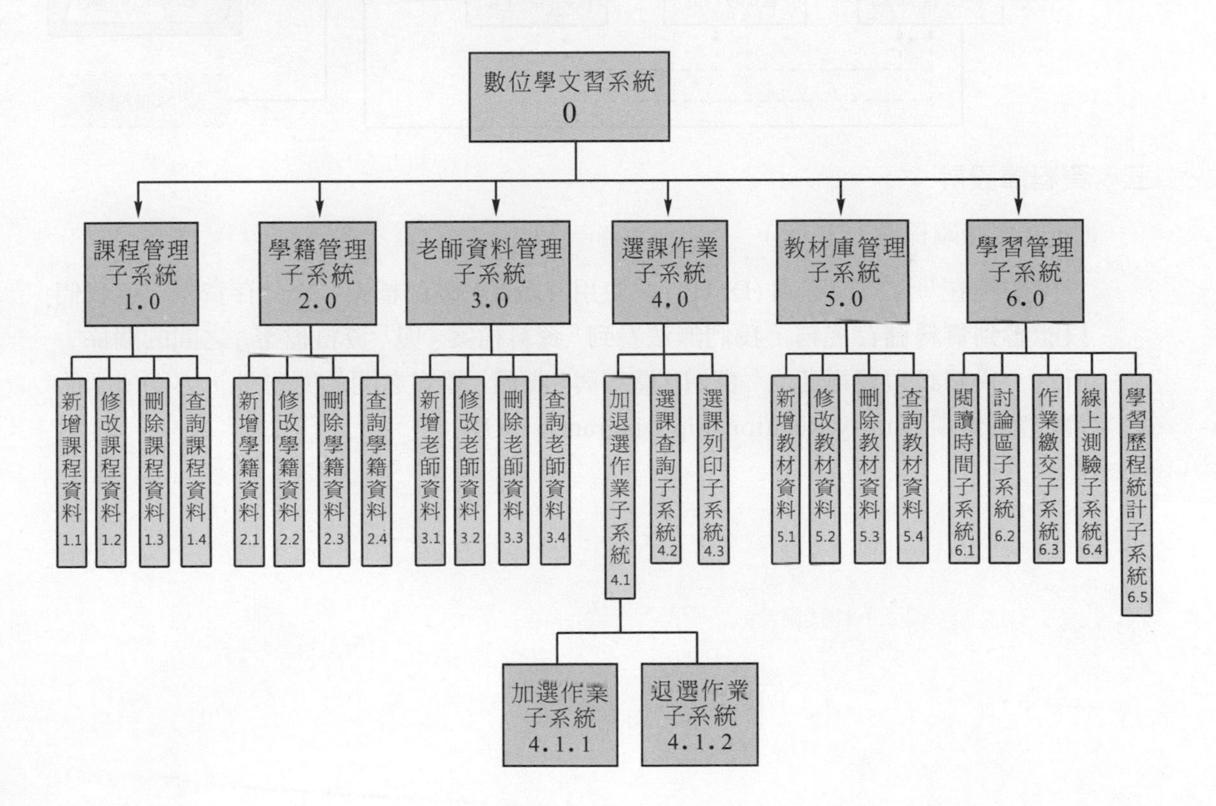

(二) 系統流程圖

一套功能完整的學習管理系統 (LMS)，可以分為三個主要的功能介面，分別為：學生介面、老師介面及管理者介面等功能。當不同身分的使用者登入系統時，會先經過密碼的認證，通過後才允許使用者進入該網頁介面。

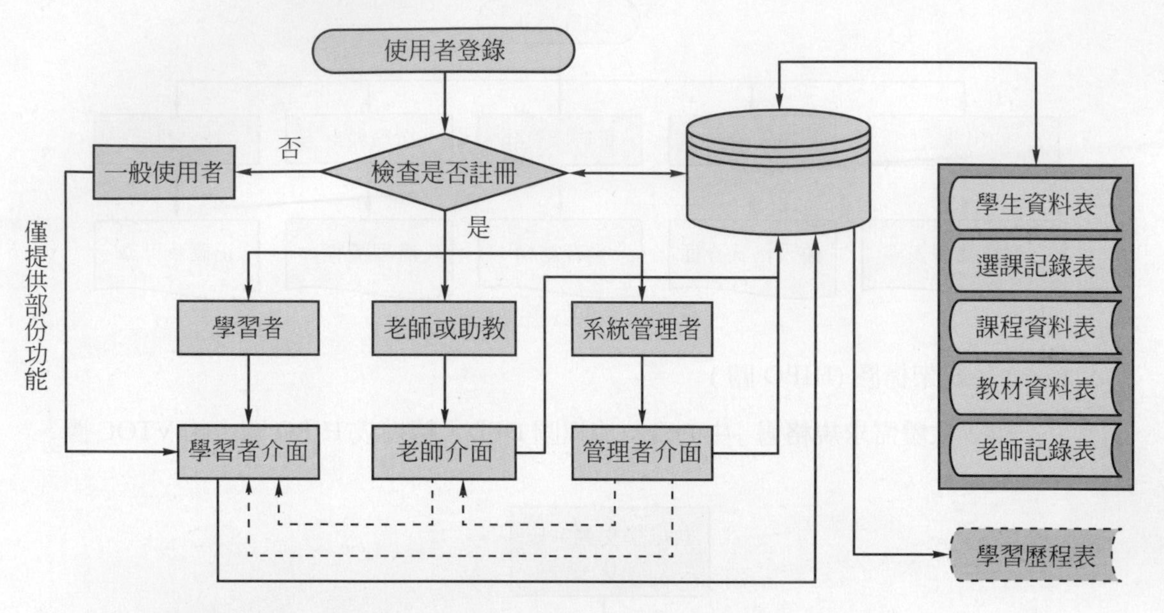

三、資料庫設計

(一) 實體關係圖 (ER 圖)

雖然在「資料流程圖 (DFD)」會使用許多的「外部檔案」來儲存資料，但我們只能看到資料儲存名稱，我們無法看到「資料檔案」與「資料檔案」之間的關係。所以，我們必須要再建立「實體」檔案與「實體」檔案之間的關聯性，亦即所謂的「實體關係圖 (Entity Relationship Diagram；ERD)」。

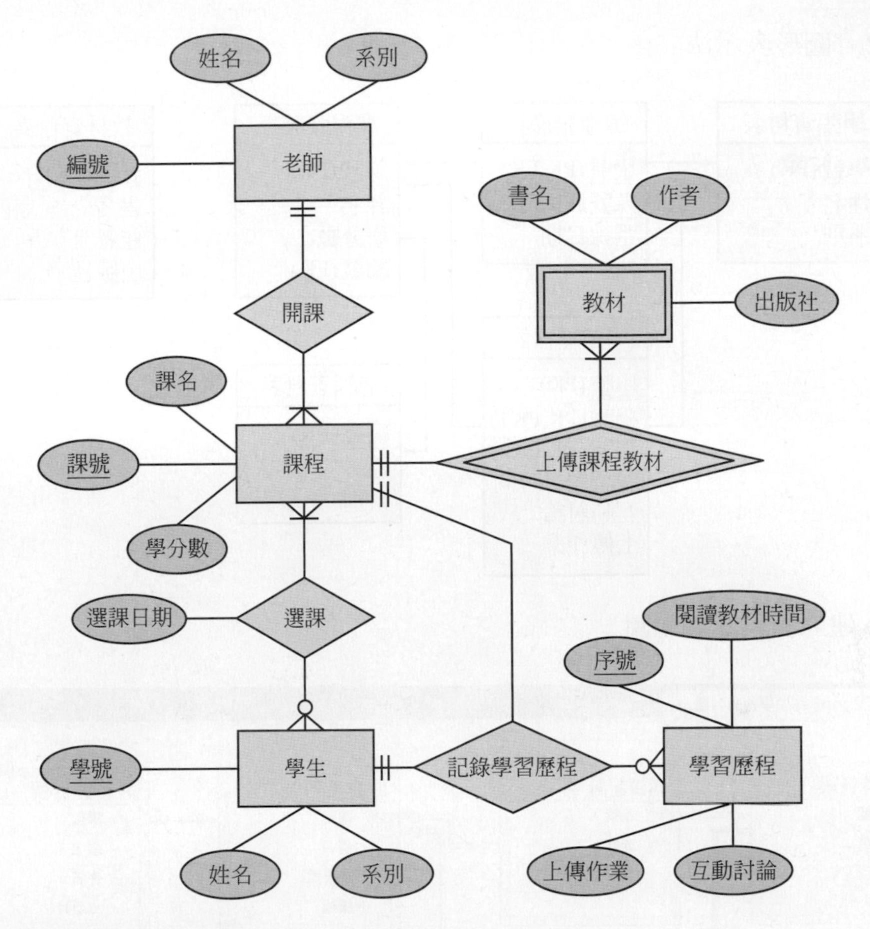

(二)ER 圖轉換成資料表

1. 基本表示法

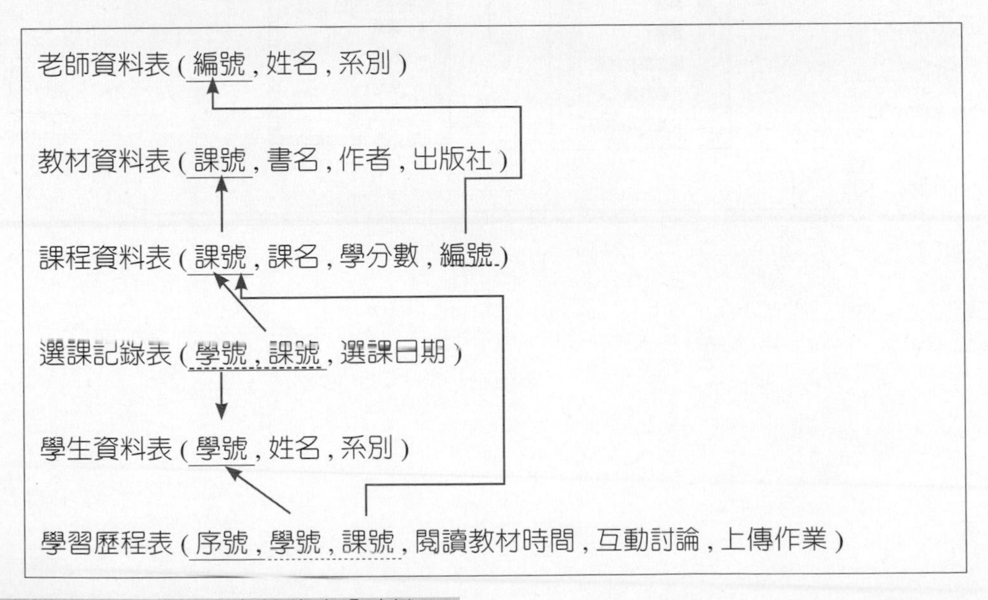

老師資料表 (編號 , 姓名 , 系別)

教材資料表 (課號 , 書名 , 作者 , 出版社)

課程資料表 (課號 , 課名 , 學分數 , 編號)

選課記錄表 (學號 , 課號 , 選課日期)

學生資料表 (學號 , 姓名 , 系別)

學習歷程表 (序號 , 學號 , 課號 , 閱讀教材時間 , 互動討論 , 上傳作業)

註：底線代表「主鍵」，虛線代表「外鍵」。

2. 圖形表示法

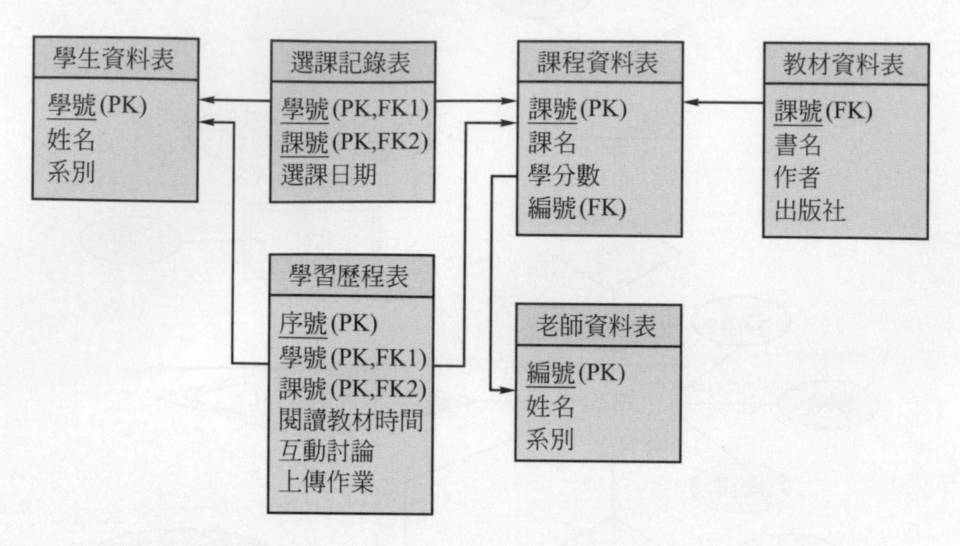

(三) 建立資料庫關聯圖

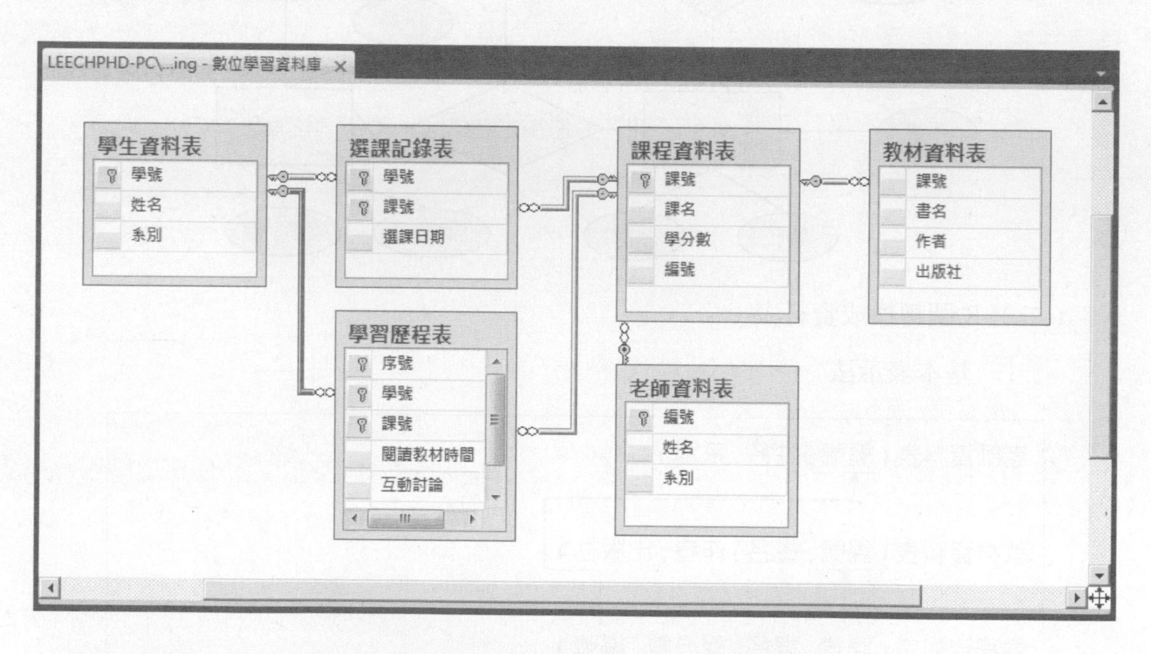

四、資料字典 (DD)

目的：輔助說明 DFD 與 ERD 不足之處。

(一) 資料流 (Data Flow)：定義資料表中欄位的組成。

1. 學生資料表

系統名稱：學習管理系統	頁次	1
資料流名稱：學生資料表		
資料流別名：學籍資料		
組　　成：學生資料表 = @ 學號 + 姓名 + 系別		
說　　明：以「學號」為主鍵，代表鍵值不得重複。		

2. 課程資料表

系統名稱：學習管理系統	頁次	2
資料流名稱：課程資料表		
資料流別名：課程資料		
組　　成：學生資料表 =@ 課號 + 課名 + 學分數 + 編號		
說　　明：以「課號」為主鍵，「編號」為外鍵 (參考老師資料表的主鍵)		

3. 選課記錄表

系統名稱：學習管理系統	頁次	3
資料流名稱：選課記錄表		
資料流別名：選課記錄		
組　　成：選課記錄表 = 學號 + 課號 + 選課日期		
說　　明：以「學號 + 課號」為複合主鍵，並且各別的「學號」與「課號」也是外鍵，其中「學號」參考學生資料表的主鍵，而「課號」參考課程資料表的主鍵		

4 老師資料表

系統名稱：學習管理系統	頁次	4
資料流名稱：老師資料表		
資料流別名：老師資料		
組　　成：老師資料表 =@ 編號 + 姓名 + 系別		
說　　明：以「編號」為主鍵，代表鍵值不得重複。		

5. 教材資料表

系統名稱：學習管理系統	頁次	5
資料流名稱：教材資料表		
資料流別名：教材資料		
組　　成：教材資料表 = 課號 , 書名 , 作者 , 出版社		
說　　明：以「課號」為外鍵，參考課程資料表的主鍵。		

6. 學習歷程表

系統名稱：學習管理系統	頁次	5
資料流名稱：學習歷程表		
資料流別名：學習歷程資料		
組　　成：學習歷程表 = 序號 + 學號 + 課號 + 閱讀教材時間 + 互動討論 + 上傳作業		
說　　明：以「序號 + 學號 + 課號」為複合主鍵，並且各別的「學號」與「課號」也是外鍵，其中「學號」參考學生資料表的主鍵，而「課號」參考課程資料表的主鍵		

(二) 資料元素 (Data Element)：定義欄位的資料型態及大小。

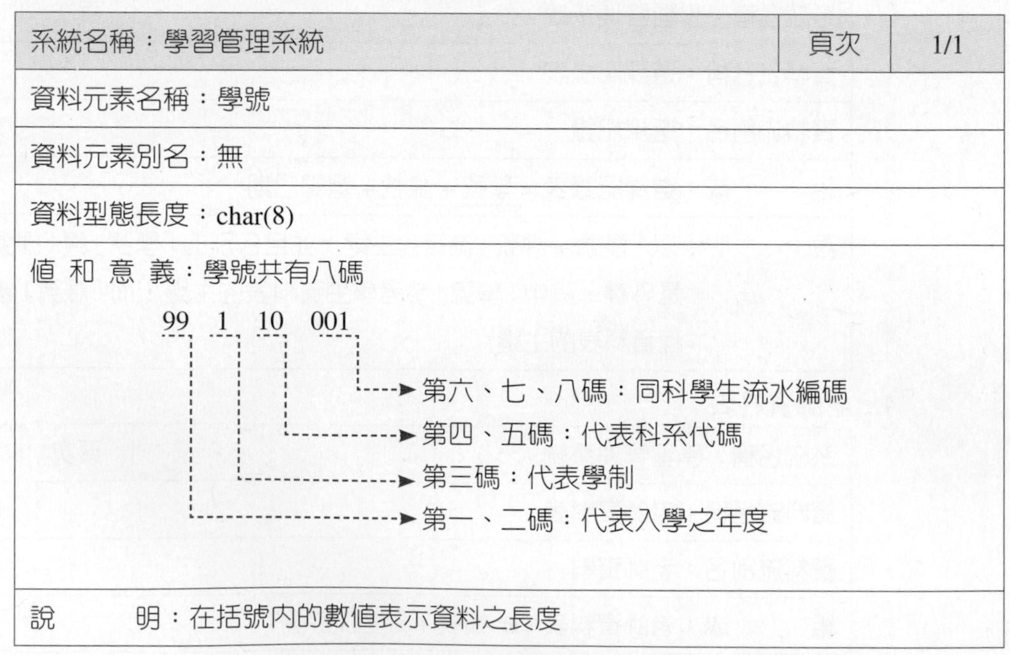

系統名稱：學習管理系統	頁次	1/1
資料元素名稱：學號		
資料元素別名：無		
資料型態長度：char(8)		
值 和 意 義：學號共有八碼 99 1 10 001 第六、七、八碼：同科學生流水編碼 第四、五碼：代表科系代碼 第三碼：代表學制 第一、二碼：代表入學之年度		
說　　明：在括號內的數值表示資料之長度		

(三) 處理程序 (Process)：利用處理描述「資料流程圖」中最低層的每個基本功能。

系統名稱：學習管理系統	頁次	1
處理名稱：學生選課加、退選作業		
處理編號：3.2		
處理範圍：1. 僅處理在規定的時限內加退選的學生		

處理描述：1. 顯示輸入學生基本資料畫面
2. 顯示全部的選課表
3. 提供學生選課作業的功能
4. IF 時間 =“時限內” THEN
選課檔 = 將學生的加退選科目存入
ELSE
PRINT“拒絕加退選作業”
END IF		

效能需求：會自動去檢查選課學分數是否超過或低於規定的學分		
備註：無		

五、處理設計

➢ 程式流程圖 (Program Flowchart)

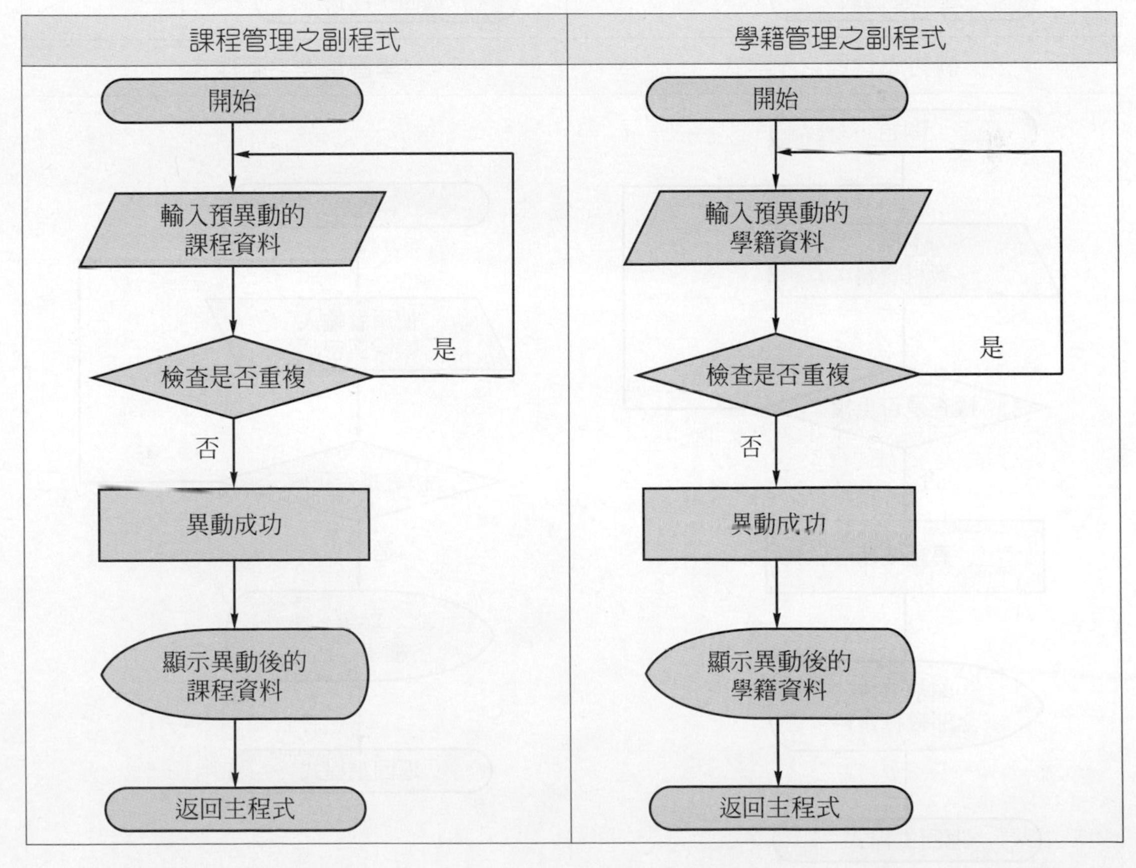

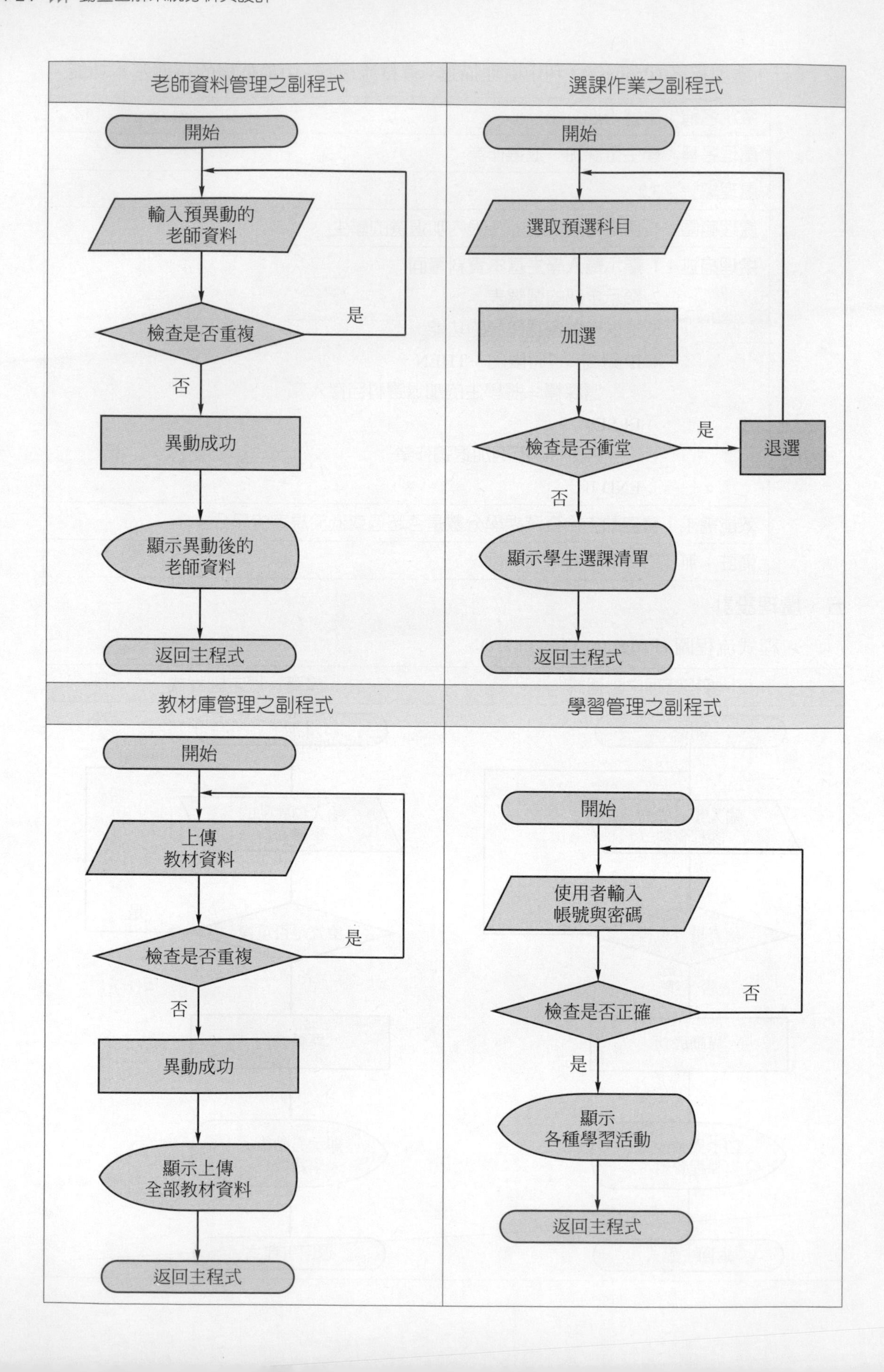
老師資料管理之副程式
開始
輸入預異動的老師資料
檢查是否重複
是
否
異動成功
顯示異動後的老師資料
返回主程式
選課作業之副程式
開始
選取預選科目
加選
檢查是否衝堂
是
退選
否
顯示學生選課清單
返回主程式
教材庫管理之副程式
開始
上傳教材資料
檢查是否重複
是
否
異動成功
顯示上傳全部教材資料
返回主程式
學習管理之副程式
開始
使用者輸入帳號與密碼
檢查是否正確
否
是
顯示各種學習活動
返回主程式

六、使用者介面設計

依照 HIPO 圖來設計第一階到第三階的子系統。

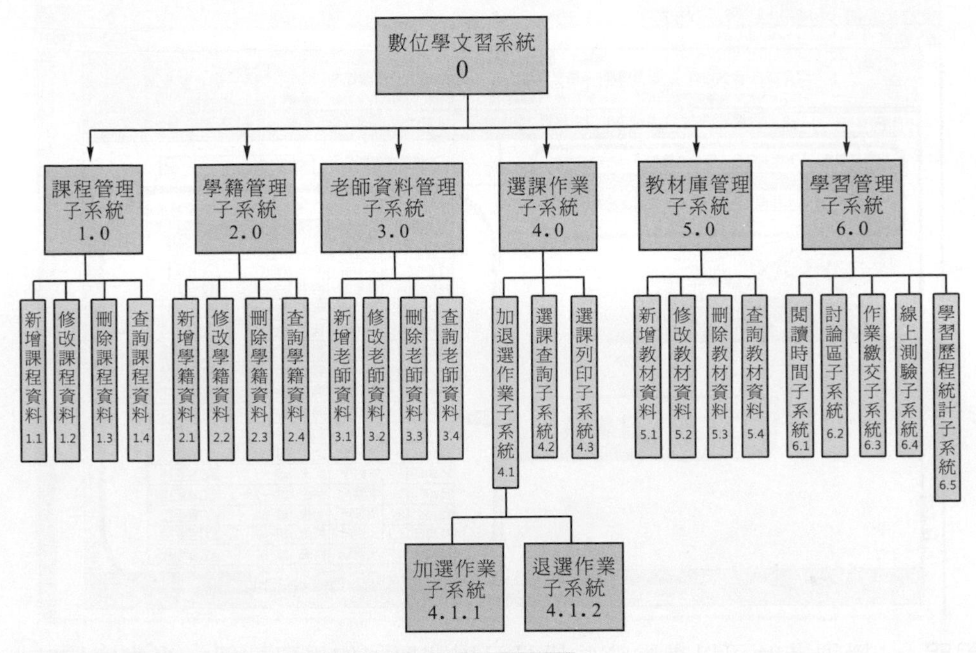

註　本專題範例只呈現 1.0 到 6.0 的主功能子系統。

(一) 課程管理子系統 1.0

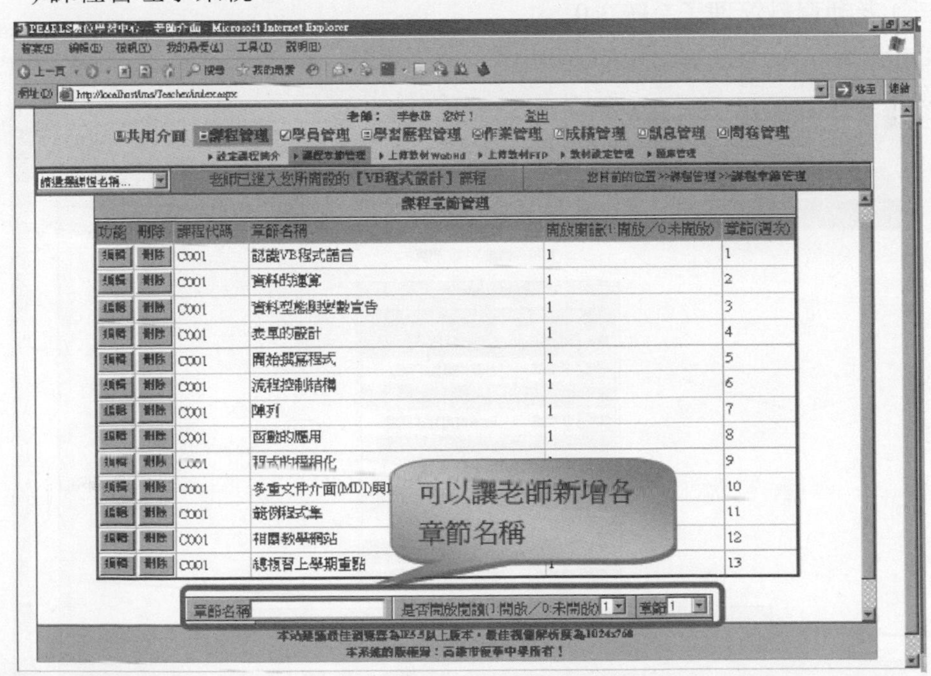

功能說明 開課老師在開課之前，必須要先設定該課程的所有章節名稱，以及是否開放及順序等等。並且在完成資料的設定之後，事後還可以對課程做修改及管理。

（二）學籍管理子系統 2.0

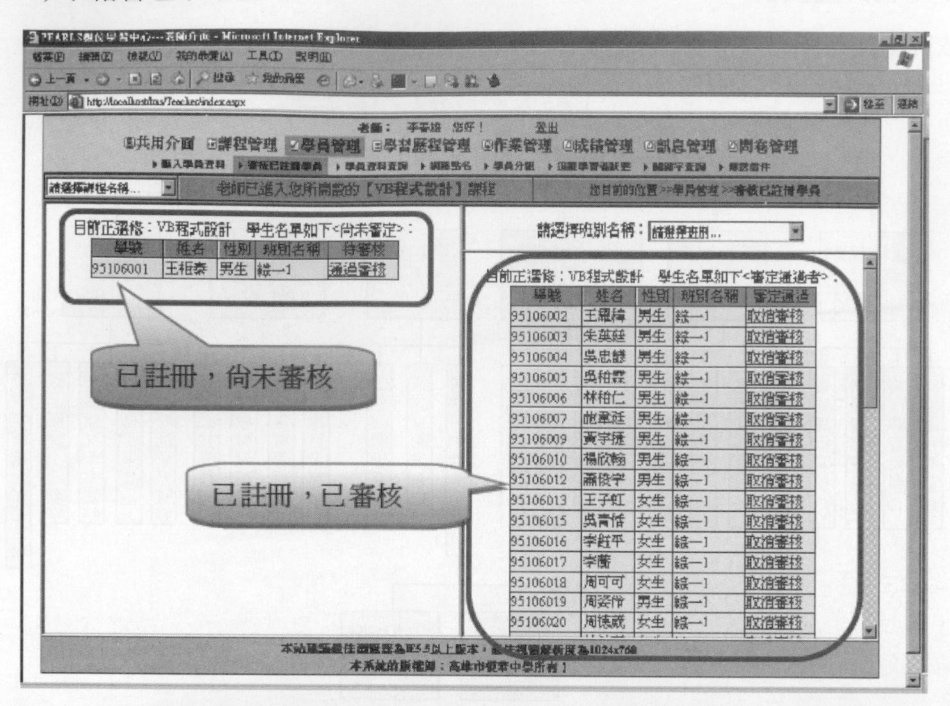

功能說明 ⏭ 授課老師可以查詢哪些學員已經註冊；如果已註冊，尚未審核時，老師可以加以審核學員的資格，如果沒有問題，就可以成為正式的學員身分。

（三）老師資料管理子系統 3.0

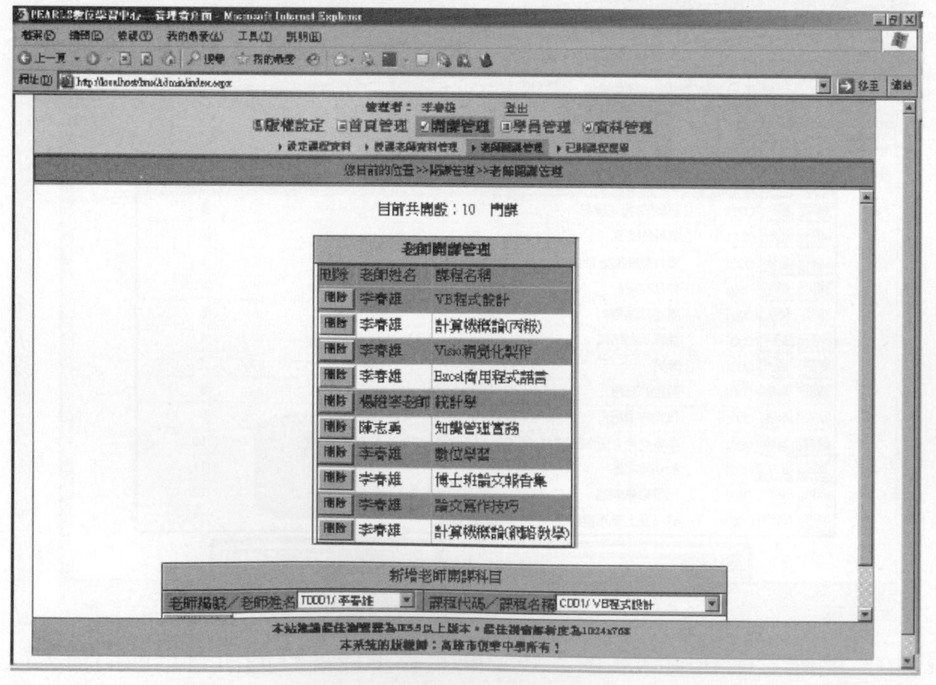

功能說明 ⏭ 設定欲開課老師資料，並且，每一位老師可以同時開設多門課程。

(四) 選課作業子系統 4.0

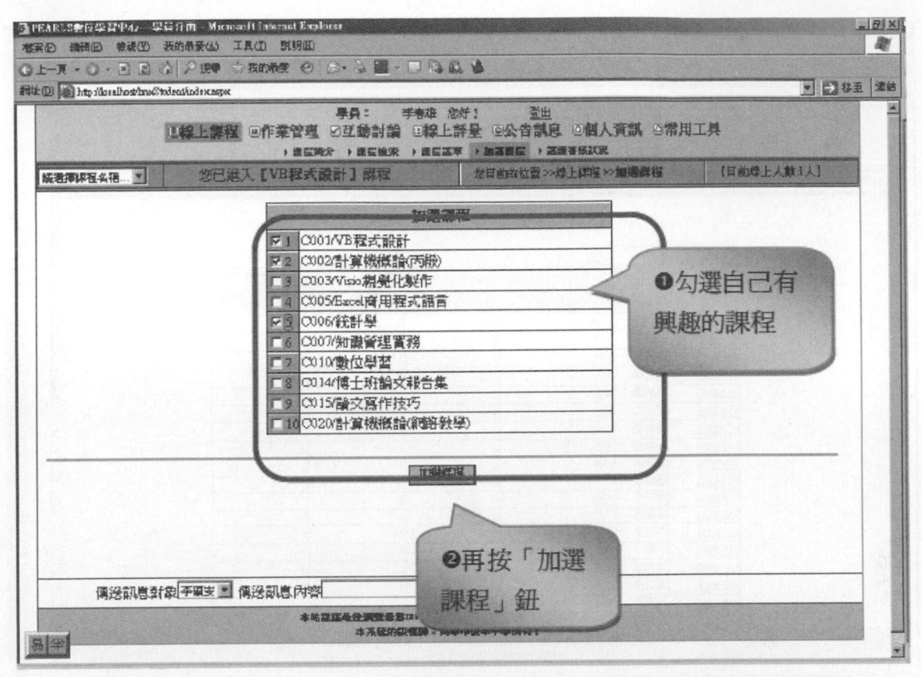

功能說明 ⏭ 本系統中提供許多課程，學員可以依自己的喜好來加退選課程。

(五) 教材庫管理子系統 5.0

功能說明 ⏭ 當開課老師設定該課程的所有「章節名稱」及「上傳教材檔案」之後，就必須要再「設定教材學習路徑」，以便追蹤學習者閱讀課程教材的時間、路徑及相關記錄，使老師能夠分析每一位學員的學習情況與成效。

（六）學習管理子系統 6.0

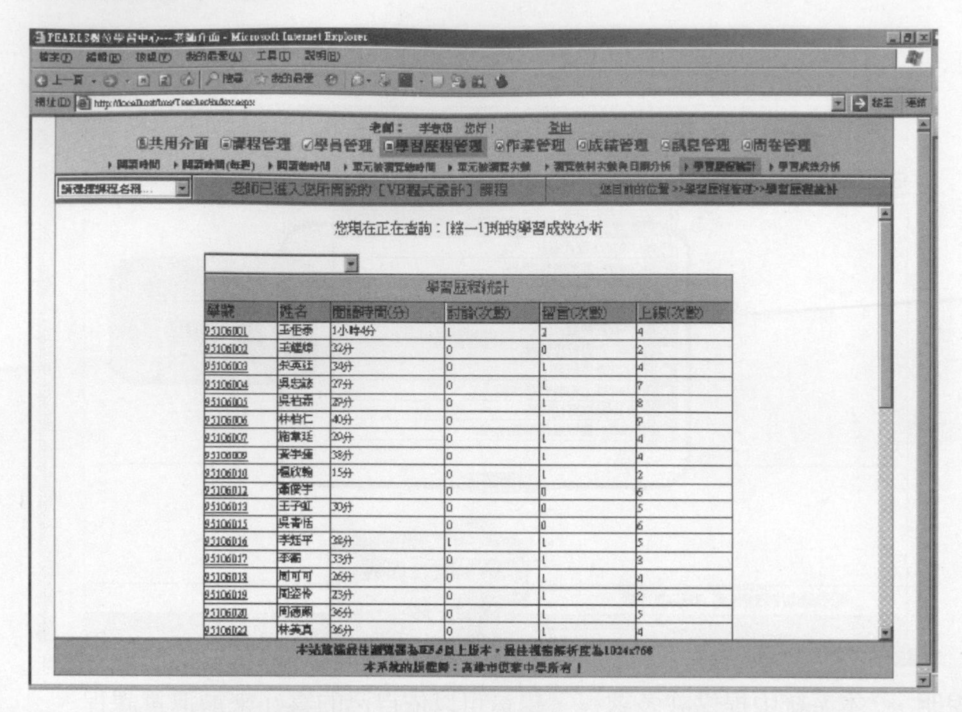

學號	姓名	閱讀時間(分)	討論(次數)	留言(次數)	上線(次數)
95106001	[illegible]	1小時4分	1	2	4
95106002	[illegible]	32分	0	0	2
95106003	[illegible]	34分	0	1	4
95106004	[illegible]	27分	0	1	7
95106005	[illegible]	29分	0	1	8
95106006	林柏仁	40分	0	1	9
95106007	[illegible]	29分	0	1	4
95106009	[illegible]	38分	0	1	4
95106010	[illegible]	15分	0	1	2
95106012	[illegible]		0	0	6
95106013	王子虹	30分	0	0	5
95106015	[illegible]		0	0	6
95106016	[illegible]	38分	1	1	5
95106017	[illegible]	33分	0	1	3
95106018	周可可	26分	0	1	4
95106019	[illegible]	23分	0	1	2
95106020	[illegible]	36分	0	1	5
95106022	[illegible]	36分	0	1	4

功能說明 ▶▶| 每門課可以擁有自己的互動與討論區，以供教師及學習者進行同步或非同步交流管道；而學習者的互動討論、期中考及閱讀教材的時間等資料，系統會記錄每位學習者的互動次數，以供授課老師參考。

11-5 系統實作與應用

在本專題中，我們將介紹「數位學習系統」的實作畫面，其網站如下：

http://myebook.idv.tw/lms

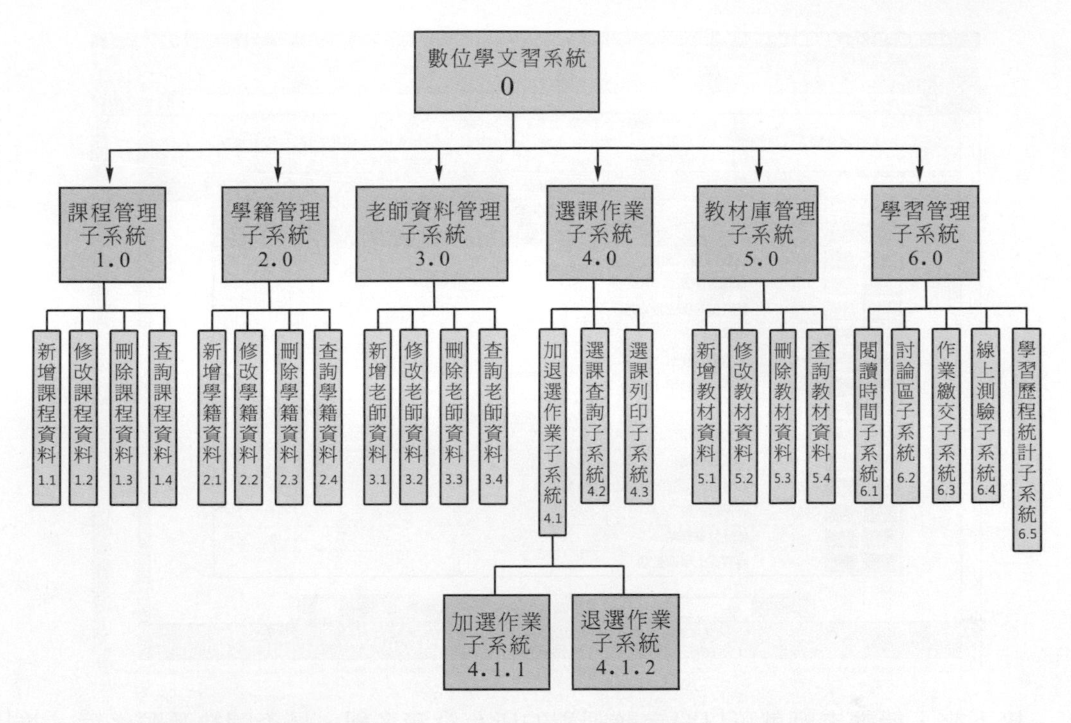

11-5-1 課程管理子系統

當授課老師想在「數位學習平台」開課之前，「教學組」就必須透過 LMS 平台中的「課程管理子系統」來「新增」本學期開課的課程代碼與課程名稱。

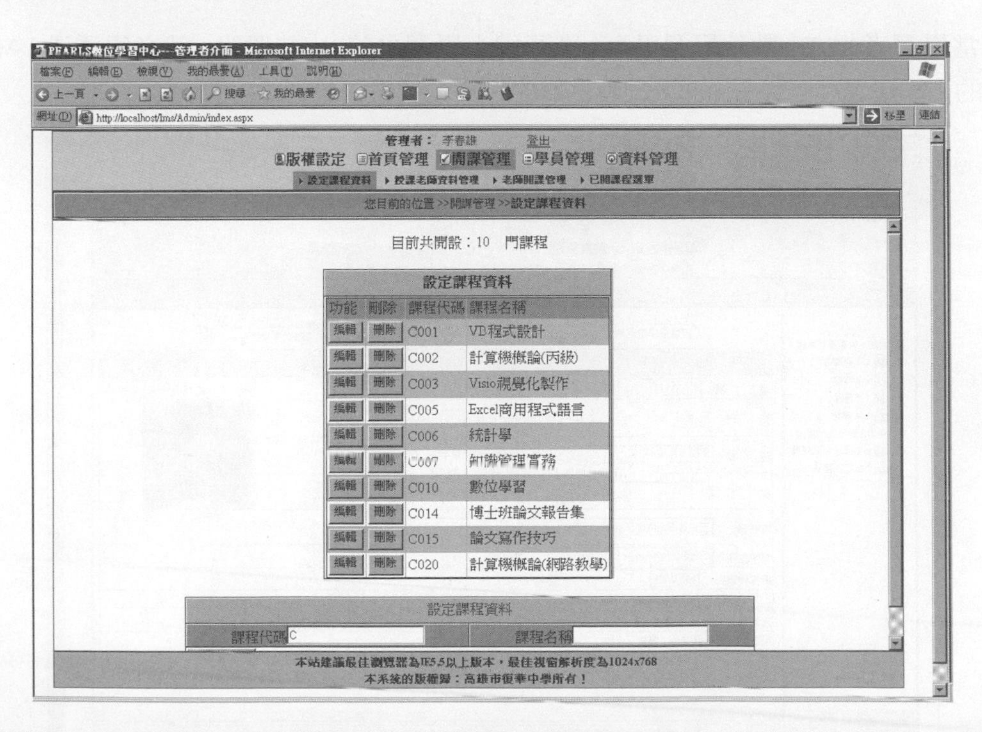

例如，在上圖中，設定本學期的所有課程資料表。並且，「管理者」也可以設定欲開課老師資料；並且，每一位老師可以同時開設多門課程。

接下來，授課老師就可以設定該課程的所有章節名稱、是否開放及順序等。並且在完成資料的設定之後，才可以對課程做修改及管理。

11-5-2 學籍管理子系統

當學習者想在「數位學習平台」進行線上學習之前，「註冊組」就必須透過 LMS 平台中的「學籍管理子系統」來「管理」學生的基本資料。

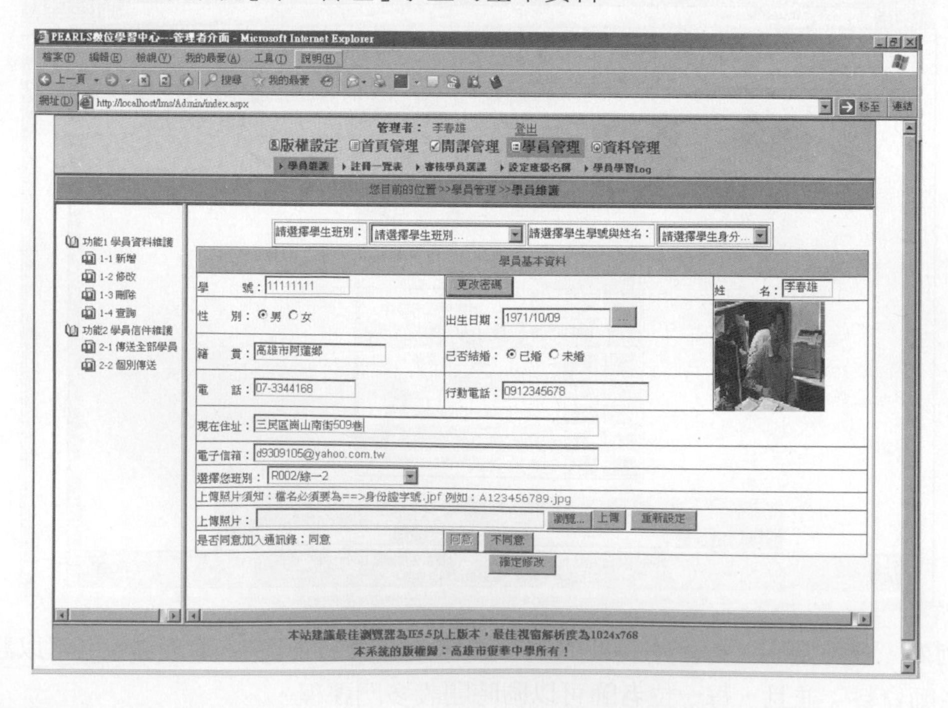

而授課老師也可以查詢哪些學員已經註冊；如果已註冊，尚未審核時，老師可以加以審核學員的資格；如果沒有問題，就可以成為正式的學員身分。

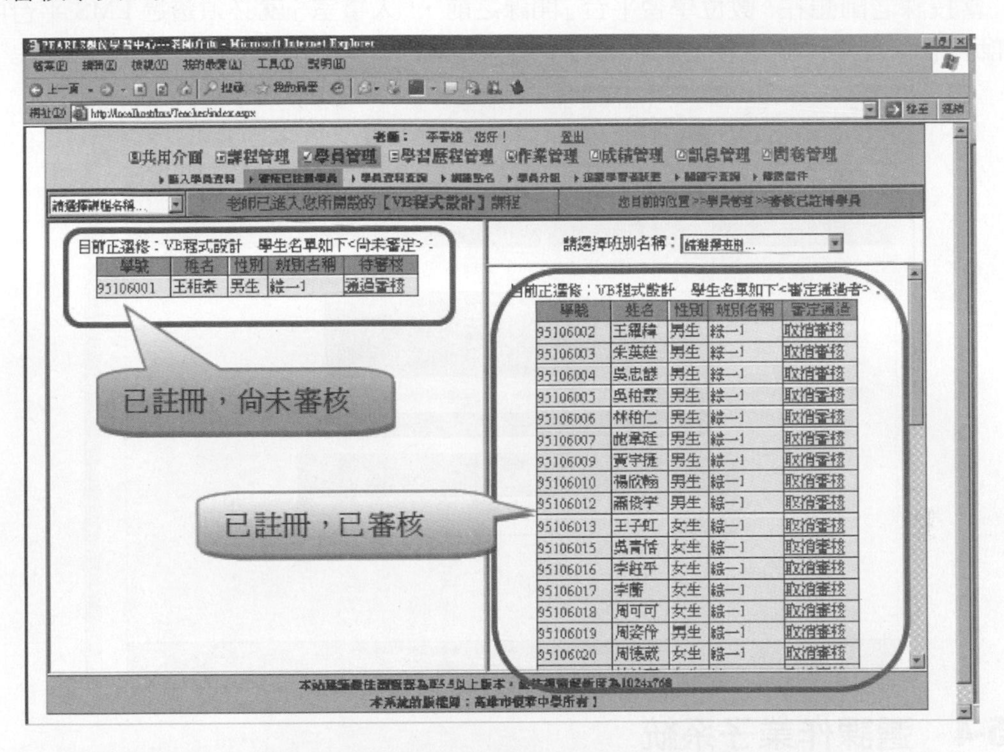

功能說明 ⏭ 系統管理者可以了解全部的註冊人數的分佈情況。

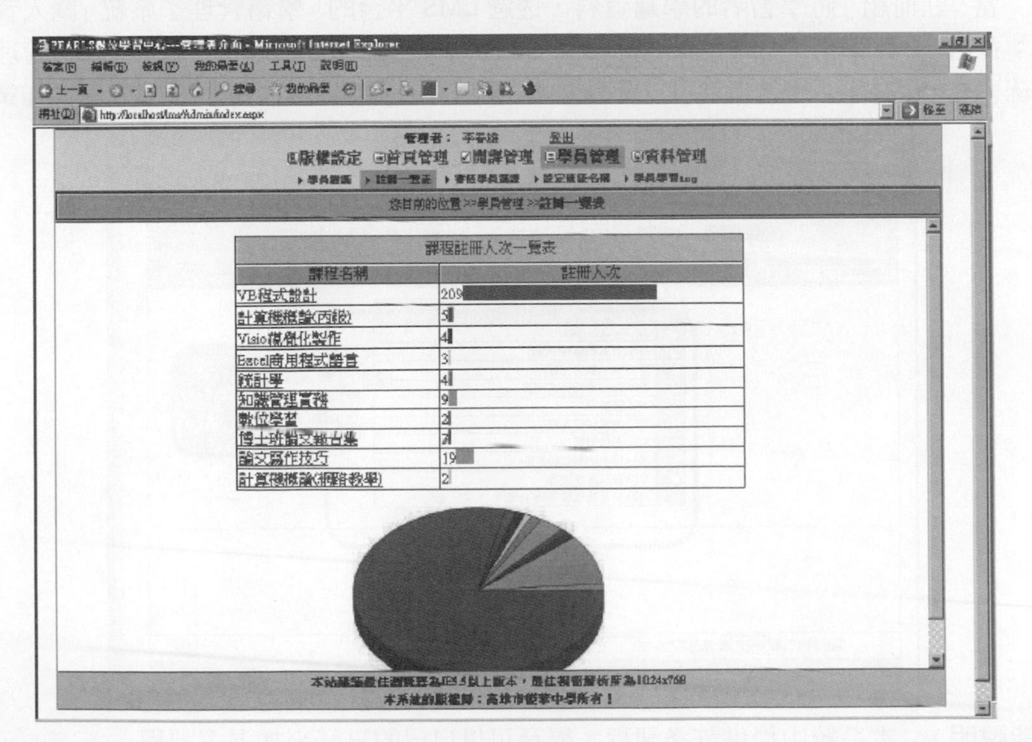

11-5-3 老師資料管理子系統

當授課老師想在「數位學習平台」開課之前，「人事室」就必須透過 LMS 平台中的「老師資料管理子系統」來「管理」學生的基本資料。

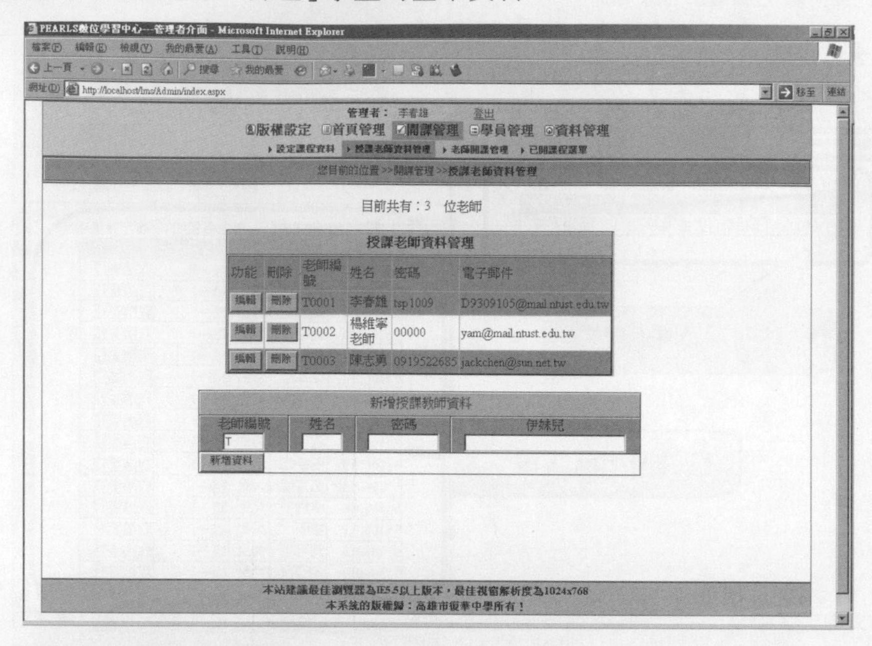

11-5-4 選課作業子系統

當「註冊組」將學習者的學籍資料，透過 LMS 平台的「學籍管理子系統」匯入資料庫；並且，「教學組」也將授課老師預開設的課程資料，透過 LMS 平台的「課程管理子系統」匯入資料庫。學習者就可以透過 LMS 平台的「選課作業子系統」來進行選課作業。

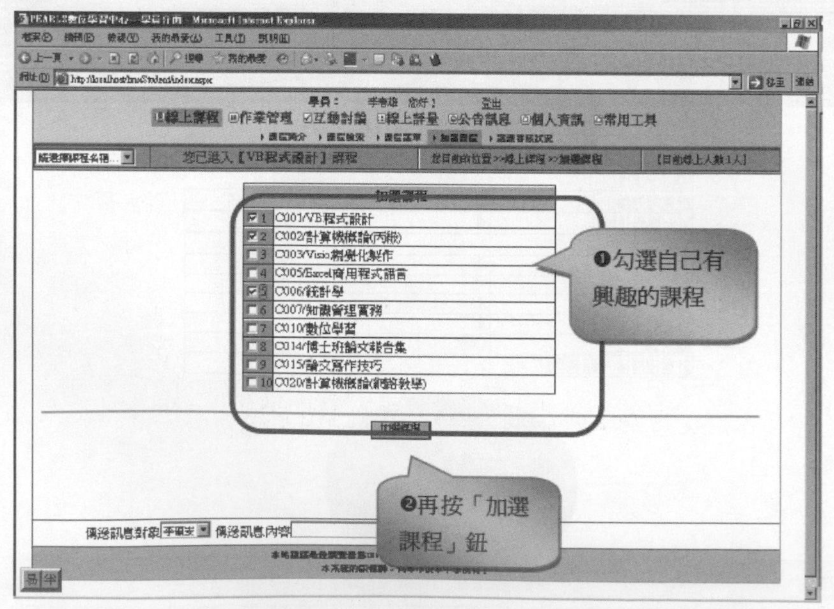

功能說明 ▶▶ 本系統中提供許多課程，學員可以自己的喜好來加退選課程。

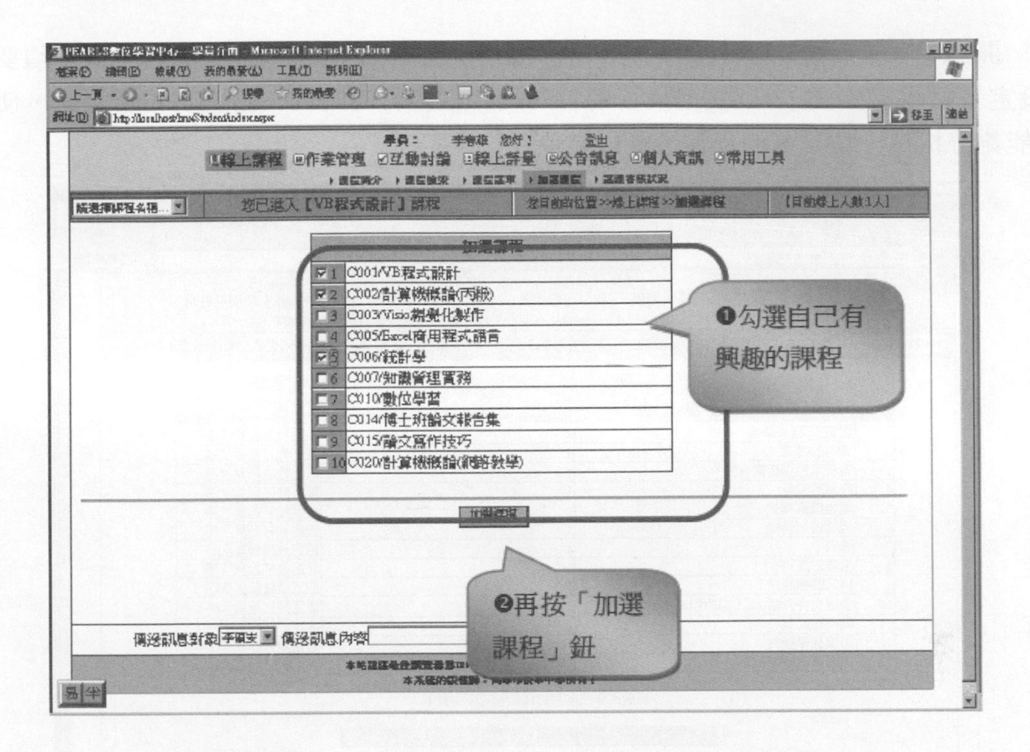

11-5-5 教材庫管理子系統

當授課老師在「數位學習平台」開課之後，「授課老師」就必須透過 LMS 平台中的「教材庫管理子系統」來設定該課程的所有章節名稱，再利用「網路硬碟」的功能，將開課老師的所有教材上傳到所指定的章節目錄下即可。

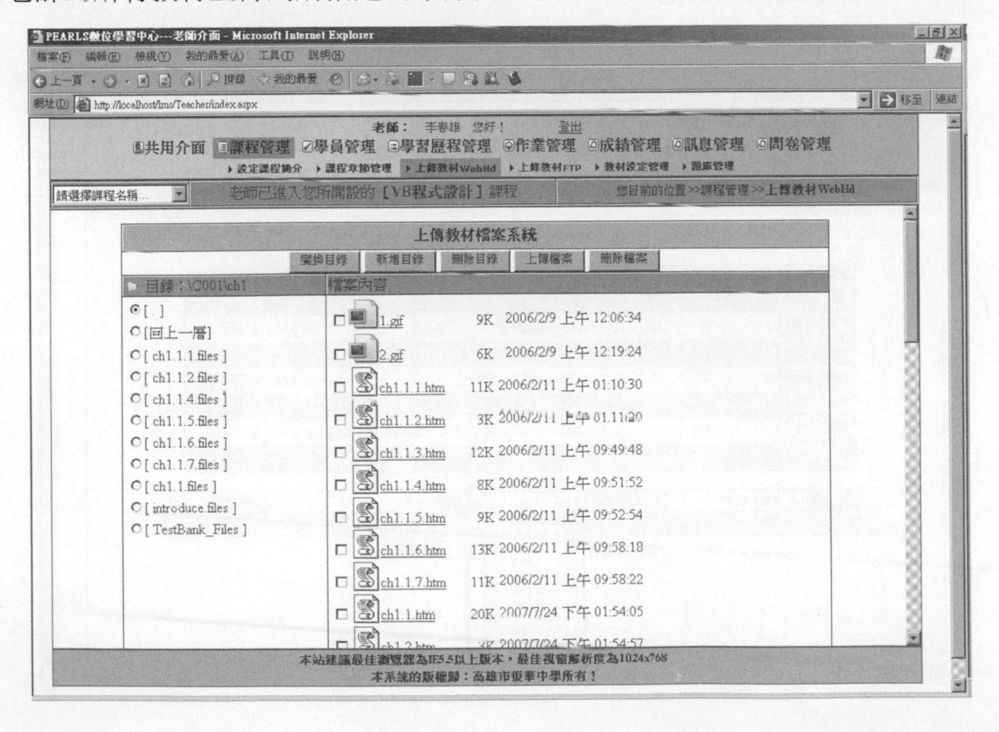

開課老師在設定該課程的所有「章節名稱」及「上傳教材檔案」之後，就必須要再「設定教材學習路徑」，以便追蹤學習者閱讀課程教材的時間、路徑及相關記錄，使老師能夠分析每一位學員的學習情況與成效。

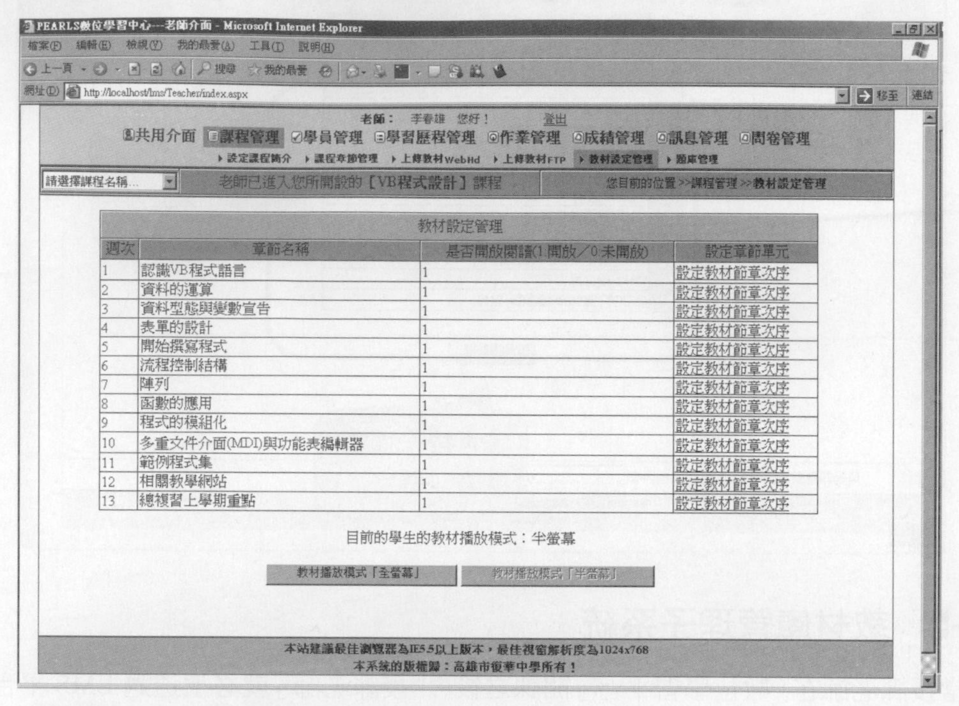

(一) 設定「教材學習路徑」

1. 第一層樹狀結構的設定

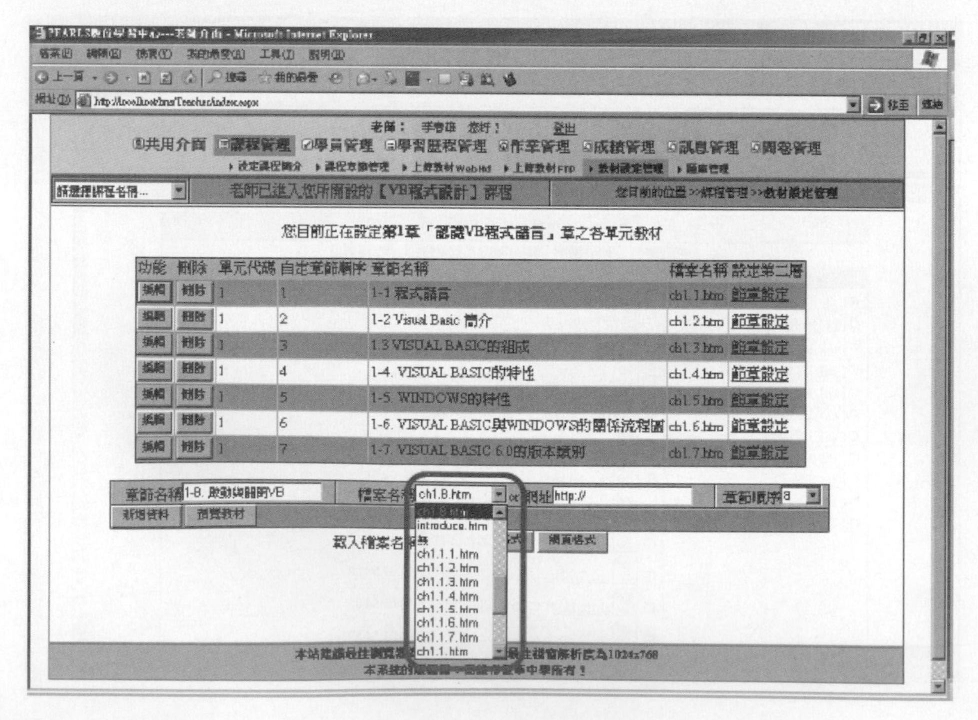

功能說明 ⏭ 步驟一：設定每一個章節名稱及所對映的檔案與排列順序。

步驟二：按「預覽教材」來測試是否完成教材路徑的設定。

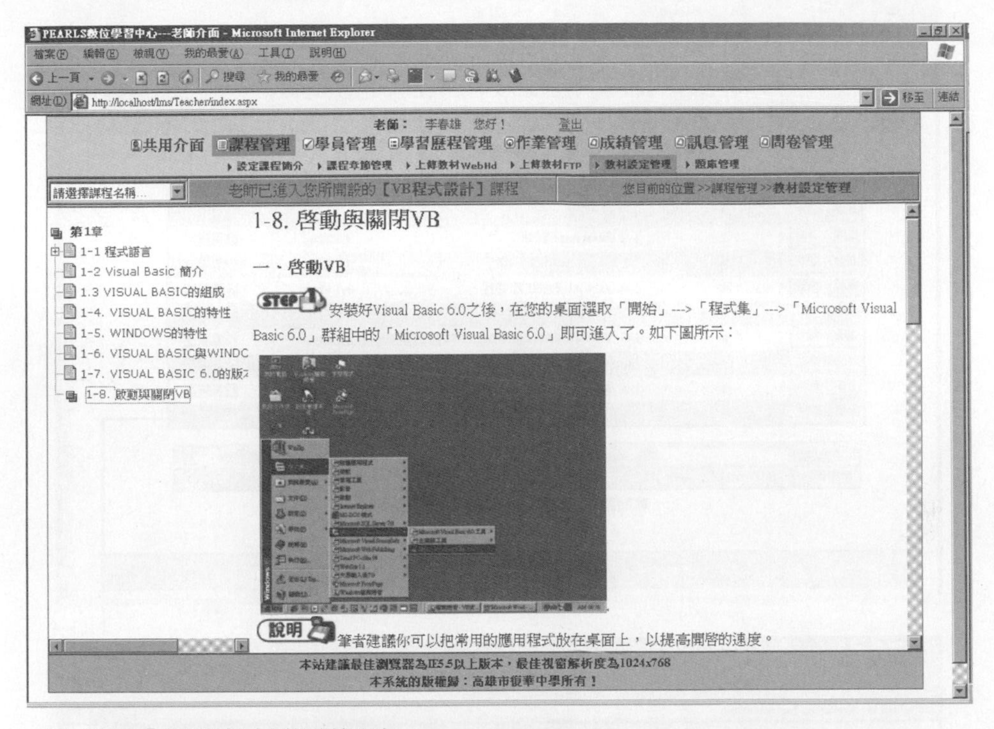

（二）設定「網路教材學習網址」

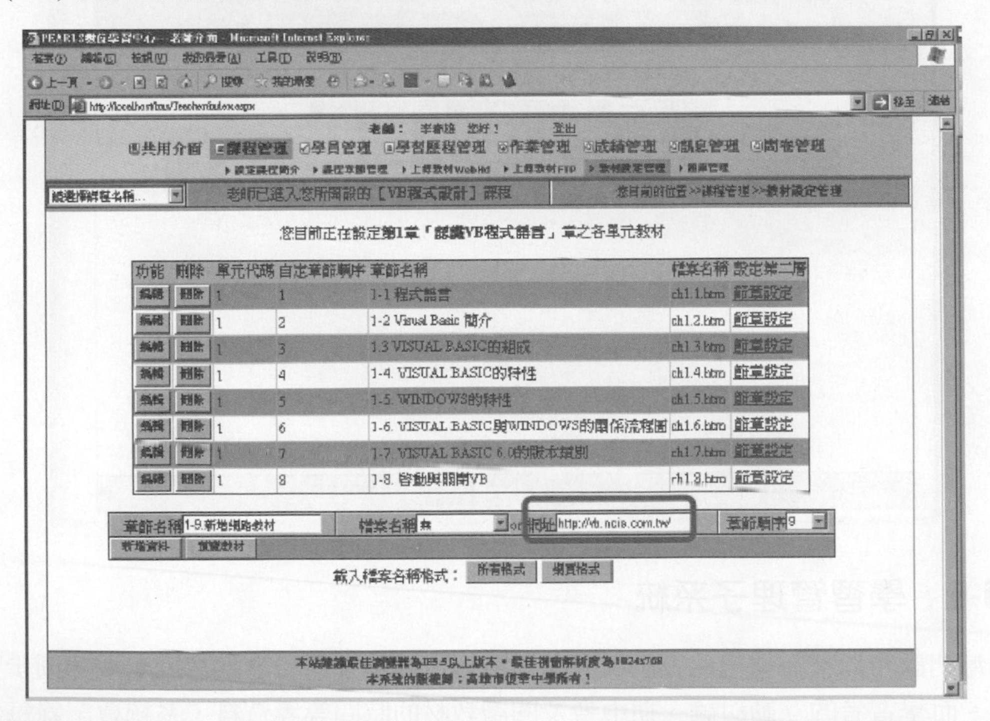

功能	刪除	單元代碼	自定章節順序	章節名稱	檔案名稱	設定第二層
編輯	刪除	1	1	1-1 程式語言	ch1.1.htm	節章設定
編輯	刪除	1	2	1-2 Visual Basic 簡介	ch1.2.htm	節章設定
編輯	刪除	1	3	1.3 VISUAL BASIC的組成	ch1.3.htm	節章設定
編輯	刪除	1	4	1-4. VISUAL BASIC的特性	ch1.4.htm	節章設定
編輯	刪除	1	5	1-5. WINDOWS的特性	ch1.5.htm	節章設定
編輯	刪除	1	6	1-6. VISUAL BASIC與WINDOWS的關係流程圖	ch1.6.htm	節章設定
編輯	刪除	1	7	1-7. VISUAL BASIC 6.0的版本類別	ch1.7.htm	節章設定
編輯	刪除	1	8	1-8. 啟動與關閉VB	ch1.8.htm	節章設定

功能說明 ⏭ 除了可以設定老師製作的教材之外，也可以設定網路教材的網址。

2. 第二層樹狀結構的設定

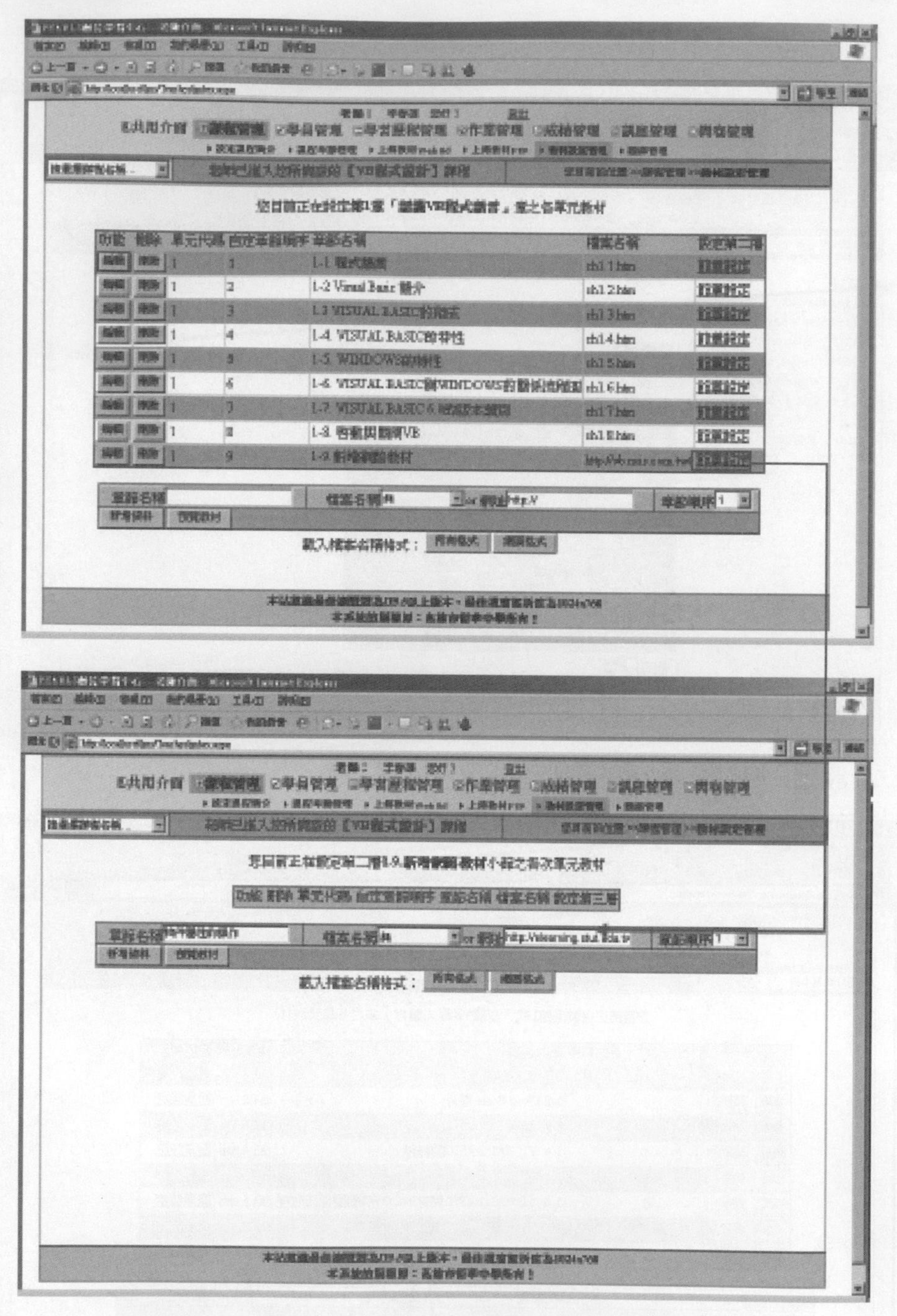

11-5-6 學習管理子系統

每門課可以擁有自己的互動與討論區，以供教師及學習者進行同步或非同步交流管道。而學習者的互動討論、期中考及閱讀教材的時間等等資料，系統會記錄每位學習者的互動次數，以供授課老師參考。

閱讀時間 ⏭

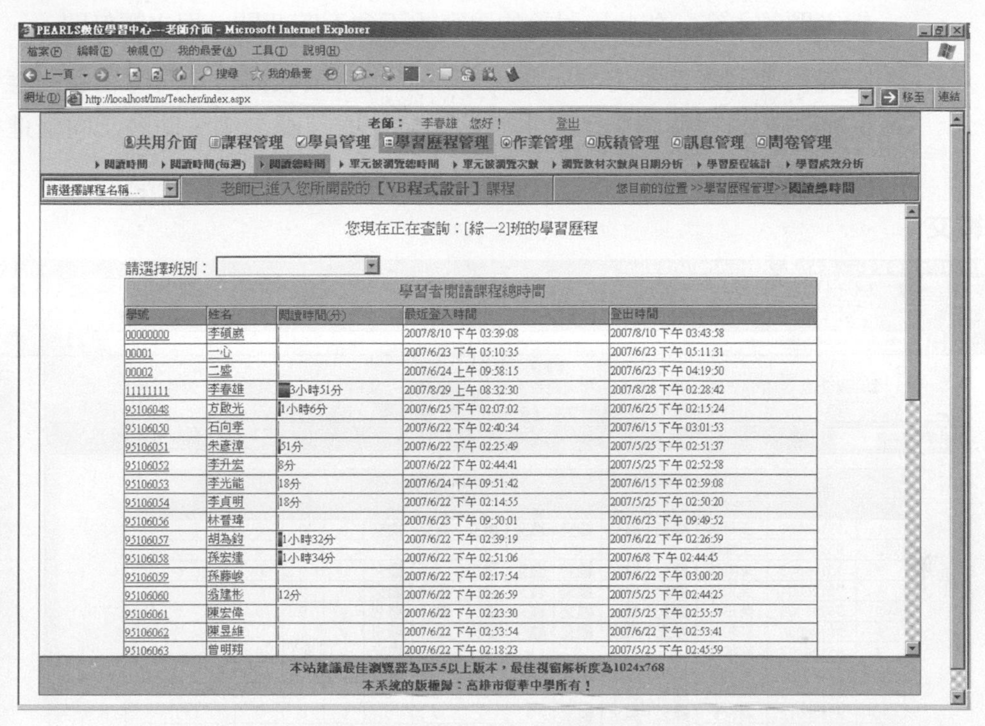

學習者閱讀課程總時間

學號	姓名	閱讀時間(分)	最近登入時間	登出時間
00000000	李碩崴		2007/8/10 下午 03:39:08	2007/8/10 下午 03:43:58
00001	一心		2007/6/23 下午 05:10:35	2007/6/23 下午 05:11:31
00002	二盛		2007/6/24 上午 09:58:15	2007/6/23 下午 04:19:50
11111111	李春雄	3小時51分	2007/8/29 上午 08:32:30	2007/8/28 下午 02:28:42
95106048	方啟光	1小時6分	2007/6/25 下午 02:07:02	2007/6/25 下午 02:15:24
95106050	石向孝		2007/6/22 下午 02:40:34	2007/6/15 下午 03:01:53
95106051	朱彥漳	51分	2007/6/22 下午 02:25:49	2007/5/25 下午 02:51:37
95106052	李升宏	8分	2007/6/22 下午 02:44:41	2007/5/25 下午 02:52:58
95106053	李光能	18分	2007/6/24 下午 09:51:42	2007/6/15 下午 02:59:08
95106054	李貞明	18分	2007/6/22 下午 02:14:55	2007/5/25 下午 02:50:20
95106056	林晉瑋		2007/6/23 下午 09:50:01	2007/6/23 下午 09:49:52
95106057	胡為鈞	1小時32分	2007/6/22 下午 02:39:19	2007/6/22 下午 02:26:59
95106058	孫宏達	1小時34分	2007/6/22 下午 02:51:06	2007/6/8 下午 02:44:45
95106059	孫藤峻		2007/6/22 下午 02:17:54	2007/6/22 下午 03:00:20
95106060	翁建彬	12分	2007/6/22 下午 02:26:59	2007/5/25 下午 02:44:25
95106061	陳宏偉		2007/6/22 下午 02:23:30	2007/5/25 下午 02:55:57
95106062	陳昱維		2007/6/22 下午 02:53:54	2007/6/22 下午 02:53:41
95106063	曾明翔		2007/6/22 下午 02:18:23	2007/5/25 下午 02:45:59

在上圖中，學習者在閱讀每一章節之後，授課老師就可以從閱讀的總時間及最近登入時間的長短，來了解每一位學習者努力的程度。

討論區 ⏭

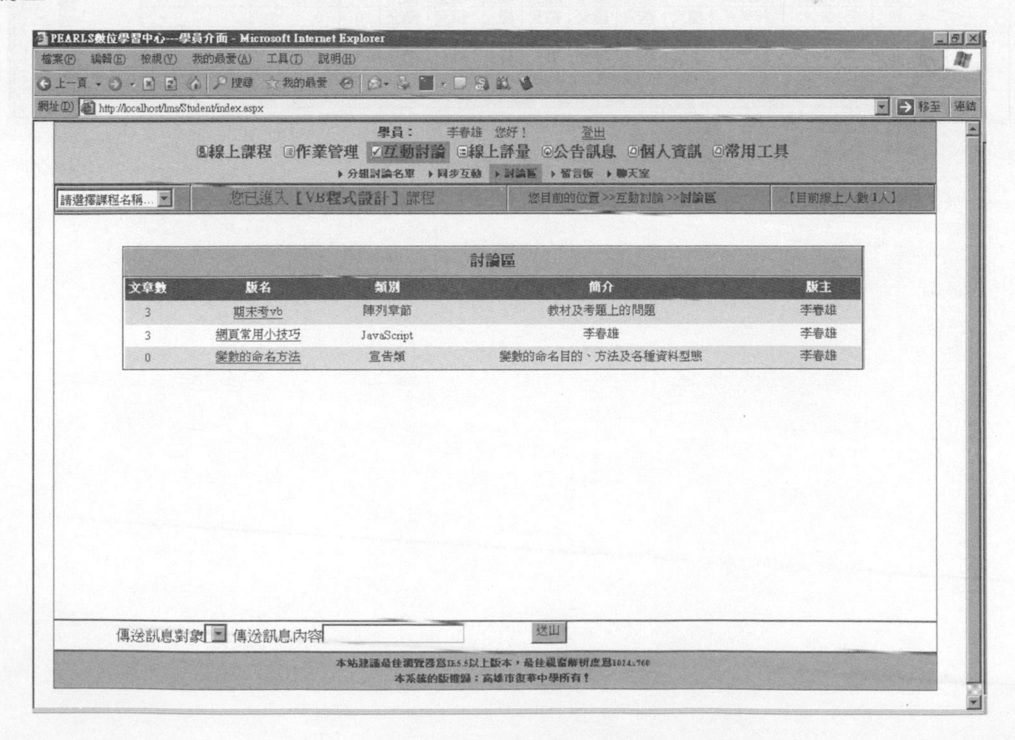

討論區

文章數	版名	類別	簡介	版主
3	期末考vb	陳列章節	教材及考題上的問題	李春雄
3	網頁常用小技巧	JavaScript	李春雄	李春雄
0	變數的命名方法	宣告類	變數的命名目的、方法及各種資料型態	李春雄

功能說明 ⏭ 授課老師可以在開學時，設定本課程所要討論的主題，讓學生有時間準備主題的內容。如此，討論的內容才不會五花八門，與主題無關。

它提供非同步互動方式，使用者不但能夠讀取佈告，同時也能回應、張貼佈告，是一個讓修課學生表達意見及與授課老師、助教及同學進行交流的管道。

作業繳交 ⏭

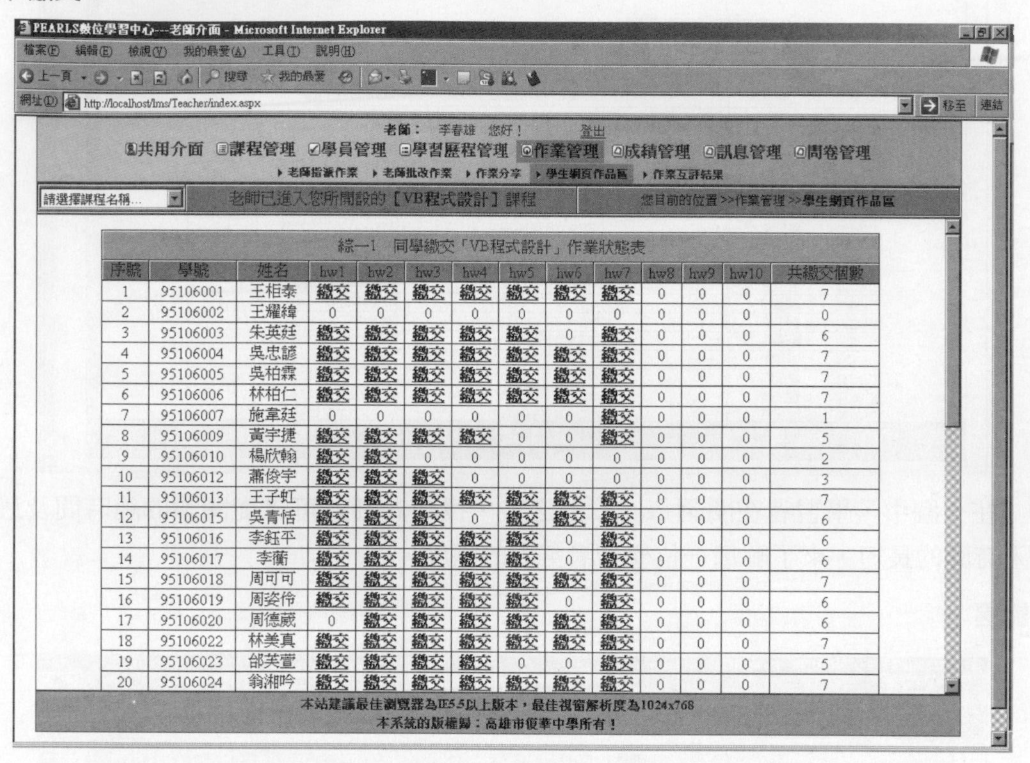

綜一1　同學繳交「VB程式設計」作業狀態表

序號	學號	姓名	hw1	hw2	hw3	hw4	hw5	hw6	hw7	hw8	hw9	hw10	共繳交個數
1	95106001	王柏泰	繳交	繳交	繳交	繳交	繳交	繳交	繳交	0	0	0	7
2	95106002	王耀緯	0	0	0	0	0	0	0	0	0	0	0
3	95106003	朱英廷	繳交	繳交	繳交	繳交	繳交	0	繳交	0	0	0	6
4	95106004	吳忠諺	繳交	繳交	繳交	繳交	繳交	繳交	繳交	0	0	0	7
5	95106005	吳柏霖	繳交	繳交	繳交	繳交	繳交	繳交	繳交	0	0	0	7
6	95106006	林柏仁	繳交	繳交	繳交	繳交	繳交	繳交	繳交	0	0	0	7
7	95106007	施韋廷	0	0	0	0	0	0	繳交	0	0	0	1
8	95106009	黃宇捷	繳交	繳交	繳交	繳交	0	0	繳交	0	0	0	5
9	95106010	楊欣翰	繳交	繳交	0	0	0	0	0	0	0	0	2
10	95106012	蕭俊宇	繳交	繳交	繳交	0	0	0	0	0	0	0	3
11	95106013	王子虹	繳交	繳交	繳交	繳交	繳交	繳交	繳交	0	0	0	7
12	95106015	吳青恬	繳交	繳交	繳交	0	繳交	繳交	繳交	0	0	0	6
13	95106016	李鈺平	繳交	繳交	繳交	繳交	繳交	0	繳交	0	0	0	6
14	95106017	李蘅	繳交	繳交	繳交	繳交	繳交	0	繳交	0	0	0	6
15	95106018	周可可	繳交	繳交	繳交	繳交	繳交	繳交	繳交	0	0	0	7
16	95106019	周姿伶	繳交	繳交	繳交	繳交	繳交	0	繳交	0	0	0	6
17	95106020	周德葳	0	繳交	繳交	繳交	繳交	繳交	繳交	0	0	0	6
18	95106022	林美真	繳交	繳交	繳交	繳交	繳交	繳交	繳交	0	0	0	7
19	95106023	郃美萱	繳交	繳交	繳交	繳交	0	0	繳交	0	0	0	5
20	95106024	翁湘吟	繳交	繳交	繳交	繳交	繳交	繳交	繳交	0	0	0	7

線上測驗 ⏭ (一) 點選「線上測驗」

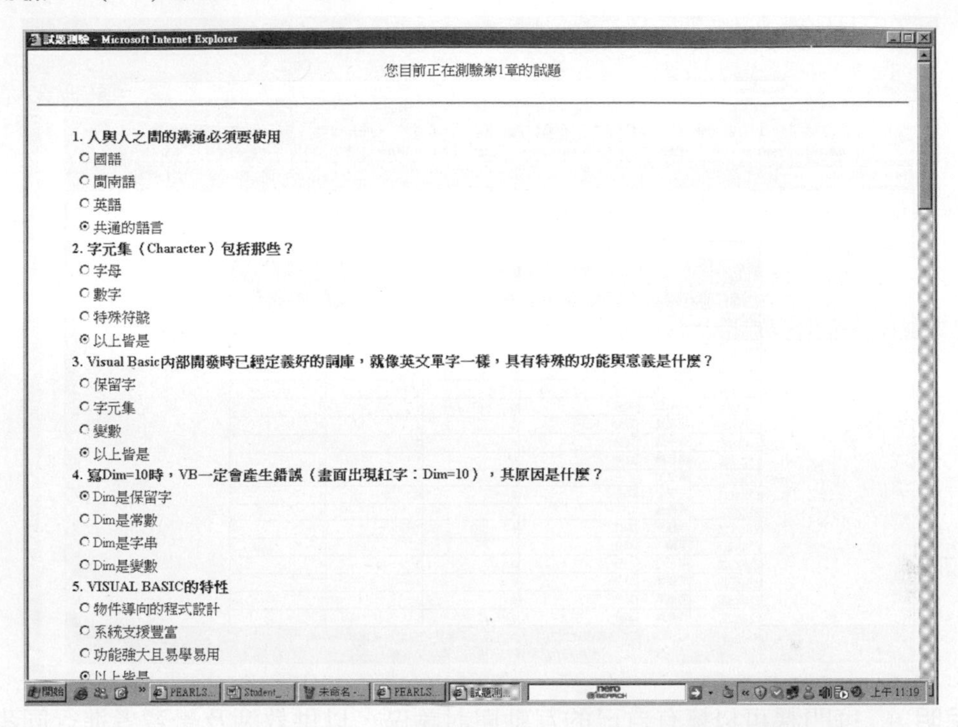

功能說明 ⏭ 讓學習者在閱讀完每一個章節之後，評量學習者的學習情況。

(二) 即時回饋結果

功能說明 ⏭ 在學生自我評量測驗之後，可即時的顯示正確的回饋資訊。

學習歷程統計 ▶▶|

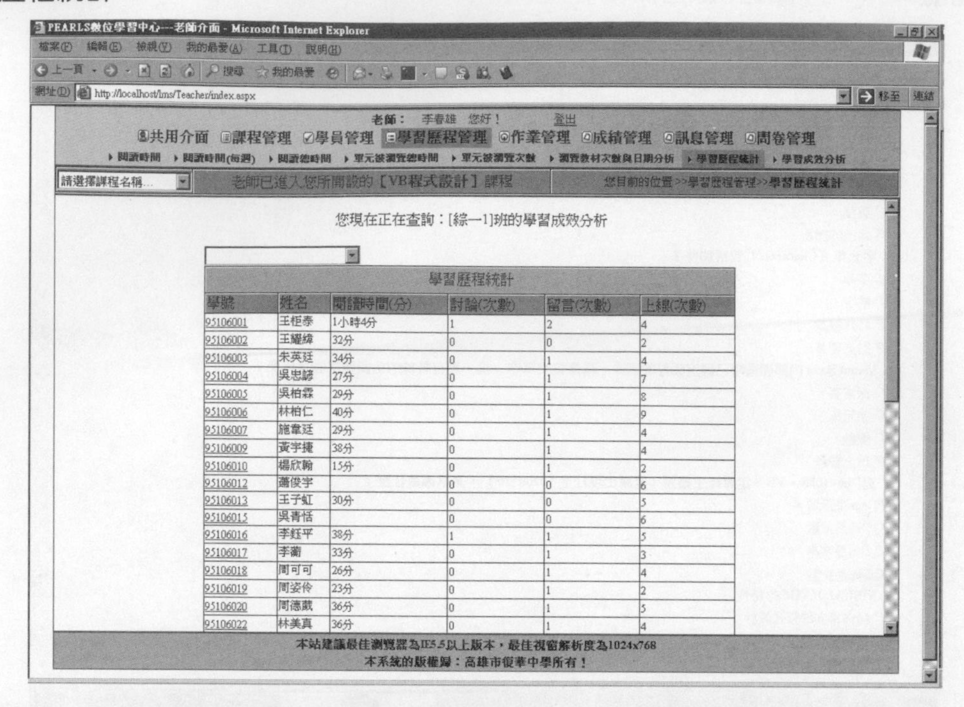

學習歷程統計

學號	姓名	閱讀時間(分)	討論(次數)	留言(次數)	上線(次數)
95106001	王桓泰	1小時4分	1	2	4
95106002	王耀緯	32分	0	0	2
95106003	朱英廷	34分	0	1	4
95106004	吳忠諺	27分	0	1	7
95106005	吳柏霖	29分	0	1	8
95106006	林柏仁	40分	0	1	9
95106007	施韋廷	29分	0	1	4
95106009	黃宇捷	38分	0	1	4
95106010	楊欣翰	15分	0	1	2
95106012	蕭俊宇		0	0	6
95106013	王子虹	30分	0	0	5
95106015	吳青恬		0	0	6
95106016	李鈺平	38分	1	1	5
95106017	李蘅	33分	0	1	3
95106018	周可可	26分	0	1	4
95106019	周姿伶	23分	0	1	2
95106020	周德葳	36分	0	1	5
95106022	林美真	36分	0	1	4

功能說明 ▶▶| 每門課可以擁有自己的互動與討論區，以供教師及學習者進行同步或非同步交流管道，而學習者的互動討論、期中考及閱讀教材的時間等等資料，系統會記錄每位學習者的互動次數，以供授課老師參考。

11-6 討論與建議

在本專題研究中，透過「數位學習系統」之學習歷程紀錄機制，將學生的學習活動與評量成果都紀錄下來，學生可由此來檢視自己的學習狀況與進度，並且發現學習障礙而去改進；老師也可檢視學生的學習情形與態度，並適時給予適當的指引。

綜合本研究所探討的問題，提出下列建議：

一、除了建構適合大專院校學生的「數位學習系統」之學習環境之外，更重要的是，老師要以鼓勵的教學策略引導學習者。

二、一個數位學習系統是由「學習者」、「教學者」及「數位教材」三者組合而成的，相輔相成，缺一不可，因為學習系統如果沒有「數位教材」，或教材無法引起學習者「學習動機」，那就被視為廢物，即缺少靈魂，所以教學者在製作教材時，就必須特別注意學習者的背景及先備知識。

三、教學者在非課堂時，必須隨時觀察學習者的學習歷程記錄，來了解教材、學習者的特性，及學習者瀏覽型態的相關性，以作為教學者改善教學方式的指標。

CHAPTER 12

系統文件製作

本章學習目標

1. 讓讀者了解一套完整資訊系統的開發所需製作的系統文件。
2. 讓讀者了解系統開發各階段所產生之文件的製作。

本章學習內容

12-1 系統文件製作

12-2 系統文件的製作原則

12-3 系統開發各階段文件

12-4 可行性報告書(系統建議書)

12-5 軟體需求規格書

12-6 系統設計規格書

12-7 系統說明文件

12-8 程式說明文件

12-9 使用者手冊

12-10 操作者手冊

前言

資訊系統在整個開發過程中，系統分析師與程式設計師都必須要將過程撰寫成系統文件，以記錄該階段執行的工作成果。為何必須要花費時間來撰寫系統文件呢？其主要的目的就是將開發系統的細節與確實過程，有條理的記錄下來，以提供系統開發人員與使用者之間相互溝通的依據，以及爾後系統維護時的參考資料。

12-1 系統文件製作

引言 ⏭ 我們都知道，在「系統發展生命週期 (SDLC)」中，每一個階段皆有明確的工作項目及嚴謹的系統文件產出。因此，系統開發人員在進行 SDLC 中，就必須要撰寫每一個階段的「系統文件」，以記錄該階段執行的工作成果。

定義 ⏭ 是指供系統發展過程中，各階段之產品與所有支援文件之處理所共同遵循之準則的文件。

目的 ⏭

1. 提供系統開發人員與使用者之間**相互溝通的依據**。
2. 提供系統開發人員爾後**系統維護時的參考資料**。
3. **提高**軟體開發、管理及維護的**效率**。
4. **降低**系統生命週期的**總成本**。

圖解 ⏭

12-2 系統文件的製作原則

基本上，在進行系統文件製作時，必須要遵守下列幾項原則：

一、各個發展階段都必須要有完整且嚴謹的文件產出。如表 12-1 所示。

二、標準化的系統文件製作格式。

三、系統文件內容必須要簡單扼要、清晰明瞭。

四、系統設計規格只要有小部分修改，都必須立即修改相關文件資料，以確保資料的一致性。

五、所有系統文件都要有記錄的負責人，以便追蹤爾後的責任。

六、系統文件必須要有專人負責管理，以避免文件的遺失。

❖表 12-1　系統發展各階段的主要文件對照表

階段／活動	定義階段	設計階段	撰寫程式階段	系統測試階段	驗收階段	建置及運轉階段
人力成長						
主要活動	分析					
	計畫	計畫				
	基準設計	基準設計				
		細部設計	細部設計			
		編碼及單測試文件	編碼及單測試文件			
	整體測試準備	整體測試準備／整體測試	整體測試			
	系統測試準備	系統測試準備	系統測試準備	系統測試		
	驗收準備	驗收準備	驗收準備	驗收準備	展示	
			訓練使用人員	訓練使用人員	訓練使用人員	建置及測試
主要文件	・專案計畫 ・問題規範 ・驗收標準	・設計規模 ・程式師手冊 ・整體測試規範	・初步編碼文件 ・最新驗收測試 ・實際測試資料 ・系統測試規範		・驗收協定 ・最新程式文件	・操作手冊 ・系統文件

←——時間——→

（資料來源：「系統分析與設計」P.475，黃明祥編著，松崗書局）

12-3 系統開發各階段文件

引言 ⏭ 文件製作的主要意義是建立一套標準化的文件格式，使系統發展人員對系統發展生命週期各階段的工作成果，給予詳實、明確與系統化的記錄，以作為後續階段的工作依據。

產生文件之種類 ⏭ 系統文件是系統開發的重要資產。因此，必須要有標準化的格式來讓系統開發人員有遵循的依據。如表 12-2 所示。

❖表 12-2 系統開發各階段文件

階段名稱	產生文件	文件目的
調查規劃	可行性報告書 (系統建議書)	敘述新系統可行性研究成果。
系統分析	軟體需求規格書	定義新系統詳細之整體輪廓、資料流程、各處理功能需求。
系統設計	軟體設計規格書	定義新系統的軟體系統設計規格。例如： 1. 輸出設計 2. 輸入設計 3. 資料庫設計 4. 處理設計 5. 控制設計
系統製作	1. 系統說明文件 2. 程式說明文件 3. 使用者手冊 4. 操作者手冊	1. 描述系統各部分的程式功能架構、檔案結構、各部分的設計規格內容。 2. 描述系統的程式規格、程式流程、測試方法。 3. 描述使用系統的方法，系統的使用說明。 4. 描述系統之環境設定、機器之運轉方法、錯誤之處理。

資料來源：黃敬仁 (民 90)。系統分析。碁峰出版。

12-4 可行性報告書（系統建議書）

目的 ⏭ 敘述新系統可行性研究成果。

格式 ⏭

可行性報告書（系統建議書）
一、前言 （一）簡要說明資訊需求起源 （二）簡要說明開發新系統的目的 二、目前舊系統概況 描述目前使用者所面臨的問題，並說明發生的真正原因 三、新系統的概況 （一）新系統的目的 （二）新系統的功能 （三）新系統的主要需求 （四）新系統的限制條件 （五）新系統的作業流程 四、可行性分析 （一）技術可行性 （二）經濟可行性 （三）法律可行性 （四）作業可行性 （五）時程可行性 五、開發經費與時程 （一）開發經費 （二）開發時程 六、建議 （一）建議是否值得電腦化 （二）建議開發所須支援的人員，如中、高階主管或系統使用者配合事宜。 七、備註及參考資料

實務範例 ⏭ 請參考第十一章專題製作。

12-5 軟體需求規格書

目的 ⏭ 定義新系統詳細之整體輪廓、資料流程、各處理功能需求。

格式 ⏭

軟體需求規格書
一、前言 (一) 摘要 (二) 定義與縮寫符號 二、現行業務說明 [選項] 如果目前已有電腦化的舊系統 (一) 組織目標 (二) 組織圖 (三) 現行業務流程描述 1. 現行業務流程 2. 電腦化現況 (1) 軟體 (2) 硬體 (3) 網路 3. 電腦化需求與限制 三、新系統功能需求 (一) 系統名稱 (二) 系統目標 (三) 系統範圍 (四) 資料流程圖 (五) 通訊網路架構 (六) 軟硬體設備規格 四、非功能性需求 (一) 時效 (二) 安全性 (三) 容量 (四) 可靠性 (五) 相容性 五、需求規格表 (配合資料流程圖中的處理功能之編號) 六、附錄

實務範例 ⏭ 請參考第十一章專題製作。

12-6 系統設計規格書

目的 ⏭ 定義新系統的軟體系統設計規格。

格式 ⏭

系統設計規格書
一、系統簡介 (一)系統名稱 (二)系統目標 二、系統設計規格 (一)系統架構圖(HIPO 圖) (二)系統流程圖 三、資料庫設計 (一)實體關係圖(ER 圖) (二)ER 圖轉換成資料表 (三)建立資料庫關聯圖 四、資訊字典(DD) (一)資料流描述 (二)資料元素描述 (三)處理程序描述 五、處理設計 程式流程圖 六、使用者介面設計 (一)輸入介面設計 (二)輸出介面設計 參考資料 附錄

實務範例 ⏭ 請參考第十一章專題製作。

12-7 系統說明文件

目的 ⏭ 描述系統各部分的程式功能架構、檔案結構、各部分的設計規格內容。

格式 ⏭

系統說明文件
一、系統簡介 (一)系統目標 (二)系統範圍 (三)系統主要功能 (四)系統軟體硬體操作環境 (五)使用外界之資料庫 (六)系統設計限制條件 二、系統作業流程 三、檔案結構說明 (一)檔案結構 (二)檔案名稱參考表 (三)資料結構圖 四、系統程式功能 (一)系統程式架構 (二)程式功能規格說明 (三)程式列表 五、輸入單據說明 (一)輸入單據說明 (二)輸入單據交互參考圖 六、輸出報表及說明 (一)輸出報表格式說明 (二)輸出報表交互參考圖 參考資料 附錄

12-8 程式說明文件

目的 ⏭ 描述系統的程式規格、程式流程、測試方法。

格式 ⏭

程式說明文件
一、系統簡介
(一) 系統目標
(二) 系統範圍
(三) 系統主要功能
(四) 系統軟體硬體操作環境
(五) 使用外界之資料庫
(六) 系統設計限制條件
二、程式概要說明
三、程式規格說明
(一) 輸入輸出資料說明
(二) 使用檔案說明
(三) 程式處理規格說明
四、原始程式與測試資料清單
(一) 程式處理流程
(二) 程式測試資料
五、程式維護記錄
參考資料
附錄

12-9 使用者手冊

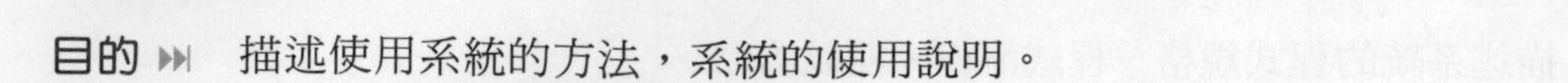

目的 ⏭ 描述使用系統的方法，系統的使用說明。

格式 ⏭

使用者手冊
一、系統簡介
(一) 系統目標
(二) 系統範圍
(三) 系統架構
(四) 系統軟體硬體操作環境
(五) 系統使用限制條件
二、系統進入與離開
三、使用環境參數設定
四、作業程序操作流程
五、輸入單據說明
六、輸出報表說明
七、系統訊息說明
參考資料
附錄

12-10 操作者手冊

目的 ⏭ 描述系統之環境設定、機器之運轉方法、錯誤之處理。

格式 ⏭

操作者手冊
一、系統簡介 （一）系統目標 （二）系統範圍 （三）系統架構 （四）系統軟體硬體操作環境 （五）系統使用限制條件 二、系統安裝與啓動 三、系統使用環境設定 四、系統說明 （一）系統功能架構 （二）系統檔案架構 （三）系統操作流程 （四）程式模組架構 五、資料檔案備份與回復 （一）資料備份方法 （二）資料回復方法 六、系統當機處理 七、系統各類狀況處理 八、系統關機 附錄一　程式功能說明 附錄二　系統訊息列表

單元評量

電腦軟體設計　丙級

1. (　　)下列何者非程式說明書中之項目？
   (A) 程式概要　(B) 程式規範書
   (C) 原始程式清單　(D) 系統概述
2. (　　)程式說明書之使用對象為何？
   (A) 系統分析師　(B) 程式設計師
   (C) 電腦操作員　(D) 系統設計及維護人員
3. (　　)下列哪一項不是造成軟體危機原因？
   (A) 軟體複雜度太高　(B) 使用者需求很混淆
   (C) 電腦價格太高　(D) 缺乏一套專案管理的方法
4. (　　)下列哪一項不是制定軟體生命週期的原因？
   (A) 便於管理
   (B) 節省經費
   (C) 便於權責的劃分
   (D) 建立標準，形成一套可遵循的程序
5. (　　)哪一類的說明書中必須將原始憑證的傳送及登錄方法詳細說明？
   (A) 系統說明書　(B) 程式說明書
   (C) 操作說明書　(D) 使用者說明書
6. (　　)系統使用文件至少應包括下列哪些資料？
   (A) 操作者指引 (Operator's Guide) 與使用者指引 (User's Guide)
   (B) 硬體維護 (Hardware Maintenance) 與軟體維護 (Software Maintenance)
   (C) 系統分析 (System Analysis) 與系統設計 (System Design)
   (D) 資料庫結構 (Database Structure) 與評估報告 (Evaluation Report)
7. (　　)下列何者不屬於程式說明的文件？
   (A) 程式流程圖　(B) 螢幕設計及說明
   (C) 各項代碼及編號方法說明　(D) 報表格式及說明

參考文獻

一、參考書目

1. 李春雄 (2001)。資料庫與個案系統分析 - 校務行政電腦化系統實作。文魁出版。
2. 李春雄 (2002)。選課系統程式設計。知城出版。
3. 李春雄 (2013)。動畫圖解資料庫理論與實務 使用 SQL Server 實作 (第二版)。全華出版。
4. 李春雄 (2012)。動畫圖解資料庫理論與實務 使用 Access 2010 實作 (第二版)。全華出版。
5. 李春雄 (2013)。圖解 Visual Basic2012 入門與應用。全華出版。
6. 吳仁和 (2013)。系統分析與設計：理論與實務應用 (第六版)。智勝出版。
7. 黃敬仁 (2001)。系統分析。碁峰出版。
8. 張百畝 (2004)。實用系統分析與設計。全華出版。
9. 周斯畏 (2001)。物件導向系統分析與設計 --- 使用 UML 與 C++。全華出版。
10. 廖平、陳倩玉、白馨堂 (2000)。資訊系統與分析突破暨總整理。儒林出版。
11. 林騰蛟、曹祥雲編著 (2002)。系統分析與設計。新文京出版。
12. 吳宗成 編著 (1995)。系統分析與設計。三民圖書出版
13. 季延平、郭鴻志編著 (1995)。系統分析與設計。華泰圖書出版。
14. 張豐雄 (2003)。結構化系統分析與設計。全華出版。
15. 參考 -LIST1 許元編著 (1998)。資訊系統分析、設計與製作。松崗出版。
16. 陳茂良 (1990)。系統分析。長諾圖書出版。
17. 蔡明宏 (2004)。系統分析與設計。知城數位出版。
18. 王妙雲 (2002)。系統分析與設計 --- 方法 . 工具論。碁峰出版。
19. 於本海 (2009)。管理信息系統。高等教育出版社，
20. 丁寧 (2009)。運營管理。清華大學出版社。

二、參考網站

1. Algorithms：http://www.stat.nctu.edu.tw/MISG/SUmmer_Course/C_language/Ch04/Algorithms.htm
2. 演算法與資料結構 :http://content.edu.tw/senior/computer/ks_ks/book/algodata/
3. 演算法及收斂速率定義 : http://www.cyut.edu.tw/~ckhung/olbook/algo/
4. 系統測試：http://ultra.cs.nchu.edu.tw/~fileman/notepad/sa05.htm
5. http://sunchaoyi.xxking.com/new_page_39.htm
6. 系統分析應試理整筆記 http://www.cs.nchu.edu.tw/~fileman/notepad/sa_index.htm
7. 203.64.83.151/jipan/course/comp-app/chapter5.ppt
8. 資料交換技術

   http://eclass.fysh.tcc.edu.tw/ppt/A03144C07.files/frame.htm#slide0101.htm
9. 資料字典 http://sunchaoyi.xxking.com/ 電子豬腦
10. 淺談 UMLhttp://www.iiiedu.org.tw/knowledge/knowledge20031231_2.htm
11. OOAD & UML 淺談 http://tcyang.pu.edu.tw/course 最終版 /9302sa/ooad.ppt
12. 資訊系統之專案管理 http://mail.im.tku.edu.tw/~thy/chap2.ppt
13. 淺談 ASP 與資訊系統委外服務

    http://www.cqinc.com.tw/grandsoft/cm/086/afo861.htm

APPENDIX A

專有名詞索引

O

P

R

S

T

U

V

W

NOTE

APPENDIX B

單元評量　解答

第1章 資訊系統開發概論

1-1單元評量 1.(C) 2.(D)
1-2單元評量 1.(A) 2.(D)
1-3單元評量 1.(D) 2.(A) 3.(D)
1-4單元評量 1.(B) 2.(D)
電腦軟體設計丙級 1.(C) 2.(B)
1-5單元評量 1.(B) 2.(C)
1-5-1單元評量 1.(C) 2.(D)
1-5-2單元評量 1.(A) 2.(A) 3.(B) 4.(C)
1-5-2-1單元評量 1.(A) 2.(D)
1-5-2-2單元評量 1.(B) 2.(C)
1-5-2-3單元評量 1.(C) 2.(A)
1-5-2-4單元評量 1.(B) 2.(A) 3.(D)
1-5-2-5單元評量 1.(C) 2.(D)
1-5-2-6單元評量 1.(D) 2.(A)
1-5-2-7單元評量 1.(A) 2.(D)
1-5-2-8單元評量 1.(C) 2.(D)
1-5-2-9單元評量 1.(D) 2.(A) 3.(C)
1-5-2-10單元評量 1.(D) 2.(A) 3.(A)
1-5-3單元評量 1.(B) 2.(A)
1-5-4單元評量 1.(A) 2.(B)
1-5-4-1單元評量 1.(D) 2.(C)
1-5-4-2單元評量 1.(D) 2.(C)
1-5-5單元評量 1.(D) 2.(D)
1-5-5-1單元評量 1.(B) 2.(D)
1-5-5-2單元評量 1.(B) 2.(C)
1-5-6單元評量 1.(B) 2.(C)

第2章 資訊系統開發方法

2-1單元評量 1.(C) 2.(B) 3.(A) 4.(D)
2-2單元評量 1.(D) 2.(D)
電腦軟體設計丙級
1.(B) 2.(C) 3.(B) 4.(C) 5.(C) 6.(A)
7.(D) 8.(D) 9.(B) 10.(D)
11.(C) 12.(D) 13.(D) 14(C) 15.(C)
16.(C) 17.(C) 18.(C) 19.(C) 20.(C)
21.(B) 22.(C) 23.(B) 24.(A)
2-3-5單元評量 1.(C) 2.(A) 3.(B) 4.(B)
5.(C)
2-4單元評量 1.(B) 2.(B)
電腦軟體設計丙級 1.(C) 2.(A) 3.(C)
2-4-1單元評量 1.(B)
2-4-2單元評量 1.(B) 2.(C)
2-5單元評量 1.(C) 2.(B)
2-6單元評量 1.(B) .2.(A)
2-7單元評量 1.(C) 2.(D) 3.(B) 4.(B)

第3章 調查規劃

3-1單元評量 1.(D) 2.(D)
3-2單元評量 1.(C) 2.(A)
電腦軟體設計丙級 1.(C)
3-3單元評量 1.(D) 2.(A) 3.(B)
3-4單元評量 1.(D) 2.(D)
3-5單元評量 1.(D) 2.(A) 3.(D)
3-6單元評量 1.(D) 2.(B)
3-7單元評量 1.(C) 2.(A) 3.(B) 4.(C)
5.(D) 6.(C)
電腦軟體設計丙級 1.(D)

第4章 系統分析

4-1單元評量 1.(D) 2.(C)
電腦軟體設計丙級 1.(D) 2.(A) 3.(D)
4-2單元評量 1.(D) 2.(D)
4-2-1單元評量 1.(B) 2.(D)
4-2-2單元評量 1.(B) 2.(D) 3.(D)
4-2-3單元評量 1.(C)
4-2-4單元評量 1.(D) 2.(C)
4-2-5單元評量 1.(D) 2.(B)
4-3單元評量 1.(B) 2.(D)
4-4單元評量 1.(A) 2.(D)
電腦軟體設計丙級 1.(C)
4-5單元評量 1.(D) 2.(B)

第5章 流程塑模(DFD)

5-1單元評量 1.(D) 2.(B)
電腦軟體設計丙級 1.(D) 2.(A)
5-2-4單元評量 1.(D) 2.(B)
5-3單元評量 1.(C) 2.(A)
5-4單元評量 1.(C) 2.(D)
5-5單元評量 1.(C) 2.(B)
5-6單元評量 1.(D) 2.(D)
5-6-1單元評量 1.(D)
5-6-2單元評量 1.(D) 2.(C) 3.(B)
5-7單元評量 1.(C)
5-8單元評量 1.(D) 2.(B)
5-9單元評量 1.(A) 2.(A)

第6章 結構化系統分析與設計

6-1單元評量 1.(C) 2.(D) 3.(A) 4.(C)
電腦軟體設計丙級 1.(B) 2.(B)
6-1-1單元評量 1.(D) 2.(A)
6-1-2單元評量 1.(C) 2.(B)
電腦軟體設計丙級 1.(D) 2.(D) 3.(A)
6-1-3單元評量 1.(A) 2.(A)
6-1-4單元評量 1.(B) 2.(C) 3.(D)
電腦軟體設計丙級 1.(A)
6-2單元評量 1.(C) 2.(A)
6-2-1單元評量 1.(D) 2.(B) 3.(A) 4.(D)
6-2-2單元評量 1.(D) 2.(A)
6-2-3單元評量 1.(D) 2.(B)
6-3單元評量 1.(B) 2.(D)
電腦軟體設計丙級 1.(D)
6-4單元評量 1.(B) 2.(D)
6-5單元評量 1.(D) 2.(D)

第7章 系統設計

7-1單元評量 1.(B) 2.(D)
7-2單元評量 1.(C) 2.(D)
7-2-1單元評量 1.(D) 2.(B)
7-2-2單元評量 1.(C) 2.(A)
7-2-3單元評量 1.(C)
7-2-4單元評量 1.(D)
7-3單元評量 1.(B)
7-3-1單元評量 1.(D) 2.(D)
7-3-2單元評量 1.(D) 2.(B) 3.(D) 4.(C)
7-5單元評量 1.(D)
7-5-1單元評量 1.(D) 2.(D) 3.(D) 4.(D)
電腦軟體設計丙級 1.(C) 2.(D)
7-5-2單元評量 1.(C) 2.(D)
7-5-3單元評量 1.(C) 2.(D)
電腦軟體設計丙級1.(A)
7-5-4單元評量 1.(C) 2.(A)
電腦軟體設計丙級 1.(C) 2.(C)
7-5-5單元評量 1.(C) 2.(B)

第8章 資料塑模

8-1單元評量 1.(C) 2.(A) 3.(B)
電腦軟體設計丙級 1.(B) 2.(D) 3.(B)
4.(A)
8-2單元評量 1.(C) 2.(B) 3.(A) 4.(D)
5.(B) 6.(B)
8-3單元評量 1.(C) 2.(C)
8-4單元評量 1.(B) 2.(A) 3.(B)
8-4-1單元評量 1.(D) 2.(B)
8-4-2單元評量 1.(B) 2.(B) 3.(D) 4.(D)
8-4-3單元評量 1.(C) 2.(D) 3.(A) 4.(D)
8-4-4單元評量 1.(B) 2.(C)
8-4-5單元評量 1.(C) 2.(C) 3.(C)
8-4-6單元評量 1.(C) 2.(B) 3.(A)
8-5單元評量 1.(B) 2.(C)
8-5-1單元評量 1.(A) 2.(B) 3.(C)
8-5-2單元評量 1.(C) 2.(B) 3.(B)
8-5-3單元評量 1.(A) 2.(C)
8-6單元評量 1.(D) 2.(A) 3.(B)
8-7單元評量 1.(B)
8-7-1單元評量 1.(D) 2.(A)

8-7-2單元評量 1.(A) 2.(D) 3.(A)
8-8單元評量 1.(C) 2.(D)
8-8-1單元評量 1.(D) 2.(D) 3.(A) 4.(D)
8-8-2單元評量 1.(D) 2.(C) 3.(C) 4.(C) 5.(A) 6.(B)
8-8-3單元評量 1.(A) 2.(A) 3.(A) 4.(A)
8-8-4單元評量 1.(B) 2.(B) 3.(B) 4.(B)
8-8-5單元評量 1.(C) 2.(C) 3.(C)

第9章 系統製作

9-1單元評量 1.(D) 2.(D) 3.(D)
電腦軟體設計丙級 1.(A) 2.(D) 3.(B) 4.(C)
9-2電腦軟體設計丙級 1.(D)
9-2-2單元評量 1.(C) 2.(C)
電腦軟體設計丙級 1.(C) 2.(C) 3.(C) 4.(A) 5.(B) 6.(D) 7.(C)
9-2-3電腦軟體設計丙級 1.(A) 2.(B) 3.(D) 4.(C) 5.(A) 6.(C) 7.(D) 8.(B) 9.(D) 10.(D)
9-3電腦軟體設計丙級 1.(D) 2.(A) 3.(C) 4.(A)
9-3-1單元評量 1.(C) 2.(D)
9-3-2單元評量 1.(D) 2.(D) 3.(C) 4.(A)
9-4電腦軟體設計丙級 1.(C) 2.(D) 3.(B) 4.(A)
9-4-1電腦軟體設計丙級 1.(B) 2.(A)
9-4-2電腦軟體設計丙級 1.(A) 2.(D) 3.(A) 4.(D) 5.(D) 6.(C) 7.(A) 8.(C) 9.(B)
9-4-2-1電腦軟體設計丙級 1.(A)
9-4-2-2電腦軟體設計丙級 1.(C)
9-4-2-3單元評量 1.(D)
9-4-3電腦軟體設計丙級 1.(B) 2.(A) 3.(B) 4.(A)
9-4-4電腦軟體設計丙級 1.(D) 2.(D)
9-5單元評量 1.(C)
9-5-1單元評量 1.(C)
9-5-2單元評量 1.(D) 2.(C)
9-5-3單元評量 1.(C) 2.(D) 3.(D) 4.(D) 5.(D) 6.(B) 7.(D) 8.(A)

第10章 系統維護

10-1單元評量 1.(B) 2.(D) 3.(A) 4.(B) 5.(C) 6.(D)
10-2單元評量 1.(C)
10-3單元評量 1.(D) 2.(A)
10-4單元評量 1.(D) 2.(B) 3.(B)
10-4-1單元評量 1.(A) 2.(A)
10-4-2單元評量 1.(B) 2.(B) 3.(C)
10-4-3單元評量 1.(B) 2.(C)
10-4-4單元評量 1.(D) 2.(D)

第12章 系統文件製作

12-10單元評量 1.(D) 2.(D) 3.(C) 4.(B) 5.(D) 6.(A) 7.(C)

國家圖書館出版品預行編目(CIP)資料

圖解系統分析與設計/李春雄編著. -- 增訂二版. -- 新北市：
全華圖書股份有限公司, 2022.09
面； 公分
ISBN 978-626-328-292-6(平裝附光碟片)

1.CST: 系統分析 2.CST: 系統設計

312.121 111012587

圖解系統分析與設計(第二版增訂版)(附範例光碟)

作者／李春雄
發行人／陳本源
執行編輯／陳奕君
封面設計／盧怡瑄
出版者／全華圖書股份有限公司
郵政帳號／0100836-1 號
印刷者／宏懋打字印刷股份有限公司
圖書編號／06244027
增訂二版／2022 年 09 月
定價／新台幣 550 元
ISBN／978-626-328-292-6 (平裝附光碟片)
ISBN／978-626-328-297-1 (PDF)
全華圖書／www.chwa.com.tw
全華網路書店 Open Tech／www.opentech.com.tw
若您對本書有任何問題，歡迎來信指導 book@chwa.com.tw

臺北總公司(北區營業處)
地址：23671 新北市土城區忠義路 21 號
電話：(02) 2262-5666
傳真：(02) 6637-3695、6637-3696

南區營業處
地址：80769 高雄市三民區應安街 12 號
電話：(07) 381-1377
傳真：(07) 862-5562

中區營業處
地址：40256 臺中市南區樹義一巷 26 號
電話：(04) 2261-8485
傳真：(04) 3600-9806(高中職)
(04) 3601-8600(大專)

讀者回函卡

掃 QRcode 線上填寫 ▶▶▶

姓名：＿＿＿＿ 生日：西元＿＿年＿＿月＿＿日 性別：□男 □女

電話：（ ）＿＿＿＿ 手機：＿＿＿＿

e-mail：（必填）＿＿＿＿

註：數字零，請用 Φ 表示，數字 1 與英文 L 請另註明並書寫端正，謝謝。

通訊處：□□□□□＿＿＿＿

學歷：□高中・職 □專科 □大學 □碩士 □博士

職業：□工程師 □教師 □學生 □軍・公 □其他

學校／公司：＿＿＿＿ 科系／部門：＿＿＿＿

・需求書類：

□A. 電子 □B. 電機 □C. 資訊 □D. 機械 □E. 汽車 □F. 工管 □G. 土木 □H. 化工 □I. 設計

□J. 商管 □K. 日文 □L. 美容 □M. 休閒 □N. 餐飲 □O. 其他

・本次購買圖書為：＿＿＿＿ 書號：＿＿＿＿

・您對本書的評價：

封面設計：□非常滿意 □滿意 □尚可 □需改善，請說明＿＿＿＿

內容表達：□非常滿意 □滿意 □尚可 □需改善，請說明＿＿＿＿

版面編排：□非常滿意 □滿意 □尚可 □需改善，請說明＿＿＿＿

印刷品質：□非常滿意 □滿意 □尚可 □需改善，請說明＿＿＿＿

書籍定價：□非常滿意 □滿意 □尚可 □需改善，請說明＿＿＿＿

整體評價：請說明＿＿＿＿

・您在何處購買本書？

□書局 □網路書店 □書展 □團購 □其他＿＿＿＿

・您購買本書的原因？（可複選）

□個人需要 □公司採購 □親友推薦 □老師指定用書 □其他＿＿＿＿

・您希望全華以何種方式提供出版訊息及特惠活動？

□電子報 □DM □廣告（媒體名稱＿＿＿＿）

・您是否上過全華網路書店？（www.opentech.com.tw）

□是 □否 您的建議＿＿＿＿

・您希望全華出版哪方面書籍？＿＿＿＿

・您希望全華加強哪些服務？＿＿＿＿

感謝您提供寶貴意見，全華將秉持服務的熱忱，出版更多好書，以饗讀者。

填寫日期： / /

2020.09 修訂

親愛的讀者：

感謝您對全華圖書的支持與愛護，雖然我們很慎重的處理每一本書，但恐仍有疏漏之處，若您發現本書有任何錯誤，請填寫於勘誤表內寄回，我們將於再版時修正，您的批評與指教是我們進步的原動力，謝謝！

全華圖書 敬上

勘 誤 表

書號		書名		作者	
頁數	行數	錯誤或不當之詞句		建議修改之詞句	

我有話要說：（其它之批評與建議，如封面、編排、內容、印刷品質等・・・）